"十二五"普通高等教育本科国家级规划教材

计算机组成原理

Jisuanji Zucheng Yuanli

（第 3 版）

唐朔飞 编著

高等教育出版社·北京

内容提要

本书荣获首届全国优秀教材一等奖,是"十二五"普通高等教育本科国家级规划教材。本书第1版被列为"面向21世纪课程教材",是教育部高等学校计算机科学与技术教学指导委员会组织编写的"体系结构—组成原理—微机技术"系列教材之一,是2005年国家精品课程主讲教材,于2002年获普通高等学校优秀教材二等奖。

本书通过对一台实际计算机的剖析,使读者更深入地理解总线是如何将计算机各大部件互连成整机的。全书共分为4篇,第1篇(第1、2章)介绍计算机的基本组成、发展及应用;第2篇(第3~5章)介绍系统总线、存储器(包括主存储器、高速缓冲存储器和辅助存储器)和输入输出系统;第3篇(第6~8章)介绍CPU的特性、结构和功能,包括计算机的算术逻辑单元、指令系统、指令流水、RISC技术及中断系统;第4篇(第9、10章)介绍控制单元的功能和设计,包括时序系统以及采用组合逻辑和微程序设计控制单元的设计思想与实现措施。每章后均附有思考题与习题。

本书概念清楚,通俗易懂,书中举例力求与当代计算机技术相结合,可作为高等学校计算机专业教材,也可作为其他科技人员的参考书。

图书在版编目(CIP)数据

计算机组成原理 / 唐朔飞编著. -- 3版. -- 北京:高等教育出版社,2020.10(2024.5重印)

ISBN 978-7-04-054518-0

Ⅰ.①计… Ⅱ.①唐… Ⅲ.①计算机组成原理-高等学校-教材 Ⅳ.①TP301

中国版本图书馆CIP数据核字(2020)第114422号

策划编辑	时 阳	责任编辑	时 阳	封面设计	于文燕	版式设计 杨 树
责任校对	胡美萍	责任印制	赵 振			

出版发行	高等教育出版社	网　址	http://www.hep.edu.cn
社　址	北京市西城区德外大街4号		http://www.hep.com.cn
邮政编码	100120	网上订购	http://www.hepmall.com.cn
印　刷	河北鹏盛贤印刷有限公司		http://www.hepmall.com
开　本	787 mm×1092 mm　1/16		http://www.hepmall.cn
印　张	27.75	版　次	2000年7月第1版
字　数	610千字		2020年10月第3版
购书热线	010-58581118	印　次	2024年5月第11次印刷
咨询电话	400-810-0598	定　价	50.00元

本书如有缺页、倒页、脱页等质量问题,请到所购图书销售部门联系调换

物 料 号　54518-A0

第3版前言

本书第2版自2008年1月出版以来,深受广大读者喜爱,累计印刷33次,并被评为"十二五"普通高等学校本科国家级规划教材。2012年以来,以慕课为代表的在线教育迅猛发展,信息技术与教育教学的深度融合带来了教学形式、教学手段、教材形式的深刻变化。为适应新时代高校"计算机组成原理"课程教学的需要,本书在第2版的基础上,由单色印刷改为双色印刷,突出章节重点,使教材更加美观、易读;移除与第2版教材配套的教学课件光盘,改为通过数字课程平台提供相关教学课件,使教学课件的获取和使用更加实用、便捷。

哈尔滨工业大学"计算机组成原理"课程教学团队以本教材为基础,建设了"计算机组成原理"慕课,该课程被评为国家精品在线开放课程。感兴趣的读者可通过中国大学MOOC平台学习该门课程,与本教材配合使用。

由于作者水平有限,书中疏漏之处,敬请广大读者和各位专家批评指正。

唐朔飞

2020年5月

第 2 版前言

本书第 1 版作为教育部"面向 21 世纪计算机类专业教学内容和课程体系改革"课题的研究成果,自 2000 年 7 月出版以来,受到广大读者和业内人士的普遍好评和赞誉,数年来不仅连续印刷了 17 次,发行量超过 215 000 册,而且还于 2002 年荣获全国普通高等学校优秀教材二等奖。为了进一步满足广大读者的需求,决定对第 1 版内容予以补充和修改。

由于本书摆脱了传统、死板的编写方法,采用从整体框架入手,自顶向下、由表及里、层层细化的叙述方法,通过对计算机系统概述、总线系统、存储系统(包括主存储器、高速缓冲存储器和辅助存储器)、输入输出系统、中央处理器(包括运算方法和运算器、指令系统、CPU 结构及功能)、控制单元(包括其功能和组合逻辑以及微程序控制单元的设计思想和实现技术)的深入剖析和详细讲解,使读者能形象地理解计算机的基本组成和工作原理。

为了紧跟国际上计算机技术的新发展,本书对第 1 版各章节的内容做了补充和修改,并增加了例题分析,以加深对各知识点的理解和掌握。新版通过对一台实际计算机的剖析,使读者更深入地理解总线是如何将计算机各大部件互连成整机的。

本书的内容较多,有些内容可安排自学,如第 2 章有关计算机的发展及应用,第 4 章有关磁盘存储器的记录格式、磁带存储器和第 5 章有关 I/O 设备的自身结构等内容。有些内容可根据不同学时的要求自行取舍,如第 4 章的循环冗余校验码、第 6 章的定点运算中补码乘法校正法和补码两位乘,以及浮点乘除法运算中阶码采用移码运算的规则等。有些内容因与前修课或后续课(如"接口技术""汇编语言"和"计算机体系结构"等课程)关系密切,则可根据不同学校的教学计划,自行掌握内容的深度。有关每章的重点和难点,读者可参阅与本书配套的辅导教材《计算机组成原理——学习指导与习题解答》(第 2 版)(高等教育出版社,2012 年 7 月)。

新版继续保持图文并茂、深入浅出、通俗易懂、概念准确的特色。书中附有大量思考题、习题以及课件(包含在配套光盘中),并与《计算机组成原理——学习指导与习题解答》(第 2 版)配套。本书可作为大专院校计算机专业教材,也可供其他科技人员参考。

在编写本书的过程中,中国科学技术大学陈国良教授、哈尔滨工业大学胡铭曾教授提出了许多宝贵意见,哈尔滨工业大学计算机科学与技术学院老师张丽杰、罗丹彦、张展、向琳以及研究生杨小斌、刘韦辰、徐博文、王赫等为书稿的录入、排版、绘图做了大量工作,在此一并表示衷心的感谢!

由于作者水平有限,书中难免有不妥之处,谨请读者和专家批评指正。

唐朔飞
2007 年 6 月

第1版前言

目前,国内虽已出版了一些有关计算机原理的教材,但在使用过程中,普遍感到结构比较僵化,内容不够新颖,跟不上计算机科学和技术发展的形势。为了适应面向 21 世纪计算机类专业教学内容和课程体系改革的需要,教育部高等学校计算机科学与技术教学指导委员会统一组织编写了计算机科学与技术专业"九五"规划课程系列教材:《计算机体系结构》《计算机组成原理》和《微型计算机技术》。本书是该系列教材之一。

按照系列教材总体规划的要求,本书侧重于讲授计算机基本部件的构造和组织方式、基本运算的操作原理以及部件和单元的设计思想等。

本书突出介绍计算机组成的一般原理,不结合任何具体机型,在体系结构上改变了过去自底向上的编写习惯,采用从外部大框架入手,层层细化的叙述方法,即采用自顶向下的分析方法,详述了计算机组成原理,这将使使者更容易形成计算机的整体概念。

如果把一台计算机看作一台由许多独立部件构成的机器,那么它的功能可由其各个独立部件的功能来描述,而每个独立部件又可进一步由其内部更细的结构和功能来描述。以此类推,计算机组成原理就可按 4 个层次或 4 个篇章来组织。

第 1 篇(第 1、2 章),介绍计算机的基本组成以及计算机的发展应用和展望,使读者对计算机的总体概貌有一初步轮廓。第 2 篇(第 3、4、5 章),详细介绍除 CPU 外的存储器、输入输出系统以及连接 CPU、存储器和 I/O 之间的通信总线。第 3 篇(第 6、7、8 章)详细介绍 CPU(除控制单元外)的特性、结构和功能,包括计算机的基本运算、指令系统和中断系统等。第 4 篇(第 9、10 章)专门介绍控制单元的功能,以及采用组合逻辑和微程序方法设计控制单元的设计思路和实现措施。

此外,为了适应计算机科学发展的需要,除了叙述基本原理外,本书还增加了不少新的内容,书中举例力求与当代计算机技术相结合。某些有关数制、码制的内容以及快速乘法器、除法器和相联存储器等放入附录中介绍。考虑到有些学校不设外部设备课程,故本书适当地增加了外存和外部设备的内容,以供读者自学或由老师酌情选讲。

本书在编写过程中力求语言通俗易懂,文字简洁明了,便于自学者阅读,除可作为高等院校计算机专业的教材外,也可供从事计算机事业的工程技术人员及其他自学者学习参考。

本书在编写过程中得到了教育部高等学校计算机科学与技术教学指导委员会的同仁们的很多帮助和鼓励。中国科学技术大学陈国良教授主审了本书,提出了许多宝贵意见。哈尔滨工业大学计算机系胡铭曾教授和系统结构教研室的老师们对本书成稿也给予了很大支持。研究生孙鹏、裴玮、樊永友、陈阳、薛园、杜跃进、杨超峰、张丽杰、罗凤杰等为书稿的录入、排版、绘图做了大量工作。在此一并表示诚挚的谢意。

作者从事计算机原理教学已有几十年的经验,在本书编写过程中尽可能地作了一些有益的探索,力求反映计算机学科中的新技术,但考虑到与系列教材的内容分工和教学时数的限制,加之作者水平有限,成书仓促,错误和不足之处在所难免,谨请读者和同行专家批评指正。

唐朔飞
1999 年 10 月

目　　录

第 1 篇　概　　论

第 2 篇　计算机系统的硬件结构

第 3 篇　中央处理器

第 4 篇　控 制 单 元

第1篇 概 论

本篇主要介绍计算机系统的基本组成、应用与发展,并通过对本书结构的介绍,指出学习本书的基本思路。

第 1 章　计算机系统概论

本章主要介绍计算机的组成概貌及工作原理,旨在使读者对计算机总体结构有一个概括的了解,为深入学习后面各章打下基础。

1.1　计算机系统简介

1.1.1　计算机的软硬件概念

计算机系统由"硬件"和"软件"两大部分组成。

所谓"硬件",是指计算机的实体部分,它由看得见摸得着的各种电子元器件,各类光、电、机设备的实物组成,如主机、外部设备等。

所谓"软件",它看不见摸不着,由人们事先编制的具有各类特殊功能的程序组成。通常把这些程序寄寓于各类媒体(如 RAM、ROM、磁带、磁盘、光盘,甚至纸带等),它们通常存放在计算机的主存或辅存内。由于"软件"的发展不仅可以充分发挥机器的"硬件"功能,提高机器的工作效率,而且已经发展到能局部模拟人类的思维活动,因此在整个计算机系统内,"软件"的地位和作用已经成为评价计算机系统性能好坏的重要标志。当然,"软件"性能的发挥也必须依托"硬件"的支撑。因此,概括而言,计算机性能的好坏取决于"软""硬"件功能的总和。

计算机的软件通常又可以分为两大类:系统软件和应用软件。

系统软件又称为系统程序,主要用来管理整个计算机系统,监视服务,使系统资源得到合理调度,高效运行。它包括:标准程序库、语言处理程序(如将汇编语言翻译成机器语言的汇编程序或将高级语言翻译成机器语言的编译程序)、操作系统(如批处理系统、分时系统、实时系统)、服务程序(如诊断程序、调试程序、连接程序等)、数据库管理系统、网络软件等。

应用软件又称为应用程序,它是用户根据任务需要所编制的各种程序,如科学计算程序、数据处理程序、过程控制程序、事务管理程序等。

1.1.2　计算机系统的层次结构

现代计算机的解题过程如下。

通常由用户用高级语言编写程序(称为源程序),然后将它和数据一起送入计算机内,再由计算机将其翻译成机器能识别的机器语言程序(称为目标程序),机器自动运行该机器语言程序,并将计算结果输出。其过程如图 1.1 所示。

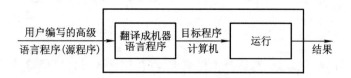

图 1.1　计算机的解题过程

实际上,早期的计算机只有机器语言(用 0、1 代码表示的语言),用户必须用二进制代码(0、1)来编写程序(即机器语言程序)。这就要求程序员对他们所使用的计算机硬件及其指令系统十分熟悉,编写程序难度很大,操作过程也极容易出错。但用户编写的机器语言程序可以直接在机器上执行。直接执行机器语言的机器称为实际机器 M_1,如图 1.2 所示。

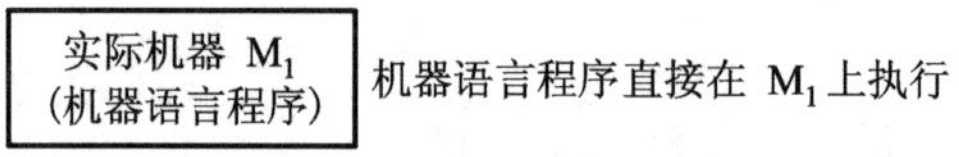

实际机器 M_1
(机器语言程序)　机器语言程序直接在 M_1 上执行

图 1.2　实际机器 M_1

20 世纪 50 年代开始出现了符号式的程序设计语言,即汇编语言。它用符号 ADD、SUB、MUL、DIV 等分别表示加、减、乘、除等操作,并用符号表示指令或数据所在存储单元的地址,使程序员可以不再使用繁杂而又易错的二进制代码来编写程序。但是,实际上没有一种机器能直接识别这种汇编语言程序,必须先将汇编语言程序翻译成机器语言程序,然后才能被机器接受并自动运行。这个翻译过程是由机器系统软件中的汇编程序来完成的。如果把具有翻译功能的汇编程序的计算机看作一台机器 M_2,那么,可以认为 M_2 在 M_1 之上,用户可以利用 M_2 的翻译功能直接向 M_2 输入汇编语言程序,而 M_2 又会将翻译后的机器语言程序输入给 M_1,M_1 执行后将结果输出。因此,M_2 并不是一台实际机器,它只是人们感到存在的一台具有翻译功能的机器,称这类机器为虚拟机。这样,整个计算机系统便具有两级层次结构,如图 1.3 所示。

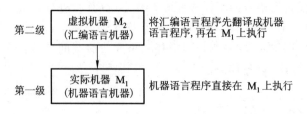

图 1.3　具有两级层次结构的计算机系统

尽管有了虚拟机 M₂ 使用户编程更为方便，但从本质上看，汇编语言仍是一种面向实际机器的语言，它的每一条语句都与机器语言的某一条语句(0、1 代码)一一对应。因此，使用汇编语言编写程序时，仍要求程序员对实际机器 M₁ 的内部组成和指令系统非常熟悉，也就是说，程序员必须经过专门的训练，否则是无法操作计算机的。另一方面，由于汇编语言摆脱不了实际机器的指令系统，因此，汇编语言没有通用性，每台机器必须有一种与之相对应的汇编语言。这使得程序员要掌握不同机器的指令系统，不利于计算机的广泛应用和发展。

20 世纪 60 年代开始先后出现了各种面向问题的高级语言，如 FORTRAN、BASIC、Pascal、C 等。这类高级语言对问题的描述十分接近人们的习惯，并且还具有较强的通用性。程序员完全不必了解、掌握实际机器 M₁ 的机型、内部的具体组成及其指令系统，只要掌握这类高级语言的语法和语义，便可直接用这种高级语言来编程，这给程序员带来了极大的方便。当然，机器 M₁ 本身是不能识别高级语言的，因此，在进入机器 M₁ 运行前，必须先将高级语言程序翻译成汇编语言程序(或其他中间语言程序)，然后再将其翻译成机器语言程序；也可以将高级语言程序直接翻译成机器语言程序。这些工作都是由虚拟机器 M₃ 来完成的，对程序员而言，他们并不知道这个翻译过程。由此又可得出具有三级层次结构的计算机系统，如图 1.4 所示。

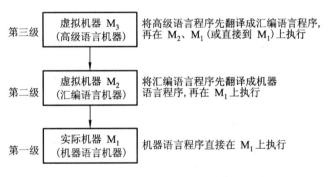

图 1.4　具有三级层次结构的计算机系统

通常，将高级语言程序翻译成机器语言程序的软件称为翻译程序。翻译程序有两种：一种是编译程序，另一种是解释程序。编译程序是将用户编写的高级语言程序(源程序)的全部语句一次全部翻译成机器语言程序，而后再执行机器语言程序。因此，只要源程序不变，就无须再次进行翻译。例如，FORTRAN、Pascal 等语言就是用编译程序来完成翻译的。解释程序是将源程序的一条语句翻译成对应于机器语言的一条语句，并且立即执行这条语句，接着翻译源程序的下一条语句，并执行这条语句，如此重复直至完成源程序的全部翻译任务。它的特点是翻译一次执行一次，即使下一次重复执行该语句时，也必须重新翻译。例如，BASIC 语言的翻译就有解释程序和编译程序两种。

从上述介绍中不难看出，由于软件的发展，使实际机器 M₁ 向上延伸构成了各级虚拟机器。同理，机器 M₁ 内部也可向下延伸而形成下一级的微程序机器 M₀。机器 M₀ 是直接将机器 M₁ 中的每一条机器指令翻译成一组微指令，即构成一个微程序。机器 M₀ 每执行完对应于一条机器指令的一个微程序后,便由机器 M_1 中的下一条机器指令使机器 M_0 自动进入与其相对应的另一个微程序的执行。由此可见,微程序机器 M_0 可看作是对实际机器 M_1 的分解,即用 M_0 的微程序解释并执行 M_1 的每一条机器指令(有关微程序机器的介绍,详见第 10 章)。由于机器 M_0 也是实际机器,因此,为了区别于 M_1,通常又将 M_1 称为传统机器,将 M_0 称为微程序机器。这样又可认为计算机系统具有四级层次结构,如图 1.5 所示。

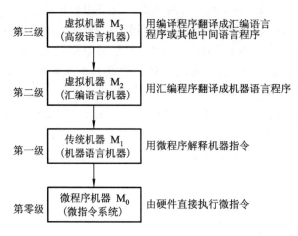

图 1.5 具有四级层次结构的计算机系统

在上述四级层次结构的系统中,实际上在实际机器 M_1 与虚拟机器 M_2 之间还有一级虚拟机器,它是由操作系统软件构成的。操作系统提供了在汇编语言和高级语言的使用和实现过程中所需的某些基本操作,还起到控制并管理计算机系统全部硬件和软件资源的作用,为用户使用计算机系统提供极为方便的条件。操作系统的功能是通过其控制语言来实现的。图 1.6 描绘了一个常见的五级计算机系统的层次结构。

虚拟机器 M_4 还可向上延伸,构成应用语言虚拟机。这一级是为使计算机满足某种用途而专门设计的,该级所用的语言是各种面向问题的应用语言,如用于人工智能和计算机设计等方面的语言。应用语言编写的程序一般由应用程序包翻译到虚拟机器 M_4 上。

从计算机系统的多级层次结构来看,可以将硬件研究的主要对象归结为传统机器 M_1 和微程序机器 M_0。软件的研究对象主要是操作系统级以上的各级虚拟机。值得指出的是,软硬件交界界面的划分并不是一成不变的。随着超大规模集成电路技术的不断发展,一部分软件功能将由硬件来实现,例如,目前操作系统已实现了部分固化(把软件永恒地存于只读存储器中),称为固件等。可见,软硬件交界界面变化的趋势正沿着图 1.6 所示的方向向上发展。

本书主要讨论传统机器 M_1 和微程序机器 M_0 的组成原理及设计思想,其他各级虚拟机的内容均由相应的软件课程讲授。

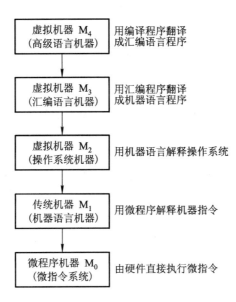

图 1.6 多级层次结构的计算机系统

1.1.3 计算机组成和计算机体系结构

在学习计算机组成时,应当注意如何区别计算机体系结构与计算机组成这两个基本概念。

计算机体系结构是指那些能够被程序员所见到的计算机系统的属性,即概念性的结构与功能特性。计算机系统的属性通常是指用机器语言编程的程序员(也包括汇编语言程序设计者和汇编程序设计者)所看到的传统机器的属性,包括指令集、数据类型、存储器寻址技术、I/O 机理等,大都属于抽象的属性。由于计算机系统具有多级层次结构,因此,站在不同层次上编程的程序员所看到的计算机属性也是各不相同的。例如,用高级语言编程的程序员可以把 IBM PC 与 RS6000 两种机器看成是同一属性的机器。可是,对使用汇编语言编程的程序员来说,IBM PC 与 RS6000 是两种截然不同的机器。因为程序员所看到的这两种机器的属性,如指令集、数据类型、寻址技术等,都完全不同,因此,认为这两种机器的结构是各不相同的。

计算机组成是指如何实现计算机体系结构所体现的属性,它包含了许多对程序员来说是透明的硬件细节。例如,指令系统体现了机器的属性,这是属于计算机**结构**的问题。但指令的实现,即如何取指令、分析指令、取操作数、运算、送结果等,这些都属于计算机**组成**问题。因此,当两台机器指令系统相同时,只能认为它们具有相同的结构。至于这两台机器如何实现其指令的功能,完全可以不同,则它们的组成方式是不同的。例如,一台机器是否具备乘法指令的功能,这是一个结构问题,可是,实现乘法指令采用什么方式,则是一个组成问题。实现乘法指令可以采用一个专门的乘法电路,也可以采用连续相加的加法电路来实现,这两者的区别就是计算机组成的区别。究竟应该采用哪种方式来组成计算机,要考虑到各种因素,如乘法指令使用的频度、两种方法的运行速度、两种电路的体积、价格、可靠性等。

　　不论是过去还是现在,区分计算机结构与计算机组成这两个概念都是十分重要的。例如,许多计算机制造商向用户提供一系列体系结构相同的计算机,而它们的组成却有相当大的差别,即使是同一系列不同型号的机器,其价格和性能也是有极大差异的。因此,只知其结构,不知其组成,就选不好性能价格比最合适的机器。此外,一种机器的体系结构可能维持许多年,但机器的组成却会随着计算机技术的发展而不断变化。例如,1970 年首次推出了 IBM System/370 结构,它包含了许多机型。一般需求的用户可以买价格便宜的低速机型;对需求高的用户,可以买一台升级的价格稍贵的机型,而不必抛弃原来已开发的软件。许多年来,不断推出性能更高、价格更低的机型,新机型总归保留着原来机器的结构,使用户的软件投资不致浪费。

　　本书主要研究计算机的组成,有关计算机体系结构的内容将在"计算机体系结构"课程中讲述。

1.2　计算机的基本组成

1.2.1　冯·诺依曼计算机的特点

　　1945 年,数学家冯·诺依曼(von Neumann)在研究 EDVAC 机时提出了"存储程序"的概念。以此概念为基础的各类计算机通称为冯·诺依曼机。它的特点可归结如下:
- 计算机由运算器、存储器、控制器、输入设备和输出设备五大部件组成。
- 指令和数据以同等地位存放于存储器内,并可按地址寻访。
- 指令和数据均用二进制数表示。
- 指令由操作码和地址码组成,操作码用来表示操作的性质,地址码用来表示操作数在存储器中的位置。
- 指令在存储器内按顺序存放。通常,指令是顺序执行的,在特定条件下,可根据运算结果或根据设定的条件改变执行顺序。
- 机器以运算器为中心,输入输出设备与存储器间的数据传送通过运算器完成。

1.2.2　计算机的硬件框图

　　典型的冯·诺依曼计算机是以运算器为中心的,如图 1.7 所示。
　　现代的计算机已转化为以存储器为中心,如图 1.8 所示。

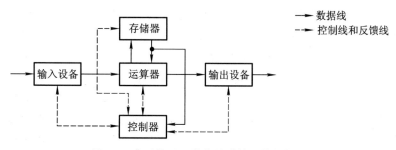

图 1.7 典型的冯·诺依曼计算机结构框图

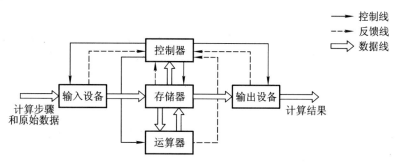

图 1.8 以存储器为中心的计算机结构框图

图中各部件的功能如下：

- 运算器用来完成算术运算和逻辑运算，并将运算的中间结果暂存在运算器内。
- 存储器用来存放数据和程序。
- 控制器用来控制、指挥程序和数据的输入、运行以及处理运算结果。
- 输入设备用来将人们熟悉的信息形式转换为机器能识别的信息形式，常见的有键盘、鼠标等。
- 输出设备可将机器运算结果转换为人们熟悉的信息形式，如打印机输出、显示器输出等。

计算机的五大部件（又称五大子系统）在控制器的统一指挥下，有条不紊地自动工作。

由于运算器和控制器在逻辑关系和电路结构上联系十分紧密，尤其在大规模集成电路制作工艺出现后，这两大部件往往集成在同一芯片上，因此，通常将它们合起来统称为中央处理器（Central Processing Unit，CPU）。把输入设备与输出设备简称为 I/O 设备（Input/Output Equipment）。

这样，现代计算机可认为由三大部分组成：CPU、I/O 设备及主存储器（Main Memory，MM），如图 1.9 所示。CPU 与主存储器合起来又可称为主机，I/O 设备又可称为外部设备。

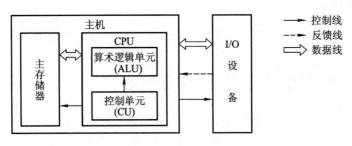

图 1.9　现代计算机的组成框图

图 1.9 中的主存储器是存储器子系统中的一类,用来存放程序和数据,可以直接与 CPU 交换信息。另一类称为辅助存储器,简称辅存,又称外存,其功能参阅 4.4 节。

算术逻辑单元(Arithmetic Logic Unit,ALU)简称算逻部件,用来完成算术逻辑运算。控制单元(Control Unit,CU)用来解释存储器中的指令,并发出各种操作命令来执行指令。ALU 和 CU 是 CPU 的核心部件。

I/O 设备也受 CU 控制,用来完成相应的输入、输出操作。

可见,计算机有条不紊地自动工作都是在控制器统一指挥下完成的。

1.2.3　计算机的工作步骤

用计算机解决一个实际问题通常包含两大步骤。一个是上机前的各种准备,另一个是上机运行。

1. 上机前的准备

在许多科学技术的实际问题中,往往会遇到许多复杂的数学方程组,而数字计算机通常只能执行加、减、乘、除四则运算,这就要求在上机解题前,先由人工完成一些必要的准备工作。这些工作大致可归纳为:建立数学模型、确定计算方法和编制解题程序 3 个步骤。

(1)建立数学模型

有许多科技问题很难直接用物理模型来模拟被研究对象的变化规律,如地球大气环流、原子反应堆的核裂变过程、航天飞行速度对飞行器的影响等。不过,通过大量的实验和分析,总能找到一系列反映研究对象变化规律的数学方程组。通常,将这类方程组称为被研究对象变化规律的数学模型。一旦建立了数学模型,研究对象的变化规律就变成了解一系列方程组的数学问题,这便可通过计算机来求解。因此,建立数学模型是用计算机解题的第一步。

(2)确定计算方法

由于数学模型中的数学方程式往往是很复杂的,欲将其变成适合计算机运算的加、减、乘、除四则运算,还必须确定对应的计算方法。

例如,欲求 $\sin x$ 的值,只能采用近似计算方法,用四则运算的式子来求得(因计算机内部没有直接完成三角函数运算的部件）。

$$\sin x = x - \frac{x^3}{3!} + \frac{x^5}{5!} - \frac{x^7}{7!} + \frac{x^9}{9!} - \cdots$$

又如，计算机不能直接求解开方 x，但可用迭代公式：

$$y_{n+1} = \sqrt{x} = \frac{1}{2}\left(y_n + \frac{x}{y_n}\right) \ (n = 0, 1, 2, \cdots)$$

通过多次迭代，便可求得相应精度的 $\sqrt{x}$ 值。

（3）编制解题程序

程序是适合于机器运算的全部步骤，编制解题程序就是将运算步骤用一一对应的机器指令描述。

例如，计算 $ax^2 + bx + c$ 可分解为以下步骤。

① 将 x 取至运算器中。

② 乘以 x，得 x^2，存于运算器中。

③ 再乘以 a，得 ax^2，存于运算器中。

④ 将 ax^2 送至存储器中。

⑤ 取 b 至运算器中。

⑥ 乘以 x，得 bx，存于运算器中。

⑦ 将 ax^2 从存储器中取出与 bx 相加，得 $ax^2 + bx$，存于运算器中。

⑧ 再取 c 与 $ax^2 + bx$ 相加，得 $ax^2 + bx + c$，存于运算器中。

可见，不包括停机、输出打印共需 8 步。若将上式改写成：$(ax + b)x + c$，则其步骤可简化为以下 5 步。

① 将 x 取至运算器中。

② 乘以 a，得 ax，存于运算器中。

③ 加 b，得 $ax + b$，存于运算器中。

④ 乘以 x，得 $(ax + b)x$，存于运算器中。

⑤ 加 c，得 $(ax + b)x + c$，存于运算器中。

将上述运算步骤写成某计算机一一对应的机器指令，就完成了运算程序的编写。

设某机的指令字长为 16 位，其中操作码占 6 位，地址码占 10 位，如图 1.10 所示。

操作码	地址码
6 位	10 位

图 1.10 某机器指令格式

操作码表示机器所执行的各种操作，如取数、存数、加、减、乘、除、停机、打印等。地址码表示参加运算的数在存储器内的位置。机器指令的操作码和地址码都采用 0、1 代码的组合来表示。表 1.1 列出了某机与上例有关的各条机器指令的操作码及其操作性质的对应关系。

表 1.1　操作码与操作性质的对应表

操作码	操作性质	具 体 内 容
000001	取数	将指令地址码指示的存储单元中的操作数取到运算器的累加器 ACC 中
000010	存数	将 ACC 中的数存至指令地址码指示的存储单元中
000011	加	将 ACC 中的数与指令地址码指示的存储单元中的数相加,结果存于 ACC 中
000100	乘	将 ACC 中的数与指令地址码指示的存储单元中的数相乘,结果存于 ACC 中
000101	打印	将指令地址码指示的存储单元中的操作数打印输出
000110	停机	

此例中所用到的数 a、b、c、x,事先需存入存储器的相应单元内。

按 ax^2+bx+c 的运算分解,可用上述机器指令编写出一份运算的程序清单,如表 1.2 所列。

表 1.2　计算 ax^2+bx+c 程序清单

指令和数据存于主存单元的地址	指　令		注　释
	操作码	地址码	
0	000001	0000001000	取数 x 至 ACC
1	000100	0000001001	乘 a 得 ax,存于 ACC 中
2	000011	0000001010	加 b 得 $ax+b$,存于 ACC 中
3	000100	0000001000	乘 x 得 $(ax+b)x$,存于 ACC 中
4	000011	0000001011	加 c 得 ax^2+bx+c,存于 ACC 中
5	000010	0000001100	存数,将 ax^2+bx+c 存于主存单元
6	000101	0000001100	打印
7	000110		停机
8	x		原始数据 x
9	a		原始数据 a
10	b		原始数据 b
11	c		原始数据 c
12			存放结果

以上程序编完后,便可进入下一步上机。

2. 计算机的工作过程

为了比较形象地了解计算机的工作过程,首先分析一个比图 1.9 更细化的计算机组成框图,如图 1.11 所示。

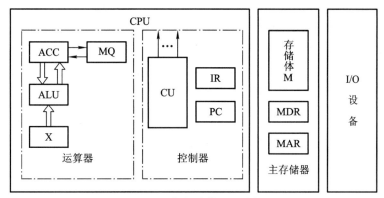

图 1.11　细化的计算机组成框图

（1）主存储器

主存储器(简称主存或内存)包括存储体 M、各种逻辑部件及控制电路等。存储体由许多存储单元组成,每个存储单元又包含若干个存储元件(或称存储基元、存储元),每个存储元件能寄存一位二进制代码"0"或"1"。可见,一个存储单元可存储一串二进制代码,称这串二进制代码为一个存储字,这串二进制代码的位数称为存储字长。存储字长可以是 8 位、16 位或 32 位等。一个存储字可代表一个二进制数,也可代表一串字符,如存储字为 0011011001111101,既可表示为由十六进制字符组成的 367DH(有关十六进制数制详见附录 6A),又可代表 16 位的二进制数,此值对应十进制数为 13 949,还可代表两个 ASCII 码:"6"和"⎱"(参见附录 5A ASCII 编码表)。一个存储字还可代表一条指令(参阅表 1.2)。

如果把一个存储体看作一幢大楼,那么每个存储单元可看作大楼中的每个房间,每个存储元可看作每个房间中的一张床位,床位有人相当于"1",无人相当于"0"。床位数相当于存储字长。显然,每个房间都需要有一个房间编号,同样可以赋予每个存储单元一个编号,称为存储单元的地址号。

主存的工作方式就是按存储单元的地址号来实现对存储字各位的存(写入)、取(读出)。这种存取方式称为按地址存取方式,即按地址访问存储器(简称访存)。存储器的这种工作性质对计算机的组成和操作是十分有利的。例如,人们只要事先将编好的程序按顺序存入主存各单元,当运行程序时,先给出该程序在主存的首地址,然后采用程序计数器加 1 的方法,自动形成下一条指令所在存储单元的地址,机器便可自动完成整个程序的操作。又如,由于数据和指令都存放在存储体内各自所占用的不同单元中,因此,当需要反复使用某个数据或某条指令时,只要指出其相应的单元地址号即可,而不必占用更多的存储单元重复存放同一个数据或同一条指令,大大提高了存储空间的利用率。此外,由于指令和数据都由存储单元地址号来反映,因此,取一条指令和取一个数据的操作完全可视为是相同的,这样就可使用一套控制线路来完成两种截然不同的操作。

为了能实现按地址访问的方式,主存中还必须配置两个寄存器 MAR 和 MDR。MAR(Memory Address Register)是存储器地址寄存器,用来存放欲访问的存储单元的地址,其位数对应存储单元的个数(如 MAR 为 10 位,则有 $2^{10}=1\,024$ 个存储单元,记为 1 K)。MDR(Memory Data Register)是存储器数据寄存器,用来存放从存储体某单元取出的代码或者准备往某存储单元存入的代码,其位数与存储字长相等。当然,要想完整地完成一个取或存操作,CPU 还得给主存加以各种控制信号,如读命令、写命令和地址译码驱动信号等。随着硬件技术的发展,主存都制成大规模集成电路的芯片,而将 MAR 和 MDR 集成在 CPU 芯片中(参阅图 4.5)。

早期计算机的存储字长一般和机器的指令字长与数据字长相等,故访问一次主存便可取一条指令或一个数据。随着计算机应用范围的不断扩大,解题精度的不断提高,往往要求指令字长是可变的,数据字长也要求可变。为了适应指令和数据字长的可变性,其长度不由存储字长来确定,而由字节的个数来表示。1 个字节(Byte)被定义为由 8 位(bit)二进制代码组成。例如,4 字节数据就是 32 位二进制代码;2 字节构成的指令字长是 16 位二进制代码。当然,此时存储字长、指令字长、数据字长三者可各不相同,但它们必须是字节的整数倍。

(2) 运算器

运算器最少包括 3 个寄存器(现代计算机内部往往设有通用寄存器组)和一个算术逻辑单元(ALU)。其中 ACC(Accumulator)为累加器,MQ(Multiplier-Quotient Register)为乘商寄存器,X 为操作数寄存器。这 3 个寄存器在完成不同运算时,所存放的操作数类别也各不相同。表 1.3 列出了寄存器存放不同类别操作数的情况。

表 1.3 各寄存器所存放的各类操作数

操作数 \ 运算 \ 寄存器	加法	减法	乘法	除法
ACC	被加数及和	被减数及差	乘积高位	被除数及余数
MQ			乘数及乘积低位	商
X	加数	减数	被乘数	除数

不同机器的运算器结构是不同的。图 1.11 所示的运算器可将运算结果从 ACC 送至存储器中的 MDR;而存储器的操作数也可从 MDR 送至运算器中的 ACC、MQ 或 X。有的机器用 MDR 取代 X 寄存器。

下面简要地分析一下这种结构的运算器加、减、乘、除四则运算的操作过程。

设:M 表示存储器的任一地址号,[M]表示对应 M 地址号单元中的内容;X 表示 X 寄存器,[X]表示 X 寄存器中的内容;ACC 表示累加器,[ACC]表示累加器中的内容;MQ 表示乘商寄存器,[MQ]表示乘商寄存器中的内容。

假设 ACC 中已存有前一时刻的运算结果,并作为下述运算中的一个操作数,则

- 加法操作过程为

$$[M] \rightarrow X$$
$$[ACC] + [X] \rightarrow ACC$$

即将[ACC]看作被加数,先从主存中取一个存放在 M 地址号单元内的加数[M],送至运算器的 X 寄存器中,然后将被加数 [ACC] 与加数 [X] 相加,结果(和)保留在 ACC 中。

- 减法操作过程为

$$[M] \rightarrow X$$
$$[ACC] - [X] \rightarrow ACC$$

即将[ACC]看作被减数,先取出存放在主存 M 地址号单元中的减数 [M] 并送入 X,然后[ACC] -[X],结果(差)保留在 ACC 中。

- 乘法操作过程为

$$[M] \rightarrow MQ$$
$$[ACC] \rightarrow X$$
$$0 \rightarrow ACC$$
$$[X] \times [MQ] \rightarrow ACC / \!/ MQ^{①}$$

即将[ACC]看作被乘数,先取出存放在主存 M 号地址单元中的乘数 [M] 并送入乘商寄存器 MQ,再把被乘数送入 X 寄存器,并将 ACC 清"0",然后 [X] 和 [MQ] 相乘,结果(积)的高位保留在 ACC 中,低位保留在 MQ 中。

- 除法操作过程为

$$[M] \rightarrow X$$
$$[ACC] \div [X] \rightarrow MQ$$
余数 R 在 ACC 中

即将 [ACC]看作被除数,先取出存放在主存 M 号地址单元内的除数 [M] 并送至 X 寄存器,然后 [ACC] 除以 [X],结果(商)暂留于 MQ,[ACC] 为余数 R。若需要将商保留在 ACC 中,只需做一步 [MQ]→ACC 即可。

（3）控制器

控制器是计算机的神经中枢,由它指挥各部件自动、协调地工作。具体而言,它首先要命令存储器读出一条指令,称为取指过程(也称取指阶段)。接着,它要对这条指令进行分析,指出该指令要完成什么样的操作,并按寻址特征指明操作数的地址,称为分析过程(也称分析阶段)。最后根据操作数所在的地址以及指令的操作码完成某种操作,称为执行过程(也称执行阶段)。

---

① //表示两个寄存器串接。

以上就是通常所说的完成一条指令操作的取指、分析和执行 3 个阶段。

控制器由程序计数器（Program Counter，PC）、指令寄存器（Instruction Register，IR）以及控制单元（CU）组成。PC 用来存放当前欲执行指令的地址，它与主存的 MAR 之间有一条直接通路，且具有自动加 1 的功能，即可自动形成下一条指令的地址。IR 用来存放当前的指令，IR 的内容来自主存的 MDR。IR 中的操作码（OP(IR)）送至 CU，记作 OP(IR)→CU，用来分析指令；其地址码（Ad(IR)）作为操作数的地址送至存储器的 MAR，记作 Ad(IR)→MAR。CU 用来分析当前指令所需完成的操作，并发出各种微操作命令序列，用以控制所有被控对象。

（4）I/O

I/O 子系统包括各种 I/O 设备及其相应的接口。每一种 I/O 设备都由 I/O 接口与主机联系，它接收 CU 发出的各种控制命令，并完成相应的操作。例如，键盘（输入设备）由键盘接口电路与主机联系；打印机（输出设备）由打印机接口电路与主机联系。

下面结合图 1.11 进一步深入领会计算机工作的全过程。

首先按表 1.2 所列的有序指令和数据，通过键盘输入到主存第 0 号至第 12 号单元中，并置 PC 的初值为 0（令程序的首地址为 0）。启动机器后，计算机便自动按存储器中所存放的指令顺序有序地逐条完成取指令、分析指令和执行指令，直至执行到程序的最后一条指令为止。

例如，启动机器后，控制器立即将 PC 的内容送至主存的 MAR（记作 PC→MAR），并命令存储器做读操作，此刻主存"0"号单元的内容"0000010000001000"（表 1.2 所列程序的第一条指令）便被送入 MDR 内。然后由 MDR 送至控制器的 IR（记作 MDR→IR），完成了一条指令的取指过程。经 CU 分析（记作 OP(IR)→CU），操作码"000001"为取数指令，于是 CU 又将 IR 中的地址码"0000001000"送至 MAR（记作 Ad(IR)→MAR），并命令存储器做读操作，将该地址单元中的操作数 x 送至 MDR，再由 MDR 送至运算器的 ACC（记作 MDR→ACC），完成此指令的执行过程。此刻，也即完成了第一条取数指令的全过程，即将操作数 x 送至运算器 ACC 中。与此同时，PC 完成自动加 1 的操作，形成下一条指令的地址"1"号。同上所述，由 PC 将第二条指令的地址送至 MAR，命令存储器做读操作，将"0001000000001001"送入 MDR，又由 MDR 送至 IR。接着 CU 分析操作码"000100"为乘法指令，故 CU 向存储器发出读命令，取出对应地址为"0000001001"单元中的操作数 a，经 MDR 送至运算器 MQ，CU 再向运算器发送乘法操作命令，完成 ax 的运算，并把运算结果 ax 存放在 ACC 中。同时 PC 又完成一次（PC）+1→PC，形成下一条指令的地址"2"号。依次类推，逐条取指、分析、执行，直至打印出结果。最后执行完停机指令后，机器便自动停机。

1.3　计算机硬件的主要技术指标

衡量一台计算机性能的优劣是根据多项技术指标综合确定的。其中，既包含硬件的各种性能指标，又包括软件的各种功能。这里主要讨论硬件的技术指标。

1.3.1　机器字长

机器字长是指 CPU 一次能处理数据的位数,通常与 CPU 的寄存器位数有关。字长越长,数的表示范围越大,精度也越高。机器的字长也会影响机器的运算速度。倘若 CPU 字长较短,又要运算位数较多的数据,那么需要经过两次或多次的运算才能完成,这样势必影响机器的运算速度。

机器字长对硬件的造价也有较大的影响。它将直接影响加法器(或 ALU)、数据总线以及存储字长的位数。所以机器字长的确定不能单从精度和数的表示范围来考虑。

1.3.2　存储容量

存储器的容量应该包括主存容量和辅存容量。

主存容量是指主存中存放二进制代码的总位数。即

$$存储容量 = 存储单元个数 \times 存储字长$$

图 1.11 中 MAR 的位数反映了存储单元的个数,MDR 的位数反映了存储字长。例如,MAR 为 16 位,根据 $2^{16} = 65\ 536$,表示此存储体内有 65 536 个存储单元(即 64 K 个存储字,1 K = 1 024 = 2^{10});而 MDR 为 32 位,表示存储容量为 $2^{16} \times 32 = 2^{21} = 2$ M 位(1 M = 2^{20})。

现代计算机中常以字节数来描述容量的大小,因一个字节已被定义为 8 位二进制代码,故用字节数便能反映主存容量。例如,上述存储容量为 2 M 位,也可用 2^{18} 字节表示,记作 2^{18} B 或 256 KB(B 用来表示一个字节)。

辅存容量通常用字节数来表示,例如,某机辅存(如硬盘)容量为 80 GB(1 G = 1 024 M = $2^{10} \times 2^{20} = 2^{30}$)。

1.3.3　运算速度

计算机的运算速度与许多因素有关,如机器的主频、执行什么样的操作、主存本身的速度(主存速度快,取指、取数就快)等都有关。早期用完成一次加法或乘法所需的时间来衡量运算速度,即普通法,显然是很不合理的。后来采用吉普森(Gibson)法,它综合考虑每条指令的执行时间以及它们在全部操作中所占的百分比,即

$$T_M = \sum_{i=1}^{n} f_i t_i$$

其中,T_M 为机器运行速度;f_i 为第 i 种指令占全部操作的百分比数;t_i 为第 i 种指令的执行时间。

现在机器的运算速度普遍采用单位时间内执行指令的平均条数来衡量,并用 MIPS(Million Instruction Per Second,百万条指令每秒)作为计量单位。例如,某机每秒能执行 200 万条指令,则记作 2 MIPS。也可以用 CPI(Cycle Per Instruction)即执行一条指令所需的时钟周期(机器主频的倒数)

数,或用FLOPS(Floating Point Operation Per Second,浮点运算次数每秒)来衡量运算速度。

1.4 本书结构

本书介绍计算机组成原理,其内容安排如下:

第1篇:概论,介绍计算机系统的基本组成、应用与发展。

第2篇:计算机系统的硬件结构,引导读者自顶向下了解计算机系统的硬件结构,包括中央处理器、存储器、I/O等主要部件以及连接它们的系统总线。其中,除中央处理器比较复杂放在第3篇单独讲述外,其他各部件均在此篇介绍。

第3篇:中央处理器(CPU),本篇讲述CPU的功能和结构,并对影响CPU特性、结构和功能的算逻单元及其运算方法、指令系统、指令流水、中断系统等进行详细分析。有关控制单元(CU)在第4篇单独介绍。

第4篇:控制单元(CU),本篇在详细分析时序系统以及微操作命令节拍安排的基础上,分别介绍如何用组合逻辑控制及微程序控制两种方法设计和实现控制单元。

总之,全书按自顶向下、由表及里的层次结构,向读者展示计算机的组成及其工作原理,目的是使读者能先从整体上对计算机有一个粗略的认识,然后,逐步深入到机器内核,从而更容易形成计算机的整体概念。图1.12形象地描述了上述各章节之间的联系。

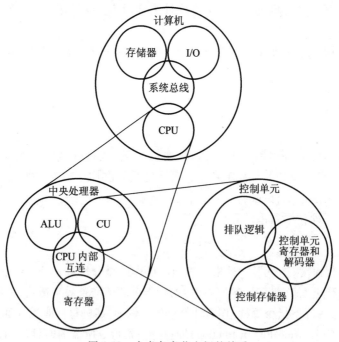

图1.12 全书各章节之间的关系

思考题与习题

1.1　什么是计算机系统、计算机硬件和计算机软件？硬件和软件哪个更重要？

1.2　如何理解计算机系统的层次结构？

1.3　说明高级语言、汇编语言和机器语言的差别及其联系。

1.4　如何理解计算机组成和计算机体系结构？

1.5　冯·诺依曼计算机的特点是什么？

1.6　画出计算机硬件组成框图，说明各部件的作用及计算机硬件的主要技术指标。

1.7　解释概念：主机、CPU、主存、存储单元、存储元件、存储基元、存储元、存储字、存储字长、存储容量、机器字长、指令字长。

1.8　解释英文代号：CPU、PC、IR、CU、ALU、ACC、MQ、X、MAR、MDR、I/O、MIPS、CPI、FLOPS。

1.9　画出主机框图，分别以存数指令"STA M"和加法指令"ADD M"（M 均为主存地址）为例，在图中按序标出完成该指令（包括取指阶段）的信息流程（如 ——①—→）。假设主存容量为 256 M×32 位，在指令字长、存储字长、机器字长相等的条件下，指出图中各寄存器的位数。

1.10　根据迭代公式 $\sqrt{x} = \dfrac{1}{2}\left(y_n + \dfrac{x}{y_n}\right)$，设初态 $y_0 = 1$，要求精度为 ε，试编制求 $\sqrt{x}$ 的解题程序（指令系统自定），并结合所编程序简述计算机的解题过程。

1.11　指令和数据都存于存储器中，计算机如何区分它们？

1.12　什么是指令？什么是程序？

第 2 章　计算机的发展及应用

本章简要介绍计算机的发展史以及它的应用领域,旨在使读者对计算机有一个感性的认识。最后,本章展望计算机的未来。

2.1　计算机的发展史

谁也不曾想到,当初只是当作军事计算工具应用的电子计算机,在半个世纪中竟然会成为改变社会结构,乃至促使人们的工作和生活方式发生惊人变化的宠儿,真可谓 20 世纪下半世纪科技发展最有影响的发明,并且它还将继续影响着未来世界的变化,使数千年人类文明史中曾有过的各种神话般的幻想逐渐变为现实。

2.1.1　计算机的产生和发展

1. 第一代电子管计算机

1943 年,第二次世界大战进入后期,因战争的需要,美国国防部批准了由 Pennsyivania 大学 John Mauchly 教授和 John Presper Eckert 工程师提出的建造一台用电子管组成的电子数字积分机和计算机(Electronic Numerical Integrator And Computer,ENIAC)的计划,用它来解决当时国防部弹道研究实验室(BRL)开发新武器的射程和检测模拟运算表的难题。当时,由于运算能力不足,该实验室无法在规定的时间内拿出准确的运算表,严重影响了新武器的制作。

ENIAC 于 1946 年交付使用,其首要任务就是完成了一系列测定氢弹可靠性的复杂运算。ENIAC 采用十进制运算,电路结构十分复杂,使用 18 000 多个电子管,运行时耗电量达 150 千瓦,体积庞大,重量达 30 吨,占地面积为 1 500 平方英尺,而且需用手工搬动开关和拔、插电缆来编制程序,使用极不方便,但它比任何机械计算机快得多,每秒可进行 5 000 多次加法运算。

ENIAC 的出现不但实现了制造一台通用计算机的目标,而且标志计算工具进入了一个崭新的时代,是人类文明发展史中的一个里程碑。仅仅半个世纪,计算机已经使人类社会从工业化社会发展到了信息化社会。虽然 ENIAC 于 1955 年正式退役,并陈列于美国国立博物馆供人们参观,但它的丰功伟绩将永远记载在人类的文明史册中。

1945 年,ENIAC 的顾问、数学家冯·诺依曼在为一台新的计算机 EDVAC(电子离散变量计算机)所制定的计划中首次提出了存储程序的概念,即将程序和数据一起存放在存储器中,使编程更加方便。这个思想几乎同时被科学家图灵(Turing)想到了。

1946 年,冯·诺依曼与他的同行们在 Princeton Institute 进行高级研究时,设计了一台存储程序的计算机 IAS,可惜因种种原因直到 1952 年 IAS 也未能问世。但 IAS 的总体结构从此得到了认可,并成为后来通用计算机的原型,图 2.1 就是 IAS 计算机的总体结构示意图。它由几部分组成:一个同时存放指令和数据的主存储器、一个二进制的算逻运算部件、一个解释存储器中的指令并能控制指令执行的程序控制部件以及由控制部件操作的I/O 设备。

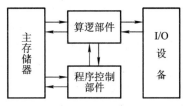

图 2.1 IAS 计算机结构

20 世纪 50 年代,美国出现了 Sperry 和 IBM 两大制造计算机的公司,后来又从 Sperry 公司分离出了 UNIVAC 子公司,他们控制着计算机市场。

1947 年,Eckert 和 Mauchly 共同建立了生产商用计算机的计算机公司,他们第一个成功的产品是 UNIVAC I(Universal Automatic Computer),后来 Eckert-Mauchly 公司成为从 Sperry-Rand 公司分离出来的 UNIVAC 子公司,并继续制造了一系列产品,如 UNIVAC Ⅱ 及 UNIVAC 1100 系列产品,它们成为科学和商用计算机的主流产品。同时 IBM 公司在 1953 年推出了首台存储程序的计算机 701 机,1955 年又推出了 702 机,使之更适用于科学计算和商业应用,后来形成了 700/7000 系列,使 IBM 成为计算机制造商的绝对权威。

自从 ENIAC 问世后,人类为提高电子计算机性能的欲望从未减退过,并在 20 世纪 50 年代初,除美国外,英、法、苏联、日本、意大利等国都相继研制出本国的第一台电子计算机,我国也于1958 年研制成自己的第一台电子计算机。可是在这十多年的时间里,计算机的性能并未出现奇迹般的提高,它的运算速度每秒仅在数千次至上万次左右,其体积虽然不像 ENIAC 那样庞大,但也占了相当大的空间,耗电量也很大。直到 20 世纪 50 年代末,计算机技术迎来了第一次大飞跃的发展机遇,其性能出现了数十倍以至几百倍的提高,这就是用晶体管替代电子管的重大变革。

2. 第二代晶体管计算机

1947 年在贝尔实验室成功地用半导体硅作为基片,制成了第一个晶体管,它的小体积、低耗电以及载流子高速运行的特点,使真空管望尘莫及。进入 20 世纪 50 年代后,全球出现了一场以晶体管替代电子管的革命,计算机的性能有了很大的提高。以 IBM 700/7000 系列为例,晶体管机 7094(1964 年)与电子管机 701(1952 年)相比,其主存容量从 2 K 字增加到 32 K 字;存储周期从 30 μs 下降到 1.4 μs;指令操作码数从 24 增加到 185;运算速度从每秒上万次提高到每秒 50 万次。7094 机还采用了数据通道和多路转换器等在当时看来是最新的技术。

尽管用晶体管代替电子管已经使电子计算机的面貌焕然一新,但是随着对计算机性能越来越高的追求,新的计算机所包含的晶体管个数已从一万个左右骤增到数十万个,人们需要把晶体管、电阻、电容等一个个元件都焊接到一块电路板上,再由一块块电路板通过导线连接成一台计算机。其复杂的工艺不仅严重影响制造计算机的生产效率,更严重的是,由几十万个元件产生几百万个焊点导致计算机工作的可靠性不高。

随着 1958 年微电子学的深入研究,特别是新的光刻技术和设备的成熟,为计算机的发展又开辟了一个崭新时代——集成电路时代。

3. 第三代集成电路计算机

仔细分析就会发现,计算机的数据存储、数据处理、数据传送以及各类控制功能基本上都是由具有布尔逻辑功能的各类门电路完成的,而大量的门电路又都是由晶体管、电阻、电容等搭接而成,因此,当集成电路制造技术出现后,可以利用光刻技术把晶体管、电阻、电容等构成的单个电路制作在一块极小(如几个平方微米)的硅片上。进一步发展,实现了将成百上千个这样的门电路全部制作在一块极小(如几个平方毫米)的硅片上,并引出与外部连接的引线,这样,一次便能制作成成百上千个相同的门电路,又一次大大地缩小了计算机的体积,大幅度下降了耗电量,极大地提高了计算机的可靠性。这就是人们称为小规模集成电路(SSI)和中等规模集成电路(MSI)的第三代计算机,其典型代表为 IBM 的 System/360 和 DEC 的 PDP-8。

1964 年,IBM 推出了一个新的计算机系列 System/360,打破了 7000 系列在体系结构方面的一些约束。为了推动集成电路技术,改进原来的结构,IBM 投入了大量的人力和物力进行技术开发,作为回报,它最终占领了大约 70% 的市场份额,成为计算机制造的最大制造商。

System/360 系列中有不同的机型,但它们又都是互相兼容的,即在某种机型上运行的程序可以在这一系列中的另一种机型上运行。它们具有类似或相同的指令系统(该系列中低档机的指令系统可以是高档机指令系统的一个子集),各机型有类似或相同的操作系统,而且随着机器档次的提高,机器的速度、存储器的容量、I/O 端口的数量以及价格都有所增长。

另一种有代表性的机器是 DEC 的 PDP-8,它采用总线结构,有迷你机之称。它以低价格、小体积吸引了不少用户,售价仅 16 000 美元,而当时 System/360 大型机的售价为数十万美元。PDP-8 使 DEC 迅速发展起来,使其成为继 IBM 之后的第二大计算机制造商。

从 1946 年的 ENIAC 到 1964 年的 IBM System/360,历时不到 20 年,计算机的发展经历了电子管—晶体管—集成电路 3 个阶段,通常称为计算机的 3 代。显然,早期计算机的更新换代主要集中体现在组成计算机基本电路的元器件(电子管、晶体管、集成电路)上。

第三代计算机之后,人们没有达成定义新一代计算机的一致意见。

表 2.1 列出了硬件技术对计算机更新换代的影响。

表 2.1　硬件技术对计算机更新换代的影响

发展阶段	时间	硬件技术	速度/(次/秒)
一	1946—1957	电子管	40 000
二	1958—1964	晶体管	200 000
三	1965—1971	中、小规模集成电路	1 000 000
四	1972—1977	大规模集成电路	10 000 000
五	1978 年到现在	超大规模集成电路	100 000 000

进入到 20 世纪 70 年代后,把计算机当作高级计算工具的狭隘观念已被人们逐渐摒弃,计算

机成为一门独立的学科而迅猛发展,并且影响、改变着人类的生活方式,这是由于微处理器的出现(采用大规模和超大规模集成电路)、软件技术的完善及应用范围的不断拓宽所带来的必然结果。

2.1.2　微型计算机的出现和发展

集成电路技术把计算机的控制单元和算逻单元集成到一个芯片上,制成了微处理器芯片。1971 年,美国 Intel 公司 31 岁的工程师霍夫研制成世界上第一个 4 位的微处理器芯片 4004,集成了 2 300 个晶体管。随后,微处理器经历了 4 位、8 位、16 位、32 位和 64 位几个阶段的发展,芯片的集成度和速度都有很大的提高。与此同时,半导体存储器的研制也正在进行,1970 年,Fairchild 制作了第一个存储芯片,该芯片大约只有一个磁心这么大,却能保存 256 位二进制信息,但是每位的价格高于磁心。1974 年后,随着半导体存储器价格的迅速下降,位密度的不断提高,存储芯片的容量经历了 1 K 位,4 K 位,16 K 位,64 K 位,256 K 位,1 M 位,4 M 位,16 M 位,64 M 位,…,1 G 位这几个阶段,每个新的阶段都比过去提高到 4 倍的容量,而价格和访问时间都有所下降。

总之,芯片集成度不断提高,从在一个芯片上集成成百上千个晶体管的中、小规模集成电路,逐渐发展到能集成成千上万个晶体管的大规模集成电路(LSI)和能容纳百万个以上晶体管的超大规模集成电路(VLSI)。微芯片集成晶体管的数目验证了 Intel 公司的缔造者之一 Gordon Moore 提出的“微芯片上集成的晶体管数目每 3 年翻两番”的规律,这就是人们常说的 Moore(摩尔)定律。

微处理器芯片和存储器芯片出现后,微型计算机也随之问世。例如,1971 年用 4004 微处理器制成了 MCS-4 微型计算机。20 世纪 70 年代中期,8 位微处理器 8008、8080、R6502、M6800、Z80 等相继出现,并用 R6502 制成了 Apple Ⅱ 微型计算机,用 Z80 制成了 CROMEMCO 80 微型计算机等。

最值得一提的是世界上第一大微处理器的制造商 Intel,其典型产品如下。

* 8080:世界上第一个 8 位通用的微处理器,1974 年问世。
* 8086:16 位,2.9 万个晶体管,地址 20 位,采用 6 个字节指令队列,指令系统与 8088 完全兼容,1978 年问世。
* 8088:集成度达 2.9 万个晶体管,主频 4.77 MHz,字长 16 位(外部 8 位),又称准 16 位,地址 20 位,采用 4 个字节指令队列,被 IBM 首台微型计算机(IBM PC)选用,1979 年问世。
* 80286:16 位,13.4 万个晶体管,6 MHz,地址 24 位,可用实际内存 16 MB 和虚拟内存 1 GB,1982 年问世。
* 80386:32 位,27.5 万个晶体管,12.5 MHz、33 MHz,地址 32 位,4 GB 实际内存,64 TB($1 \text{ TB} = 2^{40} \text{ B}$)虚拟内存,其性能可与几年前推出的小型机和大型机相比,1985 年问世。
* 80486:32 位,120 万个晶体管,25 MHz、33 MHz、50 MHz,4 GB 实际内存,64 TB 虚拟内

存,引用更加复杂的 Cache 技术和指令流水技术,速度比 80386 快一倍,性能指标比 80386 高出 3~4 倍,1989 年问世。

- Pentium:32 位,310 万个晶体管,66 MHz、100 MHz,4 GB 实际内存,64 TB 虚拟内存,采用超标量技术,使多条指令可并行执行,速度比 80486 高出 6~8 倍,1993 年问世。
- Pentium Pro:64 位,550 万个晶体管,133 MHz、150 MHz、200 MHz,64 GB 实际内存,64 TB 虚拟内存,采用动态执行 RISC/CISC 技术、分支预测、指令流分析、推理性执行和二级 Cache 等技术,1995 年问世。
- Pentium Ⅱ:64 位,750 万个晶体管,200~300 MHz,64 GB 实际内存,64 TB 虚拟内存,融入了专门用于有效处理视频、音频和图形数据的 Intel MMX 技术,1997 年问世。
- Pentium Ⅲ:64 位,950 万个晶体管,450~600 MHz,64 GB 实际内存,64 TB 虚拟内存,融入了新的浮点指令,以支持三维图形软件,1999 年问世。
- Pentium 4:64 位,4 200 万个晶体管,1.3~1.8 GHz,64 GB 实际内存,64 TB 虚拟内存,包括另外的浮点和其他多媒体应用的增强,2000 年问世。

显然,从 20 世纪 70 年代初至今,微型计算机的发展在很大程度上取决于微处理器的发展,而微处理器的发展又依赖于芯片集成度和处理器主频的提高。从 2000 年 Intel Pentium 4 问世至今的发展历程看,处理器的架构变化不大,主要从提高处理器的主频、增加扩展指令集、增加流水线、提高生产工艺水平(晶体管的线宽从 180 nm→130 nm→90 nm→65 nm)等几方面来不断改进处理器的性能。但制造工艺的缺陷,导致了处理器功耗持续上升。大量研究表明,每推出一代新型处理器,它的功耗是上一代处理器功耗的 2 倍,倘若芯片集成度达 10 亿个,处理器的自身功耗将会使人们一筹莫展。可见,有效解决微处理器的功耗和散热问题已成为当务之急。事实上一味追求微芯片集成度的提高,除了引发功耗、散热问题外,还会出现更多的问题,如线延迟问题、软误码率现象等。

为了提高计算机的性能,除了提高微处理器的性能外,人们还努力通过开发指令级并行性来实现。可是在指令级并行性应用中,又受到数据预测精度有限、指令窗口不能过大以及顺序程序固有特性的限制等,使得依靠开发指令级并行性来提高计算机的性能又有很大的局限性。

虽然很多因素阻碍了微型计算机性能的不断提高,可是随着计算机的广泛应用,尤其是网络技术的迅猛发展,人们依然在追求着机器性能的完美。例如,当前网络的环境基本上是让计算机处于桌面固定的状态,而人们更希望机器能围绕人们的需求转,越来越方便地使用计算机,不希望机器局限于固定的桌面式应用,让机器以手持式或穿戴式以及其他形式,使之更具人性化,能和谐地融合于人们的生活和工作之中。与此相适应的移动计算技术便应运而生。

移动计算模式迫切要求微处理器具有响应实时性、处理流式数据类型的能力、支持数据级和线程级并行性、更高的存储和 I/O 带宽、低功耗、低设计复杂性和设计的可伸缩性。

当前主流商用处理器大部分都是超标量结构,是一种在一个时钟周期内同时发射多条标量指令到多个功能部件以提高处理器性能的体系结构,若每周期发送 4 条指令,已不能满足日渐庞大的应用程序对高性能的需求。而继续开发更大发射带宽的超标量结构将会导致处理器的逻辑设计复杂度大幅增加,正确性验证变得越来越困难。人们开始寻找新的体系结构来适应新的市场和不断变化的应用需要。

从 20 世纪微处理器的发展来看,几乎每 3 年处理器的性能就能提高 4~5 倍,但是计算机中一些其他部件性能的提高速度达不到这个水平。因此,必须不断调整计算机的组成和结构,以弥补不同部件性能的不匹配问题。影响它们之间不匹配的主要因素是处理器与主存之间的接口和处理器与外设之间的接口。

处理器与主存之间的接口是整个计算机最重要的通路,因为它要负责在主存与处理器之间传送指令和数据,如果主存或主存与处理器之间的传送跟不上处理器的要求,就会使处理器处于等待的状态。为此,可加宽数据总线的宽度,在主存和处理器之间设置高速缓冲存储器(Cache)并发展成片内 Cache 和分级 Cache,采用高速总线和分层总线来缓冲和分流数据,从而提高处理器和存储器之间的连接带宽。

处理器和外设之间也存在大量的数据传输要求,可通过各种缓冲机制、加上高速互连总线以及更精致的总线结构来解决它们之间传输速率的不匹配问题。

因此,计算机的设计者们必须不断平衡处理器、主存、I/O 设备和互连结构之间的数据吞吐率和数据处理的需要,使计算机的性能越来越好。

从 21 世纪初来看,当前通用微处理器的发展重点将在以下几方面。

① 进一步提高复杂度来提高处理器性能。这种方法沿袭传统的指令级并行方法加速单线程应用,组织更宽的超标量,采用更多的功能部件、多级 Cache 和激进的数据、控制以及指令轨迹预测,达到使用尽可能多的指令级并行(Instruction-Level Parallelism,ILP)。例如,先进超标量处理器(Advanced Superscalar Processor)、超前瞻处理器(Superspeculative Processor)、多标量处理器(Multiscalar Processor)、数据标量处理器(Datascalar Processor)和踪迹处理器(Trace Processor)等。

② 通过线程/进程级并行性的开发提高处理器的性能,即通过开发线程级并行性(Thread-Level Parallelism,TLP)或进程级并行性(Process-Level Parallelism,PLP)来提高性能,简化硬件设计。例如,多处理器(Multiprocessor)、单芯片处理器 CMP(On-chip Multiprocessor)、多线程处理器(Multi-Threaded Processor)以及同时多线程处理器(Simultaneous Multi-Threading Processor)、动态多线程处理器(Dynamic-Multithreaded Processor)和多路径多线程处理器(Threaded Multipath Processor)等。

③ 将存储器集成到处理器芯片内来提高处理器性能。采用 ILP、TLP、PLP 能大大提高处理器内部指令执行的并行度,而指令和数据的供应是充分发挥这些技术的关键问题。传统上以处理器为中心的设计思想导致处理器把大量的复杂性花在解决访存延迟的问题上。然而处理器和存储器性能的差距仍在以每年 50% 的速度增大,使得访存速度将成为未来提高处理器性能的主要瓶颈。基于此,PIM(Processor In Memory)技术提出将处理器和存储器集成在同一个芯片上,这样可使访存延时减少 5~10 倍,存储器带宽可增加 50~100 倍。大多数情况下,整个应用在运行期间都可放到片上存储器里。将存储器集成到处理器芯片上后,原来用于增加处理器—存储

器带宽的大量存储总线引脚可以被节省下来用于增加 I/O 带宽,这将有利于提高未来大量的网络应用性能,并且能减少对片外存储器的访问,使处理器的功耗大大降低。

④ 发展嵌入式处理器。由于嵌入式应用需求的广泛性,以及大部分应用功能单一、性质确定的特点,决定了嵌入式处理器实现高性能的途径与通用处理器有所不同。目前嵌入式处理器大多是针对专门的应用领域进行专门设计来满足高性能、低成本和低功耗的要求。例如,视频游戏控制需要很高的图形处理能力;手持、掌上、移动和网络 PC 要求具备虚存管理和标准的外围设备;手机和个人移动通信设备要求在具有高性能和数字信号处理能力的同时具有超低功耗;调制解调器、传真机和打印机要求低成本的处理器;机顶盒和 DVD 则要求高度的集成性;数字相机要求既有通用性又有图像处理能力。

目前嵌入式处理器的高性能和低成本技术发展趋势是:体系结构需要在新技术与产品、市场和应用需求之间取得平衡;设计方法趋向于走专用、定制和自动化的道路。

2.1.3　软件技术的兴起和发展

计算机刚刚问世时,还未建立"软件"这一概念,随着计算机的发展及应用范围的扩大,逐渐形成了软件系统。

在早期的计算机中,使用者必须根据机器自身能识别的语言——机器语言(机器指令)按解题要求编写出机器可直接运行的程序。由于机器不同,机器语言也不同,因此人们在不同的机器上编程,就需要熟悉不同机器的机器指令,使用极不方便,写出的程序很难读懂。20 世纪 50 年代后,逐渐形成了符号语言和汇编语言,这种语言虽然可以不用 0/1 代码编程,改善了程序的可读性,但它们仍是面向机器的,即不同的机器各自有不同的汇编语言。为了使这种符号语言转变成机器能识别的语言,人们又创造了汇编程序,用于把汇编语言翻译成机器语言。

为了摆脱对具体机器的依赖,在汇编语言之后又出现了面向问题的高级语言。使用高级语言编程可以不了解机器的结构,高级语言的语句通常是一个或一组英语词汇,词义本身反映出命令的功能,它比较接近人们习惯用的自然语言和数学语言,使程序具有很强的可读性。高级语言的发展经历了几个阶段。第一阶段的代表语言是 1954 年问世的 FORTRAN,它主要面向科学计算和工程计算。第二阶段可视为结构化程序设计阶段,其代表是 1968 年问世的 Pascal 语言,它定义了一个真正的标准语言,按严谨的结构化程序编程,具有丰富的数据类型,写出的程序易读懂、易查错。第三阶段是面向对象程序设计阶段,其代表语言是 C++。近年来随着网络技术的不断发展,又出现了更适应网络环境的面向对象的 Java 语言,而且随着 Internet 技术的发展和应用,Java 语言越来越受到人们普遍欢迎。

为了使高级语言描述的算法在机器上执行,同样需要有一个翻译系统,于是产生了编译程序和解释程序,它们能把高级语言翻译成机器语言。

可见,随着各种语言的出现,汇编程序、编译程序、解释程序的产生,逐渐形成了软件系统。

随着计算机应用领域的不断扩大,外部设备的增多,为了使计算机资源让更多用户共享,又出现了操作系统。操作系统能协调管理计算机中各种软件、硬件及其他信息资源，并能调度用户的作业程序，使多个用户能有效地共用一套计算机系统。操作系统的出现使计算机的使用效率成倍地提高，并且为用户提供了方便的使用手段和令人满意的服务质量。例如，DOS、UNIX 和 Windows 等。

此外，一些服务性程序，如装配程序、调试程序、诊断程序和排错程序等，也逐渐形成。特别是随着计算机在信息处理、情报检索及各种管理系统中应用的发展，要求大量处理某些数据，建立和检索大量的表格。这些数据和表格按一定的规律组织起来，使用户使用更方便，于是出现了数据库。数据库和数据管理软件一起便组成了数据库管理系统。而且随着网络的发展，又产生了网络软件等。

以上所述的各种软件均属于系统软件，而软件发展的另一个主要内容就是应用软件。应用软件种类繁多，它是用户在各自的行业中开发和使用的各种程序。如各种财务软件、办公用的文字处理和排版软件、帮助管理日常业务工作和图文报表的"电子表格"和"数据库"软件、帮助工程设计的 CAD 软件以及各种实用的网络通信软件等。

软件发展有以下几个特点。

（1）开发周期长

研制一个软件往往因其规模庞大而需较长的开发周期。例如，美国穿梭号宇宙飞船的软件包含 4 000 万行目标代码，倘若一个人一年开发一万行程序，则需集中 4 000 人花一年时间才能完成，而且要做到 4 000 人的默契配合，涉及种种技术问题的协调，如分析方法、设计方法、形式说明方法、版本标准等都得有严格的规范，其难度远远超过自动化程度极高的硬件制造。

（2）制作成本昂贵

超大规模集成电路技术给硬件制造业带来巨大利益，使硬件的价格不断下降，使一台普通的微型计算机的价格与一台彩色电视机的价格相当，而且还在下降。可是软件的开发完全依赖于人工，致使软件开发成本不断上涨，在美国，软件成本约占计算机系统总成本的 90%，已成为司空见惯的现象。

（3）检测软件产品质量的特殊性

一种软件在刚开始推出时，主要实现其面向领域所需的核心功能，之后逐步集成大量的附加功能。也就是说，要完善一个软件产品，必须在应用过程中不断加以修改、补充。只有使用了一定时间后，才能对软件产品质量进行确定。

尽管软件技术兴起和发展比硬件晚，而且其发展速度没有硬件快（如微处理器的性能以 Moore 定律所述的几何级数增长），但是仍可以说，如果没有当今的软件技术，计算机系统和应用的发展也不会有今天这样的成就。客观地说，软件的发展不断激励着微处理器和存储器性能的增长。

世界各国当前都十分重视软件人才的培养和软件产业的形成，但实际上它们都很难与当前计算机应用普及的广度和深度相适应。也正因为如此，有些软件开发商瞄准了特定的市场，一旦在性能、质量占到上风时，就会很快积聚财富，成为新的世界级富商。例如，美国微软公司十来年的发展就超过传统工业(如汽车制造业),同样微软公司的组建者也很快成为现代世界最大富商之一。

　　在二三十年软件开发的实践中,人们对软件开发也逐渐有了较深刻的认识,逐渐体会到软件不是简单地编写程序,欲开发成一个优良的软件,和开发其他产品一样,必须明确开发要求,然后做可行性分析,确定基本方法,进行需求分析,再深入用户核准需求,取得一致意见后才能进入软件设计阶段。因此,程序只是完成整个软件产品的一个组成部分,软件生存周期的各个阶段都是以文档资料形式存在。正如著名软件工程专家 Boehm 曾经指出:"软件是程序以及开发、使用和维护程序需要的所有文档。"可见软件开发不是某种个体劳动的神秘技巧,它是一个组织良好、管理严密、各类人员协同配合共同完成软件工程的全过程。只有这样才能保证软件工程的顺利完成,并能节省大量开发费用;否则将会陷入事倍功半、长期无法正常运行的困境。

2.2　计算机的应用

　　自 ENIAC 问世后将近 30 余年的时间里,计算机一直被作为大学和研究机构的娇贵设备。在 20 世纪 70 年代中后期,大规模集成工艺日趋成熟,微芯片上集成的晶体管数一直按每 3 年翻两番的 Moore 定律增长,微处理器的性能也按此几何级数提高,而价格也以同样的几何级数下降,以至于以前需花数百万美元的机器(如 80M FLOPS 的 CRAY)变得价值仅为数千美元(而此类机器的性能可达 200M FLOPS),至于对性能不高的微处理器芯片而言,仅花数美元就可购到。因此,人们终于使计算机走出了实验室而渗透到各个领域,乃至走进普通百姓的家中。当然,除了计算机的价格迅速降低以外,计算机软件技术日趋完臻也是计算机获得广泛应用的重要原因。尤其是近年来计算机技术和通信技术相互融合,出现了沟通全球的 Internet,使计算机的应用范围从科学计算、数据处理等传统领域扩展到办公自动化、多媒体、电子商务、虚拟工厂、远程教育等,遍及社会、政治、经济、军事、科技以及个人文化生活和家庭生活的各个角落。

2.2.1　科学计算和数据处理

1. 科学计算

　　科学计算一直是计算机的重要应用领域之一。其特点是计算量大和数值变化范围大。在天文学、量子化学、空气动力学和核物理学等领域都要依靠计算机进行复杂的运算。例如,人们日常生活难以摆脱的天气预报,要知道第二天的气候变化,采用 1 MIPS 的计算机顷刻间便可获得。倘若想预报一个月乃至一年的气候变化,使各地提前做好防汛、防旱等工作,则 100 MIPS 或更高的计算机才能满足。现代的航空、航天技术,如超音速飞行器的设计、人造卫星和运载火箭轨道的计算,也都离不开高速运算的计算机。

　　此外,计算机在其他学科和工程设计方面,诸如数学、力学、晶体结构分析、石油勘探、桥梁设计、建筑、土木工程设计等领域内,都得到了广泛的应用。

2. 数据处理

数据处理也是计算机的重要应用领域之一。早在 20 世纪五六十年代,人们就把大批复杂的事务数据交给了计算机处理,如政府机关公文、报表和档案。大银行、大公司、大企业的财务、人事、物料,包括市场预测、情报检索、经营决策、生产管理等大量的数据信息,都由计算机收集、存储、整理、检索、统计、修改、增删等,并由此获得某种决策数据或趋势,供各级决策指挥者参考。

2.2.2　工业控制和实时控制

通过各种传感器获得的各种物理信号经转换为可测可控的数字信号后,再经计算机运算,根据偏差,驱动执行机构来调整,便可达到控制的目的。这种应用已被广泛用于冶金、机械、纺织、化工、电力、造纸等行业中。

目前的工业控制远比 20 世纪六七十年代先进得多。新型的工业自动控制系统以标准的工业计算机软、硬件平台构成集成系统,取代了传统的封闭式系统,具有更强的适应性,更好的开放性,更易于扩展,更经济、更短的开发周期等显著优点。通常将工控系统分为 3 层:控制层、监控层和管理层。控制层是最下层,它是通过各种传感器来获得各种有效信号的。监控层下连控制层,上连管理层,它不但实现对现场的实时监测与控制,而且常在自动控制系统中完成上传下达,组态开发的重要作用。特别是组态软件的出现,使数据采集、过程控制变得十分简单,它为用户提供良好的开发界面和简捷的使用方法,使用各种软件模块可以非常容易地实现和完成监控层的各种功能。就目前发展趋势而言,工业控制的应用已经向控管一体化方向发展,利用网络技术,通过传感技术和多媒体技术,操作者可以在控制室内通过大屏幕显示,了解各车间、各工位、各部门的生产运行情况,并可直接由控制室发出各种控制命令,指挥全厂正常工作。

在军事上,导弹的发射及飞行轨道的计算控制、先进的防空系统等现代化军事设施,通常也都是由计算机构成的控制系统,其中包括雷达、地面设施、海上装备等。例如,将计算机嵌入导弹的弹头内,利用卫星定位系统,将飞行目标和飞行轨迹事先存储在弹载计算机内,导弹在飞行中对实际飞行轨迹进行不断修正,直接袭击目标,其命中率几乎接近 100%。美国在海湾战争以及后来的军事冲突中,计算机实时控制技术发挥了极为突出的作用。

此外,2003 年和 2005 年我国发射的载人宇宙飞船都属于实时控制的应用范畴。

2.2.3　网络技术的应用

促使计算机网络诞生的最早动机在于实现硬件资源的共享。当时计算机十分昂贵,人们希望能远距离利用计算机,因此在 1954 年第一次实现了将穿孔卡上的数据从电话线发送到远方的计算机来完成运算,这可以说是计算机网络的雏形,可见网络技术的基础是计算机技术与通信技术的结合。

1992 年美国政府提出了"国家信息基础设施计划",1993 年西方七国提出"全球信息基础设施计划",整个世界随着通信技术和计算机技术的结合,在 21 世纪到来前,一个崭新的全球性的 Internet 正在形成,并正以更新的姿态屹立在世界的顶端。由于全球网络化消除了人们之间因时间、距离和地理界限所形成的障碍,从而使各国人们在技术交流、商品交换、文化传递、感情沟通等方面变得十分迅捷,十分方便。如果再有性能良好的语言翻译机(实际上目前已经有翻译机了),那么原有的隔阂和障碍可能会全部消失。正因如此,Internet 的发展规模和速度达到了惊人的程度,人们称之为新 Moore 定律,全球入网量每 6 个月翻一番。据 2007 年 1 月国外网站统计,全世界上网的计算机已超过 4.3 亿台,上网人数已达 11 亿。据中国互联网发展状况 2007 年 1 月的统计报告,至 2006 年年底,我国网民人数达 1.37 亿,比 2005 年增加 2 600 万,增长率为 23.4%,上网计算机达 5 940 万台,比 2005 年增加 990 万台,增长率为 20%。如果从有 Internet 开始计算,仅 4 年的时间网上计算机达 5 000 万台,相比之下,全世界 5 000 万用户拥有电视机却花了 13 年,拥有收音机经历了 38 年,拥有电话的时间就更长了。可见网络的发展速度大大超过了电视机、收音机和电话。可以断言,全球网络化不仅改变着商务经济、工业生产、科技发展,还必将影响人们的工作、娱乐和生活,它正在改变着整个世界。

网络应用涉及方方面面,在此仅举几个例子。

1. 电子商务

电子商务的含义是任何一个组织机构可利用 Internet 来改变他们与客户、供应商、业务伙伴和内部员工的交流,也可以认为是消费者、销售者和结算部门之间利用 Internet 完成商品采购和支付的过程。例如:某企业可以通过在 Internet 上的网页向全球发布推出的商品,并向他的各地代理商发出各种指令;当某客户欲购此商品时,他可以通过网上直接与生产企业联络,也可与各地代理商联系,进一步了解该商品的性能,并将其姓名、地址、个人电子账号及送货要求等告诉卖主。企业或经销商通过 Internet 与银行联络,查询核实该客户的资金状况,并通过协定的支付方式由银行实行电子支付,而商品则由企业经销商直接送到客户手中。这种简捷、可靠的商品销售方式可从根本上改变传统的销售方式。它可以不要传统意义上的店铺,而直接用电子店铺来取代;可以一夜之间将自己的品牌通告全世界;可以实现公平竞争,小企业不必害怕大企业的广告效应,大企业也不必顾虑小企业的快速应变能力,各自都可以通过网上信息进行竞争;可以取消纸币交易的各种弊端,完全实现电子货币交换;可以减少很多中间环节,以最高效率、最省人力、最广泛的市场实现商品的全球交换。目前世界各国都在蓬勃发展电子商务,我国的电子商务也在各种城市陆续展开。

2. 网络教育

传统的老师讲、学生听的课堂授教模式随着全球网络化的发展,将会在"知识爆炸"①时代逐渐被淘汰或更新。旧教学模式的最大缺点是,作为受知主体的学生在教学过程中自始至终处于

---

① 英国技术预测专家詹姆斯·马丁测算结果表明:人类知识到 19 世纪 50 年代增加了 1 倍;20 世纪初是每 10 年增加 1 倍;20 世纪 70 年代则是每 5 年增加 1 倍;近 10 年大约每 3 年增加 1 倍,故称为"知识爆炸"。

受灌输的被动地位,其主动性、积极性难以发挥,学生无法主动探索,主动发现社会上、国际上的信息资源,很难培养具有"信息能力"的劳动者。因此,不利于创新能力的形成和创新型人才的成长。此外,这种模式受场地、空间的限制,投资大,受众有限,不能适应各种学科的终身教育和全面教育。

通过教育网络,学生受教可以不受时间、空间和地域的限制,通过网络伸展到全球的每个角落,建立真正意义上的开放式的虚拟学校,每个学生可以在任意时间、任意地点通过网络自由地学习。不论学生的贫富贵贱都可以"聆听"一流老师的指导,都可以向世界最权威的专家请教,都可以从世界任何角落获取最新的信息和资料。到那时可以说,任何人都享有高等教育和终身教育的可能。这种基于网络的教育模式,不仅美、英、日等发达国家在积极实施,我国在有条件的地区和省市也正在加速启动建设教育网络,实现由传统教育体制、教学模式向全新教育体制、教学模式的转变,实现教育的重大革新,满足 21 世纪人才培养的需求。

3. 敏捷制造

随着全球信息网络技术的发展,对制造业的制造模式和企业的组成及管理模式也产生了极大影响,新的被称为 21 世纪制造模式的敏捷制造由此而生。敏捷制造由两部分组成:敏捷制造的基础结构和敏捷制造的虚拟企业。前者为形成虚拟企业提供环境和条件,后者对市场不可预期的变化做出迅速响应。

当出现某种市场机遇时,由敏捷制造基础结构所形成的虚拟企业通过网上联络若干个具有核心资格的组织者,他们以各自的资金、技术、厂房、设备等优势,通过国家的法律和彼此的合同,组建成一个虚拟企业。该企业不必有集中的办公场地和固定的组织机构,完全通过网络实现产品的技术设计、制造、网上销售和网上服务,充分发挥各自的优势,以最优化的组合、最低的成本获取最大的利润。这种虚拟企业是在敏捷制造基础结构环境下形成的独立的、实体性的、社会性的团体,同时又是一个动态的联盟,他们可以根据市场的变化和要求,解散原来的虚拟企业,而与新的伙伴组成新的虚拟企业。可见,网络技术的发展对社会原来的固定企业结构形式构成了严峻的挑战。

以上仅就几个方面列举了全球网络化对整个社会经济、文化、教育、工业制造等方面的影响。实际上,由于网络技术的发展,现在已经形成了虚拟图书馆、虚拟医院、虚拟商场、虚拟娱乐场所等。事实上 Internet 早已从对经济的干预发展到对政治的干预。例如,美国前总统克林顿,从他的绯闻到国会弹劾,直至幸免弹劾,都与网民的直接参与分不开。又如非洲尼日利亚总统大选,两名主要的候选人都为选举分别建立了各自的网站。再如在英国戴安娜王妃和英国王室的众多网站上,充满政治性的窃窃私语已司空见惯。可以说全球的网络化必将进一步改变整个世界。

2.2.4　虚拟现实

虚拟现实是利用计算机生成的一种模拟环境,通过多种传感设备使用户"投入"到该环境中,达到用户与环境直接进行交互的目的。这种模拟环境是用计算机构成的具有表面色彩的立体图形,它可以是某一特定现实世界的真实写照,也可以是纯粹构想出来的世界。这类技术虽然早在 20 世纪 60 年代初就开始研究,但只有在计算机技术迅速发展的今天,各种传感设备以及计算机价格的不断降低,软件系统的日趋完善,如实时三维图形生成及显示、三维声音定位与合成、环境建模等技术的发展,才有可能使虚拟现实技术获得迅速发展和广泛应用。虚拟现实在军事、教育、航天、航空、娱乐、生活中的应用不仅会改变人们的思维方式和生活方式,还必将导致一场重大的技术革命。

下面列举两个例子以示虚拟现实的巨大魅力。

虚拟演播室近年来已成为影视制作的热点,它综合运用现代计算机图形和图像处理、计算机视觉和现代影视技术,将摄像机拍摄的图像实时地与计算机三维虚拟背景或另一地点实拍的背景,按统一的三维透视成像关系进行合成,从而形成一种新的影视节目,其效果是传统影视制作无可比拟的。在虚拟演播室里,演员可以在没有任何道具的舞台上演戏,然后根据剧情需要用计算机制作的画面进行合成。不仅如此,演员也可以是虚拟的,可以根据事先拍好的演员镜头,利用演技数据,用计算机图形学技术制作演员的特定动作,这对于一些特技的制作格外重要。这种在虚拟演播室制作的影视剧大大降低了制作成本,缩短了制作时间,并且可以制作更有魅力的艺术作品。

飞行员与汽车驾驶员的仿真训练系统也都广泛应用了虚拟现实技术。在飞行仿真训练系统中,要形成真实的飞行环境和飞行员的真实感觉。例如,在环境图像生成中,以 50 Hz 的频率生成彩色图像,而且具有纹理,还有亮点、透明、天气效果(如雾、雨、雪、晴、云等)、非线性图像映射、碰撞检测、高山地形、细节模拟等。飞机着陆时跑道灯应按飞机着陆角度不同而变换颜色,并能确认飞机与跑道上其他飞机甚至建筑物的相互距离。又如在虚拟现实仿真中,飞行员必须体验到真实飞行的感觉,犹如在一个真实飞机的机舱里,每个仪表都必须像在真实环境下工作,油表指示必须反映虚拟引擎对油的使用率,并且还必须精确地反映动力和温度。在飞机接触跑道时,还必须有真实的冲击感和震动感。显然对于价值数千万美元的飞机来说,让飞行员在仿真训练系统中训练,既不会危及人的生命安全,又不会损坏飞机,也不会造成公害,而且大大降低了训练成本,所以各类仿真模拟训练器都已被广泛应用。

2.2.5　办公自动化和管理信息系统

顾名思义,办公自动化是利用计算机及自动化的办公设备来替代"笔、墨、纸、砚"及办公人员的部分脑力、体力劳动,从而提高了办公的质量和效率。例如,利用计算机来起草文件;利用计算机来安排日常的各类公务活动,包括会议、会客、外出购票;利用计算机来收集各类信息,将各类信息以电子数字形式存于数据库内,并可随时进行查询、检索及修改。一个完整的办公自动化系统将包括文秘、财务、人事、资料、后勤等各项管理工作。近年来由于 Internet 的应用,将计算机、自动化办公设备与通信技术相结合,使办公自动化向更高层次发展。例如,电子邮件的收发、远距离会议或电视会议、高密度的电子文件、多媒体的信息处理等将会获得普遍应用。

与办公自动化相应的信息管理系统是企业管理信息系统。由于信息技术的飞速发展造就了一个统一的全球市场,导致世界范围市场的激烈竞争。占领并主宰市场的关键在于如何不断开发独占性的产品,不断降低成本,以质优价廉的产品投入市场。实现这个目标离不开信息管理,通过信息的获取、分析,开发独占性产品;通过优化的信息管理,实现质优价廉产品的生产。目前世界各国的企业都充分利用信息技术与现代化管理相结合来产生最优化的生产模式、管理模式、设计技术和制造技术。

在企业建立一个管理信息系统,对内完成 Intranet 的建立,对外实现与 Internet 相连。通过外部可以迅速了解市场需求和展开全球销售活动,对内可以实现物资采购、生产调度、能耗控制、质量监控等,以最少的库存、最低的能源消耗、最快的生产周期、最佳的售后服务来提高企业的竞争力,并合理地组织各类人才,做出科学的决策,实现企业利润的最大化。

2.2.6 CAD/CAM/CIMS

20 世纪 70 年代中期,在现代工业生产领域中,已经开始利用计算机来参与产品辅助设计、产品辅助工艺设计、产品模拟样机、产品辅助制造,直至产品制造系统。到了 20 世纪 80 年代,这类计算机辅助技术(统称为 CAX)有了更高速的发展,目前可以说在机械、电子、航空、船舶、汽车、纺织、服装、化工、建筑等各行各业中,CAX 获得了极其广泛的应用,不仅提高了产品设计生产自动化的程度,而且给传统性的生产发展带来了革命性的变化。

1. CAD

计算机辅助设计(Computer Aided Design,CAD)按设计任务书的要求,可进行各种设计方案的比较,确定产品结构、外形尺寸、材料选择、模拟组装;再对模拟整机进行各种性能测试,包括强度分析、振动分析、运动状态分析等;并任意修正,从性能的先进性、经济的合理性、加工的可行性等方面进行论证,获得最终的设计产品;然后将其分解为零件、分装部件,并给出零件图、分部装配图、总体装配图等。上述全部工作都可以由计算机来完成,大大降低了产品设计的成本,缩短了产品设计的周期,最大限度地降低了产品设计的风险。因此 CAD 技术已被各制造业广泛应用。目前,随着计算机软、硬件技术的发展,已经可以利用计算机实现产品创意设计,设计者可以提出一个朦胧的思想,在计算机上进行概念设计,并进行不断修改与完善,最后确定一种新颖的产品。

2. CAM

计算机辅助制造(Computer Aided Manufacturing,CAM)是以数控机床为主体,利用存有全部加工资料的数据库(如刀具、夹具和各种零件的加工程序,以及在加工过程中的自动换刀及加工数据的控制),实现对产品加工的自动化。目前人们已经将数控、物料流控制及存储、机器人、柔性制造、生产过程仿真等计算机相关控制技术统称为计算机辅助制造。

利用计算机参与人脑的辅助工作非常普遍,而且还在不断开拓新的领域,如计算机辅助工艺规划(Computer Aided Process Planning,CAPP)、计算机辅助工程(Computer Aided Engineering,

CAE)及计算机辅助教学(Computer Assisted Instruction,CAI)等都得到越来越广泛的应用。

3. CIMS

计算机集成制造系统(Computer Integrated Manufacturing System,CIMS)是利用信息技术和现代管理技术改造传统制造业、加强新兴制造业、提高企业市场竞争能力的一种生产模式。具体而言,以企业选定的产品为龙头,在产品设计过程、管理决策过程、加工制造过程、产品质量管理和控制等过程中,采用各种计算机辅助技术和先进的科学管理方法,在计算机网络和数据库的支持下,实现信息集成,进而优化企业运行,达到产品上市快、质量好、成本低、服务好的目的,以此提高产品的市场占有率和企业的市场竞争能力。显然,要形成计算机集成制造系统的企业,必须广泛地采用 CAD/CAE/CAPP/CAM,并且已经建立了企业的管理信息系统(Management Information System,MIS),只有通过生产、经营各个环节的信息集成,支持技术集成,并由技术集成进入技术、经营管理和人员组织的集成,最终达到物流、信息流、资金流的集成并优化运行,才能提高企业的市场竞争能力和应变能力。

2.2.7 多媒体技术

多媒体技术是计算机技术和视频、音频及通信等技术相结合的产物。它是用来实现人和计算机交互地对各种媒体(如文字、图形、影像、音频、视频、动画等)进行采集、传输、转换、编辑、存储、管理,并由计算机综合处理为文字、图形、动画、音响、影像等视听信息而有机合成的新媒体。因此它可以将原来仅能体现或保存一种媒体的设备或手段转换为由计算机集成。例如,传统的音响设备只能录音、放音;档案库只能存档文件;图书馆只能收藏书籍;电视只能提供音频和视频信息;电话只能传递语音等。而今用多媒体技术可以使声、图、文合成后全部集成到计算机中。同时,利用计算机还可以制作、创造新的媒体信息,如合成音乐、电子动画等。它不但使社会显得格外绚丽多彩,生活显得格外富有幻想,而且会对政治、经济、军事、工业、环境等都产生巨大的影响,例如,飞行仿真训练系统、虚拟演播室等都离不开多媒体技术。它的深远意义还会影响未来计算机人工智能技术的发展。因此,有关多媒体技术的研究和应用也是当前计算机技术的热点之一。

2.2.8 人工智能

人工智能是专门研究如何使计算机来模拟人的智能的技术。尽管经过了近半个世纪的努力,被人们称为"电脑"的计算机与人脑相比,仍无法相提并论。例如,集成度达 1 亿个晶体管的处理器芯片仍然无法与人类的 $10^{11} \sim 10^{12}$ 个神经元相比,因为每个神经元远不是一个晶体管,很可能相当于一台高速运行的处理器。可见"电脑"要真正模拟人脑,特别是要使"电脑"具有人的经验知识以及通过联想、比拟、推断来做出决策的功能,至少从目前来看还有相当距离。

尽管如此,人们还是想尽一切办法,赋予"电脑"一部分人脑的智力,并且还在不断扩大和增强这种智力。近年来在模式识别、语音识别、专家系统和机器人制作方面都取得了很大的成就。

模式识别是指对某些感兴趣的客体进行定量的或结构的描述,研究一种自动生成技术,由计算机自动地把待识别的模式分配到各自的模式类中。由此技术派生的图像处理技术和图像识别技术已被广泛应用。例如,对人体细胞显微图像分析,可确定内脏是否发生病变;对动、植物细胞显微图像分析,可确定环境是否被污染;对地表植物经遥感图像分析,可判断作物的长势等;还包括公安系统的指纹分辨及身份、证件、凭证鉴别等。

文字/语音识别、语言翻译是人工智能的又一重要应用领域。自计算机问世后,人们就企图让计算机来承担文字、语言的翻译工作,实际上让计算机正确认识文字和语音,正确理解自然语言,实现正确的语言翻译还是十分困难的。虽然经过几十年的努力,目前已有了很大的进展,如手写体的计算机输入系统已被广泛使用,语音录入计算机的软件也开始在市场上问世,当然它的正确识辨率还有待进一步提高。此外,在自然语言理解的基础上研制成的文字/语言翻译机也在陆续问世,但离人们的实用要求还有一定距离,不过这些技术的突破是指日可待的,使计算机会听、会看、会说的时代已经不是很遥远了。

专家系统是人工智能的另一重要应用领域。它是利用计算机构成存储量极大的知识库,把各类专家丰富的知识和经验,以数据形式存储于知识库内,通过专用软件,根据用户输入查询的要求,向用户做出所要求的解答。这种系统早已被广泛应用在医学、工程、军事、法律等领域,尤其是 Internet 的出现,更可以构成远程虚拟医疗、虚拟课堂、虚拟考试等。

机器人的出现也是人工智能领域的一项重要应用。通常人们让机器人做一些重复性的劳动,特别是在一些不适宜人们工作的劳动场所,机器人的应用显得格外重要。例如,海底探测,人在海底的时间是非常有限的,如果让机器人进行海底探测就方便多了。可以让机器人配上摄像机,构成它的眼睛;配上双声道的声音接收器,变成它的耳朵;再配上合适的机械装置,使它可以活动、触摸、承受各种信息并直接送到计算机进行处理,这样它就可以模仿人完成海底探测。现在还有一些更高级的"智能机器人",具有一定的感知和识别能力,还能简单地说话和回答问题。总之,随着科学技术的不断发展,更高级的机器人将会不断出现。

2.3　计算机的展望

从 1946 年 ENIAC 问世至今,70 多年来计算机技术的进步推动了计算机的发展和广泛的应用,使计算机在人类的全部活动领域里占有极为重要的地位。从超级巨型机到心脏起搏器,从电话网络到汽车的汽化器无处不在,无所不及,几乎能填补甚至取代各类信息处理器,成为人类最得力的助手。

世界上不少科学家预言,到了 2046 年人类社会几乎所有的知识和信息将全部融入于计算机空间,而任何人在任何地方任何时间都可以通过网络,对所有的知识和信息进行在线获取。这个预测是大家所希望的,也是必定会实现的。计算机空间将会为崭新的信息方式、娱乐方式和教育方式提供基础,并会提供新层次的个人服务和健康保健,最大的受益将是人们可以在远距离与他人进行全感知的交流。这种计算机应该具有类似人脑的一些超级智能,具有类似人脑的自组织、自适应、自联想、自修复的能力。人脑的这种功能要求信息处理的计算机速度至少达每秒 10^{15},存储容量至少为 10^{13} 字节,当然还需要相应的软件支持。倘若计算机的计算速度和存储容量达不到这个指标,那么所谓超级智能计算机只能是一种幻想。因此,尽管 20 世纪七八十年代,人工智能的研究曾一度出现高潮,特别是日本投入了大量的资金,做了很大的努力,但超级智能计算机的实现远比想像的要艰难得多。

　　显然,欲实现上述目标,首当其冲的应该是努力提高处理器的主频。硅芯片微处理器主频与其集成度紧密相关,但是实现起来并非易事。其一,硅芯片的集成度又受其物理极限的制约,集成度不可能无止境地提高,当集成电路的线宽达到仅为单个分子大小的物理极限时,意味着硅芯片的集成度已到了穷途末路的境地。其二,由于硅芯片集成度提高时,其制作成本也在不断提高,即在微电子工艺发展中还遵循另一规律:"每代芯片的成本大约为前一代芯片成本的两倍"。一般来说,建造一个生产 0.25 μm 工艺芯片的车间大约需 20~25 亿美元,而使用 0.18 μm 工艺时,费用将跃升到 30~40 亿美元。按几何级数递增的制作成本情况发展,数年内该费用将达 100亿美元,致使企业无法承受。其三,正如前述,随着集成度的提高,微处理器内部的功耗、散热、线延迟等一系列问题将难以解决。因此 Intel 公司工程师保罗·帕肯在近年来发表了骇人听闻的预测,认为硅芯片技术 10 年后将走到尽头并非偶然。

　　尽管如此,人类对美好愿望的追求是无止境的,决不会因硅芯片的终结而放弃超级智能计算机的研制。

　　那么究竟谁能接过传统硅芯片发展的接力棒呢?多年来,科学家们把眼光都凝聚在光计算机、生物计算机和量子计算机上,而量子计算机被寄托了极大的希望。

　　光计算机利用光子取代电子进行运算和存储,用不同波长的光代表不同数据,可快速完成复杂计算。然而要想制造光计算机,需开发出可用一条光束控制另一条光束变化的光学晶体管。现有的光学晶体管庞大而笨拙,用其制造台式计算机将有一辆汽车那么大。因此,光计算机短期内难以进入实用阶段。

　　DNA(脱氧核糖核酸)生物计算机是美国南加州大学阿德拉曼博士 1994 年提出的奇思妙想,它通过控制 DNA 分子间的生化反应完成运算。但目前流行的 DNA 计算技术必须将 DNA 溶于试管液体中。这种计算机由一堆装有有机液体的试管组成,虽然看起来很神奇,但很笨拙。这一问题得不到解决,DNA 计算机在可预见的未来将难以取代硅芯片计算机。

　　与前两者相比,量子计算机的前景尤为光明。量子这种常人难以理解的特性,使得具有5 000个量子位的量子计算机能在约 30 s 内解决传统硅芯片超级计算机要在 100 亿年才能解决的大数因子分解问题。

　　量子计算机是利用原子所具有的量子特性进行信息处理的一种全新概念的计算机。原子会旋转,而且不是向上就是向下,正好与数位科技的"0"与"1"完全吻合。既然原子可以同时向上并向下旋转,如果把一群原子聚在一起,它们不会像现在的计算机进行线性运算,而是可以同时进行所有可能的运算。只要有 40 个原子一起计算,就可达到相当于现在一部超级计算机的同等性能。专家们认为,如果有一个包含全球电话号码的资料库,找出一个特定的电话号码,一部量子计算机只要 27 min,而同样的工作交付给 10 台 IBM"深蓝"超级计算机同时运作,也至少需要几个月的时间才能完成。量子计算机以处于量子状态的原子作为中央处理器和内存,其运算能力比目前的硅芯片为电路基础的传统计算机要快几亿倍。

当利用高速运行的量子计算机后,再结合现代计算机采用高并行度的体系结构,通过大量高速处理器的高宽带局域网的连接,使它具有类似人脑的高并行性的本质。预计人类级的智能所需的硬件可能在 21 世纪的前 1/4 的时间内实现,与 20 世纪 70 年代只够得上"昆虫级"智能的计算机硬件能力相比,显然人们对超级智能计算机的研制更充满信心。

超级智能计算机不仅需要有硬件支撑,而且还必须有软件支持。模拟大脑功能创建超级智能计算机,除了通过足够的硬件能力和适应计算机学习的软件外,还需有足够的初始体系结构和丰富的感官输入流。当前的技术对后者已经很容易满足,如采用视觉照相机、扬声器和各类触觉传感器,能保证特定的实时世界信息流流入计算机。而前者则更难实现,因为大脑并非一开始就是一片空白。它有一个遗传可编码的初始结构,存在着神经皮层可塑性、大脑皮层的相似性及进化的论点。这些问题的解决必须随着神经科学的进一步发展,在对人脑的神经结构和它的学习算法了解得足够多的前提下,在具有很强计算能力的计算机上实现复制。科学家估计大约在今后 10 多年内,采用当前的设备支持输入输出渠道,对人脑继续研究,发现新的计算机学习方法和对新神经科学的深入研究,超级智能计算机的出现是势不可挡的必然趋势,只是时间问题。

21 世纪除了人们继续追求超级智能计算机的问世外,更引起人们注目的是价格低廉、使用方便、体积更小、外形多变、具有人性化的计算机的研究和应用。

虽然计算机强大的功能使它能处理相当多的事务,但至今还存在不尽如人意的缺点。因此,普及面仍未达到应有的程度。其原因主要在于对绝大多数人而言,还不能非常方便地对它进行操作,而且很难适应各种场合的需要。因此,除了继续提高芯片主频外,在输入输出方式上应有更多的性能突破。输入输出方式将更多样化和更人性化。除了手写分辨率和速度进一步提高外,语音输入输出将随时可见,包括汽车、家电、电话、电视、玩具、手表等。而且还可用人的手势、表情、眼睛瞳孔的位置,甚至利用人体的气味、体温来控制输入。三维图像输出将能实时地合成真实的视频图像,包括完整的戏剧电影,还允许计算机合成的图像和人面对面交谈。平面液晶显示器将可以像眼镜一般戴在脸上,构成可移动的计算机。

计算机的外形及尺寸大小将随着不同的对象和环境而变化,甚至朝着个人化量体定做的方向发展。特别是嵌入式的计算机,可以遍及汽车、房间、车站、机场及各种建筑场,使用者利用随身携带的信息操作器具,无须做任何连接方式,利用红外线传输方式,随时从公共场所服务器主机上接收所需的信息,包括个人的电子邮件等。尤其是个人身上穿戴的计算机连同身上网络,可以随时随地照顾用户健康、安全,并帮助用户在复杂的物理空间环境中工作,如汽车、飞机驾驶等。

在普及型的计算机发展同时,大型系统也将获得巨大发展,将来由低价、通用的多处理机组成的群机系统来替代单一的大型系统。在这个群机系统中,每个计算机通过快速的系统级网络(SAN)和其他计算机通信。群机系统可以扩展到上千个结点,对于数据库和即时事务处理(OLTP)的应用,群机能像单机一样运转。群机能开发隐含在处理并行多用户中或在处理包含在多个存储设备的大型查询中的并行性。一个具有几十个结点的 PC 群机系统,每天可执行 10 亿多次事务处理,比目前最大的大型机吞吐量还大。科学计算将在高度专用、类似 CRAY 的多向量结构的计算机上运行。

前面提到的网络带宽问题,到 2046 年,每光波长携带几个 GB 的光纤将会很普遍地进入广大家庭用户中,那时带宽将不再是问题。它们将为电话、可视电话、电视、网络访问、安全监控、家庭能源管理以及其他各种设备服务。

虽然不能对未来的计算机预知得那么清晰、那么准确,但是,仅就上述的描述,也就可以想象几十年后,计算机给人类带来的绚丽多彩的生活和人类社会的美好憧憬绝不是幻想。

思考题与习题

2.1 通常,计算机的更新换代以什么为依据?

2.2 举例说明专用计算机和通用计算机的区别。

2.3 什么是摩尔定律? 该定律是否永远生效? 为什么?

2.4 举 3 个实例,说明网络技术的应用。

2.5 举例说明人工智能方面的应用有哪些。

2.6 举例说明哪些计算机的应用需采用多媒体技术。

2.7 设想一下计算机的未来。

第 2 篇　计算机系统的硬件结构

　　计算机硬件系统由中央处理器、存储器、I/O 系统以及连接它们的系统总线组成。本篇介绍系统总线、存储器和 I/O 系统三部分，中央处理器将在第 3 篇单独讲述。

第 3 章　系　统　总　线

本章着重介绍系统总线的基本概念及其分类、结构和总线控制逻辑。要求读者能对系统总线在计算机硬件结构中的地位和作用有所了解。

3.1　总线的基本概念

计算机系统的五大部件之间的互连方式有两种,一种是各部件之间使用单独的连线,称为分散连接;另一种是将各部件连到一组公共信息传输线上,称为总线连接。

早期的计算机大多数用分散连接方式,如图 1.7 所示。它是以运算器为中心的结构,其内部连线十分复杂,尤其是当 I/O 与存储器交换信息时,都需经过运算器,致使运算器停止运算,严重影响了 CPU 的工作效率。后来,虽然改进为以存储器为中心的如图 1.8 所示的分散连接结构,I/O 与主存交换信息可以不经过运算器,又采用了中断、DMA 等技术,使 CPU 工作效率得到很大的提高,但是仍无法解决 I/O 设备与主机之间连接的灵活性。随着计算机应用领域的不断扩大,I/O 设备的种类和数量也越来越多,人们希望随时增添或减撤设备,用分散连接方式简直是一筹莫展,由此出现了总线连接方式。

总线是连接多个部件的信息传输线,是各部件共享的传输介质。当多个部件与总线相连时,如果出现两个或两个以上部件同时向总线发送信息,势必导致信号冲突,传输无效。因此,在某一时刻,只允许有一个部件向总线发送信息,而多个部件可以同时从总线上接收相同的信息。

总线实际上是由许多传输线或通路组成,每条线可一位一位地传输二进制代码,一串二进制代码可在一段时间内逐一传输完成。若干条传输线可以同时传输若干位二进制代码,例如,16 条传输线组成的总线可同时传输 16 位二进制代码。

采用总线连接的计算机结构,如图 3.1 所示,它是以 CPU 为中心的双总线结构。

其中一组总线连接 CPU 和主存,称为存储总线(M 总线);另一组用来建立 CPU 和各 I/O 设备之间交换信息的通道,称为输入输出总线(I/O 总线)。各种 I/O 设备通过 I/O 接口挂到 I/O 总线上,更便于增删设备。这种结构在 I/O 设备与主存交换信息时仍然要占用 CPU,因此还会影响 CPU 的工作效率。

倘若将 CPU、主存和 I/O 设备(通过 I/O 接口)都挂到一组总线上,便形成单总线结构的计算机,如图 3.2 所示。

图 3.2 与图 3.1 相比,最明显的特点是当 I/O 设备与主存交换信息时,原则上不影响 CPU 的

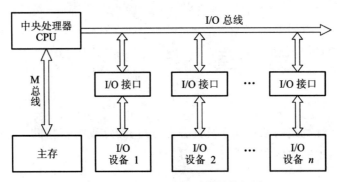

图 3.1   面向 CPU 的双总线结构框图

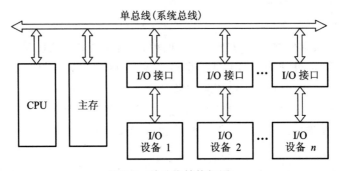

图 3.2   单总线结构框图

工作,CPU 仍可继续处理不访问主存或 I/O 设备的操作,这就使 CPU 工作效率有所提高。但是,因只有一组总线,当某一时刻各部件都要占用总线时,就会发生冲突。为此,必须设置总线判优逻辑,让各部件按优先级高低来占用总线,这也会影响整机的工作速度。PDP-11 和国产 DJS183 机均采用这种结构。

还有一种以存储器为中心的双总线结构,如图 3.3 所示。

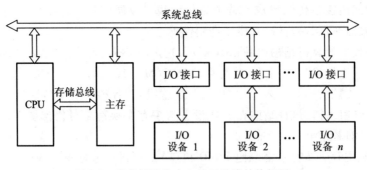

图 3.3   以存储器为中心的双总线结构框图

它是在单总线基础上又开辟出的一条 CPU 与主存之间的总线,称为存储总线。这组总线速度高,只供主存与 CPU 之间传输信息。这样既提高了传输效率,又减轻了系统总线的负担,还保留了 I/O 设备与存储器交换信息时不经过 CPU 的特点。国产 DJS184 机采用这种结构。

现代计算机大多数采用各类总线结构。

3.2 总线的分类

总线的应用很广泛,从不同角度可以有不同的分类方法。按数据传送方式可分为并行传输总线和串行传输总线。在并行传输总线中,又可按传输数据宽度分为 8 位、16 位、32 位、64 位等传输总线。若按总线的使用范围划分,则又有计算机(包括外设)总线、测控总线、网络通信总线等。下面按连接部件不同,介绍三类总线。

3.2.1 片内总线

片内总线是指芯片内部的总线,如在 CPU 芯片内部,寄存器与寄存器之间、寄存器与算逻单元 ALU 之间都由片内总线连接。

3.2.2 系统总线

系统总线是指 CPU、主存、I/O 设备(通过 I/O 接口)各大部件之间的信息传输线。由于这些部件通常都安放在主板或各个插件板(插卡)上,故又称板级总线(在一块电路板上各芯片间的连线)或板间总线。

按系统总线传输信息的不同,又可分为三类:数据总线、地址总线和控制总线。

1. 数据总线

数据总线用来传输各功能部件之间的数据信息,它是双向传输总线,其位数与机器字长、存储字长有关,一般为 8 位、16 位或 32 位。数据总线的位数称为数据总线宽度,它是衡量系统性能的一个重要参数。如果数据总线的宽度为 8 位,指令字长为 16 位,那么,CPU 在取指阶段必须两次访问主存。

2. 地址总线

地址总线主要用来指出数据总线上的源数据或目的数据在主存单元的地址或 I/O 设备的地址。例如,欲从存储器读出一个数据,则 CPU 要将此数据所在存储单元的地址送到地址线上。又如,欲将某数据经 I/O 设备输出,则 CPU 除了需将数据送到数据总线外,还需将该输出设备的地址(通常都经 I/O 接口)送到地址总线上。可见,地址总线上的代码是用来指明 CPU 欲访问的存储单元或 I/O 端口的地址,由 CPU 输出,单向传输。地址线的位数与存储单元的个数有关,如地址线为 20 根,则对应的存储单元个数为 2^{20}。

3. 控制总线

由于数据总线、地址总线都是被挂在总线上的所有部件共享的,如何使各部件能在不同时刻占有总线使用权,需依靠控制总线来完成,因此控制总线是用来发出各种控制信号的传输线。通常对任一控制线而言,它的传输是单向的。例如,存储器读/写命令或 I/O 设备读/写命令都是由 CPU 发出的。但对于控制总线总体来说,又可认为是双向的。例如,当某设备准备就绪时,便向 CPU 发中断请求;当某部件(如 DMA 接口)需获得总线使用权时,也向 CPU 发出总线请求。此外,控制总线还起到监视各部件状态的作用。例如,查询该设备是处于"忙"还是"闲",是否出错等。因此对 CPU 而言,控制信号既有输出,又有输入。

常见的控制信号如下。

- 时钟:用来同步各种操作。
- 复位:初始化所有部件。
- 总线请求:表示某部件需获得总线使用权。
- 总线允许:表示需要获得总线使用权的部件已获得了控制权。
- 中断请求:表示某部件提出中断请求。
- 中断响应:表示中断请求已被接收。
- 存储器写:将数据总线上的数据写至存储器的指定地址单元内。
- 存储器读:将指定存储单元中的数据读到数据总线上。
- I/O 读:从指定的 I/O 端口将数据读到数据总线上。
- I/O 写:将数据总线上的数据输出到指定的 I/O 端口内。
- 传输响应:表示数据已被接收,或已将数据送至数据总线上。

3.2.3　通信总线

这类总线用于计算机系统之间或计算机系统与其他系统(如控制仪表、移动通信等)之间的通信。由于这类联系涉及许多方面,如外部连接、距离远近、速度快慢、工作方式等,差别极大,因此通信总线的类别很多。但按传输方式可分为两种:串行通信和并行通信。

串行通信是指数据在单条 1 位宽的传输线上,一位一位地按顺序分时传送。如 1 字节的数据,在串行传送中,1 字节的数据要通过一条传输线分 8 次由低位到高位按顺序逐位传送。

并行通信是指数据在多条并行 1 位宽的传输线上,同时由源传送到目的地。如 1 字节的数据,在并行传送中,要通过 8 条并行传输线同时由源传送到目的地。

并行通信适宜于近距离的数据传输,通常小于 30 m;串行通信适宜于远距离传送,可以从几米到数千千米。而且,串行和并行通信的数据传送速率都与距离成反比。在短距离内,并行数据传送速率比串行数据传送速率高得多。随着大规模和超大规模集成电路的发展,逻辑器件的价格趋低,而通信线路费用趋高,因此对远距离通信而言,采用串行通信费用远比并行通信费用低得多。此外串行通信还可利用现有的电话网络来实现远程通信,降低了通信费用。

3.3 总线特性及性能指标

3.3.1 总线特性

从物理角度来看,总线由许多导线直接印制在电路板上,延伸到各个部件。图 3.4 形象地表示了各个部件与总线之间的物理摆放位置。

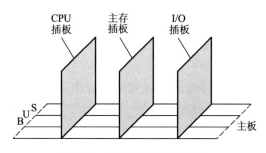

图 3.4 总线结构的物理实现

图中 CPU、主存、I/O 这些插板(又称插卡)通过插头与水平方向总线插槽(按总线标准用印刷电路板或一束电缆连接而成的多头插座)连接。为了保证机械上的可靠连接,必须规定其机械特性;为了确保电气上正确连接,必须规定其电气特性;为保证正确地连接不同部件,还需规定其功能特性和时间特性。随着计算机的发展,Pentium Ⅲ 以上的微型计算机已将 CPU 芯片直接安置在主板上,而且很多插卡已做成专用芯片,减少了插槽,使其结构更合理。

总线特性包括以下几项。

(1)机械特性

机械特性是指总线在机械连接方式上的一些性能,如插头与插座使用的标准,它们的几何尺寸、形状、引脚的个数以及排列的顺序,接头处的可靠接触等。

(2)电气特性

电气特性是指总线的每一根传输线上信号的传递方向和有效的电平范围。通常规定由 CPU 发出的信号称为输出信号,送入 CPU 的信号称为输入信号。例如,地址总线属于单向输出线,数据总线属于双向传输线,它们都定义为高电平为“1”,低电平为“0”。控制总线的每一根都是单向的,但从整体看,有输入,也有输出。有的定义为高电平有效,也有的定义为低电平有效,必须注意不同的规格。大多数总线的电平定义与 TTL 是相符的,也有例外,如 RS-232C(串行总线接口标准),其电气特性规定低电平表示逻辑“1”,并要求电平低于 -3 V;用高电平表示逻辑

"0",还要求高电平需高于+3 V,额定信号电平为−10 V 和+10 V 左右。

（3）功能特性

功能特性是指总线中每根传输线的功能,例如,地址总线用来指出地址码;数据总线用来传递数据;控制总线发出控制信号,既有从 CPU 发出的,如存储器读/写、I/O 设备读/写,也有 I/O 设备向 CPU 发来的,如中断请求、DMA 请求等。由此可见,各条线的功能不同。

（4）时间特性

时间特性是指总线中的任一根线在什么时间内有效。每条总线上的各种信号互相存在一种有效时序的关系,因此,时间特性一般可用信号时序图来描述。

3.3.2　总线性能指标

总线性能指标如下。

① 总线宽度:通常是指数据总线的根数,用 bit（位）表示,如 8 位、16 位、32 位、64 位（即 8 根、16 根、32 根、64 根）。

② 总线带宽:总线带宽可理解为总线的数据传输速率,即单位时间内总线上传输数据的位数,通常用每秒传输信息的字节数来衡量,单位可用 MBps（兆字节每秒）表示。例如,总线工作频率为 33 MHz,总线宽度为 32 位（4 B）,则总线带宽为 $33×（32÷8）= 132$ MBps。

③ 时钟同步/异步:总线上的数据与时钟同步工作的总线称为同步总线,与时钟不同步工作的总线称为异步总线。

④ 总线复用:一条信号线上分时传送两种信号。例如,通常地址总线与数据总线在物理上是分开的两种总线,地址总线传输地址码,数据总线传输数据信息。为了提高总线的利用率,优化设计,特将地址总线和数据总线共用一组物理线路,在这组物理线路上分时传输地址信号和数据信号,即为总线的多路复用。

⑤ 信号线数:地址总线、数据总线和控制总线三种总线数的总和。

⑥ 总线控制方式:包括突发工作、自动配置、仲裁方式、逻辑方式、计数方式等。

⑦ 其他指标:如负载能力、电源电压（是采用 5 V 还是 3.3 V）、总线宽度能否扩展等。

总线的负载能力即驱动能力,是指当总线接上负载后,总线输入输出的逻辑电平是否能保持在正常的额定范围内。例如,PC 总线的输出信号为低电平时,要吸入电流,这时的负载能力即指当它吸收电流时,仍能保持额定的逻辑低电平。总线输出为高电平时,要输出电流,这时的负载能力是指当它向负载输出电流时,仍能保持额定的逻辑高电平。由于不同的电路对总线的负载是不同的,即使同一电路板在不同的工作频率下,总线的负载也是不同的,因此,总线负载能力的指标不是太严格的。通常用可连接扩增电路板数来反映总线的负载能力。

表 3.1 列出了几种流行的微机总线性能,可供参考。

表 3.1　几种流行的微型计算机总线性能

名称	ISA（PC-AT）	EISA	STD	VESA（VL-BUS）	MCA	PCI
适用机型	80286、386、486 系列机	386、486、586 IBM 系列机	Z-80、V20、V40 IBM PC 系列机	i486、PC-AT 兼容机	IBM 个人机与工作站	P5 个人机、PowerPC、Alpha 工作站
最大传输率	15 MBps	33 MBps	2 MBps	266 MBps	40 MBps	133 MBps 或 266 MBps
总线宽度	16 位	32 位	8 位	32 位	32 位	32 位
总线工作频率	8 MHz	8.33 MHz	2 MHz	66 MHz	10 MHz	33 MHz 66 MHz
同步方式	同步			异步	同步	
仲裁方式	集中	集中	集中	集中		
地址宽度	24	32	20			32/64
负载能力	8	6	无限制	6	无限制	3
信号线数		143		90	109	49
64 位扩展	不可	无规定	不可	可	可	可
并发工作				可		可
引脚使用	非多路复用	非多路复用	非多路复用	非多路复用		多路复用

注：表中缺项待查。

3.3.3　总线标准

　　总线是在计算机系统模块化的发展过程中产生的，随着计算机应用领域的不断扩大，计算机系统中各类模块（特别是 I/O 设备所带的各类接口模块）品种极其繁杂，往往一种模块要配一种总线，很难在总线上更换、组合各类模块或设备。20 世纪 70 年代末，为了使系统设计简化，模块生产批量化，确保其性能稳定、质量可靠，实现可移化，便于维护等，人们开始研究如何使总线建立标准，在总线的统一标准下，完成系统设计、模块制作。这样，系统、模块、设备与总线之间不适应、不通用及不匹配的问题就迎刃而解了。

所谓总线标准,可视为系统与各模块、模块与模块之间的一个互连的标准界面。这个界面对它两端的模块都是透明的,即界面的任一方只需根据总线标准的要求完成自身一方接口的功能要求,而无须了解对方接口与总线的连接要求。因此,按总线标准设计的接口可视为通用接口。采用总线标准可以为计算机接口的软硬件设计提供方便。对硬件设计而言,使各个模块的接口芯片设计相对独立;对软件设计而言,更有利于接口软件的模块化设计。

目前流行的总线标准有以下几种。

1. ISA 总线

ISA(Industrial Standard Architecture)总线是 IBM 为了采用全 16 位的 CPU 而推出的,又称 AT 总线,它使用独立于 CPU 的总线时钟,因此 CPU 可以采用比总线频率更高的时钟,有利于 CPU 性能的提高。由于 ISA 总线没有支持总线仲裁的硬件逻辑,因此它不能支持多台主设备(不支持多台具有申请总线控制权的设备)系统,而且 ISA 上的所有数据的传送必须通过 CPU 或 DMA(直接存储器存取)接口来管理,因此使 CPU 花费了大量时间来控制与外部设备交换数据。ISA 总线时钟频率为 8 MHz,最大传输率为 16 MBps,数据线为 16 位,地址线为 24 位。

2. EISA 总线

EISA(Extended Industrial Standard Architecture)是一种在 ISA 基础上扩充开放的总线标准,与 ISA 可以完全兼容,从 CPU 中分离出了总线控制权,是一种具有智能化的总线,能支持多个总线主控器和突发方式(总线上可进行成块的数据传送)的传输。EISA 总线的时钟频率为 8 MHz,最大传输率可达 33 MBps,数据总线为 32 位,地址总线为 32 位,扩充 DMA 访问范围达 2^{32}。

3. VESA(VL-BUS)总线

VESA 总线是由 VESA(Video Electronic Standard Association,视频电子标准协会)提出的局部总线标准,又称为 VL-BUS(Local BUS)总线。所谓局部总线,是指在系统外为两个以上模块提供的高速传输信息通道。VL-BUS 是由 CPU 总线演化而来的,采用 CPU 的时钟频率达 33 MHz、数据线为 32 位,可通过扩展槽扩展到 64 位,配有局部控制器,最大传输率达 133 MBps。通过局部总线控制器,将高速 I/O 设备直接挂在 CPU 上,实现 CPU 与高速 I/O 设备之间的高速数据交换(参见图 3.12)。

4. PCI 总线

随着图形用户界面(Graphical User Interface,GUI)和多媒体技术在 PC 系统中的广泛应用,ISA 总线和 EISA 总线由于受带宽的限制,已不能适应系统工作的要求,成为整个系统的主要瓶颈。因此对总线提出了更高的性能要求,促使总线技术进一步发展。

1991 年下半年,Intel 公司首先提出 PCI(Peripheral Component Interconnect,外围部件互连)总线的概念,并联合 IBM、Compaq、Apple、DEC、AST、HP 等计算机业界大户,成立了 PCI 集团 PCISIG(PCI Special Interest Group,PCI 专门权益组织),于 1992 年 6 月 22 日推出了 PCI 1.0 版,1995 年和 1999 年又先后推出了 2.1 版和 2.2 版,PCI 总线已成为现代计算机中最常用的总线之一,它的主要特点如下所述。

① 高性能。PCI 总线是一种不依附于某个具体处理器的局部总线。它为系统提供了一个

高速的数据传输通道,与 CPU 时钟频率无关,自身采用 33 MHz 和 66 MHz 的总线时钟,数据线为 32 位,可扩展到 64 位,传输速率从 132 MBps(33 MHz 时钟,32 位数据通路)可升级到 528 MBps (66 MHz 时钟,64 位数据通路)。它支持突发工作方式,这种方式是指若被传送的数据在主存中连续存放,则在访问此组数据时,只需给出第一个数据的地址,占用一个时钟周期,其后每个数据的传送各占一个时钟周期,不必每次给出各个数据的地址,因此可提高传输速率。

② 良好的兼容性。PCI 总线部件和插件接口相对于处理器是独立的,它支持所有的目前和将来不同结构的处理器,因此具有相对长的生命周期。PCI 总线与 ISA、EISA 总线均可兼容,可以转换为标准的 ISA、EISA。

③ 支持即插即用(Plug and Play),即任何扩展卡只要插入系统便可工作。PCI 设备中配有存放设备具体信息的寄存器,这些信息可供 BIOS(基本输入输出系统)和操作系统层的软件自动配置 PCI 总线部件和插件,使系统使用方便,无须进行复杂的手动配置。

④ 支持多主设备能力。主设备即对总线有控制权的设备,PCI 支持多主设备,即允许任何主设备和从设备(对总线没有控制权的设备)之间实现点到点对等存取,体现了接纳设备的高度灵活性。

⑤ 具有与处理器和存储器子系统完全并行操作的能力。PCI 总线可视为 CPU 与外设之间的一个中间层,它通过 PCI 桥路(PCI 控制器)与 CPU 相连。PCI 桥路有多级缓冲,可把一批数据快速写入缓冲器中,在这些数据不断写入 PCI 设备过程中,可真正实现与处理器/存储器子系统的安全并发工作。

⑥ 提供数据和地址奇偶校验功能,保证了数据的完整和准确。

⑦ 支持两种电压标准:5 V 和 3.3 V。3.3~5 V 的组件技术可以使电压平滑过渡。3.3 V 电压的 PCI 总线可用于便携式微型计算机中。

⑧ 可扩充性好。当 PCI 总线驱动能力不足时,可以采用多层结构(参见图 3.14)。

⑨ 软件兼容性好。PCI 部件可以完全兼容现有的驱动程序和应用程序。设备驱动程序可被移植到各类平台上。

⑩ 采用多路复用技术,减少了总线引脚个数。

上述各类总线的实例将在 3.4.3 节中介绍。

随着网络的高速发展以及其他周边设备的技术革新,诸如千兆网卡之类的设备对 PCI 总线提出了更高要求。Intel 公司近年来又推出了 PCI-Express 总线,它采用了类似网络传输 TCP/IP 协议的分层结构和数据帧逐层传递的模式。有关这方面的内容,读者可进一步查找相关资料。

5. AGP 总线

随着多媒体计算机的普及,对三维技术的应用也越来越广。处理三维数据不仅要求有惊人的数据量,而且要求有更宽广的数据传输带宽。例如,对 640×480 像素的分辨率而言,以每秒 75 次画面更新率计算,要求全部的数据带宽达 370 MBps;若分辨率提高到 800×600 像素时,总带宽高达 580 MBps。因此 PCI 总线成为传输瓶颈。为了解决此问题,Intel 公司于 1996 年 7 月又推出了 AGP(Accelerated Graphics Port,加速图形端口),这是显示卡专用的局部总线,基于PCI 2.1版规范并进行扩充修改而成,它采用点对点通道方式,以 66.7 MHz 的频率直接与主存联系,以主存作为帧缓冲器,实现了高速存取。最大数据传输率(数据宽度为 32 位)为 266 MBps,是传统PCI 总线带宽的 2 倍。AGP 还定义了一种"双激励"(Double Pumping)的传输技术,能在一个时钟的上、下沿双向传递数据,这样,AGP 实现的传输频率为 66.7 MHz×2,即 133 MHz,最大数据传输率可增为 533 MBps。后来又依次推出了 AGP2X,AGP4X,AGP8X 多个版本,数据传输速率可达 2.1 GBps。

6. RS-232C 总线

RS-232C(RS 即 Recommended Standard 的缩写,232 为标识号,C 表示修改次数)是由美国电子工业协会 EIA(Electronic Industries Association)推荐的一种串行通信总线标准,它是应用于串行二进制交换的数据终端设备(DTE)和数据通信设备(DCE)之间的标准接口,如图 3.5 所示。

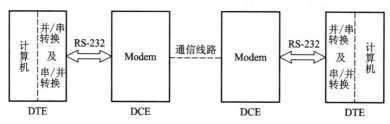

图 3.5   串行通信系统

在图 3.5 中,DTE(Data Terminal Equipment)是数据终端设备,它是产生二进制信号的数据源,也是接收信息的目的地,是由数据发生器或接收器或兼具两者组成的设备,它可以是一台计算机。DCE(Data Communication Equipment)是数据通信设备,它实质是一个信号的匹配器,既能满足 DTE 的要求,又能使传输信号符合线路要求。它具有提供数据终端设备与通信线路之间通信的建立、维持和终止连接等功能,同时还执行信号变换与编码。它可以是一个 Modem(调制解调器)。DTE 与 DCE 之间传输的是"0"或"1"的数据,通过 RS-232C 接口规定的各种控制信号,可实现两者之间的协调配合。

众所周知,计算机之间通信传送的是数字信号,它要求传送的频带很宽,而计算机远程通信通常是通过载波电话传送的,不可能有这样宽的频带。如果数字信号直接进行通信,经过传输线后,必然会产生畸变。因此在发送端必须通过调制器将数字信号转换成模拟信号,即对载波电话线上载波进行调制;而在接收端又必须用解调器检出从发送端来的模拟信号,并恢复为原来的数字信号。

值得注意的是:RS-232C 规定的逻辑电平与计算机系统中 TTL 和 MOS 电平不一样。在计算机系统中,以+5 V 代表逻辑"1",接地电压代表逻辑"0"。而 RS-232C 的电气特征规定低电平表示逻辑"1",并要求低电平为−15~−3 V;用高电平表示逻辑"0",并要求高电平为+3~+15 V,因此使用 RS-232C 时,必须实现两种电平的转换。

随着计算机网络的发展,现代计算机之间的远距离通信可直接由网卡经网线(8 根,双绞线)传输。

7. USB 总线

USB(Universal Serial Bus)通用串行总线是 Compaq、DEC、IBM、Intel、Microsoft、NEC(日本)和 Northern Telecom(加拿大)等七大公司于 1994 年 11 月联合开发的计算机串行接口总线标准,1996 年 1 月颁布了 USB 1.0 版本。它基于通用连接技术,实现外设的简单快速连接,达到方便用户、降低成本、扩展 PC 接连外设范围的目的。用户可以将几乎所有的外设装置,包括显示器、键盘、鼠标、打印机、扫描仪、数码相机、U 盘、调制解调器等直接插入标准 USB 插口。还可以将一些 USB 外设进行串接,使一大串设备共用 PC 上的端口。它的主要特点是:

① 具有真正的即插即用特征。用户可以在不关机的情况下很方便地对外设实行安装和拆卸,主机可按外设的增删情况自动配置系统资源,外设装置驱动程序的安装、删除均自动实现。

② 具有很强的连接能力。使用 USB HUB(USB 集线器)实现系统扩展,最多可链式连接 127 个外设到同一系统。图 3.6 是典型的 USB 系统拓扑结构。标准 USB 电缆长度为 3 m,低速传输方式时可为 5 m,通过 HUB 或中继器可使传输距离达 30 m。

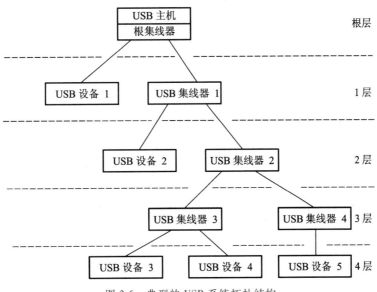

图 3.6　典型的 USB 系统拓扑结构

③ 数据传输率(USB 1.0 版)有两种,即采用普通无屏蔽双绞线,速度可达 1.5 Mbps,若用带屏蔽的双绞线,速度可达 12 Mbps。USB 2.0 版的数据传输率最高可达 480 Mbps。

④ 标准统一。USB 的引入减轻了对目前 PC 中所有标准接口的需求,如串口的鼠标、键盘,

并口的打印机、扫描仪,IDE 接口的硬盘,都可以改成以统一的 USB 标准接入系统,从而减少了对 PC 插槽的需求,节省空间。

⑤ 连接电缆轻巧,电源体积缩小。USB 使用的 4 芯电缆中的 2 条用于信号连接,2 条用于电源/地,可为外设提供+5V 的直流电源,方便用户。

⑥ 生命力强。USB 是一种开放性的不具有专利版权的工业标准,它是由一个标准化组织"USB 实施者论坛"(该组织由 150 多家企业组成)制定出来的,因此不存在专利版权问题,USB 规范具有强大的生命力。

3.4　总线结构

总线结构通常可分为单总线结构和多总线结构两种。

3.4.1　单总线结构

图 3.2 是单总线结构的示意,它是将 CPU、主存、I/O 设备(通过 I/O 接口)都挂在一组总线上,允许 I/O 设备之间、I/O 设备与 CPU 之间或 I/O 设备与主存之间直接交换信息。这种结构简单,也便于扩充,但所有的传送都通过这组共享总线,因此极易形成计算机系统的瓶颈。它也不允许两个以上的部件在同一时刻向总线传输信息,这就必然会影响系统工作效率的提高。这类总线多数被小型计算机或微型计算机所采用。

随着计算机应用范围不断扩大,其外部设备的种类和数量越来越多,它们对数据传输数量和传输速度的要求也就越来越高。倘若仍然采用单总线结构,那么,当 I/O 设备量很大时,总线发出的控制信号从一端逐个顺序地传递到第 n 个设备,其传播的延迟时间就会严重地影响系统的工作效率。在数据传输需求量和传输速度要求不太高的情况下,为克服总线瓶颈问题,尽可能采用增加总线宽度和提高传输速率来解决;但当总线上的设备,如高速视频显示器、网络传输接口等,其数据量很大和传输速度要求相当高的时候,单总线结构则不能满足系统工作的需要。因此,为了根本解决数据传输速率,解决 CPU、主存与 I/O 设备之间传输速率的不匹配,实现 CPU 与其他设备相对同步,不得不采用多总线结构。

3.4.2　多总线结构

图 3.7 是双总线结构的示意图。

双总线结构的特点是将速度较低的 I/O 设备从单总线上分离出来,形成主存总线与 I/O 总线分开的结构。图中通道是一个具有特殊功能的处理器,CPU 将一部分功能下放给通道,使其对 I/O 设备具有统一管理的功能,以完成外部设备与主存储器之间的数据传送,其系统的吞吐能

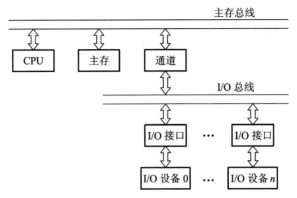

图 3.7 双总线结构

力可以相当大。这种结构大多用于大、中型计算机系统。

如果将速率不同的 I/O 设备进行分类,然后将它们连接在不同的通道上,那么计算机系统的工作效率将会更高,由此发展成多总线结构。

图 3.8 是三总线结构的示意图。

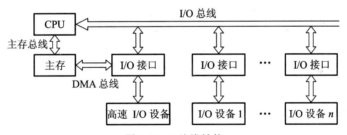

图 3.8 三总线结构

图 3.8 中主存总线用于 CPU 与主存之间的传输;I/O 总线供 CPU 与各类 I/O 设备之间传递信息;DMA 总线用于高速 I/O 设备(磁盘、磁带等)与主存之间直接交换信息。在三总线结构中,任一时刻只能使用一种总线。主存总线与 DMA 总线不能同时对主存进行存取,I/O 总线只有在 CPU 执行 I/O 指令时才能用到。

图 3.9 是另一种三总线结构的示意图。

由图可见,处理器与 Cache(详见 4.3 节)之间有一条局部总线,它将 CPU 与 Cache 或与更多的局部设备连接。Cache 的控制机构不仅将 Cache 连到局部总线上,而且还直接连到系统总线上,这样 Cache 就可通过系统总线与主存传输信息,而且 I/O 设备与主存之间的传输也不必通过 CPU。还有一条扩展总线,它将局域网、小型计算机接口(SCSI)、调制解调器(Modem)以及串行

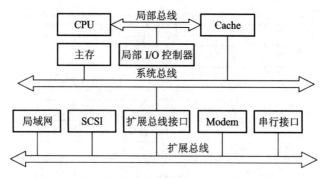

图 3.9 三总线结构的又一形式

接口等都连接起来,并且通过这些接口又可与各类 I/O 设备相连,因此它可支持相当多的 I/O 设备。与此同时,扩展总线又通过扩展总线接口与系统总线相连,由此便可实现这两种总线之间的信息传递,可见其系统的工作效率明显提高。

为了进一步提高 I/O 设备的性能,使其更快地响应命令,又出现了四总线结构,如图 3.10 所示。

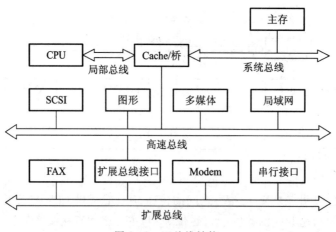

图 3.10 四总线结构

在这里又增加了一条与计算机系统紧密相连的高速总线。在高速总线上挂接了一些高速 I/O 设备,如高速局域网、图形工作站、多媒体、SCSI 等。它们通过 Cache 控制机构中的高速总线桥或高速缓冲器与系统总线和局部总线相连,使得这些高速设备与 CPU 更密切。而一些较低速的设备如图文传真 FAX、调制解调器及串行接口仍然挂在扩展总线上,并由扩展总线接口与高速总线相连。

这种结构对高速设备而言,其自身的工作可以很少依赖 CPU,同时它们又比扩展总线上的设备更贴近 CPU,可见对于高性能设备与 CPU 来说,各自的效率将获得更大的提高。在这种结构中,CPU、高速总线的速度以及各自信号线的定义完全可以不同,以至各自改变其结构也不会影响高速总线的正常工作,反之亦然。

3.4.3　总线结构举例

图 3.11 是传统微型计算机的总线结构示意图。

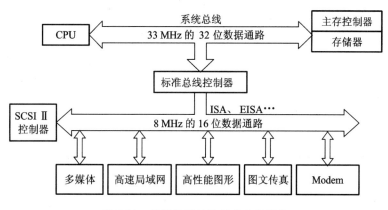

图 3.11　传统微型计算机的总线结构

由图 3.11 中可见,不论高速局域网、高性能图形还是低速的 FAX、Modem 都挂接在 ISA 或 EISA 总线上,并通过 ISA 或 EISA 总线控制器与系统总线相连,这样势必出现总线数据传输的瓶颈。只有将高速、高性能的外设,如高速局域网卡、高性能图形卡等尽量靠近 CPU 本身的总线,并与 CPU 同步或准同步,才可能消除瓶颈问题。这就要求改变总线结构来提高数据传送速率,为此,出现了图 3.12 的 VL-BUS 局部总线结构。

由图 3.12 中可见,将原先挂在 ISA 总线上的高速局域网卡、多媒体卡、高性能图形卡等从 ISA 总线卸下来,挂到局部总线 VL-BUS 上,再与系统总线相连。而将打印机、FAX、Modem 等低速设备仍挂在 ISA 总线上。局部总线 VL-BUS 就相当于在 CPU 与高速 I/O 设备之间架上了高速通道,使 CPU 与高性能外设得到充分发挥,满足了图形界面软件的要求。

由于 VL-BUS 是从 CPU 总线演化而来的,与 CPU 的关系太紧密(实际上这种总线与 486 配合最佳),以致很难支持功能更强的 CPU,因此出现了 PCI 总线。

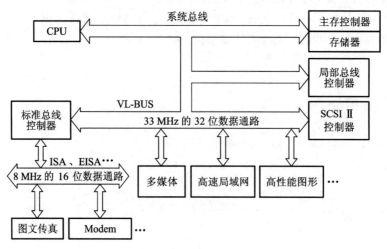

图 3.12 VL-BUS 局部总线结构

图 3.13 是 PCI 总线结构的示意图。

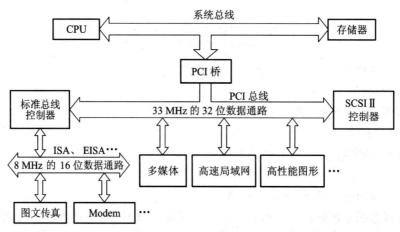

图 3.13 PCI 总线结构

由图 3.13 可见,PCI 总线是通过 PCI 桥路(包括 PCI 控制器和 PCI 加速器)与 CPU 总线相连。这种结构使 CPU 总线与 PCI 总线互相隔离,具有更高的灵活性,可以支持更多的高速运行设备,而且具有即插即用的特性。当然,挂在 PCI 总线上的设备都要求数据传输速率高的设备,如多媒体卡、高速局域网适配器、高性能图形卡等,与高速 CPU 总线是相匹配的。至于低速的 FAX、Modem、打印机仍然挂在 ISA、EISA 总线上。

当 PCI 总线驱动能力不足时,可采用多层结构,如图 3.14 所示。

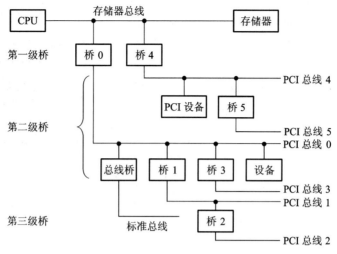

图 3.14　多层 PCI 总线结构

3.5　总线控制

由于总线上连接着多个部件,什么时候由哪个部件发送信息,如何给信息传送定时,如何防止信息丢失,如何避免多个部件同时发送,如何规定接收信息的部件等一系列问题都需要由总线控制器统一管理。它主要包括判优控制(或称仲裁逻辑)和通信控制。

3.5.1　总线判优控制

总线上所连接的各类设备,按其对总线有无控制功能可分为主设备(模块)和从设备(模块)两种。主设备对总线有控制权,从设备只能响应从主设备发来的总线命令,对总线没有控制权。总线上信息的传送是由主设备启动的,如某个主设备欲与另一个设备(从设备)进行通信时,首先由主设备发出总线请求信号,若多个主设备同时要使用总线时,就由总线控制器的判优、仲裁逻辑按一定的优先等级顺序确定哪个主设备能使用总线。只有获得总线使用权的主设备才能开始传送数据。

总线判优控制可分集中式和分布式两种,前者将控制逻辑集中在一处(如在 CPU 中),后者将控制逻辑分散在与总线连接的各个部件或设备上。

常见的集中控制优先权仲裁方式有以下三种。

(1) 链式查询

链式查询方式如图 3.15(a)所示。图中控制总线中有 3 根线用于总线控制(BS 总线忙、BR 总线请求、BG 总线同意），其中总线同意信号 BG 是串行地从一个 I/O 接口送到下一个 I/O 接口。如果 BG 到达的接口有总线请求，BG 信号就不再往下传，意味着该接口获得了总线使用权，并建立总线忙 BS 信号，表示它占用了总线。可见在链式查询中，离总线控制部件最近的设备具有最高的优先级。这种方式的特点是：只需很少几根线就能按一定优先次序实现总线控制，并且很容易扩充设备，但对电路故障很敏感，且优先级别低的设备可能很难获得请求。

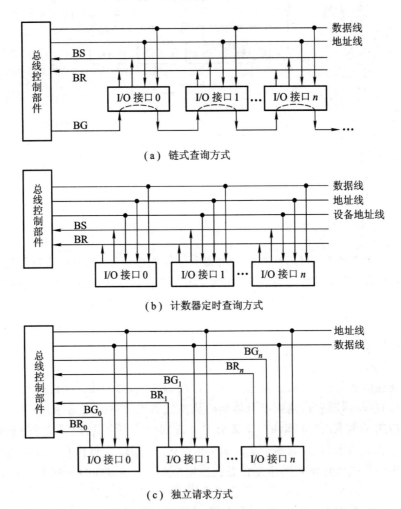

（a）链式查询方式

（b）计数器定时查询方式

（c）独立请求方式

图 3.15　集中控制的三种优先权仲裁方式

（2）计数器定时查询

计数器定时查询方式如图 3.15(b) 所示。与图 3.15(a) 相比，多了一组设备地址线，少了一根总线同意线 BG。总线控制部件接到由 BR 送来的总线请求信号后，在总线未被使用（BS = 0）

的情况下,总线控制部件中的计数器开始计数,并通过设备地址线,向各设备发出一组地址信号。当某个请求占用总线的设备地址与计数值一致时,便获得总线使用权,此时终止计数查询。这种方式的特点是:计数可以从"0"开始,此时一旦设备的优先次序被固定,设备的优先级就按 $0,1,\cdots,n$ 的顺序降序排列,而且固定不变;计数也可以从上一次计数的终止点开始,即是一种循环方法,此时设备使用总线的优先级相等;计数器的初始值还可由程序设置,故优先次序可以改变。这种方式对电路故障不如链式查询方式敏感,但增加了控制线(设备地址)数,控制也较复杂。

（3）独立请求方式

独立请求方式如图 3.15(c)所示。由图中可见,每一台设备均有一对总线请求线 BR_i 和总线同意线 BG_i。当设备要求使用总线时,便发出该设备的请求信号。总线控制部件中有一排队电路,可根据优先次序确定响应哪一台设备的请求。这种方式的特点是:响应速度快,优先次序控制灵活(通过程序改变),但控制线数量多,总线控制更复杂。链式查询中仅用两根线确定总线使用权属于哪个设备,在计数器查询中大致用 $\log_2 n$ 根线,其中 n 是允许接纳的最大设备数,而独立请求方式需采用 $2n$ 根线。

3.5.2 总线通信控制

众多部件共享总线,在争夺总线使用权时,应按各部件的优先等级来解决。在通信时间上,则应按分时方式来处理,即以获得总线使用权的先后顺序分时占用总线,即哪一个部件获得使用权,此刻就由它传送,下一部件获得使用权,接着下一时刻传送。这样一个接一个轮流交替传送。

通常将完成一次总线操作的时间称为总线周期,可分为以下 4 个阶段。

① 申请分配阶段:由需要使用总线的主模块(或主设备)提出申请,经总线仲裁机构决定下一传输周期的总线使用权授予某一申请者。

② 寻址阶段:取得了使用权的主模块通过总线发出本次要访问的从模块(或从设备)的地址及有关命令,启动参与本次传输的从模块。

③ 传数阶段:主模块和从模块进行数据交换,数据由源模块发出,经数据总线流入目的模块。

④ 结束阶段:主模块的有关信息均从系统总线上撤除,让出总线使用权。

对于仅有一个主模块的简单系统,无须申请、分配和撤除,总线使用权始终归它占有。对于包含中断、DMA 控制或多处理器的系统,还需要有其他管理机构来参与。

总线通信控制主要解决通信双方如何获知传输开始和传输结束,以及通信双方如何协调如何配合。通常用四种方式:同步通信、异步通信、半同步通信和分离式通信。

1. 同步通信

通信双方由统一时标控制数据传送称为同步通信。时标通常由 CPU 的总线控制部件发出,送到总线上的所有部件;也可以由每个部件各自的时序发生器发出,但必须由总线控制部件发出的时钟信号对它们进行同步。

图 3.16 表示某个输入设备向 CPU 传输数据的同步通信过程。

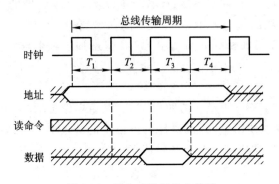

图 3.16　同步式数据输入传输

图中总线传输周期是连接在总线上的两个部件完成一次完整且可靠的信息传输时间,它包含 4 个时钟周期 T_1、T_2、T_3、T_4。

CPU 在 T_1 上升沿发出地址信息;在 T_2 的上升沿发出读命令;与地址信号相符合的输入设备按命令进行一系列内部操作,且必须在 T_3 的上升沿到来之前将 CPU 所需的数据送到数据总线上;CPU 在 T_3 时钟周期内,将数据线上的信息送到其内部寄存器中;CPU 在 T_4 的上升沿撤销读命令,输入设备不再向数据总线上传送数据,撤销它对数据总线的驱动。如果总线采用三态驱动电路,则从 T_4 起,数据总线呈浮空状态。

同步通信在系统总线设计时,对 T_1、T_2、T_3、T_4 都有明确、唯一的规定。

对于读命令,其传输周期如下:

T_1　　主模块发地址。

T_2　　主模块发读命令。

T_3　　从模块提供数据。

T_4　　主模块撤销读命令,从模块撤销数据。

对于写命令,其传输周期如下:

T_1　　主模块发地址。

$T_{1.5}$　主模块提供数据。

T_2　　主模块发出写命令,从模块接收到命令后,必须在规定时间内将数据总线上的数据写到地址总线所指明的单元中。

T_4　　主模块撤销写命令和数据等信号。

写命令传输周期的时序如图 3.17 所示。

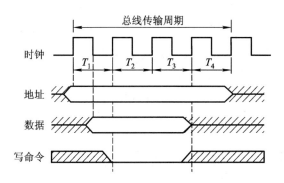

图 3.17 同步式数据输出传输

这种通信的优点是规定明确、统一，模块间的配合简单一致。其缺点是主、从模块时间配合属于强制性"同步"，必须在限定时间内完成规定的要求。并且对所有从模块都用同一限时，这就势必造成，对各不相同速度的部件而言，必须按最慢速度的部件来设计公共时钟，严重影响总线的工作效率，也给设计带来了局限性，缺乏灵活性。

同步通信一般用于总线长度较短、各部件存取时间比较一致的场合。

在同步通信的总线系统中，总线传输周期越短，数据线的位数越多，直接影响总线的数据传输率。

例 3.1 假设总线的时钟频率为 100 MHz，总线的传输周期为 4 个时钟周期，总线的宽度为 32 位，试求总线的数据传输率。若想提高一倍数据传输率，可采取什么措施？

解：根据总线时钟频率为 100 MHz，得

1 个时钟周期为 1/100 MHz = 0.01 μs

总线传输周期为 0.01 μs×4 = 0.04 μs

由于总线的宽度为 32 位 = 4 B(字节)

故总线的数据传输率为 4 B/(0.04 μs) = 100 MBps

若想提高一倍数据传输率，可以在不改变总线时钟频率的前提下，将数据线的宽度改为 64 位，也可以仍保持数据宽度为 32 位，但使总线的时钟频率增加到 200 MHz。

2. 异步通信

异步通信克服了同步通信的缺点，允许各模块速度的不一致性，给设计者充分的灵活性和选择余地。它没有公共的时钟标准，不要求所有部件严格的统一操作时间，而是采用应答方式(又称握手方式)，即当主模块发出请求(Request)信号时，一直等待从模块反馈回来"响应"(Acknowledge)信号后才开始通信。当然，这就要求主、从模块之间增加两条应答线(握手交互信号线 Handshaking)。

异步通信的应答方式又可分为不互锁、半互锁和全互锁三种类型，如图 3.18 所示。

(1) 不互锁方式

主模块发出请求信号后，不必等待接到从模块的回答信号，而是经过一段时间，确认从模块

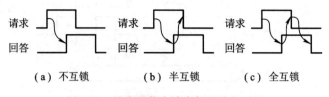

图 3.18 异步通信中请求与回答的互锁

已收到请求信号后,便撤销其请求信号;从模块接到请求信号后,在条件允许时发出回答信号,并且经过一段时间(这段时间的设置对不同设备而言是不同的)确认主模块已收到回答信号后,自动撤销回答信号。可见通信双方并无互锁关系。例如,CPU 向主存写信息,CPU 要先后给出地址信号、写命令以及写入数据,即采用此种方式。

（2）半互锁方式

主模块发出请求信号,必须待接到从模块的回答信号后再撤销其请求信号,有互锁关系;而从模块在接到请求信号后发出回答信号,但不必等待获知主模块的请求信号已经撤销,而是隔一段时间后自动撤销其回答信号,无互锁关系。由于一方存在互锁关系,一方不存在互锁关系,故称半互锁方式。例如,在多机系统中,某个 CPU 需访问共享存储器(供所有 CPU 访问的存储器)时,该 CPU 发出访存命令后,必须收到存储器未被占用的回答信号,才能真正进行访存操作。

（3）全互锁方式

主模块发出请求信号,必须待从模块回答后再撤销其请求信号;从模块发出回答信号,必须待获知主模块请求信号已撤销后,再撤销其回答信号。双方存在互锁关系,故称为全互锁方式。例如,在网络通信中,通信双方采用的就是全互锁方式。

异步通信可用于并行传送或串行传送。异步并行通信可参见图 5.6,图中"Ready"和"Strobe"就是联络信号。异步串行通信时,没有同步时钟,也不需要在数据传送中传送同步信号。为了确认被传送的字符,约定字符格式为:1 个起始位(低电平)、5～8 个数据位(如 ASCII 码为 7 位)、1 个奇偶校验位(作检错用)、1 或 1.5 或 2 个终止位(高电平)。传送时起始位后面紧跟的是要传送字符的最低位,每个字符的结束是一个高电平的终止位。起始位至终止位构成一帧,两帧之间的间隔可以是任意长度的。图 3.19 是两种数据传输率的异步串行传送格式,其中图 3.19(a)两帧之间有空闲位(高电平),而图 3.19(b)两帧之间无空闲位,故数据传输率更高。

异步串行通信的数据传送速率用波特率来衡量。波特率是指单位时间内传送二进制数据的位数,单位用 bps(位/秒)表示,记作波特。

例 3.2 在异步串行传输系统中,假设每秒传输 120 个数据帧,其字符格式规定包含 1 个起始位、7 个数据位、1 个奇校验位、1 个终止位,试计算波特率。

解: 根据题目给出的字符格式,一帧包含 1+7+1+1 = 10 位

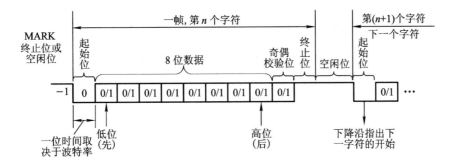

（a）小于最高数据传送率

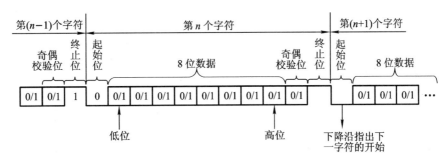

（b）最高数据传送率

图 3.19 两种传输率的异步串行传送字符格式

故波特率为（1+7+1+1）×120 = 1 200 bps = 1 200 波特

例 3.3 画图说明用异步串行传输方式发送十六进制数据 95H。要求字符格式为:1 位起始位、8 位数据位、1 位偶校验位、1 位终止位。

解: 异步串行传送在起始位之后传输的是数据位的最低位（95H 的最低位 D_0 = 1），而且数据位的最高位（95H 的最高位 D_7 = 1）传输之后传输校验位,最后是终止位。数据 95H 的偶校验位为 0,其波形图如图 3.20 所示。

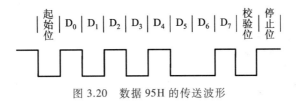

图 3.20 数据 95H 的传送波形

由于异步串行通信字符格式中包含若干附加位,如起始位、终止位、校验位,而且终止位又有 1 位、1.5 位、2 位之分,若只考虑有效数据位,可用比特率来衡量异步串行通信的数据传输速率,即单位时间内传送二进制有效数据的位数,单位用 bps 表示。

为了提高速度,将异步串行传送中这些附加位去掉,就可以采用同步传送,在同步传送时,数据块开始处要用同步字符 SYN 来指明,如图 3.21 所示。

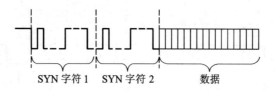

　　　　　　SYN 字符 1　　SYN 字符 2　　　数据

图 3.21　同步串行传送格式

同步串行传送速度高于异步串行传送速度,可达 500 千波特,而异步通信传送一般为 50 ~ 19 200波特。

例 3.4　在异步串行传输系统中,若字符格式为:1 位起始位、8 位数据位、1 位奇校验位、1 位终止位。假设波特率为 1 200 bps,求这时的比特率。

解:根据题目给出的字符格式,有效数据位为 8 位,而传送一个字符需 1+8+1+1 = 11 位,故比特率为

$$1\ 200×(8/11) = 872.72\ \text{bps}$$

3. 半同步通信

半同步通信既保留了同步通信的基本特点,如所有的地址、命令、数据信号的发出时间,都严格参照系统时钟的某个前沿开始,而接收方都采用系统时钟后沿时刻来进行判断识别;同时又像异步通信那样,允许不同速度的模块和谐地工作。为此增设了一条"等待"($\overline{\text{WAIT}}$)响应信号线,采用插入时钟(等待)周期的措施来协调通信双方的配合问题。

仍以输入为例,在同步通信中,主模块在 T_1 发出地址,在 T_2 发出命令,在 T_3 传输数据,在 T_4 结束传输。倘若从模块工作速度较慢,无法在 T_3 时刻提供数据,则必须在 T_3 到来前通知主模块,给出 $\overline{\text{WAIT}}$(低电平)信号。若主模块在 T_3 到来时刻测得 $\overline{\text{WAIT}}$ 为低电平,就插入一个等待周期 T_w(其宽度与时钟周期一致),不立即从数据线上取数。若主模块在下一个时钟周期到来时刻又测得 $\overline{\text{WAIT}}$ 为低,就再插入一个 T_w 等待,这样一个时钟周期、一个时钟周期地等待,直到主模块测得 $\overline{\text{WAIT}}$ 为高电平时,主模块即把此刻的下一个时钟周期当作正常周期 T_3,即时获取数据,T_4 结束传输。

插入等待周期的半同步通信数据输入过程如图 3.22 所示。

由图中可见,半同步通信时序可为以下形式。

T_1　主模块发出地址信息。

T_2　主模块发出命令。

T_w　当 $\overline{\text{WAIT}}$ 为低电平时,进入等待,T_w 的宽度与 T 的宽度一致。

　　⋮

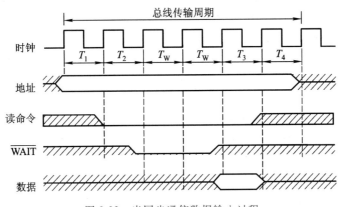

图 3.22 半同步通信数据输入过程

T_3 从模块提供数据。

T_4 主模块撤销读命令,从模块撤销数据。

半同步通信适用于系统工作速度不高但又包含了由许多工作速度差异较大的各类设备组成的简单系统。半同步通信控制方式比异步通信简单,在全系统内各模块又在统一的系统时钟控制下同步工作,可靠性较高,同步结构较方便。其缺点是对系统时钟频率不能要求太高,故从整体上来看,系统工作的速度还不是很高。

4. 分离式通信

以上三种通信方式都是从主模块发出地址和读写命令开始,直到数据传输结束。在整个传输周期中,系统总线的使用权完全由占有使用权的主模块和由它选中的从模块占据。进一步分析读命令传输周期,发现除了申请总线这一阶段外,其余时间主要花费在如下 3 个方面。

① 主模块通过传输总线向从模块发送地址和命令。

② 从模块按照命令进行读数据的必要准备。

③ 从模块经数据总线向主模块提供数据。

由②可见,对系统总线而言,从模块内部读数据过程并无实质性的信息传输,总线纯属空闲等待。为了克服和利用这种消极等待,尤其在大型计算机系统中,总线的负载已处于饱和状态,充分挖掘系统总线每瞬间的潜力,对提高系统性能起到极大作用。为此人们又提出了“分离式”的通信方式,其基本思想是将一个传输周期(或总线周期)分解为两个子周期。在第一个子周期中,主模块 A 在获得总线使用权后将命令、地址以及其他有关信息,包括该主模块编号(当有多个主模块时,此编号尤为重要)发到系统总线上,经总线传输后,由有关的从模块 B 接收下来。主模块 A 向系统总线发布这些信息只占用总线很短的时间,一旦发送完,立即放弃总线使用权,以便其他模块使用。在第二个子周期中,当 B 模块收到 A 模块发来的有关命令信号后,经选择、译码、读取等一系列内部操作,将 A 模块所需的数据准备好,便由 B 模块申请总线使用权,一旦获准,B 模块便将 A 模块的编号、B 模块的地址、A 模块所需的数据等一系列信息送到总线上,供 A 模块接收。很明显,上述两个传输子周期都只有单方向的信息流,每个模块都变成了主模块。

这种通信方式的特点如下:

① 各模块欲占用总线使用权都必须提出申请。

② 在得到总线使用权后,主模块在限定的时间内向对方传送信息,采用同步方式传送,不再等待对方的回答信号。

③ 各模块在准备数据的过程中都不占用总线,使总线可接受其他模块的请求。

④ 总线被占用时都在做有效工作,或者通过它发送命令,或者通过它传送数据,不存在空闲等待时间,充分地利用了总线的有效占用,从而实现了总线在多个主、从模块间进行信息交叉重叠并行式传送,这对大型计算机系统是极为重要的。

当然,这种方式控制比较复杂,一般在普通微型计算机系统很少采用。

思考题与习题

3.1   什么是总线? 总线传输有何特点? 为了减轻总线的负载,总线上的部件都应具备什么特点?

3.2   总线如何分类? 什么是系统总线? 系统总线又分为几类,它们各有何作用,是单向的,还是双向的,它们与机器字长、存储字长、存储单元有何关系?

3.3   常用的总线结构有几种? 不同的总线结构对计算机的性能有什么影响? 举例说明。

3.4   为什么要设置总线判优控制? 常见的集中式总线控制有几种,各有何特点,哪种方式响应时间最快,哪种方式对电路故障最敏感?

3.5   解释概念:总线宽度、总线带宽、总线复用、总线的主设备(或主模块)、总线的从设备(或从模块)、总线的传输周期、总线的通信控制。

3.6   试比较同步通信和异步通信。

3.7   画图说明异步通信中请求与回答有哪几种互锁关系。

3.8   为什么说半同步通信同时保留了同步通信和异步通信的特点?

3.9   分离式通信有何特点? 主要用于什么系统?

3.10   什么是总线标准? 为什么要设置总线标准? 目前流行的总线标准有哪些? 什么是即插即用,哪些总线有这一特点?

3.11   画一个具有双向传送功能的总线逻辑图。

3.12   设数据总线上接有 A、B、C、D 4 个寄存器,要求选用合适的 74 系列芯片,完成下列逻辑设计:

(1) 设计一个电路,在同一时间实现 D→A、D→B 和 D→C 寄存器间的传送。

(2) 设计一个电路,实现下列操作。

T_0 时刻完成 D→总线。

T_1 时刻完成总线→A。

T_2 时刻完成 A→总线。

T_3 时刻完成总线→B。

3.13   什么是总线的数据传送速率,它与哪些因素有关?

3.14　设总线的时钟频率为 8 MHz,一个总线周期等于一个时钟周期。如果一个总线周期中并行传送 16 位数据,试问总线的带宽是多少?

3.15　在一个 32 位的总线系统中,总线的时钟频率为 66 MHz,假设总线最短传输周期为 4 个时钟周期,试计算总线的最大数据传输率。若想提高数据传输率,可采取什么措施?

3.16　在异步串行传送系统中,字符格式为:1 个起始位、8 个数据位、1 个校验位、2 个终止位。若要求每秒传送 120 个字符,试求传送的波特率和比特率。

第 4 章 存 储 器

本章重点介绍主存储器的分类、工作原理、组成方式以及与其他部件（如 CPU）的联系。此外还介绍了高速缓冲存储器、磁表面存储器等的基本组成和工作原理。旨在使读者真正建立起如何用不同的存储器组成具有层次结构的存储系统的概念。

4.1 概述

4.1.1 存储器分类

存储器是计算机系统中的记忆设备，用来存放程序和数据。随着计算机发展，存储器在系统中的地位越来越重要。由于超大规模集成电路的制作技术，使 CPU 的速度变得惊人的高，而存储器的取数和存数的速度与它很难适配，这使计算机系统的运行速度在很大程度上受存储器速度的制约。此外，由于 I/O 设备不断增多，如果它们与存储器交换信息都通过 CPU 来实现，这将大大降低 CPU 的工作效率。为此，出现了 I/O 与存储器的直接存取方式（DMA），这也使存储器的地位更为突出。尤其在多处理机的系统中，各处理机本身都需与其主存交换信息，而且各处理机在互相通信中，也都需共享存放在存储器中的数据。因此，存储器的地位就更为显要。可见，从某种意义而言，存储器的性能已成为计算机系统的核心。

当今，存储器的种类繁多，从不同的角度对存储器可作不同的分类。

1. 按存储介质分类

存储介质是指能寄存"0""1"两种代码并能区别两种状态的物质或元器件。存储介质主要有半导体器件、磁性材料和光盘等。

（1）半导体存储器

存储元件由半导体器件组成的存储器称为半导体存储器。现代半导体存储器都用超大规模集成电路工艺制成芯片，其优点是体积小、功耗低、存取时间短。其缺点是当电源消失时，所存信息也随即丢失，它是一种易失性存储器。近年来已研制出用非挥发性材料制成的半导体存储器，克服了信息易失的弊病。

半导体存储器又可按其材料的不同，分为双极型（TTL）半导体存储器和 MOS 半导体存储器两种。前者具有高速的特点；后者具有高集成度的特点，并且制造简单，成本低廉，功耗小，故

MOS 半导体存储器被广泛应用。

（2）磁表面存储器

磁表面存储器是在金属或塑料基体的表面上涂一层磁性材料作为记录介质,工作时磁层随载磁体高速运转,用磁头在磁层上进行读/写操作,故称为磁表面存储器。按载磁体形状的不同,可分为磁盘、磁带和磁鼓。现代计算机已很少采用磁鼓。由于用具有矩形磁滞回线特性的材料作磁表面物质,它们按其剩磁状态的不同而区分"0"或"1",而且剩磁状态不会轻易丢失,故这类存储器具有非易失性的特点。

（3）磁芯存储器

磁芯是由硬磁材料做成的环状元件,在磁芯中穿有驱动线（通电流）和读出线,这样便可进行读/写操作。磁芯属磁性材料,故它也是不易失的永久记忆存储器。不过,磁芯存储器的体积过大、工艺复杂、功耗太大,故 20 世纪 70 年代后,逐渐被半导体存储器取代,目前几乎已不被采用。

（4）光盘存储器

光盘存储器是应用激光在记录介质（磁光材料）上进行读/写的存储器,具有非易失性的特点。由于光盘记录密度高、耐用性好、可靠性高和可互换性强等特点,光盘存储器越来越被用于计算机系统。

2. 按存取方式分类

按存取方式可把存储器分为随机存储器、只读存储器、顺序存取存储器和直接存取存储器。

（1）随机存储器（Random Access Memory,RAM）

RAM 是一种可读/写存储器,其特点是存储器的任何一个存储单元的内容都可以随机存取,而且存取时间与存储单元的物理位置无关。计算机系统中的主存都采用这种随机存储器。由于存储信息原理的不同,RAM 又分为静态 RAM（以触发器原理寄存信息）和动态 RAM（以电容充放电原理寄存信息）。

（2）只读存储器（Read Only Memory,ROM）

只读存储器是能对其存储的内容读出,而不能对其重新写入的存储器。这种存储器一旦存入了原始信息后,在程序执行过程中,只能将内部信息读出,而不能随意重新写入新的信息去改变原始信息。因此,通常用它存放固定不变的程序、常数和汉字字库,甚至用于操作系统的固化。它与随机存储器可共同作为主存的一部分,统一构成主存的地址域。

早期只读存储器的存储内容根据用户要求,厂家采用掩模工艺,把原始信息记录在芯片中,一旦制成后无法更改,称为掩模型只读存储器（Masked ROM,MROM）。随着半导体技术的发展和用户需求的变化,只读存储器先后派生出可编程只读存储器（Programmable ROM,PROM）、可擦除可编程只读存储器（Erasable Programmable ROM,EPROM）以及电擦除可编程只读存储器（Electrically-Erasable Programmable ROM, EEPROM）。近年来还出现了闪速存储器 Flash Memory,它具有 EEPROM 的特点,而速度比 EEPROM 快得多。

（3）串行访问存储器

如果对存储单元进行读/写操作时,需按其物理位置的先后顺序寻找地址,则这种存储器称为串行访问存储器。显然这种存储器由于信息所在位置不同,使得读/写时间均不相同。例如,磁带存储器,不论信息处在哪个位置,读/写时必须从其介质的始端开始按顺序寻找,故这类串行访问的存储器又称为顺序存取存储器。还有一种属于部分串行访问的存储器,如磁盘。在对磁盘读/写时,首先直接指出该存储器中的某个小区域(磁道),然后再顺序寻访,直至找到位置。故其前段是直接访问,后段是串行访问,称为直接存取存储器。

3. 按在计算机中的作用分类

按在计算机系统中的作用不同,存储器主要分为主存储器、辅助存储器、缓冲存储器。

主存储器(简称主存)的主要特点是它可以和 CPU 直接交换信息。辅助存储器(简称辅存)是主存储器的后援存储器,用来存放当前暂时不用的程序和数据,它不能与 CPU 直接交换信息。两者相比,主存速度快、容量小、每位价格高;辅存速度慢、容量大、每位价格低。缓冲存储器(简称缓存)用在两个速度不同的部件之中,例如,CPU 与主存之间可设置一个快速缓存(有关内容将在 4.3 节中讲述),起到缓冲作用。

综上所述,存储器分类如图 4.1 所示。

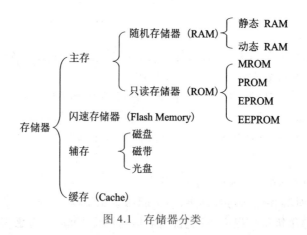

图 4.1　存储器分类

4.1.2　存储器的层次结构

存储器有 3 个主要性能指标:速度、容量和每位价格(简称位价)。一般来说,速度越高,位价就越高;容量越大,位价就越低,而且容量越大,速度必越低。人们追求大容量、高速度、低位价的存储器,可惜这是很难达到的。图 4.2 形象地反映了上述三者的关系。图中由上至下,位价越来越低,速度越来越慢,容量越来越大,CPU 访问的频度也越来越少。最上层的寄存器通常都制作在 CPU 芯片内。寄存器中的数直接在 CPU 内部参与运算,CPU 内可以有十几个、几十个寄存器,它们的速度最快,位价最高,容量最小。主存用来存放将要参与运行的

程序和数据,其速度与 CPU 速度差距较大,为了使它们之间速度更好地匹配,在主存与 CPU
之间插入了一种比主存速度更快、容量更小的高速缓冲存
储器 Cache,显然其位价要高于主存。以上三类存储器都
是由速度不同、位价不等的半导体存储材料制成的,它们
都设在主机内。现代计算机将 Cache 也制作在 CPU 内。
磁盘、磁带属于辅助存储器,其容量比主存大得多,大都用
来存放暂时未用到的程序和数据文件。CPU 不能直接访
问辅存,辅存只能与主存交换信息,因此辅存的速度可以
比主存慢得多。

图 4.2　存储器速度、容量和
位价的关系

　　实际上,存储系统层次结构主要体现在缓存-主存和主
存-辅存这两个存储层次上,如图 4.3 所示。显然,CPU 和缓存、主存都能直接交换信息;缓存能
直接和 CPU、主存交换信息;主存可以和 CPU、缓存、辅存交换信息。

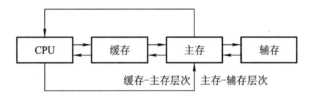

图 4.3　缓存-主存层次和主存-辅存层次

　　缓存-主存层次主要解决 CPU 和主存速度不匹配的问题。由于缓存的速度比主存的速度
高,只要将 CPU 近期要用的信息调入缓存,CPU 便可以直接从缓存中获取信息,从而提高访存速
度。但由于缓存的容量小,因此需不断地将主存的内容调入缓存,使缓存中原来的信息被替换
掉。主存和缓存之间的数据调动是由硬件自动完成的,对程序员是透明的。
　　主存-辅存层次主要解决存储系统的容量问题。辅存的速度比主存的速度低,而且不能和
CPU 直接交换信息,但它的容量比主存大得多,可以存放大量暂时未用到的信息。当 CPU 需要
用到这些信息时,再将辅存的内容调入主存,供 CPU 直接访问。主存和辅存之间的数据调动是
由硬件和操作系统共同完成的。
　　从 CPU 角度来看,缓存-主存这一层次的速度接近于缓存,高于主存;其容量和位价却接近
于主存,这就从速度和成本的矛盾中获得了理想的解决办法。主存-辅存这一层次,从整体分
析,其速度接近于主存,容量接近于辅存,平均位价也接近于低速、廉价的辅存位价,这又解决了
速度、容量、成本这三者的矛盾。现代的计算机系统几乎都具有这两个存储层次,构成了缓存、主
存、辅存三级存储系统。
　　在主存-辅存这一层次的不断发展中,逐渐形成了虚拟存储系统。在这个系统中,程序员
编程的地址范围与虚拟存储器的地址空间相对应。例如,机器指令地址码为 24 位,则虚拟存
储器存储单元的个数可达 16 M。可是这个数与主存的实际存储单元的个数相比要大得多,称

这类指令地址码为虚地址(虚存地址、虚拟地址)或逻辑地址,而把主存的实际地址称为物理地址或实地址。物理地址是程序在执行过程中能够真正访问的地址,也是实实在在的主存地址。对具有虚拟存储器的计算机系统而言,程序员编程时,可用的地址空间远远大于主存空间,使程序员以为自己占有一个容量极大的主存,其实这个主存并不存在,这就是将其称为虚拟存储器的原因。对虚拟存储器而言,其逻辑地址变换为物理地址的工作是由计算机系统的硬件和操作系统自动完成的,对程序员是透明的。当虚地址的内容在主存时,机器便可立即使用;若虚地址的内容不在主存,则必须先将此虚地址的内容传递到主存的合适单元后再为机器所用。有关这些方面的内容,读者可在"计算机体系结构"和"操作系统"课程中学到。

4.2 主存储器

4.2.1 概述

主存储器(简称主存)的基本结构已在第 1 章介绍过,如图 1.11 所示。实际上,根据 MAR 中的地址访问某个存储单元时,还需经过地址译码、驱动等电路,才能找到所需访问的单元。读出时,需经过读出放大器,才能将被选中单元的存储字送到 MDR。写入时,MDR 中的数据也必须经过写入电路才能真正写入被选中的单元中。可见,主存的实际结构如图 4.4 所示。

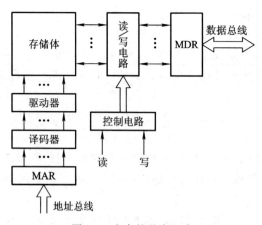

图 4.4 主存的基本组成

现代计算机的主存都由半导体集成电路构成,图中的驱动器、译码器和读写电路均制作在存储芯片中,而 MAR 和 MDR 制作在 CPU 芯片内。存储芯片和 CPU 芯片可通过总线连接,如图 4.5 所示。

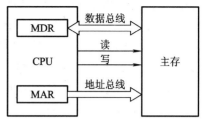

图 4.5 主存和 CPU 的联系

当要从存储器读出某一信息字时,首先由 CPU 将该字的地址送到 MAR,经地址总线送至主存,然后发出读命令。主存接到读命令后,得知需将该地址单元的内容读出,便完成读操作,将该单元的内容读至数据总线上,至于该信息由 MDR 送至什么地方,这已不是主存的任务,而是由 CPU 决定的。若要向主存存入一个信息字时,首先 CPU 将该字所在主存单元的地址经 MAR 送到地址总线,并将信息字送入 MDR,然后向主存发出写命令,主存接到写命令后,便将数据线上的信息写入对应地址线指出的主存单元中。

1. 主存中存储单元地址的分配

主存各存储单元的空间位置是由单元地址号来表示的,而地址总线是用来指出存储单元地址号的,根据该地址可读出或写入一个存储字。不同的机器存储字长也不同,为了满足字符处理的需要,常用 8 位二进制数表示一个字节,因此存储字长都取 8 的倍数。通常计算机系统既可按字寻址,也可按字节寻址。例如 IBM 370 机的字长为 32 位,它可按字节寻址,即它的每一个存储字包含 4 个可独立寻址的字节,其地址分配如图 4.6(a)所示。字地址是用该字高位字节的地址来表示,故其字地址是 4 的整数倍,正好用地址码的末两位来区分同一字的 4 个字节的位置。但对 PDP-11 机而言,其字长为 16 位,字地址是 2 的整数倍,它用低位字节的地址来表示字地址,如图 4.6(b)所示。

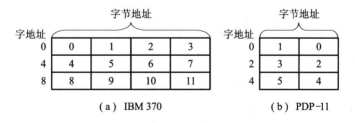

图 4.6 字节寻址的主存地址分配

由图 4.6(a)所示,对 24 位地址线的主存而言,按字节寻址的范围是 16 M,按字寻址的范围为 4 M。由图 4.6(b)所示,对 24 位地址线而言,按字节寻址的范围仍为 16 M,但按字寻址的范围为 8 M。

2. 主存的技术指标

主存的主要技术指标是存储容量和存储速度。

（1）存储容量

存储容量是指主存能存放二进制代码的总位数，即

$$存储容量 = 存储单元个数 \times 存储字长$$

它的容量也可用字节总数来表示，即

$$存储容量 = 存储单元个数 \times 存储字长/8$$

目前的计算机存储容量大多以字节数来表示，例如，某机主存的存储容量为 256 MB，则按字节寻址的地址线位数应对应 28 位。

（2）存储速度

存储速度是由存取时间和存取周期来表示的。

存取时间又称为存储器的访问时间（Memory Access Time），是指启动一次存储器操作（读或写）到完成该操作所需的全部时间。存取时间分读出时间和写入时间两种。读出时间是从存储器接收到有效地址开始，到产生有效输出所需的全部时间。写入时间是从存储器接收到有效地址开始，到数据写入被选中单元为止所需的全部时间。

存取周期（Memory Cycle Time）是指存储器进行连续两次独立的存储器操作（如连续两次读操作）所需的最小间隔时间，通常存取周期大于存取时间。现代 MOS 型存储器的存取周期可达 100 ns；双极型 TTL 存储器的存取周期接近于 10 ns。

（3）存储器带宽

与存取周期密切相关的指标为存储器带宽，它表示单位时间内存储器存取的信息量，单位可用字/秒或字节/秒或位/秒表示。如存取周期为 500 ns，每个存取周期可访问 16 位，则它的带宽为 32 M 位/秒。带宽是衡量数据传输率的重要技术指标。

存储器的带宽决定了以存储器为中心的机器获得信息的传输速度，它是改善机器瓶颈的一个关键因素。为了提高存储器的带宽，可以采用以下措施：

① 缩短存取周期。

② 增加存储字长，使每个存取周期可读/写更多的二进制位数。

③ 增加存储体（详见 4.2.7 节）。

4.2.2　半导体存储芯片简介

1. 半导体存储芯片的基本结构

半导体存储芯片采用超大规模集成电路制造工艺，在一个芯片内集成具有记忆功能的存储矩阵、译码驱动电路和读/写电路等，如图 4.7 所示。

译码驱动能把地址总线送来的地址信号翻译成对应存储单元的选择信号，该信号在读/写电路的配合下完成对被选中单元的读/写操作。

读/写电路包括读出放大器和写入电路，用来完成读/写操作。

存储芯片通过地址总线、数据总线和控制总线与外部连接。

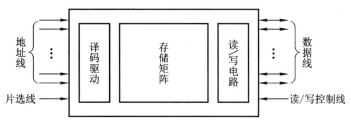

图 4.7　存储芯片的基本结构

地址线是单向输入的,其位数与芯片容量有关。

数据线是双向的(有的芯片可用成对出现的数据线分别作为输入或输出),其位数与芯片可读出或写入的数据位数有关。数据线的位数与芯片容量有关。

地址线和数据线的位数共同反映存储芯片的容量。例如,地址线为 10 根,数据线为 4 根,则芯片容量为 $2^{10} \times 4 = 4$ K 位;又如地址线为 14 根,数据线为 1 根,则其容量为 16 K 位。

控制线主要有读/写控制线与片选线两种。不同存储芯片的读/写控制线和片选线可以不同。有的芯片的读/写控制线共用 1 根(如 2114),有的分用两根(如 6264);有的芯片的片选线用 1 根(如 2114),有的用 2 根(如 6264)。读/写控制线决定芯片进行读/写操作,片选线用来选择存储芯片。由于半导体存储器是由许多芯片组成的,为此需用片选信号来确定哪个芯片被选中。例如,一个 64 K×8 位的存储器可由 32 片 16 K×1 位的存储芯片组成,如图 4.8 所示。但每次读出一个存储字时,只需选中 8 片。

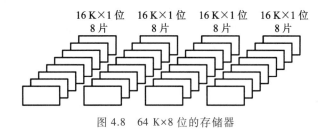

图 4.8　64 K×8 位的存储器

2. 半导体存储芯片的译码驱动方式

半导体存储芯片的译码驱动方式有两种:线选法和重合法,如图 4.9 和图 4.10 所示。

图 4.9 是一个 16×1 字节线选法存储芯片的结构示意图。它的特点是用一根字选择线(字线),直接选中一个存储单元的各位(如一个字节)。这种方式结构较简单,但只适于容量不大的存储芯片。如当地址线 $A_3A_2A_1A_0$ 为 1111 时,则第 15 根字线被选中,对应图 4.9 中的最后一行 8 位代码便可直接读出或写入。

图 4.10 是一个 1 K×1 位重合法结构示意图。显然,只要用 64 根选择线(X、Y 两个方向各 32 根),便可选择 32×32 矩阵中的任一位。例如,当地址线为全 0 时,译码输出 X_0 和 Y_0 有效,矩阵中第 0 行、第 0 列共同选中的那位即被选中。由于被选单元是由 X、Y 两个方向的地

址决定的,故称为重合法。当欲构成 1 K×1 字节的存储器时,只需用 8 片如图 4.10 所示的芯片即可。

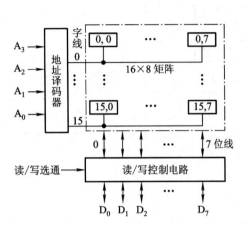

图 4.9 　16×1 字节线选法结构示意图

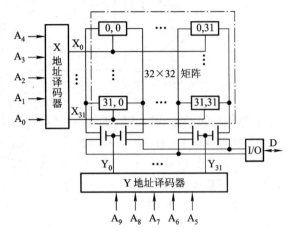

图 4.10 　1 K×1 位重合法结构示意图

4.2.3 　随机存取存储器

随机存取存储器按其存储信息的原理不同,可分为静态 RAM 和动态 RAM 两大类。

1. 静态 RAM(Static RAM,SRAM)

(1) 静态 RAM 基本单元电路

存储器中用于寄存“0”和“1”代码的电路称为存储器的基本单元电路,图 4.11 是一个由 6 个 MOS 管组成的基本单元电路。

图中 $T_1 \sim T_4$ 是一个由 MOS 管组成的触发器基本电路,T_5、T_6 犹如一个开关,受行地址选择信号控制。由 $T_1 \sim T_6$ 这 6 个 MOS 管共同构成一个基本单元电路。T_7、T_8 受列地址选择控制,分别与位线 A′和 A 相连,它们并不包含在基本单元电路内,而是芯片内同一列的各个基本单元电路所共有的。

假设触发器已存有“1”信号,即 A 点为高电平。当需读出时,只要使行、列地址选择信号均有效,则使 T_5、T_6、T_7、T_8 均导通,A 点高电平通过 T_6 后,再由位线 A 通过 T_8 作为读出放大器的输入信号,在读选择有效时,将“1”信号读出。

由于静态 RAM 是用触发器工作原理存储信息的,因此即使信息读出后,它仍保持其原状态,不需要再生。但电源掉电时,原存信息丢失,故它属易失性半导体存储器。

写入时不论触发器原状态如何,只要将写入代码送至图 4.11 的 D_{IN} 端,在写选择有效时,经两个写放大器,使两端输出为相反电平。当行、列地址选择有效时,使 T_5、T_6、T_7、T_8 导通,并将 A

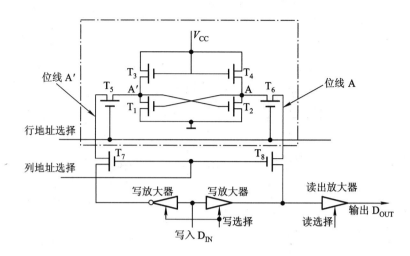

图 4.11　静态 RAM 的基本单元电路

与 A′点置成完全相反的电平。这样,就把欲写入的信息写入该基本单元电路中。如欲写入"1",即 $D_{IN} = 1$,经两个写放大器使位线 A 为高电平,位线 A′为低电平,结果使 A 点为高,A′点为低,即写入了"1"信息。

（2）静态 RAM 芯片举例

Intel 2114 芯片的基本单元电路由 6 个 MOS 管组成,图 4.12 是一个容量为 1 K×4 位的 2114 外特性示意图。

图中,$A_9 \sim A_0$ 为地址输入端;$I/O_1 \sim I/O_4$ 为数据输入输出端;$\overline{CS}$ 为片选信号（低电平有效）;$\overline{WE}$ 为写允许信号（低电平为写,高电平为读）;V_{CC} 为电源端;GND 为接地端。

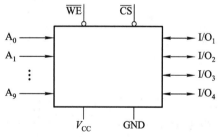

图 4.12　Intel 2114 外特性示意图

2114 RAM 芯片的结构示意图如图 4.13 所示。图中存储矩阵由 64×64 个基本单元电路组成,列 I/O 电路即读/写电路。10 根地址线分为行地址 $A_8 \sim A_3$ 和列地址 A_9、A_2、A_1、A_0,4 根数据线为 $I/O_4 \sim I/O_1$,它们是受输入输出三态门控制的双向总线。当 $\overline{CS}$ 和 $\overline{WE}$ 均为低电平时,输入三态门打开,$I/O_4 \sim I/O_1$ 上的数据即写入指定地址单元中。当 $\overline{CS}$ 为低电平、$\overline{WE}$ 为高电平时,输出三态门打开,列 I/O 电路的输出经片内总线输出至数据线 $I/O_4 \sim I/O_1$ 上。

2114 RAM 芯片内的存储矩阵结构如图 4.14 所示。其中每一个小方块均为一个由 6 个 MOS 管组成的基本单元电路,排列成 64×64 矩阵,64 列对应 64 对 T_7、T_8 管。又将 64 列分成 4 组,每组包含 16 列,并与一个读/写电路相连,读/写电路受 $\overline{WE}$ 和 $\overline{CS}$ 控制,4 个读/写电路对应 4 根数

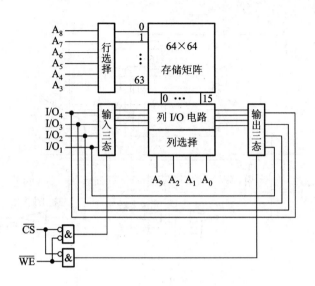

图 4.13　2114 RAM 芯片结构示意图

据线 I/O_1 ~ I/O_4。由图中可见,行地址经译码后可选中某一行;列地址经译码后可选中 4 组中的对应列,共 4 列。

　　当对某个基本单元电路进行读/写操作时,必须被行、列地址共同选中。例如,当 A_9 ~ A_0 为全 0 时,对应行地址 A_8 ~ A_3 为 000000,列地址 A_9、A_2、A_1、A_0 也为 0000,则第 0 行的第 0、16、32、48 这 4 个基本单元电路被选中。此刻,若做读操作,则 $\overline{CS}$ 为低电平,$\overline{WE}$ 为高电平,在读/写电路的输出端 I/O_1 ~ I/O_4 便输出第 0 行的第 0、16、32、48 这 4 个基本单元电路所存的信息。若做写操作,将写入信息送至 I/O_1 ~ I/O_4 端口,并使 $\overline{CS}$ 为低电平、$\overline{WE}$ 为低电平,同样这 4 个输入信息将分别写入第 0 行的第 0、16、32、48 这 4 个单元之中。

　　(3) 静态 RAM 读/写时序

　　1) 读周期时序

　　图 4.15 是 2114 RAM 芯片读周期时序,在整个读周期中 $\overline{WE}$ 始终为高电平(故图中省略)。读周期 t_{RC} 是指对芯片进行两次连续读操作的最小间隔时间。读时间 t_A 表示从地址有效到数据稳定所需的时间,显然读时间小于读周期。图中 t_{CO} 是从片选有效到输出稳定的时间。可见只有当地址有效经 t_A 后,且当片选有效经 t_{CO} 后,数据才能稳定输出,这两者必须同时具备。根据 t_A 和 t_{CO} 的值,便可知当地址有效后,经 t_A-t_{CO} 时间必须给出片选有效信号,否则信号不能出现在数据线上。

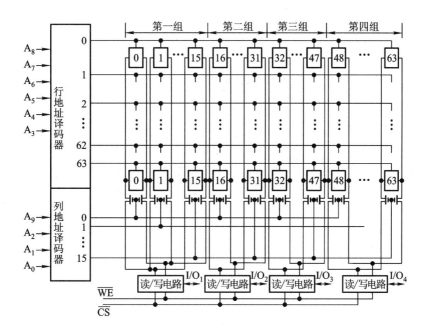

图 4.14　2114 RAM 矩阵结构示意图

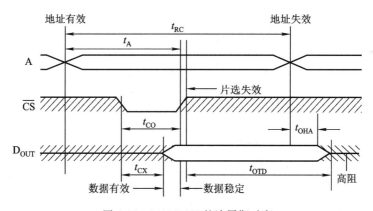

图 4.15　2114 RAM 的读周期时序

需注意一点,从片选失效到输出高阻需一段时间 t_{OTD},故地址失效后,数据线上的有效数据有一段维持时间 t_{OHA},以保证所读的数据可靠。

2) 写周期时序

图 4.16 是 2114 RAM 写周期时序。

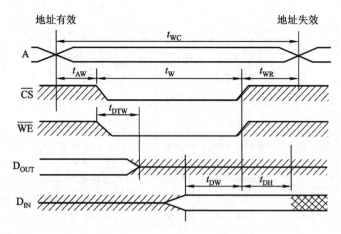

图 4.16　2114 RAM 的写周期时序

写周期 t_{WC} 是对芯片进行连续两次写操作的最小间隔时间。写周期包括滞后时间 t_{AW}、写入时间 t_{W} 和写恢复时间 t_{WR}。在有效数据出现前,RAM 的数据线上存在着前一时刻的数据 $\mathrm{D_{OUT}}$(如图 4.15 所示的维持时间),故在地址线发生变化后,$\overline{\mathrm{CS}}$、$\overline{\mathrm{WE}}$ 均需滞后 t_{AW} 再有效,以避免将无效数据写入 RAM 的错误。但写允许 $\overline{\mathrm{WE}}$ 失效后,地址必须保持一段时间,称为写恢复时间。此外,RAM 数据线上的有效数据(即 CPU 送至 RAM 的写入数据 $\mathrm{D_{IN}}$)必须在 $\overline{\mathrm{CS}}$、$\overline{\mathrm{WE}}$ 失效前的 t_{DW} 时刻出现,并延续一段时间 t_{DH}(此刻地址线仍有效,$t_{\mathrm{WR}} > t_{\mathrm{DH}}$),以保证数据可靠写入。

已制成的 RAM 芯片读写时序关系已被确定,因此,将它与 CPU 连接时,必须注意它们相互间的时序匹配关系,否则 RAM 将无法正常工作。具体 RAM 芯片的读/写周期时序可查看相关资料。

值得注意的是,不论是对存储器进行读操作还是写操作,在读周期和写周期内,地址线上的地址始终不变。

2. 动态 RAM(Dynamic RAM,DRAM)

(1) 动态 RAM 的基本单元电路

常见的动态 RAM 基本单元电路有三管式和单管式两种,它们的共同特点都是靠电容存储电荷的原理来寄存信息。若电容上存有足够多的电荷表示存"1",电容上无电荷表示存"0"。电容上的电荷一般只能维持 1~2 ms,因此即使电源不掉电,信息也会自动消失。为此,必须在 2 ms 内对其所有存储单元恢复一次原状态,这个过程称为再生或刷新。由于它与静态 RAM 相比,具有集成度更高、功耗更低等特点,目前被各类计算机广泛应用。

图 4.17 示意了由 T_1、T_2、T_3 这 3 个 MOS 管组成的三管 MOS 动态 RAM 基本单元电路。

读出时,先对预充电管 T_4 置一预充电信号(在存储矩阵中,每一列共用一个 T_4 管),使读数据线达高电平 V_{DD}。然后由读选择线打开 T_2,若 T_1 的极间电容 C_{g} 存有足够多的电荷(被认为原

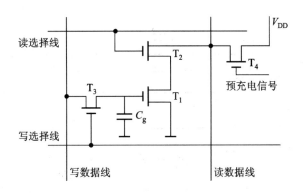

图 4.17 三管 MOS 动态 RAM 基本单元电路

存"1"），使 T_1 导通，则因 T_2、T_1 导通接地，使读数据线降为零电平，读出"0"信息。若 C_g 没有足够电荷（原存"0"），则 T_1 截止，读数据线为高电平不变，读出"1"信息。可见，由读出线的高低电平可区分其是读"1"，还是读"0"，只是它与原存信息反相。

写入时，将写入信号加到写数据线上，然后由写选择线打开 T_3，这样，C_g 便能随输入信息充电（写"1"）或放电（写"0"）。

为了提高集成度，将三管电路进一步简化，去掉 T_1，把信息存在电容 C_s 上，将 T_2、T_3 合并成一个管子 T，便得到单管 MOS 动态 RAM 基本单元电路，如图 4.18 所示。

读出时，字线上的高电平使 T 导通，若 C_s 有电荷，经 T 管在数据线上产生电流，可视为读出"1"。若 C_s 无电荷，则数据线上无电流，可视为读出"0"。读操作结束时，C_s 的电荷已释放完毕，故是破坏性读出，必须再生。

写入时，字线为高电平使 T 导通，若数据线上为高电平，经 T 管对 C_s 充电，使其存"1"；若数据线为低电平，则 C_s 经 T 放电，使其无电荷而存"0"。

（2）动态 RAM 芯片举例

1）三管动态 RAM 芯片

三管动态 RAM 芯片结构的示意图如图 4.19 所示。

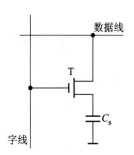

图 4.18 单管 MOS 动态 RAM
基本单元电路

这是一个 1 K×1 位的存储芯片，图中每一小方块代表由 3 个 MOS 管组成的动态 RAM 基本单元电路。它们排列成 32×32 的矩阵，每列都有一个刷新放大器（用来形成再生信息）和一个预充电管（图中未画），芯片有 10 根地址线，采用重合法选择基本单元电路。

读出时，先置以预充电信号，接着按行地址 $A_9 \sim A_5$ 经行译码器给出读选择信号，同时由列地址 $A_4 \sim A_0$ 经列译码器给出列选择信号。只有在行、列选择信号共同作用下的基本单元电路才能将其信息经读数据线送到读/写控制电路，并从数据线 D 输出。

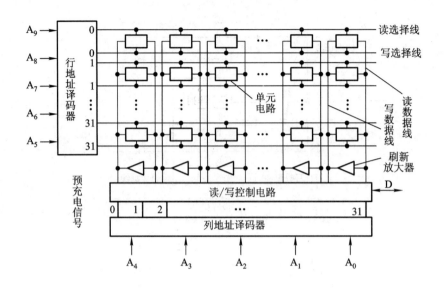

图 4.19　1K×1 位三管 MOS 动态 RAM 结构示意图

写入时,在受行地址控制的行译码器给出的写选择信号的作用下,选中芯片的某一行,并在列地址的作用下,由列译码器的输出控制读/写控制电路,只将数据线 D 的信息送到被选中列的写数据线上,信息即被写入行列共同选中的基本单元电路中。

2) 单管动态 RAM 芯片

单管动态 RAM 芯片结构的示意图如图 4.20 所示。这是一个 16 K×1 位的存储芯片,按理应有 14 根地址线,但为了减少芯片封装的引脚数,地址线只有 7 根。因此,地址信息分两次传送,先送 7 位行地址保存到芯片内的行地址缓存器内,再送 7 位列地址保存到列地址缓存器中。芯片内有时序电路,它受行地址选通 $\overline{\text{RAS}}$、列地址选通 $\overline{\text{CAS}}$ 以及写允许信号 $\overline{\text{WE}}$ 控制。

16 K×1 位的存储芯片共有 16 K 个单管 MOS 基本单元电路,它们排列成 128×128 的矩阵,如图 4.21 所示。图中的行线就是图 4.18 中的字线,列线就是图 4.18 中的数据线。128行分布在读放大器的左、右两侧(左侧为 0~63 行,右侧为 64~127 行)。每根行选择线与128 个 MOS 管的栅极相连。128 列共有 128 个读放大器,它的两侧又分别与 64 个 MOS 管相连,每根列线上都有一个列地址选择管。128 个列地址选择管的输出又互相并接在一起与 I/O 缓冲器相连,I/O 缓冲器的一端接输出驱动器,可输出数据;另一端接输入器,供数据输入。

读出时,行、列地址受 $\overline{\text{RAS}}$ 和 $\overline{\text{CAS}}$ 控制,分两次分别存入行、列地址缓存器。行地址经行译码后选中一行,使该行上所有的 MOS 管均导通,并分别将其电容 C_{s} 上的电荷反映到 128 个读放大器的某一侧(第 0~63 行反映到读放大器的左侧,第 64~127 行反映到读放大器的右侧)。读

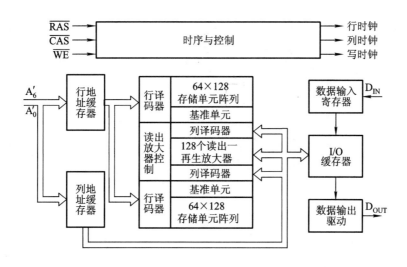

图 4.20 4116 动态 RAM(16 K×1 位)芯片的结构

放大器的工作原理像一个跷跷板电路,类似于一个触发器,其左右两侧电平相反。此外列地址经列译码后选中某一列,该列上的列地址选择管导通,即可将读放大器右侧信号经读/写线、I/O 缓冲器输出至 D_{OUT} 端。例如,选中第 63 行、第 0 列的单管 MOS 电路,若其 C_s 有电荷为"1"状态,则反映到第 0 列读放大器的左侧为"1",右侧为"0",经列地址选择管输出至 D_{OUT} 为 0,与原存信息反相。同理,第 0~62 行经读放大器至输出线 D_{OUT} 的信息与原存信息均反相。而读出第 64~127 行时,因它们的电容 C_s 上的电荷均反映到读放大器的右侧,故经列地址选择管输出至 D_{OUT} 的信息均同相。

写入时,行、列地址也要分别送入芯片内的行、列地址缓存器,经译码可选中某行、某列。输入信息 D_{IN} 通过数据输入器,经 I/O 缓冲器送至读/写线上,但只有被选中的列地址选择管导通,可将读/写线上的信息送至该列的读放大器右侧,破坏了读放大器的平衡,使读放大器的右侧与输入信息同相,左侧与输入信息反相,读放大器的信息便可写入选中行的 C_s 中。例如,选中第 64 行、第 127 列,输入信息为"1",则第 127 列地址选择管导通,将"1"信息送至第 127 列的读放大器的右侧。虽然第 64 行上的 128 个 MOS 管均导通,但唯有第 64 行、第 127 列的 MOS 管能将读放大器的右侧信息"1"对 C_s 充电,使其写入"1"。值得注意的是,写入读放大器左侧行的信息与输入信息都是反相的,而由读出过程分析又知,对读放大器左侧行进行读操作时,读出的信息也是反相的,故最终结果是正确的。

(3) 动态 RAM 时序

由图 4.20 可知,动态 RAM 的行、列地址是分别传送的,因此分析其时序时,应特别注意 $\overline{RAS}$、$\overline{CAS}$ 与地址的关系,即

• 先由 $\overline{RAS}$ 将行地址送入行地址缓存器,再由 $\overline{CAS}$ 将列地址送入列地址缓存器,因此,

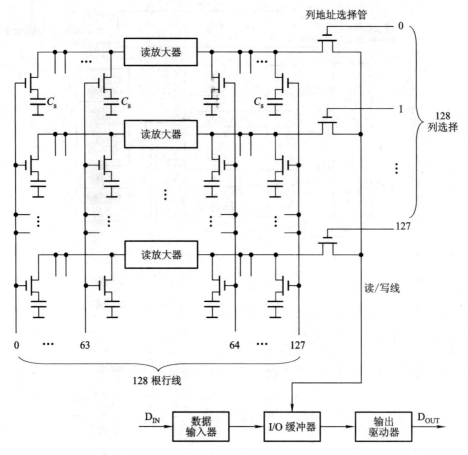

图 4.21　16 K×1 位 4116 动态 RAM 存储矩阵示意图

$\overline{CAS}$ 滞后于 $\overline{RAS}$ 的时间必须要超过其规定值。

- $\overline{RAS}$ 和 $\overline{CAS}$ 正、负电平的宽度应大于规定值,以保证芯片内部正常工作。

- 行地址对 $\overline{RAS}$ 的下降沿以及列地址对 $\overline{CAS}$ 的下降沿应有足够的地址建立时间和地址保持时间,以确定行、列地址均能准确写入芯片。

1) 读时序

在读工作方式时(写允许 $\overline{WE}=1$),读工作周期是指动态 RAM 完成一次"读"所需的最短时间 $t_{C_{RD}}$,也是 $\overline{RAS}$ 的一个周期。如图 4.22 所示,为了确保读出数据无误,必须要求写允许 $\overline{WE}=1$ 在列地址送入前(即 $\overline{CAS}$ 下降沿到来前)建立,而 $\overline{WE}=1$ 的撤除应在 $\overline{CAS}$ 失效后(即 $\overline{CAS}$ 上升沿后);还要求读出数据应在 $\overline{RAS}$ 有效后一段时间 $t_{a_{\overline{RAS}}}$ 且 $\overline{CAS}$ 有效后一段时间 $t_{a_{\overline{CAS}}}$ 时出现,而数据有效的撤除时间应在 $\overline{CAS}$ 失效后一段时间 $t_{h_{\overline{CAS-OUT}}}$。

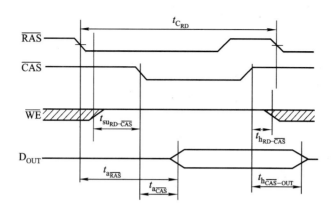

图 4.22 动态 RAM 读工作方式时序图

2) 写时序

在写工作方式时(写允许 $\overline{WE}=0$),$\overline{RAS}$ 的一个周期 $t_{C_{WR}}$ 即为写工作周期,如图 4.23 所示。

为了确保写入数据准确无误,$\overline{WE}=0$ 应先于 $\overline{CAS}=0$,而且数据的有效存在时间应与 $\overline{CAS}$ 及 $\overline{WE}$ 的有效相对应,即写入数据应在 $\overline{CAS}$ 有效前的一段时间 $t_{su_{DIN-\overline{CAS}}}$ 出现,它的保持时间应为 $\overline{CAS}$ 有效后的一段时间 $t_{h_{DIN-\overline{CAS}}}$,这是因为数据的写入实际上是由 $\overline{CAS}$ 的下降沿激发而成的。可见,为了保证正常写入,$\overline{WE}$、$\overline{CAS}$ 有效均要大于数据 D_{IN} 有效的时间。

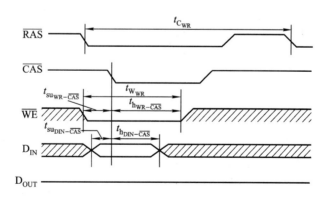

图 4.23 动态 RAM 写工作方式时序图

此外,动态 RAM 还有读-改写工作方式和页面工作方式,本书不再赘述。

(4) 动态 RAM 的刷新

刷新的过程实质上是先将原存信息读出,再由刷新放大器形成原信息并重新写入的再生过程(图 4.19 中的刷新放大器及图 4.21 中的读放大器均起此作用)。

由于存储单元被访问是随机的,有可能某些存储单元长期得不到访问,不进行存储器的读/写操作,其存储单元内的原信息将会慢慢消失。为此,必须采用定时刷新的方法,它规定在一定的时间内,对动态 RAM 的全部基本单元电路必作一次刷新,一般取 2 ms,这个时间称为刷新周期,又称再生周期。刷新是一行行进行的,必须在刷新周期内,由专用的刷新电路来完成对基本单元电路的逐行刷新,才能保证动态 RAM 内的信息不丢失。通常有三种方式刷新:集中刷新、分散刷新和异步刷新。

1) 集中刷新

集中刷新是在规定的一个刷新周期内,对全部存储单元集中一段时间逐行进行刷新,此刻必须停止读/写操作。例如,对 128×128 矩阵的存储芯片进行刷新时,若存取周期为 0.5 μs,刷新周期为 2 ms(占 4 000 个存取周期),则对 128 行集中刷新共需 64 μs(占 128 个存取周期),其余的 1 936 μs(共 3 872 个存取周期)用来读/写或维持信息,如图 4.24 所示。由于在这 64 μs 时间内不能进行读/写操作,故称为"死时间",又称访存"死区",所占比率为 128/4 000×100% = 3.2%,称为死时间率。

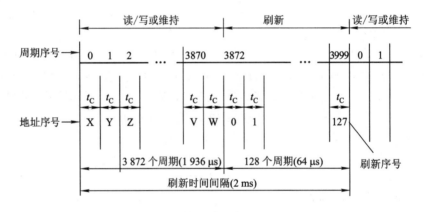

图 4.24 集中刷新时间分配示意图

2) 分散刷新

分散刷新是指对每行存储单元的刷新分散到每个存取周期内完成。其中,把机器的存取周期 t_C 分成两段,前半段 t_M 用来读/写或维持信息,后半段 t_R 用来刷新,即 $t_C = t_M + t_R$。若读/写周期为 0.5 μs,则存取周期为 1 μs。仍以 128×128 矩阵的存储芯片为例,刷新按行进行,每隔 128 μs 就可将存储芯片全部刷新一遍,如图 4.25 所示。这比允许的间隔 2 ms 要短得多,而且也不存在停止读/写操作的死时间,但存取周期长了,整个系统速度降低了。

3) 异步刷新

异步刷新是前两种方式的结合,它既可缩短"死时间",又充分利用最大刷新间隔为 2 ms 的特点。例如,对于存取周期为 0.5 μs,排列成 128×128 的存储芯片,可采取在 2 ms 内对 128 行各

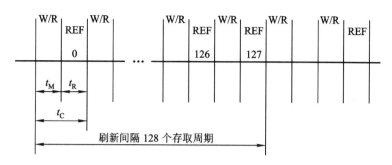

图 4.25 分散刷新时间分配示意图

刷新一遍,即每隔 15.6 μs(2 000 μs÷128 ≈ 15.6 μs)刷新一行,而每行刷新的时间仍为0.5 μs,如图 4.26 所示。这样,刷新一行只停止一个存取周期,但对每行来说,刷新间隔时间仍为 2 ms,而"死时间"缩短为 0.5 μs。

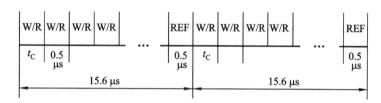

图 4.26 异步刷新时间分配示意图

如果将动态 RAM 的刷新安排在 CPU 对指令的译码阶段,由于这个阶段 CPU 不访问存储器,所以这种方案既克服了分散刷新需独占 0.5 μs 用于刷新,使存取周期加长且降低系统速度的缺点,又不会出现集中刷新的访存"死区"问题,从根本上提高了整机的工作效率。

3. 动态 RAM 与静态 RAM 的比较

目前,动态 RAM 的应用比静态 RAM 要广泛得多。其原因如下:

① 在同样大小的芯片中,动态 RAM 的集成度远高于静态 RAM,如动态 RAM 的基本单元电路为一个 MOS 管,静态 RAM 的基本单元电路可为 4~6 个 MOS 管。

② 动态 RAM 行、列地址按先后顺序输送,减少了芯片引脚,封装尺寸也减少。

③ 动态 RAM 的功耗比静态 RAM 小。

④ 动态 RAM 的价格比静态 RAM 的价格便宜。当采用同一档次的实现技术时,动态 RAM 的容量大约是静态 RAM 容量的 4~8 倍,静态 RAM 的存取周期比动态 RAM 的存取周期快 8~16 倍,但价格也贵 8~16 倍。

随着动态 RAM 容量不断扩大,速度不断提高,它被广泛应用于计算机的主存。

动态 RAM 也有缺点:

①由于使用动态元件(电容),因此它的速度比静态 RAM 低。

②动态 RAM 需要再生,故需配置再生电路,也需要消耗一部分功率。通常,容量不大的高

速缓冲存储器大多用静态 RAM 实现。

4.2.4　只读存储器

　　按 ROM 的原始定义，一旦注入原始信息即不能改变，但随着用户的需要，总希望能任意修改 ROM 内的原始信息。这便出现了 PROM、EPROM 和 EEPROM 等。

　　对半导体 ROM 而言，基本器件为两种：MOS 型和 TTL 型。

　　1. 掩模 ROM

　　图 4.27 所示为 MOS 型掩模 ROM，其容量为 1K×1 位，采用重合法驱动，行、列地址线分别经行、列译码器，各有 32 根行、列选择线。行选择线与列选择线交叉处既可有耦合元件 MOS 管，也可没有。列选择线各控制一个列控制管，32 个列控制管的输出端共连一个读放大器。当地址为全"0"时，第 0 行、0 列被选中，若其交叉处有耦合元件 MOS 管，因其导通而使列线输出为低电平，经读放大器反相为高电平，输出"1"。当地址 $A_4 \sim A_0$ 为 11111，$A_9 \sim A_5$ 为 00000 时，即第 31 行、第 0 列被选中，但此刻行、列的交叉处无 MOS 管，故 0 列线输出为高电平，经读放大器反相为"0"输出。可见，用行、列交叉处是否有耦合元件 MOS 管，便可区分原存"1"还是存"0"。当然，此 ROM 制成后不可能改变原行、列交叉处的 MOS 管是否存在，所以，用户是无法改变原始状态的。

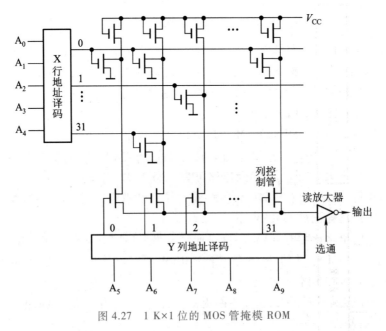

图 4.27　1 K×1 位的 MOS 管掩模 ROM

2. PROM

PROM 是可以实现一次性编程的只读存储器,图 4.28 示意一个由双极型电路和熔丝构成的基本单元电路。在这个电路中,基极由行线控制,发射极与列线之间形成一条镍铬合金薄膜制成的熔丝(可用光刻技术实现),集电极接电源 V_{CC}。熔丝断和未断可区别其所存信息是"1"或"0"。

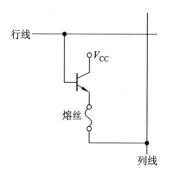

图 4.29 是由图 4.28 所示基本单元电路构成的 16×1 位双极型镍铬熔丝式 PROM 芯片。用户在使用前,可按需要将信息存入行、列交叉的耦合元件内。若欲存"0",则置耦合元件一大电流,将熔丝烧掉。若欲存"1",则耦合处不置大电流,熔丝不断。当被选中时,熔丝断掉处将读出"0",熔丝未断处将读出"1"。例如,当地址 $A_3 \sim A_0$ 为 0000 时,第 0 行、第 0 列被选中,此刻行、列交叉的耦合元件熔丝未断,故读出 $D = 1$;若 $A_3 \sim A_0 = 0001$,则

图 4.28　双极型镍铬熔丝式单元电路

第 1 行、第 0 列被选中,此刻行、列交叉的耦合元件熔丝已断,读出 $D = 0$。当然,已断的熔丝是无法再恢复的,故这种 ROM 往往只能实现一次编程,不得再修改。

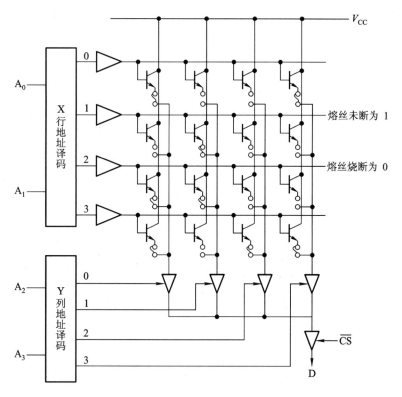

图 4.29　16×1 位双极型镍铬熔丝式 PROM

3. EPROM

EPROM 是一种可擦除可编程只读存储器。它可以由用户对其所存信息作任意次的改写。目前用得较多的 EPROM 是由浮动栅雪崩注入型 MOS 管构成的,又称 FAMOS 型 EPROM,如图 4.30 所示。

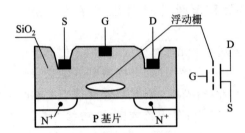

图 4.30　N 型沟道浮动栅 MOS 电路

图中所示的 N 型沟道浮动栅 MOS 电路,在漏端 D 加上正电压(如 25 V、50 ms 宽的正脉冲),便会形成一个浮动栅,它阻止源 S 与漏 D 之间的导通,致使此 MOS 管处于"0"状态。若对 D 端不加正电压,则不能形成浮动栅,此 MOS 管便能正常导通,呈"1"状态。由此,用户可按需要对不同位置的 MOS 管 D 端施正电压或不施正电压,便制成了用户所需的 ROM。一旦用户需重新改变其状态,可用紫外线照射,驱散浮动栅,再按需要将不同位置的 MOS 管 D 端重新置于正电压,又得出新状态的 ROM,故称之为 EPROM。

图 4.31 为 2716 型 EPROM 的逻辑图和引脚图。

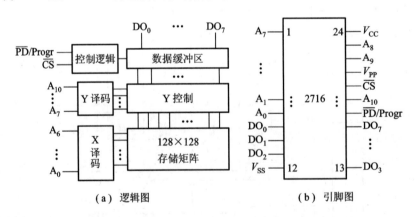

（a）逻辑图　　　　　　　　（b）引脚图

图 4.31　2716 型 EPROM 逻辑图及引脚图

这类芯片的外引脚除地址线、数据线外,还有两个电源引出头 V_{CC} 和 V_{PP}。其中 V_{CC} 接 +5 V;V_{PP} 平时接 +5 V,当其接 +25 V 时用来完成编程。V_{SS} 为地。$\overline{CS}$ 为片选端,读出时为低电平,编程写入时为高电平。$\overline{PD/Progr}$ 是功率下降/编程输入端,在读出时为低电平;当此端为高电平时,可以使 EPROM 功耗由 525 mW 降至 132 mW;当需编程时,此端需加宽度为 50~55 ms、+5 V 的脉冲。

EPROM 的改写可用两种方法,一种用紫外线照射,但擦除时间比较长,而且不能对个别需改写的单元进行单独擦除或重写。另一种方法用电气方法将存储内容擦除,再重写。甚至在联机条件下,用字擦除方式或页擦除方式,既可局部擦写,又可全部擦写,这种 EPROM 就是 EEPROM。

进入到 20 世纪 80 年代,又出现了一种闪速存储器(Flash Memory),又称快擦型存储器,它是在 EPROM 和 EEPROM 工艺基础上产生的一种新型的、具有性能价格比更好、可靠性更高的可擦写非易失性存储器。它既有 EPROM 的价格便宜、集成度高的优点,又有 EEPROM 电可擦除重写的特性。它具有整片擦除的特点,其擦除、重写的速度快。一块 1 M 位的闪速存储芯片的擦除、重写时间小于 5 μs,比一般标准的 EEPROM 快得多,已具备了 RAM 的功能,可与 CPU 直接连接。它还具有高速编程的特点,例如,采用快速脉冲编程算法对 28F256 闪速存储芯片每字节的编程时间仅需 100 μs。此外,该器件具有存储器访问周期短,功耗低及与计算机接口简单等优点。

在需要周期性地修改存储信息的应用场合,闪速存储器是一个极为理想的器件,因为它至少可以擦写/编程 10 000 次,这足以满足用户的需要。它比较适合于作为一种高密度、非易失的数据采集和存储器件,在便携式计算机、工控系统及单片机系统中得到大量应用,近年来已用于微型计算机中存放输入输出驱动程序和参数等。

非易失性、长期反复使用的大容量闪速存储器还可替代磁盘,例如,在笔记本手掌型袖珍计算机中都大量采用闪速存储器做成固态盘替代磁盘,使计算机平均无故障时间大大延长,功耗更低,体积更小,消除了机电式磁盘驱动器所造成的数据瓶颈。

4.2.5　存储器与 CPU 的连接

1. 存储容量的扩展

由于单片存储芯片的容量总是有限的,很难满足实际的需要,因此,必须将若干存储芯片连在一起才能组成足够容量的存储器,称为存储容量的扩展,通常有位扩展和字扩展。

(1)位扩展

位扩展是指增加存储字长,例如,2 片 1 K×4 位的芯片可组成 1 K×8 位的存储器,如图 4.32 所示。图中 2 片 2114 的地址线 $A_9 \sim A_0$、$\overline{CS}$、$\overline{WE}$ 都分别连在一起,其中一片的数据线作为高 4 位 $D_7 \sim D_4$,另一片的数据线作为低 4 位 $D_3 \sim D_0$。这样,便构成了一个 1 K×8 位的存储器。

又如,将 8 片 16 K×1 位的存储芯片连接,可组成一个 16 K×8 位的存储器,如图 4.33 所示。

(2)字扩展

字扩展是指增加存储器字的数量。例如,用 2 片 1 K×8 位的存储芯片可组成一个 2 K×8 位

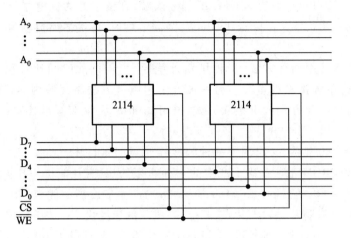

图 4.32　由 2 片 1 K×4 位的芯片组成 1 K×8 位的存储器

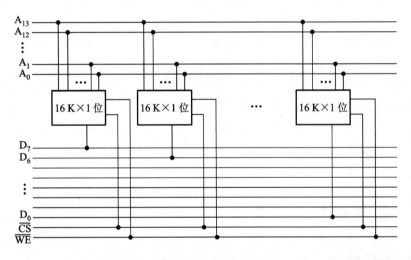

图 4.33　由 8 片 16 K×1 位的芯片组成 16 K×8 位的存储器

的存储器,即存储字增加了一倍,如图 4.34 所示。

在此,将 A_{10} 用作片选信号。由于存储芯片的片选输入端要求低电平有效,故当 A_{10} 为低电平时,$\overline{CS}_0$ 有效,选中左边的 1 K×8 位芯片;当 A_{10} 为高电平时,反相后 $\overline{CS}_1$ 有效,选中右边的1 K×8 位芯片。

（3）字、位扩展

字、位扩展是指既增加存储字的数量,又增加存储字长。图 4.35 示意用 8 片 1 K×4 位的芯片组成 4 K×8 位的存储器。

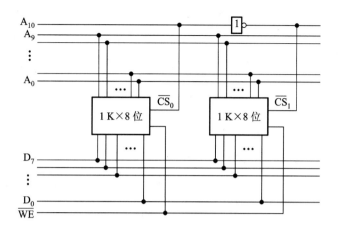

图 4.34 由 2 片 1 K×8 位的芯片组成 2 K×8 位的存储器

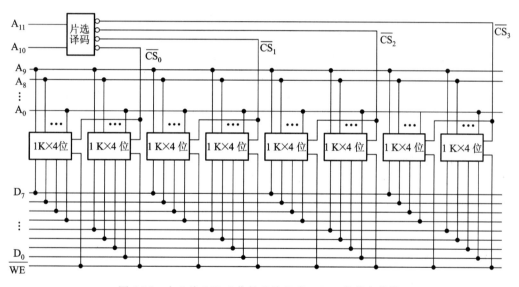

图 4.35 由 8 片 1 K×4 位的芯片组成 4 K×8 位的存储器

由图中可见,每 2 片构成一组 1 K×8 位的存储器,4 组便构成 4 K×8 位的存储器。地址线 A_{11}、A_{10} 经片选译码器得到 4 个片选信号 $\overline{CS_0}$、$\overline{CS_1}$、$\overline{CS_2}$、$\overline{CS_3}$,分别选择其中 1 K×8 位的存储芯片。$\overline{WE}$ 为读/写控制信号。

2. 存储器与 CPU 的连接

存储芯片与 CPU 芯片相连时,特别要注意片与片之间的地址线、数据线和控制线的连接。

(1) 地址线的连接

存储芯片的容量不同,其地址线数也不同,CPU 的地址线数往往比存储芯片的地址线数多。

通常总是将 CPU 地址线的低位与存储芯片的地址线相连。CPU 地址线的高位或在存储芯片扩充时用,或做其他用途,如片选信号等。例如,设 CPU 地址线为 16 位 $A_{15} \sim A_0$,1 K×4 位的存储芯片仅有 10 根地址线 $A_9 \sim A_0$,此时,可将 CPU 的低位地址 $A_9 \sim A_0$ 与存储芯片地址线 $A_9 \sim A_0$ 相连。又如,当用 16 K×1 位存储芯片时,则其地址线有 14 根 $A_{13} \sim A_0$,此时,可将 CPU 的低位地址 $A_{13} \sim A_0$ 与存储芯片地址线 $A_{13} \sim A_0$ 相连。

(2) 数据线的连接

同样,CPU 的数据线数与存储芯片的数据线数也不一定相等。此时,必须对存储芯片扩位,使其数据位数与 CPU 的数据线数相等。

(3) 读/写命令线的连接

CPU 读/写命令线一般可直接与存储芯片的读/写控制端相连,通常高电平为读,低电平为写。有些 CPU 的读/写命令线是分开的,此时 CPU 的读命令线应与存储芯片的允许读控制端相连,而 CPU 的写命令线则应与存储芯片的允许写控制端相连。

(4) 片选线的连接

片选线的连接是 CPU 与存储芯片正确工作的关键。存储器由许多存储芯片组成,哪一片被选中完全取决于该存储芯片的片选控制端 $\overline{CS}$ 是否能接收到来自 CPU 的片选有效信号。

片选有效信号与 CPU 的访存控制信号 $\overline{MREQ}$(低电平有效)有关,因为只有当 CPU 要求访存时,才需选择存储芯片。若 CPU 访问 I/O,则 $\overline{MREQ}$ 为高电平,表示不要求存储器工作。此外,片选有效信号还和地址有关,因为 CPU 的地址线往往多于存储芯片的地址线,故那些未与存储芯片连上的高位地址必须和访存控制信号共同产生存储芯片的片选信号。通常需用到一些逻辑电路,如译码器及其他各种门电路,来产生片选有效信号。

(5) 合理选择存储芯片

合理选择存储芯片主要是指存储芯片类型(RAM 或 ROM)和数量的选择。通常选用 ROM 存放系统程序、标准子程序和各类常数等。RAM 则是为用户编程而设置的。此外,在考虑芯片数量时,要尽量使连线简单方便。

在实际应用 CPU 与存储芯片时,还会遇到两者时序的配合、速度、负载匹配等问题,下面用一个实例来剖析 CPU 与存储芯片的连接方式。

例 4.1 设 CPU 有 16 根地址线、8 根数据线,并用 $\overline{MREQ}$ 作为访存控制信号(低电平有效),用 $\overline{WR}$ 作为读/写控制信号(高电平为读,低电平为写)。现有下列存储芯片:1 K×4 位 RAM、4 K×8 位 RAM、8 K×8 位 RAM、2 K×8 位 ROM、4 K×8 位 ROM、8 K×8 位 ROM 及 74138 译码器和各种门电路,如图 4.36 所示。画出 CPU 与存储器的连接图,要求如下:

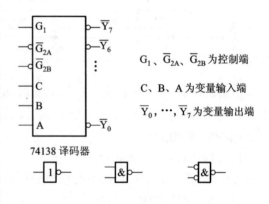

G_1、$\overline{G}_{2A}$、$\overline{G}_{2B}$ 为控制端

C、B、A 为变量输入端

$\overline{Y}_0$,…,$\overline{Y}_7$ 为变量输出端

74138 译码器

图 4.36 译码器和门电路

① 主存地址空间分配：

6000H～67FFH 为系统程序区。

6800H～6BFFH 为用户程序区。

② 合理选用上述存储芯片，说明各选几片。

③ 详细画出存储芯片的片选逻辑图。

解： 第一步，先将十六进制地址范围写成二进制地址码，并确定其总容量。

$$A_{15} \cdots A_{12} \; A_{11} \cdots A_8 \; A_7 \cdots A_4 \; A_3 \cdots A_0$$

0 1 1 0	0 0 0 0	0 0 0 0	0 0 0 0	} 系统程序区
···				2 K×8 位
0 1 1 0	0 1 1 1	1 1 1 1	1 1 1 1	
0 1 1 0	1 0 0 0	0 0 0 0	0 0 0 0	} 用户程序区
···				1 K×8 位
0 1 1 0	1 0 1 1	1 1 1 1	1 1 1 1	

第二步，根据地址范围的容量以及该范围在计算机系统中的作用，选择存储芯片。

根据 6000H～67FFH 为系统程序区的范围，应选择 1 片 2 K×8 位的 ROM，若选择 4 K×8 位或 8 K×8 位的 ROM，都超出了 2 K×8 位的系统程序区范围。

根据 6800H～6BFFH 为用户程序区的范围，选 2 片 1 K×4 位的 RAM 芯片正好满足 1 K×8 位的用户程序区要求。

第三步，分配 CPU 的地址线。

将 CPU 的低 11 位地址 $A_{10} \sim A_0$ 与 2 K×8 位的 ROM 地址线相连；将 CPU 的低 10 位地址 $A_9 \sim A_0$ 与 2 片 1 K×4 位的 RAM 地址线相连。剩下的高位地址与访存控制信号 $\overline{\text{MREQ}}$ 共同产生存储芯片的片选信号。

第四步，片选信号的形成。

由图 4.36 给出的 74138 译码器输入逻辑关系可知，必须保证控制端 G_1 为高电平，$\overline{G_{2A}}$ 与 $\overline{G_{2B}}$ 为低电平，才能使译码器正常工作。根据第一步写出的存储器地址范围得出，A_{15} 始终为低电平，A_{14} 始终为高电平，它们正好可分别与译码器的 $\overline{G_{2A}}$（低）和 G_1（高）对应。而访存控制信号 $\overline{\text{MREQ}}$（低电平有效）又正好可与 $\overline{G_{2B}}$（低）对应。剩下的 A_{13}、A_{12}、A_{11} 可分别接到译码器的 C、B、A 输入端。其输出 $\overline{Y_4}$ 有效时，选中 1 片 ROM；$\overline{Y_5}$ 与 A_{10} 同时有效均为低电平时，与门输出选中 2 片 RAM，如图 4.37 所示。图中 ROM 芯片的 $\overline{\text{PD/Progr}}$ 端接地，以确保在读出时低电平有效。RAM 芯片的读写控制端与 CPU 的读写命令端 $\overline{\text{WR}}$ 相连。ROM 的 8 根数据线直接与 CPU 的 8 根数据线相连，2 片 RAM 的数据线分别与 CPU 数据总线的高 4 位和低 4 位相连。

例 4.2 假设 CPU 及其他芯片同例 4.1，画出 CPU 与存储器的连接图。要求主存的地址空间满足下述条件：最小 8 K 地址为系统程序区，与其相邻的 16 K 地址为用户程序区，最大 4 K 地址空间为系统程序工作区。详细画出存储芯片的片选逻辑并指出存储芯片的种类及片数。

解： 第一步，根据题目的地址范围写出相应的二进制地址码。

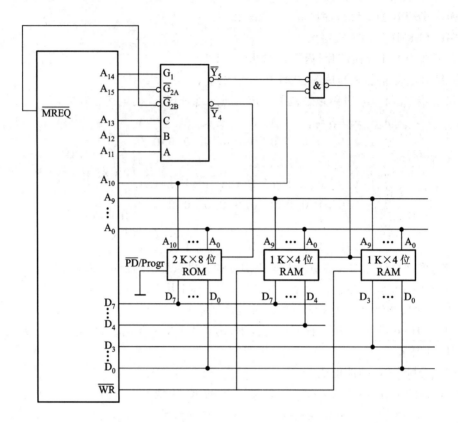

图 4.37　例 4.1 CPU 与存储芯片的连接图

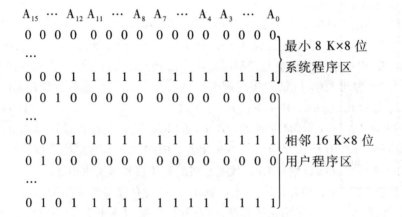

$$A_{15} \cdots A_{12} A_{11} \cdots A_8 A_7 \cdots A_4 A_3 \cdots A_0$$

1 1 1　0 0 0 0　0 0 0 0　0 0 0 0 ⎱ 最大 4 K×8 位
　⋮　　　　　　　　　　　　　　 ⎰ 系统程序工作
1 1 1　1 1 1 1　1 1 1 1　1 1 1 1

第二步,根据地址范围的容量及其在计算机系统中的作用,确定最小 8 KB 系统程序区选择 1 片 8 K×8 位 ROM;与其相邻的 16 KB 用户程序区选择 2 片 8 K×8 位 RAM;最大 4 KB 系统程序工作区选择 1 片 4 K×8 位 RAM。

第三步,分配 CPU 地址线。

将 CPU 的低 13 位地址线 $A_{12} \sim A_0$ 与 1 片 8 K×8 位 ROM 和 2 片 8 K×8 位 RAM 的地址线相连;将 CPU 的低 12 位地址线 $A_{11} \sim A_0$ 与 1 片 4 K×8 位 RAM 的地址线相连。

第四步,形成片选信号。

将 74138 译码器的控制端 G_1 接 +5V,$\overline{G_{2A}}$ 和 $\overline{G_{2B}}$ 接 $\overline{\text{MREQ}}$,以保证译码器正常工作。CPU 的 $A_{15}A_{14}A_{13}$ 分别接在译码器的 C、B、A 端,作为变量输入,则其输出 $\overline{Y_0}$、$\overline{Y_1}$、$\overline{Y_2}$ 分别作为 ROM、RAM_1 和 RAM_2 的片选信号。此外,根据题意,最大 4 K 地址范围的 A_{12} 为高电平,故经反相后再与 $\overline{Y_7}$ 相“与”,其输出作为 4 K×8 位 RAM 的片选信号,如图 4.38 所示。

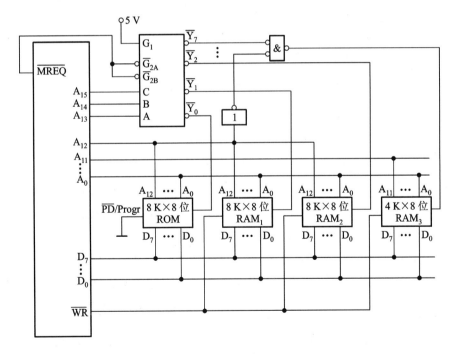

图 4.38　例 4.2 CPU 与存储芯片的连接图

例 4.3　设 CPU 有 20 根地址线和 16 根数据线,并用 $\text{IO}/\overline{\text{M}}$ 作为访存控制信号,$\overline{\text{RD}}$ 为读命

令,$\overline{WR}$ 为写命令。CPU 可通过 BHE 和 A_0 来控制按字节或字两种形式访存(如表 4.1 所示)。要求采用图 4.39 所示的芯片,门电路自定。试回答:

(1)CPU 按字节访问和按字访问的地址范围各是多少?

(2)CPU 按字节访问时需分奇偶体,且最大 64 KB 为系统程序区,与其相邻的 64 KB 为用户程序区。写出每片存储芯片所对应的二进制地址码。

(3)画出对应上述地址范围的 CPU 与存储芯片的连接图。

表 4.1 例 4.3 CPU 访问形式与 BHE 和 A_0 的关系

BHE	A_0	访问形式
0	0	字
0	1	奇字节
1	0	偶字节
1	1	不访问

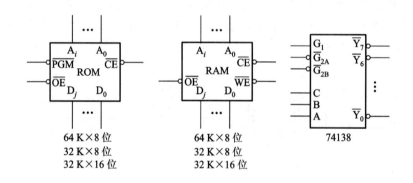

图 4.39 例 4.3 芯片

解:(1)CPU 按字节访问的地址范围为 1 M,CPU 按字访问的地址范围是 512 K。

(2)由于 CPU 按字节访存时需区分奇偶体,并且还可以按字访问,因此如果选择 64 K×8 位的芯片,按字节访问时体现不出奇偶分体;如果选择 32 K×16 位的芯片,虽然能按字访问,但不能满足以字节为最小单位。故一律选择 32 K×8 位的存储芯片,其中系统程序区 64 KB 选择 2 片 32 K×8 位 ROM,用户程序区 64 KB 选择 2 片 32 K×8 位 RAM。它们对应的二进制地址范围如下:

$$A_{19} \cdots A_{16} \; A_{15} \cdots A_{12} \; A_{11} \cdots A_8 \; A_7 \cdots A_4 \; A_3 \cdots A_0$$

$$\left.\begin{array}{l} 1\,1\,1\,1 \quad 1\,1\,1\,1 \quad 1\,1\,1\,1 \quad 1\,1\,1\,1 \quad 1\,1\,1\,1 \\ \cdots \\ 1\,1\,1\,1 \quad 0\,0\,0\,0 \quad 0\,0\,0\,0 \quad 0\,0\,0\,0 \quad 0\,0\,0\,0 \end{array}\right\} \begin{array}{l} 64\ \text{K×8 位 ROM,} \\ \text{其中 1 片 32 K×8 位(奇)} \\ 1\ \text{片 32 K×8 位(偶)} \end{array}$$

$$A_{19} \cdots A_{16} A_{15} \cdots A_{12} A_{11} \cdots A_8 \ A_7 \cdots A_4 \ A_3 \cdots A_0$$

$$
\begin{array}{l}
1\ 1\ 1\ 0 \quad 1\ 1\ 1\ 1 \quad 1\ 1\ 1\ 1 \quad 1\ 1\ 1\ 1 \quad 1\ 1\ 1\ 1 \quad 1\ 1\ 1\ 1 \\
\cdots \\
1\ 1\ 1\ 0 \quad 0\ 0\ 0\ 0 \quad 0\ 0\ 0\ 0 \quad 0\ 0\ 0\ 0 \quad 0\ 0\ 0\ 0 \quad 0\ 0\ 0\ 0
\end{array}
$$
64 K×8 位 RAM,
其中 1 片 32 K×8 位（奇）
1 片 32 K×8 位（偶）

该题的难点在于片选逻辑。由于 CPU 按字访问还是按字节访问受 BHE 和 A_0 的控制,因此可用 BHE 和 A_0 分别控制 74138 译码器的输入端 B 和 A,而 $A_{15} \sim A_1$ 与存储芯片的地址线相连,余下的 A_{16} 接 74138 译码器的输入端 C。A_{19}、A_{18}、A_{17} 作为与门的输入端,与门输出接至 74138 译码器的 G_1 端,$\overline{G_{2A}}$ 和 $\overline{G_{2B}}$ 与 IO/M 相连,以确保 74138 译码器正常工作。具体连接图如图 4.40 所示。

图中译码器输出 $\overline{Y}_4$ 有效时,同时选择 ROM_1 和 ROM_2,CPU 以字形式访问;$\overline{Y}_5$ 有效时选择 ROM_1（奇体）,$\overline{Y}_6$ 有效时选择 ROM_2（偶体）,CPU 以字节形式访问。同理,译码器输出 $\overline{Y}_0$ 控制 CPU 可按字形式访问 RAM_1 和 RAM_2。$\overline{Y}_1$ 和 $\overline{Y}_2$ 分别按字节访问 RAM_1（奇体）和 RAM_2（偶体）。CPU 的读命令 $\overline{RD}$ 直接和 ROM、RAM 的 $\overline{OE}$（允许输出端）相连,CPU 的写命令 $\overline{WR}$ 直接和 RAM 芯片的 $\overline{WE}$（允许写输入端）相连。ROM 芯片的 $\overline{PGM}$ 端低电平时可编程,接高电平 V_{CC} 时可按只读方式工作,$\overline{CE}$ 为片信号,分别与不同的译码输出端相连。

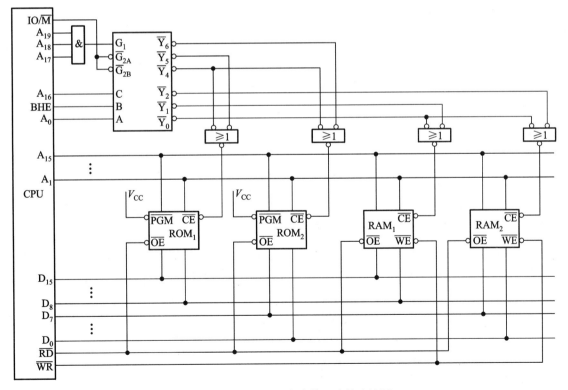

图 4.40　例 4.3 CPU 与存储芯片的连接图

4.2.6   存储器的校验

在计算机运行过程中,由于种种原因致使数据在存储过程中可能出现差错。为了能及时发现错误并及时纠正错误,通常可将原数据配成汉明编码。

1. 汉明码的组成

汉明码是由 Richard Hanming 于 1950 年提出的,它具有一位纠错能力。

由编码纠错理论得知,任何一种编码是否具有检测能力和纠错能力,都与编码的最小距离有关。所谓编码最小距离,是指在一种编码系统中,任意两组合法代码之间的最少二进制位数的差异。

根据纠错理论得

$$L-1 = D+C \qquad 且\ D \geqslant C$$

即编码最小距离 L 越大,则其检测错误的位数 D 越大,纠正错误的位数 C 也越大,且纠错能力恒小于或等于检错能力。例如,当编码最小距离 $L=3$ 时,这种编码可视为最多能检错二位,或能检错一位、纠错一位。可见,倘若能在信息编码中增加若干位检测位,增大 L,显然便能提高检错和纠错能力。汉明码就是根据这一理论提出的具有一位纠错能力的编码。

设欲检测的二进制代码为 n 位,为使其具有纠错能力,需增添 k 位检测位,组成 $n+k$ 位的代码。为了能准确对错误定位以及指出代码没错,新增添的检测位数 k 应满足:

$$2^k \geqslant n+k+1$$

由此关系可求得不同代码长度 n 所需检测位的位数 k,如表 4.2 所示。

表 4.2   代码长度与检测位位数的关系

n	k(最小)
1	2
2～4	3
5～11	4
12～26	5
27～57	6
58～120	7

k 的位数确定后,便可由它们所承担的检测任务设定它们在被传送代码中的位置及它们的取值。

设 $n+k$ 位代码自左至右依次编为第 $1,2,3,\cdots,n+k$ 位,而将 k 位检测位记作 C_i($i=1,2,4,8,\cdots$),分别安插在 $n+k$ 位代码编号的第 $1,2,4,8,\cdots,2^{k-1}$ 位上。这些检测位的位置设置是为了保证它们能分别承担 $n+k$ 位信息中不同数位所组成的"小组"的奇偶检测任务,使检测位和它所负责检测的小组中 1 的个数为奇数或偶数,具体分配如下:

C_1 检测的 g_1 小组包含 $1,3,5,7,9,11,\cdots$ 位。

C_2 检测的 g_2 小组包含 $2,3,6,7,10,11,14,15,\cdots$ 位。

C_4　检测的 g_3 小组包含 4,5,6,7,12,13,14,15,⋯位。

C_8　检测的 g_4 小组包含 8,9,10,11,12,13,14,15,24,⋯位。

⋮

其余检测位的小组所包含的位也可类推。这种小组的划分有如下特点：

① 每个小组 g_i 有一位且仅有一位为它所独占，这一位是其他小组所没有的，即 g_i 小组独占第 2^{i-1} 位 $(i=1,2,3,\cdots)$。

② 每两个小组 g_i 和 g_j 共同占有一位是其他小组没有的，即每两小组 g_i 和 g_j 共同占有第 $2^{i-1}+2^{j-1}$ 位 $(i,j=1,2,\cdots)$。

③ 每 3 个小组 g_i、g_j 和 g_l 共同占有第 $2^{i-1}+2^{j-1}+2^{l-1}$ 位，是其他小组所没有的。

依次类推，便可确定每组所包含的各位。

例如，欲传递信息为 $b_4b_3b_2b_1(n=4)$，根据 $2^k \geqslant n+k+1$，可求出配置成汉明码需增添检测位 $k=3$，且它们位置的安排如下：

二进制序号	1	2	3	4	5	6	7
名称	C_1	C_2	b_4	C_4	b_3	b_2	b_1

如果按配偶原则来配置汉明码，则 C_1 应使 1、3、5、7 位中的"1"的个数为偶数；C_2 应使 2、3、6、7 位中的"1"的个数为偶数；C_4 应使 4、5、6、7 位中的"1"的个数为偶数。

故 C_1 应为 3 位 $\oplus$ 5 位 $\oplus$ 7 位，即 $C_1=b_4 \oplus b_3 \oplus b_1$；$C_2$ 应为 3 位 $\oplus$ 6 位 $\oplus$ 7 位，即 $C_2=b_4 \oplus b_2 \oplus b_1$；$C_4$ 应为 5 位 $\oplus$ 6 位 $\oplus$ 7 位，即 $C_4=b_3 \oplus b_2 \oplus b_1$。

令 $b_4b_3b_2b_1=0101$，则

$C_1=b_4 \oplus b_3 \oplus b_1 = 0 \oplus 1 \oplus 1 = 0$

$C_2=b_4 \oplus b_2 \oplus b_1 = 0 \oplus 0 \oplus 1 = 1$

$C_4=b_3 \oplus b_2 \oplus b_1 = 1 \oplus 0 \oplus 1 = 0$

故 0101 的汉明码应为 $C_1C_2b_4C_4b_3b_2b_1$，即 0100101。

2. 汉明码的纠错过程

汉明码的纠错过程实际上是对传送后的汉明码形成新的检测位 $P_i(i=1,2,4,8,\cdots)$，根据 P_i 的状态，便可直接指出错误的位置。P_i 的状态是由原检测位 C_i 及其所在小组内"1"的个数确定的。倘若按配偶原则配置的汉明码，其传送后形成新的检测位 P_i 应为 0，否则说明传送有错，并且还可直接指出出错的位置。由于 P_i 与 C_i 有对应关系，故 P_i 可由下式确定：

$P_1=1 \oplus 3 \oplus 5 \oplus 7$，即 $P_1=C_1 \oplus b_4 \oplus b_3 \oplus b_1$

$P_2=2 \oplus 3 \oplus 6 \oplus 7$，即 $P_2=C_2 \oplus b_4 \oplus b_2 \oplus b_1$

$P_4=4 \oplus 5 \oplus 6 \oplus 7$，即 $P_4=C_4 \oplus b_3 \oplus b_2 \oplus b_1$

设已知传送的正确汉明码（按配偶原则配置）为 0100101，若传送后接收到的汉明码为 0100111，其出错位可按下述步骤确定。

令

二进制序号	1	2	3	4	5	6	7
正确的汉明码	0	1	0	0	1	0	1
接收到的汉明码	0	1	0	0	1	1	1

则新的检测位为

$P_4 = 4 \oplus 5 \oplus 6 \oplus 7$，即 $P_4 = 0 \oplus 1 \oplus 1 \oplus 1 = 1$

$P_2 = 2 \oplus 3 \oplus 6 \oplus 7$，即 $P_2 = 1 \oplus 0 \oplus 1 \oplus 1 = 1$

$P_1 = 1 \oplus 3 \oplus 5 \oplus 7$，即 $P_1 = 0 \oplus 0 \oplus 1 \oplus 1 = 0$

由此可见，传送结果 P_4 和 P_2 均不呈偶数，显然出了差错。那么，错在哪一位呢？仔细分析发现，只有第 6 位出错才会同时使 P_4 和 P_2 不呈偶数。同时，P_4、P_2、P_1 所构成的二进制值恰恰是出错的位置，即 $P_4 P_2 P_1 = 110$，表示第 6 位出错。发现错误后，计算机便自动将错误的第 6 位 "1" 纠正为 "0"。

又如，若收到按偶配置的汉明码为 1100101，则经检测得

$P_4 = 4 \oplus 5 \oplus 6 \oplus 7$，即 $P_4 = 0 \oplus 1 \oplus 0 \oplus 1 = 0$

$P_2 = 2 \oplus 3 \oplus 6 \oplus 7$，即 $P_2 = 1 \oplus 0 \oplus 0 \oplus 1 = 0$

$P_1 = 1 \oplus 3 \oplus 5 \oplus 7$，即 $P_1 = 1 \oplus 0 \oplus 1 \oplus 1 = 1$

即 $P_4 P_2 P_1 = 001$，表示第 1 位出错。由于第 1 位不是欲传送的信息位，而是检测位，而检测位不参与运算，故在一般情况下可以不予纠正。

以上均以 $n = 4$ 为例，其实对任意不同 n 位的信息，均可按上述步骤配置汉明码，即先求出需增加的检测位位数 k，再确定 C_i 的位置，然后，按奇或偶原则配置 C_i 各位的值即可。值得注意的是：按奇配置与按偶配置所求得的 C_i 值正好相反，而新的检测位 P_i 的取值与奇偶配置原则是相对应的，读者可自行分析。

汉明码常常被用在纠错一位的场合，若欲实现检错两位，实用时还得再增添一位检测位。

例 4.4 已知接收到的汉明码为 0110101（按配偶原则配置），试问欲传送的信息是什么？

解：由于要求出欲传送的信息，必须是正确的信息，因此不能简单地从接收到的 7 位汉明码中去掉 C_1、C_2、C_4 这 3 位检测位来求得。首先应该判断收到的信息是否出错。纠错过程如下：

$P_1 = 1 \oplus 3 \oplus 5 \oplus 7 = 1$

$P_2 = 2 \oplus 3 \oplus 6 \oplus 7 = 1$

$P_4 = 4 \oplus 5 \oplus 6 \oplus 7 = 0$

所以，$P_4 P_2 P_1 = 011$，第 3 位出错，可纠正为 0100101，故欲传送的信息为 0101。

例 4.5 按配奇原则配置 1100101 的汉明码。

解：根据 1100101，得 $n = 7$。根据 $2^k \geq n + k + 1$，可求出需增添 $k = 4$ 位检测位，各位的安排如下：

二进制序号	1	2	3	4	5	6	7	8	9	10	11
汉明码	C_1	C_2	1	C_4	1	0	0	C_8	1	0	1

按配奇原则配置,则

$$C_1 = \overline{3 \oplus 5 \oplus 7 \oplus 9 \oplus 11} = 1$$

$$C_2 = \overline{3 \oplus 6 \oplus 7 \oplus 10 \oplus 11} = 1$$

$$C_4 = \overline{5 \oplus 6 \oplus 7} = 0$$

$$C_8 = \overline{9 \oplus 10 \oplus 11} = 1$$

故新配置的汉明码为 11101001101。

4.2.7 提高访存速度的措施

随着计算机应用领域的不断扩大,处理的信息量越来越多,对存储器的工作速度和容量要求也越来越高。此外,因 CPU 的功能不断增强,I/O 设备的数量不断增多,致使主存的存取速度已成为计算机系统的瓶颈。可见,提高访存速度也成为迫不及待的任务。为了解决此问题,除了寻找高速元件和采用层次结构以外,调整主存的结构也可提高访存速度。

1. 单体多字系统

由于程序和数据在存储体内是连续存放的,因此 CPU 访存取出的信息也是连续的,如果可以在一个存取周期内,从同一地址取出 4 条指令,然后再逐条将指令送至 CPU 执行,即每隔 1/4 存取周期,主存向 CPU 送一条指令,这样显然增大了存储器的带宽,提高了单体存储器的工作速度,如图 4.41 所示。

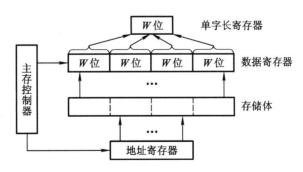

图 4.41 单体四字结构存储器

图中示意了一个单体四字结构的存储器,每字 W 位。按地址在一个存取周期内可读出 $4 \times W$ 位的指令或数据,使主存带宽提高到 4 倍。显然,采用这种办法的前提是:指令和数据在主存内必须是连续存放的,一旦遇到转移指令,或者操作数不能连续存放,这种方法的效果就不明显。

2. 多体并行系统

多体并行系统就是采用多体模块组成的存储器。每个模块有相同的容量和存取速度,各模块各自都有独立的地址寄存器(MAR)、数据寄存器(MDR)、地址译码、驱动电路和读/写电路,它们能并行工作,又能交叉工作。

并行工作即同时访问 N 个模块,同时启动,同时读出,完全并行地工作(不过,同时读出的 N 个字在总线上需分时传送)。图 4.42 是适合于并行工作的高位交叉编址的多体存储器结构示意图,图中程序因按体内地址顺序存放(一个体存满后,再存入下一个体),故又有顺序存储之称。显然,高位地址可表示体号,低位地址为体内地址。按这种编址方式,只要合理调动,使不同的请求源同时访问不同的体,便可实现并行工作。例如,当一个体正与 CPU 交换信息时,另一个体可同时与外部设备进行直接存储器访问,实现两个体并行工作。这种编址方式由于一个体内的地址是连续的,有利于存储器的扩充。

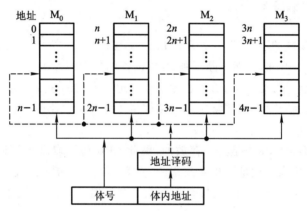

图 4.42　高位交叉编址的多体存储器

图 4.43 是按低位交叉编址的多体模块结构示意图。由于程序连续存放在相邻体中,故又有交叉存储之称。显然低位地址用来表示体号,高位地址为体内地址。这种编址方法又称为模 M 编址(M 等于模块数),表 4.3 列出了模 4 交叉编址的地址号。一般模块数 M 取 2 的方幂,使硬件电路比较简单。有的机器为了减少存储器冲突,采用质数个模块,例如,我国银河机的 M 为 31,其硬件实现比较复杂。

表 4.3　模 4 交叉编址地址表

体号	体内地址序号	最低两位地址
M_0	$0,4,8,12,\cdots,4i+0$	00
M_1	$1,5,9,13,\cdots,4i+1$	01
M_2	$2,6,10,14,\cdots,4i+2$	10
M_3	$3,7,11,15,\cdots,4i+3$	11

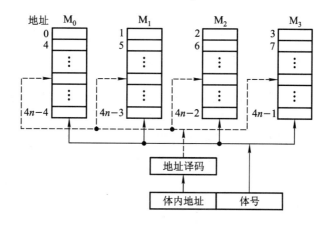

图 4.43 低位交叉编址的多体存储器

多体模块结构的存储器采用交叉编址后,可以在不改变每个模块存取周期的前提下,提高存储器的带宽。图 4.44 示意了 CPU 交叉访问 4 个存储体的时间关系,负脉冲为启动每个体的工作信号。虽然对每个体而言,存取周期均未缩短,但由于 CPU 交叉访问各体,使 4 个存储体的读/写过程重叠进行,最终在一个存取周期的时间内,存储器实际上向 CPU 提供了 4 个存储字。如果每个模块存储字长为 32 位,则在一个存取周期内(除第一个存取周期外),存储器向 CPU 提供了 $32 \times 4 = 128$ 位二进制代码,大大增加了存储器的带宽。

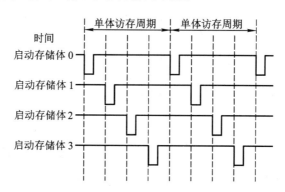

图 4.44 4 个存储体交叉访问的时间关系

假设每个体的存储字长和数据总线的宽度一致,并假设低位交叉的存储器模块数为 n,存取周期为 T,总线传输周期为 τ,那么当采用流水线方式(如图 4.44 所示)存取时,应满足 $T = n\tau$。为了保证启动某体后,经 $n\tau$ 时间再次启动该体时,它的上次存取操作已完成,要求低位交叉存储器的模块数大于或等于 n。以四体低位交叉编址的存储器为例,采用流水方式存取的示意图如图 4.45 所示。

可见,对于低位交叉的存储器,连续读取 n 个字所需的时间 t_1 为

$$t_1 = T + (n-1)\tau$$

若采用高位交叉编址,则连续读取 n 个字所需的时间 t_2 为

$$t_2 = nT$$

例 4.6　设有 4 个模块组成的四体存储器结构,每个体的存储字长为 32 位,存取周期为 200 ns。假设数据总线宽度为 32 位,总线传输周期为 50 ns,试求顺序存储和交叉存储的存储器带宽。

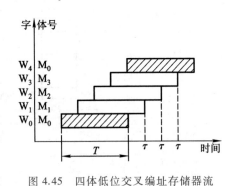

图 4.45　四体低位交叉编址存储器流水线工作方式示意图

解: 顺序存储(高位交叉编址)和交叉存储(低位交叉编址)连续读出 4 个字的信息量是 $32 \times 4 = 128$ 位。

顺序存储存储器连续读出 4 个字的时间是

$$200 \text{ ns} \times 4 = 800 \text{ ns} = 8 \times 10^{-7} \text{ s}$$

交叉存储存储器连续读出 4 个字的时间是

$$200 \text{ ns} + 50 \text{ ns} \times (4-1) = 350 \text{ ns} = 3.5 \times 10^{-7} \text{ s}$$

顺序存储器的带宽是

$$128 / (8 \times 10^{-7}) = 16 \times 10^7 \text{ bps}$$

交叉存储器的带宽是

$$128 / (3.5 \times 10^{-7}) = 37 \times 10^7 \text{ bps}$$

多体模块存储器不仅要与 CPU 交换信息,还要与辅存、I/O 设备,乃至 I/O 处理机交换信息。因此,在某一时刻,决定主存究竟与哪个部件交换信息必须由存储器控制部件(简称存控)来承担。存控具有合理安排各部件请求访问的顺序以及控制主存读/写操作的功能。图 4.46 是一个存控基本结构框图,它由排队器、控制线路、节拍发生器及标记触发器等组成。

（1）排队器

由于要求访存的请求源很多,而且访问都是随机的,这样有可能在同一时刻出现多个请求源请求访问同一个存储体。为了防止发生两个以上的请求源同时占用同一存储体,并防止将代码错送到另一个请求源等各种错误的发生,在存控内需设置一个排队器,由它来确定请求源的优先级别。

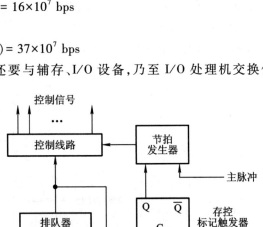

图 4.46　存控基本结构框图

其确定原则如下:

① 对易发生代码丢失的请求源,应列为最高优先级,例如,外设信息最易丢失,故它的级别最高。

② 对严重影响 CPU 工作的请求源,给予次高优先级,否则会导致 CPU 工作失常。

例如,写数请求高于读数,读数请求高于读指令。若运算部件不能尽快送走已算出的结果,会严重影响后续指令的执行,因此,发生这种情况时,写数的优先级比读数、读指令都高。若没有操作数参与运算,取出更多的指令也无济于事,故读数的优先级又应比读指令高。

（2）存控标记触发器 C_M

它用来接受排队器的输出信号,一旦响应某请求源的请求,C_M 被置"1",以便启动节拍发生器工作。

（3）节拍发生器

它用来产生固定节拍,与机器主脉冲同步,使控制线路按一定时序发出信号。

（4）控制线路

由它将排队器给出的信号与节拍发生器提供的节拍信号配合,向存储器各部件发出各种控制信号,用以实现对总线控制及完成存储器读/写操作,并向请求源发出回答信号,表示存储器已响应了请求等。

3. 高性能存储芯片

采用高性能存储芯片也是提高主存速度的措施之一。DRAM 集成度高,价格便宜,广泛应用于主存。其发展速度很快,几乎每隔 3 年存储芯片的容量就翻两番。为了进一步提高 DRAM 的性能,人们开发了许多对基本 DRAM 结构的增强功能,出现了 SDRAM、RDRAM 和 CDRAM。

（1）SDRAM（Synchronous DRAM,同步 DRAM）

SDRAM 与常用的异步 DRAM 不同,它与处理器的数据交换同步于系统的时钟信号,并且以处理器-存储器总线的最高速度运行,而不需要插入等待状态。典型的 DRAM 中,处理器将地址和控制信号送至存储器后,需经过一段延时,供 DRAM 执行各种内部操作(如输入地址、读出数据等),才能将数据从存储器中读出或将数据写入存储器中。此时,如果 CPU 的速度与 DRAM 匹配,那么这个延时不会影响 CPU 的工作速度;如果 CPU 的速度更高,那么在这段时间内,CPU 只能"等待",降低了 CPU 的执行速度。而 SDRAM 能在系统时钟的控制下进行数据的读出和写入,CPU 给出的地址和控制信号会被 SDRAM 锁存,直到指定的时钟周期数后再响应。此时 CPU 可执行其他任务,无须"等待"。例如,系统的时钟周期为 10 ns,存储器接到地址后需 50 ns 读出数据。对于异步工作的 DRAM,CPU 要"等待"50 ns 获得数据,而对同步工作的 SDRAM 而言,CPU 只需把地址放入锁存器中,在存储器进行读操作期间去完成其他操作。当 CPU 计时到 5 个时钟周期后,便可获得从存储器读出的数据。

SDRAM 还支持猝发访问模式,即 CPU 发出一个地址就可以连续访问一个数据块(通常为32 字节)。SDRAM 芯片内还可以包含多个存储体,这些体可以轮流工作,提高访问速度。现在又出现了双数据速率的 SDRAM（Double Data Rate SDRAM,DDR-SDRAM）,它是 SDRAM 的增强型版本,可以每周期两次向处理器送出数据。

（2）RDRAM（Rambus DRAM）

由 Rambus 开发的 RDRAM 采用专门的 DRAM 和高性能的芯片接口取代现有的存储器接口。它主要解决存储器带宽的问题,通过高速总线获得存储器请求(包括操作时所需的地址、操作类型和字节数),总线最多可寻址 320 块 RDRAM 芯片,传输率可达 1.6 GBps。它不像传统的 DRAM 采用 $\overline{RAS}$、$\overline{CAS}$ 和 $\overline{WE}$ 信号来控制,而是采用异步的面向块的传输协议传送地址信息和数据信息。一个 RDRAM 芯片就像一个存储系统,通过一种新的互连电路 RamLink,将各个 RDRAM 芯片连接成一个环,数据通信在主存控制器的控制下进行,数据交换以包为单位。图 4.47 示意了 RamLink 体系结构。

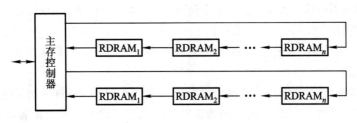

图 4.47　RamLink 体系结构

(3) 带 Cache 的 DRAM (CDRAM)

带 Cache 的 DRAM 是在通常的 DRAM 芯片内又集成了一个小的 SRAM,又称增强型的 DRAM(EDRAM)。图 4.48 是 1 M×4 位的 CDRAM,其中 SRAM 为 512×4 位,DRAM 排列成 2048× 512×4 位的阵列。

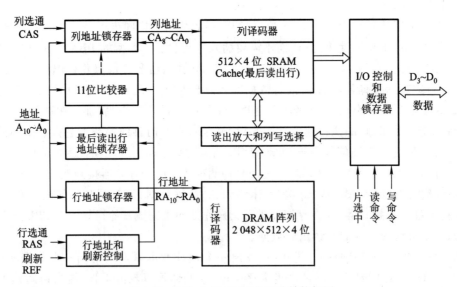

图 4.48　1 M×4 位 CDRAM 芯片结构框图

由图中可见,地址引脚线只有 11 根($A_{10} \sim A_0$),而 1 M×4 位的存储芯片对应 20 位地址,此 20 位地址需分时送入芯片内部。首先在行选通信号作用下,高 11 位地址经地址引脚线输入,分别保存在行地址锁存器中和最后读出行地址锁存器中。在 DRAM 的 2048 行中,此指定行地址的全部数据 512×4 位被读到 SRAM 中暂存。然后在列选通信号作用下,低 9 位地址经地址引脚线输入,保存到列地址锁存器中。在读命令有效时,512 个 4 位组的 SRAM 中某一 4 位组被这个列地址选中,经数据线 $D_3 \sim D_0$ 从芯片输出。

下一次读取时,输入的行地址立即与最后读出行锁存器的内容进行 11 位比较。若比较相符,说明该数据在 SRAM 中,再由输入列地址选择某一 4 位组输出;若比较不相符,则需驱动 DRAM 阵列更新 SRAM 和最后读出行地址锁存器中的内容,并送出指定的 4 位组。

由此可见,以 SRAM 保存一行内容的方法,当对连续高 11 位地址相同(属于同一行地址)的数据进行读取时,只需连续变动 9 位列地址就可使相应的 4 位组连续读出,这被称为猝发式读取,对成块传送十分有利。

从图 4.48 所示的结构可见,芯片内的数据输出路径(由 SRAM 到 I/O)与数据输入路径(由 I/O 到读放大器和列写选择)是分开的,这就允许在写操作完成的同时启动同一行的读操作。此外,在 SRAM 读出期间可同时对 DRAM 阵列进行刷新。

4.3 高速缓冲存储器

4.3.1 概述

1. 问题的提出

在多体并行存储系统中,由于 I/O 设备向主存请求的级别高于 CPU 访存,这就出现了 CPU 等待 I/O 设备访存的现象,致使 CPU 空等一段时间,甚至可能等待几个主存周期,从而降低了 CPU 的工作效率。为了避免 CPU 与 I/O 设备争抢访存,可在 CPU 与主存之间加一级缓存(参见图 4.3),这样,主存可将 CPU 要取的信息提前送至缓存,一旦主存在与 I/O 设备交换时,CPU 可直接从缓存中读取所需信息,不必空等而影响效率。

从另一角度来看,主存速度的提高始终跟不上 CPU 的发展。据统计,CPU 的速度平均每年改进 60%,而组成主存的动态 RAM 速度平均每年只改进 7%,结果是 CPU 和动态 RAM 之间的速度间隙平均每年增大 50%。例如,100 MHz 的 Pentium 处理器平均每 10 ns 就执行一条指令,而动态 RAM 的典型访问时间为 60~120 ns。这也希望由高速缓存 Cache 来解决主存与 CPU 速度的不匹配问题。

Cache 的出现使 CPU 可以不直接访问主存,而与高速 Cache 交换信息。那么,这是否可能呢?通过大量典型程序的分析,发现 CPU 从主存取指令或取数据,在一定时间内,只是对主存局部地址区域的访问。这是由于指令和数据在主存内都是连续存放的,并且有些指令和数据往往会被多次调用(如子程序、循环程序和一些常数),即指令和数据在主存的地址分布不是随机的,而是相对的簇聚,使得 CPU 在执行程序时,访存具有相对的局部性,这就称为程序访问的局部性原理。根据这一原理,很容易设想,只要将 CPU 近期要用到的程序和数据提前从主存送到 Cache,那么就可以做到 CPU 在一定时间内只访问 Cache。一般 Cache 采用高速的 SRAM 制作,其价格比主存贵,但因其容量远小于主存,因此能很好地解决速度和成本的矛盾。

2. Cache 的工作原理

图 4.49 是 Cache-主存存储空间的基本结构示意图。

主存由 2^n 个可编址的字组成,每个字有唯一的 n 位地址。为了与 Cache 映射,将主存与缓存都分成若干块,每块内又包含若干个字,并使它们的块大小相同(即块内的字数相同)。这就将主存的地址分成两段:高 m 位表示主存的块地址,低 b 位表示块内地址,则 $2^m = M$ 表示主存的块数。同样,缓存的地址也分为两段:高 c 位表示缓存的块号,低 b 位表示块内地址,则 $2^c = C$ 表示缓存块数,且 C 远小于 M。主存与缓存地址中都用 b 位表示其块内字数,即 $B = 2^b$ 反映了块的大小,称 B 为块长。

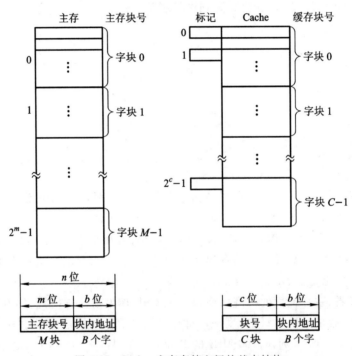

图 4.49　Cache-主存存储空间的基本结构

任何时刻都有一些主存块处在缓存块中。CPU 欲读取主存某字时,有两种可能:一种是所需要的字已在缓存中,即可直接访问 Cache(CPU 与 Cache 之间通常一次传送一个字);另一种是所需的字不在 Cache 内,此时需将该字所在的主存整个字块一次调入 Cache 中(Cache 与主存之间是字块传送)。如果主存块已调入缓存块,则称该主存块与缓存块建立了对应关系。

上述第一种情况为 CPU 访问 Cache 命中,第二种情况为 CPU 访问 Cache 不命中。由于缓存的块数 C 远小于主存的块数 M,因此,一个缓存块不能唯一地、永久地只对应一个主存块,故每个缓存块需设一个标记(参见图 4.49),用来表示当前存放的是哪一个主存块,该标记的内容相当于主存块的编号。CPU 读信息时,要将主存地址的高 m 位(或 m 位中的一部分)与缓存块的标记进行比较,以判断所读的信息是否已在缓存中(参见图 4.54)。

Cache 的容量与块长是影响 Cache 效率的重要因素,通常用“命中率”来衡量 Cache 的效率。命中率是指 CPU 要访问的信息已在 Cache 内的比率。

在一个程序执行期间,设 N_c 为访问 Cache 的总命中次数,N_m 为访问主存的总次数,则命中率 h 为

$$h = \frac{N_c}{N_c + N_m}$$

设 t_c 为命中时的 Cache 访问时间,t_m 为未命中时的主存访问时间,$1-h$ 表示未命中率,则 Cache-主存系统的平均访问时间 t_a 为

$$t_a = ht_c + (1-h)t_m$$

当然,以较小的硬件代价使 Cache-主存系统的平均访问时间 t_a 越接近于 t_c 越好。用 e 表示访问效率,则有

$$e = \frac{t_c}{t_a} \times 100\% = \frac{t_c}{ht_c + (1-h)t_m} \times 100\%$$

可见,为提高访问效率,命中率 h 越接近 1 越好。

例 4.7 假设 CPU 执行某段程序时,共访问 Cache 命中 20 00 次,访问主存 50 次。已知 Cache 的存取周期为 50 ns,主存的存取周期为 200 ns。求 Cache-主存系统的命中率、效率和平均访问时间。

解:(1) Cache 的命中率为

$$2000/(2000+50) = 0.97$$

(2) 由题可知,访问主存的时间是访问 Cache 时间的 4 倍(200/50=4)。

设访问 Cache 的时间为 t,访问主存的时间为 $4t$,Cache-主存系统的访问效率为 e,则

$$e = \frac{\text{访问 Cache 的时间}}{\text{平均访问时间}} \times 100\%$$

$$= \frac{t}{0.97 \times t + (1-0.97) \times 4t} \times 100\% = 91.7\%$$

(3) 平均访问时间为

$$50 \text{ ns} \times 0.97 + 200 \text{ ns} \times (1-0.97) = 54.5 \text{ ns}$$

一般而言,Cache 容量越大,其 CPU 的命中率就越高。当然容量也没必要太大,太大会增加成本,而且当 Cache 容量达到一定值时,命中率已不因容量的增大而有明显的提高。因此,Cache 容量是总成本价与命中率的折中值。例如,80386 的主存最大容量为 4 GB,与其配套的 Cache 容

量为 16 KB 或 32 KB,其命中率可达 95% 以上。

　　块长与命中率之间的关系更为复杂,它取决于各程序的局部特性。当块由小到大增长时,起初会因局部性原理使命中率有所提高。由局部性原理指出,在已被访问字的附近,近期也可能被访问,因此,增大块长,可将更多有用字存入缓存,提高其命中率。可是,倘若继续增大块长,命中率很可能下降,这是因为所装入缓存的有用数据反而少于被替换掉的有用数据。由于块长的增大,导致缓存中块数的减少,而新装入的块要覆盖旧块,很可能出现少数块刚刚装入就被覆盖,因此命中率反而下降。再者,块增大后,追加上的字距离已被访问的字更远,故近期被访问的可能性会更小。块长的最优值是很难确定的,一般每块取 4 至 8 个可编址单位(字或字节)较好,也可取一个主存周期所能调出主存的信息长度。例如,CRAY-1 的主存是 16 体交叉,每个体为单字宽,其存放指令的 Cache 块长为 16 个字。又如,IBM 370/168 机主存是 4 体交叉,每个体宽为 64 位(8 个字节),其 Cache 块长为 32 个字节。

　　3. Cache 的基本结构

　　Cache 的基本结构原理框图如图 4.50 所示。

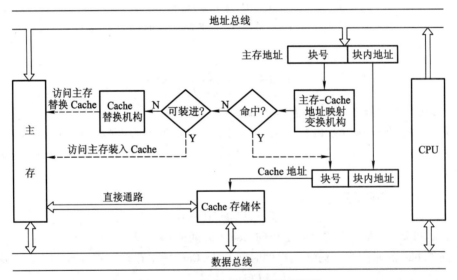

图 4.50　Cache 的基本结构原理框图

　　它主要由 Cache 存储体、地址映射变换机构、Cache 替换机构几大模块组成。

　　(1) Cache 存储体

　　Cache 存储体以块为单位与主存交换信息,为加速 Cache 与主存之间的调动,主存大多采用多体结构,且 Cache 访存的优先级最高。

　　(2) 地址映射变换机构

　　地址映射变换机构是将 CPU 送来的主存地址转换为 Cache 地址。由于主存和 Cache 的块大小相同,块内地址都是相对于块的起始地址的偏移量(即低位地址相同),因此地址变换主要是主存的块号(高位地址)与 Cache 块号间的转换。而地址变换又与主存地址以什么样的函数关系映射到 Cache 中(称为地址映射)有关,这些内容可详见 4.3.2 节。

　　如果转换后的 Cache 块已与 CPU 欲访问的主存块建立了对应关系,即已命中,则 CPU 可直接访问 Cache 存储体。如果转换后的 Cache 块与 CPU 欲访问的主存块未建立对应关系,即不命中,此刻 CPU 在访问主存时,不仅将该字从主存取出,同时将它所在的主存块一并调入 Cache,供 CPU 使用。当然,此刻能将主存块调入 Cache 内,也是由于 Cache 原来处于未被装满的状态。反之,倘若 Cache 原来已被装满,即已无法将主存块调入 Cache 内时,就得采用替换策略。

　　(3) 替换机构

　　当 Cache 内容已满,无法接受来自主存块的信息时,就由 Cache 内的替换机构按一定的替换算法来确定应从 Cache 内移出哪个块返回主存,而把新的主存块调入 Cache。有关替换算法详见 4.3.3 节。

　　特别需指出的是,Cache 对用户是透明的,即用户编程时所用到的地址是主存地址,用户根本不知道这些主存块是否已调入 Cache 内。因为,将主存块调入 Cache 的任务全由机器硬件自动完成。

　　(4) Cache 的读写操作

　　读操作的过程可用流程图 4.51 来描述。当 CPU 发出主存地址后,首先判断该存储字是否在 Cache 中。若命中,直接访问 Cache,将该字送至 CPU;若未命中,一方面要访问主存,将该字传送给 CPU,与此同时,要将该字所在的主存块装入 Cache,如果此时 Cache 已装满,就要执行替换算法,腾出空位才能将新的主存块调入。

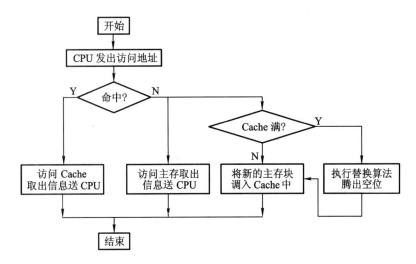

图 4.51　Cache 的读数操作流程

写操作比较复杂,因为对 Cache 块内写入的信息,必须与被映射的主存块内的信息完全一致。当程序运行过程中需对某个单元进行写操作时,会出现如何使 Cache 与主存内容保持一致的问题。目前主要采用以下几种方法。

① 写直达法(Write-through),又称为存直达法(Store-through),即写操作时数据既写入 Cache 又写入主存。它能随时保证主存和 Cache 的数据始终一致,但增加了访存次数。

② 写回法(Write-back),又称为拷回法(Copy-back),即写操作时只把数据写入 Cache 而不写入主存,但当 Cache 数据被替换出去时才写回主存。可见写回法 Cache 中的数据会与主存中的不一致。为了识别 Cache 中的数据是否与主存一致,Cache 中的每一块要增设一个标志位,该位有两个状态:“清”(表示未修改过,与主存一致)和“浊”(表示修改过,与主存不一致)。在 Cache 替换时,“清”的 Cache 块不必写回主存,因为此时主存中相应块的内容与 Cache 块是一致的。在写 Cache 时,要将该标志位设置为“浊”,替换时此 Cache 块要写回主存,同时要使标志位为“清”。

写回法和写直达法各有特色。在写直达法中,由于 Cache 中的数据始终和主存保持一致,在读操作 Cache 失效时,只需选择一个替换的块(主存块)调入 Cache,被替换的块(Cache 块)不必写回主存。可见读操作不涉及对主存的写操作。因此这种方法更新策略比较容易实现。但是在写操作时,既要写入 Cache 又要写入主存,因此写直达法的“写”操作时间就是访问主存的时间。

在写回法中,写操作时只写入 Cache,故“写”操作时间就是访问 Cache 的时间,因此速度快。这种方法对主存的写操作只发生在块替换时,而且对 Cache 中一个数据块的多次写操作只需一次写入主存,因此可减少主存的写操作次数。但在读操作 Cache 失效时要发生数据替换,引起被替换的块写回主存的操作,增加了 Cache 的复杂性。

对于有多个处理器的系统,各自都有独立的 Cache,且都共享主存,这样又出现了新问题。即当一个缓存中数据被修改时,不仅主存中相对应的字无效,连同其他缓存中相对应的字也无效(当然恰好其他缓存也有相应的字)。即使通过写直达法改变了主存的相应字,而其他缓存中数据仍然无效。显然,解决系统中 Cache 一致性的问题很重要。当今研究 Cache 一致性问题非常活跃,想进一步了解可查阅有关资料。

4. Cache 的改进

Cache 刚出现时,典型系统只有一个缓存,近年来普遍采用多个 Cache。其含义有两方面:一是增加 Cache 的级数;二是将统一的 Cache 变成分立的 Cache。

(1) 单一缓存和两级缓存

所谓单一缓存,是指在 CPU 和主存之间只设一个缓存。随着集成电路逻辑密度的提高,又把这个缓存直接与 CPU 制作在同一个芯片内,故又称为片内缓存(片载缓存)。片内缓存可以提高外部总线的利用率,因为将 Cache 制作在芯片内,CPU 直接访问 Cache 不必占用芯片外的总线(系统总线),而且片内缓存与 CPU 之间的数据通路很短,大大提高了存取速度,外部总线又可更多地支持 I/O 设备与主存的信息传输,增强了系统的整体效率。例如,Intel 80486 CPU 芯片内就含 8 KB 的片内缓存。

可是,由于片内缓存在芯片内,其容量不可能很大,这就可能致使 CPU 欲访问的信息不在缓存内,势必通过系统总线访问主存,访问次数多了,整机速度就会下降。如果在主存与片内缓存之间再加一级缓存,称为片外缓存,由比主存动态 RAM 和 ROM 存取速度更快的静态 RAM 组成。而且不使用系统总线作为片外缓存与 CPU 之间的传送路径,使用一个独立的数据路径,以减轻系统总线的负担。那么,从片外缓存调入片内缓存的速度就能提高,而 CPU 占用系统总线的时间也就大大下降,整机工作速度有明显改进。这种由片外缓存和片内缓存组成的 Cache 称为两级缓存,并称片内缓存为第一级,片外缓存为第二级。随着芯片集成度的提高,已有一些处理器将第二级 Cache 结合到处理器芯片上,改善了性能。

（2）统一缓存和分立缓存

统一缓存是指指令和数据都存放在同一缓存内的 Cache;分立缓存是指指令和数据分别存放在两个缓存中,一个称为指令 Cache,另一个称为数据 Cache。两种缓存的选用主要考虑如下两个因素。

其一,它与主存结构有关,如果计算机的主存是统一的(指令、数据存储在同一主存内),则相应的 Cache 采用统一缓存;如果主存采用指令、数据分开存储的方案,则相应的 Cache 采用分立缓存。

其二,它与机器对指令执行的控制方式有关。当采用超前控制或流水线控制方式时,一般都采用分立缓存。

所谓超前控制,是指在当前指令执行过程尚未结束时就提前将下一条准备执行的指令取出,称为超前取指或指令预取。所谓流水线控制实质上是多条指令同时执行(详见第 8 章),又可视为指令流水。当然,要实现同时执行多条指令,机器的指令译码电路和功能部件也需多个。超前控制和流水线控制特别强调指令的预取和指令的并行执行,因此,这类机器必须将指令 Cache 和数据 Cache 分开,否则可能出现取指和执行过程对统一缓存的争用。如果此刻采用统一缓存,则在执行部件向缓存发出取数请求时,一旦指令预取机构也向缓存发出取指请求,那么统一缓存只能先满足执行部件请求,将数据送到执行部件,而让取指请求暂时等待,显然达不到预取指令的目的,从而影响指令流水的实现。可见,这类机器将两种缓存分立尤为重要。

图 4.52 为 Pentium 4 处理器框图。

图中有两级共 3 个 Cache,其中一级 Cache 分 L1 指令 Cache 和 L1 数据 Cache,另外还有一个二级 L2 Cache。

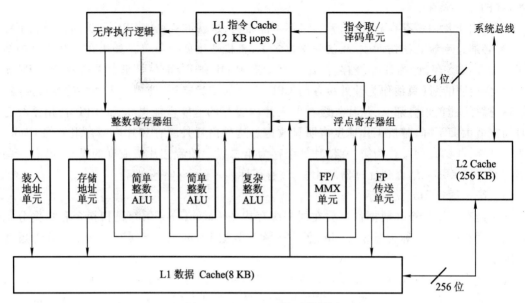

图 4.52　Pentium 4 处理器框图

图 4.53 是 PowerPC 620 处理器的示意图。

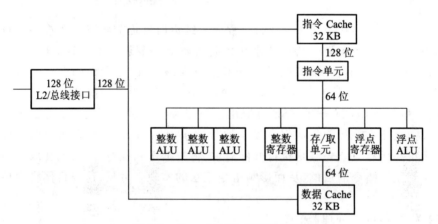

图 4.53　PowerPC 620 处理器框图

　　图中也有两个 Cache。数据 Cache 通过存/取单元支持整数和浮点操作；指令 Cache 为只读存储器，支持指令单元。执行部件是 3 个可并行操作的整数 ALU 和一个浮点运算部件（有独立的寄存器和乘、加、除部件）。

4.3.2 Cache—主存地址映射

由主存地址映射到 Cache 地址称为地址映射。地址映射方式很多,有直接映射(固定的映射关系)、全相联映射(灵活性大的映射关系)、组相联映射(上述两种映射的折中)。

1. 直接映射

图 4.54 示出了直接映射方式主存与缓存中字块的对应关系。

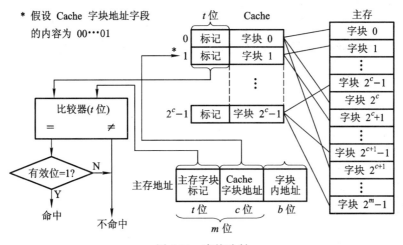

图 4.54 直接映射

图中每个主存块只与一个缓存块相对应,映射关系式为

$$i=j \bmod C \qquad 或 \qquad i=j \bmod 2^c$$

其中,i 为缓存块号,j 为主存块号,C 为缓存块数。映射结果表明每个缓存块对应若干个主存块,如表 4.4 所示。

表 4.4 直接映射方式主存块和缓存块的对应关系

缓存块	主 存 块
0	$0, C, \cdots, 2^m - C$
1	$1, C + 1, \cdots, 2^m - C + 1$
...	...
$C - 1$	$C - 1, 2C - 1, \cdots, 2^m - 1$

这种方式的优点是实现简单,只需利用主存地址的某些位直接判断,即可确定所需字块是否在缓存中。由图 4.54 可见,主存地址高 m 位被分成两部分:低 c 位是指 Cache 的字块地址,高 t 位($t=m-c$)是指主存字块标记,它被记录在建立了对应关系的缓存块的"标记"位中。当缓存接

到 CPU 送来的主存地址后,只需根据中间 c 位字段(假设为 00…01)找到 Cache 字块 1,然后根据字块 1 的"标记"是否与主存地址的高 t 位相符来判断,若符合且有效位为"1"(有效位用来识别 Cache 存储块中的数据是否有效,因为有时 Cache 中的数据是无效的,例如,在初始时刻 Cache 应该是"空"的,其中的内容是无意义的),表示该 Cache 块已和主存的某块建立了对应关系(即已命中),则可根据 b 位地址从 Cache 中取得信息;若不符合,或有效位为"0"(即不命中),则从主存读入新的字块来替代旧的字块,同时将信息送往 CPU,并修改 Cache"标记"。如果原来有效位为"0",还得将有效位置成"1"。

直接映射方式的缺点是不够灵活,因每个主存块只能固定地对应某个缓存块,即使缓存内还空着许多位置也不能占用,使缓存的存储空间得不到充分的利用。此外,如果程序恰好要重复访问对应同一缓存位置的不同主存块,就要不停地进行替换,从而降低命中率。

2. 全相联映射

全相联映射允许主存中每一字块映射到 Cache 中的任何一块位置上,如图 4.55 所示。这种映射方式可以从已被占满的 Cache 中替换出任一旧字块。显然,这种方式灵活,命中率也更高,缩小了块冲突率。与直接映射相比,它的主存字块标记从 t 位增加到 $t+c$ 位,这就使 Cache"标记"的位数增多,而且访问 Cache 时主存字块标记需要和 Cache 的全部"标记"位进行比较,才能判断出所访问主存地址的内容是否已在 Cache 内。这种比较通常采用"按内容寻址"的相联存储器(见附录 4A)来完成。

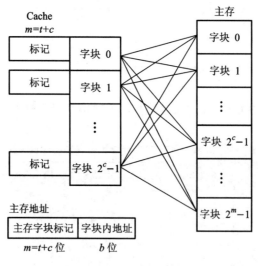

图 4.55　全相联映射

总之,这种方式所需的逻辑电路甚多,成本较高,实际的 Cache 还要采用各种措施来减少地址的比较次数。

3. 组相联映射

组相联映射是对直接映射和全相联映射的一种折中。它把 Cache 分为 Q 组，每组有 R 块，并有以下关系：

$$i = j \bmod Q$$

其中，i 为缓存的组号，j 为主存的块号。某一主存块按模 Q 将其映射到缓存的第 i 组内，如图 4.56所示。

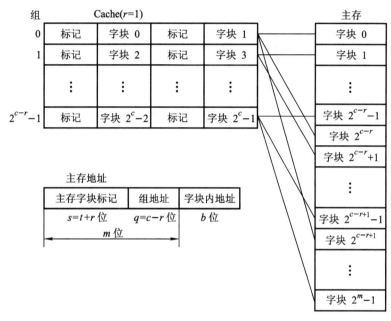

图 4.56　组相联映射

组相联映射的主存地址各段与直接映射（参见图 4.54）相比，还是有区别的。图 4.54 中 Cache 字块地址字段由 c 位变为组地址字段 q 位，且 $q = c-r$，其中 2^c 表示 Cache 的总块数，2^q 表示 Cache 的分组个数，2^r 表示组内包含的块数。主存字块标记字段由 t 位变为 $s = t+r$ 位。为了便于理解，假设 $c = 5$，$q = 4$，则 $r = c-q = 1$。其实际含义为：Cache 共有 $2^c = 32$ 个字块，共分为 $2^q = 16$ 组，每组内包含 $2^r = 2$ 块。组内 2 块的组相联映射又称为二路组相联。

根据上述假设条件，组相联映射的含义是：主存的某一字块可以按模 16 映射到 Cache 某组的任一字块中。即主存的第 0,16,32…字块可以映射到 Cache 第 0 组 2 个字块中的任一字块；主存的第 15,31,47…字块可以映射到 Cache 第 15 组中的任一字块。显然，主存的第 j 块会映射到 Cache 的第 i 组内，两者之间一一对应，属直接映射关系；另一方面，主存的第 j 块可以映射到 Cache 的第 i 组内中的任一块，这又体现出全相联映射关系。可见，组相联映射的性能及其复杂性介于直接映射和全相联映射两者之间，当 $r = 0$ 时是直接映射方式，当 $r = c$ 时是全相联映射方式。

例 4.8　假设主存容量为 512 KB,Cache 容量为 4 KB,每个字块为 16 个字,每个字 32 位。

（1）Cache 地址有多少位? 可容纳多少块?

（2）主存地址有多少位? 可容纳多少块?

（3）在直接映射方式下,主存的第几块映射到 Cache 中的第 5 块（设起始字块为第 1 块）?

（4）画出直接映射方式下主存地址字段中各段的位数。

解：（1）根据 Cache 容量为 4 KB（2^{12}＝4 K）,Cache 地址为 12 位。由于每字 32 位,则 Cache 共有 4 KB/4 B＝1 K 字。因每个字块 16 个字,故 Cache 中有 1 K/16＝64 块。

（2）根据主存容量为 512 KB（2^{19}＝512 K）,主存地址为 19 位。由于每字 32 位,则主存共有 512 KB/4 B＝128 K 字。因每个字块 16 个字,故主存中共 128 K/16＝8 192 块。

（3）在直接映射方式下,由于 Cache 共有 64 块,主存共有 8 192 块,因此主存的 5,64+5,2×64+5,…,2^{13}-64+5 块能映射到 Cache 的第 5 块中。

（4）在直接映射方式下,主存地址字段的各段位数分配如图 4.57 所示。其中字块内地址为 6 位（4 位表示 16 个字,2 位表示每字 32 位）,缓存共 64 块,故缓存字块地址为 6 位,主存字块标记为主存地址长度与 Cache 地址长度之差,即 19-12＝7 位。

主存字块标记	缓存字块地址	字块内地址
7 位	6 位	6 位

图 4.57　例 4.8 主存地址各字段的分配

例 4.9　假设主存容量为 512 K×16 位,Cache 容量为 4 096×16 位,块长为 4 个 16 位的字,访存地址为字地址。

（1）在直接映射方式下,设计主存的地址格式。

（2）在全相联映射方式下,设计主存的地址格式。

（3）在二路组相联映射方式下,设计主存的地址格式。

（4）若主存容量为 512 K×32 位,块长不变,在四路组相联映射方式下,设计主存的地址格式。

解：（1）根据 Cache 容量为 4 096＝2^{12} 字,得 Cache 字地址为 12 位。根据块长为 4,且访存地址为字地址,得字块内地址为 2 位,即 b＝2,且 Cache 共有 4 096/4＝1 024＝2^{10} 块,即 c＝10。根据主存容量为 512 K＝2^{19} 字,得主存字地址为 19 位。在直接映射方式下,主存字块标记为 19-12＝7。主存的地址格式如图 4.58（a）所示。

（2）在全相联映射方式下,主存字块标记为 19-b＝19-2＝17 位,其地址格式如图 4.58（b）所示。

（3）根据二路组相联的条件,一组内有 2 块,得 Cache 共分 1 024/2＝512＝2^q 组,即 q＝9,主存字块标记为 19-q-b＝19-9-2＝8 位,其地址格式如图 4.58（c）所示。

（4）若主存容量改为 512 K×32 位，即双字宽存储器，块长仍为 4 个 16 位的字，访存地址仍为字地址，则主存容量可写为 1 024 K×16 位，得主存地址为 20 位。由四路组相联，得 Cache 共分 1 024/4 = 256 = 2^q 组，即 $q = 8$。对应该条件下，主存字块标记为 20-8-2 = 10 位，其地址格式如图 4.58(d)所示。

主存字块标记	Cache 字块地址	字块内地址
7	10	2

（a）直接映射方式主存地址格式

主存字块标记	字块内地址
17	2

（b）全相联映射方式主存地址格式

主存字块标记	组地址	字块内地址
8	9	2

（c）二路组相联映射方式主存地址格式

主存字块标记	组地址	字块内地址
10	8	2

（d）四路组相联映射方式双字宽主存地址格式

图 4.58　例 4.9 主存地址格式

例 4.10　假设 Cache 的工作速度是主存的 5 倍，且 Cache 被访问命中的概率为 95%，则采用 Cache 后，存储器性能提高多少？

解：设 Cache 的存取周期为 t，主存的存取周期为 $5t$，则系统的平均访问时间为

$$t_a = 0.95 \times t + 0.05 \times 5t = 1.2t$$

性能为原来的 $5t/1.2t = 4.17$ 倍，即提高了 3.17 倍。

例 4.11　设某机主存容量为 16 MB，Cache 的容量为 8 KB。每字块有 8 个字，每字 32 位。设计一个四路组相联映射的 Cache 组织。

（1）画出主存地址字段中各段的位数。

（2）设 Cache 初态为空，CPU 依次从主存第 0,1,2,…,99 号单元读出 100 个字（主存一次读出一个字），并重复此次序读 10 次，问命中率是多少？

（3）若 Cache 的速度是主存速度的 5 倍，试问有 Cache 和无 Cache 相比，速度提高多少倍？

（4）系统的效率为多少？

解：（1）根据每个字块有 8 个字，每个字 32 位，得出主存地址字段中字块内地址字段为 5 位，其中 3 位为字地址，2 位为字节地址。

根据 Cache 容量为 8 KB = 2^{13} B，字块大小为 2^5 B，得 Cache 共有 2^8 块，故 $c = 8$。根据四路组相联映射 $2^r = 4$，得 $r = 2$，则 $q = c-r = 8-2 = 6$ 位。

根据主存容量为 16 MB = 2^{24} B，得出主存地址字段中主存字块标记为 24-6-5 = 13 位。

主存地址字段各段格式如图 4.59 所示。

主存字块标记	组地址	字块内地址
13 位	6 位	5 位

图 4.59 例 4.10 主存地址字段

（2）由于每个字块中有 8 个字，而且初态 Cache 为空，因此 CPU 读第 0 号单元时，未命中，必须访问主存，同时将该字所在的主存块调入 Cache 第 0 组中的任一块内，接着 CPU 读 1～7 号单元时均命中。同理，CPU 读第 8,16,…,96 号单元时均未命中。可见 CPU 在连续读 100 个字中共有 13 次未命中，而后 9 次循环读 100 个字全部命中，命中率为

$$\frac{100\times10-13}{100\times10} = 0.987$$

（3）根据题意，设主存存取周期为 $5t$，Cache 的存取周期为 t，没有 Cache 的访问时间为 $5t\times$ 1 000，有 Cache 的访问时间为 $t(1\,000-13)+5t\times13$，则有 Cache 和没有 Cache 相比，速度提高的倍数为

$$\frac{5t\times1\,000}{t(1\,000-13)+5t\times13}-1 \approx 3.75$$

（4）根据（2）求得的命中率 0.987，主存的存取周期为 $5t$，Cache 的存取周期为 t，得系统的效率为

$$\frac{t}{0.987\times t+(1-0.987)\times5t}\times100\% = 95\%$$

4.3.3 替换策略

当新的主存块需要调入 Cache 并且它的可用空间位置又被占满时，需要替换掉 Cache 的数据，这就产生了替换策略（算法）问题。在直接映射的 Cache 中，由于某个主存块只与一个 Cache 字块有映射关系，因此替换策略很简单。而在组相联和全相联映射的 Cache 中，主存块可以写入

Cache 中若干位置,这就有一个选择替换掉哪一个 Cache 字块的问题,即所谓替换算法问题。理想的替换方法是把未来很少用到的或者很久才用到的数据块替换出来,但实际上很难做到。常用的替换算法有先进先出算法、近期最少使用算法和随机法。

1. 先进先出(First-In-First-Out,FIFO)算法

FIFO 算法选择最早调入 Cache 的字块进行替换,它不需要记录各字块的使用情况,比较容易实现,开销小,但没有根据访存的局部性原理,故不能提高 Cache 的命中率。因为最早调入的信息可能以后还要用到,或者经常要用到,如循环程序。

2. 近期最少使用(Least Recently Used,LRU)算法

LRU 算法比较好地利用访存局部性原理,替换出近期用得最少的字块。它需要随时记录 Cache 中各字块的使用情况,以便确定哪个字块是近期最少使用的字块。它实际是一种推测的方法,比较复杂,一般采用简化的方法,只记录每个块最近一次使用的时间。LRU 算法的平均命中率比 FIFO 的高。

3. 随机法

随机法是随机地确定被替换的块,比较简单,可采用一个随机数产生器产生一个随机的被替换的块,但它也没有根据访存的局部性原理,故不能提高 Cache 的命中率。

4.4　辅助存储器

4.4.1　概述

1. 辅助存储器的特点

辅助存储器作为主存的后援设备又称为外部存储器,简称外存,它与主存一起组成了存储器系统的主存-辅存层次。与主存相比,辅存具有容量大、速度慢、价格低、可脱机保存信息等特点,属"非易失性"存储器。而主存具有速度快、成本高、容量小等特点,而且大多由半导体芯片构成,所存信息无法永久保存,属"易失性"存储器。

目前,广泛用于计算机系统的辅助存储器有硬磁盘、软磁盘、磁带、光盘等。前三种均属磁表面存储器。

磁表面存储器是在不同形状(如盘状、带状等)的载体上涂有磁性材料层,工作时,靠载磁体高速运动,由磁头在磁层上进行读/写操作,信息被记录在磁层上,这些信息的轨迹就是磁道。磁盘的磁道是一个个同心圆,如图 4.60(a)所示,磁带的磁道是沿磁带长度方向的直线,如图 4.60(b)所示。

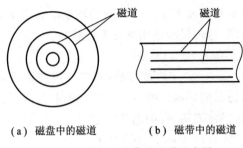

（a）磁盘中的磁道　　　　（b）磁带中的磁道

图 4.60 磁盘和磁带的磁道示意图

2. 磁表面存储器的主要技术指标

（1）记录密度

记录密度通常是指单位长度内所存储的二进制信息量。磁盘存储器用道密度和位密度表示；磁带存储器则用位密度表示。磁盘沿半径方向单位长度的磁道数为道密度，单位是 tpi（Track Per Inch，道每英寸）或 tpm（道每毫米）。为了避免干扰，磁道与磁道之间需保持一定距离，相邻两条磁道中心线之间的距离称为道距，因此道密度 D_t 等于道距 P 的倒数，即

$$D_t = \frac{1}{P}$$

单位长度磁道能记录二进制信息的位数，称为位密度或线密度，单位是 bpi（Bits Per Inch，位每英寸）或 bpm（位每毫米）。磁带存储器主要用位密度来衡量，常用的磁带有 800 bpi、1 600 bpi、6 250 bpi 等。对于磁盘，位密度 D_b 可按下式计算：

$$D_b = \frac{f_t}{\pi d_{\min}}$$

其中，f_t 为每道总位数，$d_{\min}$ 为同心圆中的最小直径。

在磁盘各磁道上所记录的信息量是相同的，而位密度不同，一般泛指磁盘位密度时，是指最内圈磁道上的位密度（最大位密度）。

（2）存储容量

存储容量是指外存所能存储的二进制信息总数量，一般以位或字节为单位。以磁盘存储器为例，存储容量可按下式计算：

$$C = n \times k \times s$$

其中，C 为存储总容量，n 为存放信息的盘面数，k 为每个盘面的磁道数，s 为每条磁道上记录的二进制代码数。

磁盘有格式化容量和非格式化容量两个指标。非格式化容量是磁表面可以利用的磁化单元总数。格式化容量是指按某种特定的记录格式所能存储信息的总量，即用户可以使用的容量，它

一般为非格式化容量的 60% ~ 70%。

（3）平均寻址时间

由存取方式分类可知,磁盘采取直接存取方式,寻址时间分为两个部分,其一是磁头寻找目标磁道的找道时间 t_s,其二是找到磁道后,磁头等待欲读/写的磁道区段旋转到磁头下方所需要的等待时间 t_w。由于从最外圈磁道找到最里圈磁道和寻找相邻磁道所需时间是不等的,而且磁头等待不同区段所花的时间也不等,因此,取其平均值,称为平均寻址时间 T_a,它是平均找道时间 t_{sa} 和平均等待时间 t_{wa} 之和:

$$T_a = t_{sa} + t_{wa} = \frac{t_{smax} + t_{smin}}{2} + \frac{t_{wmax} + t_{wmin}}{2}$$

平均寻址时间是磁盘存储器的一个重要指标。硬磁盘的平均寻址时间比软磁盘的平均寻址时间短,所以硬磁盘存储器比软磁盘存储器速度快。

磁带存储器采取顺序存取方式,磁头不动,磁带移动,不需要寻找磁道,但要考虑磁头寻找记录区段的等待时间,所以磁带寻址时间是指磁带空转到磁头应访问的记录区段所在位置的时间。

（4）数据传输率

数据传输率 D_r 是指单位时间内磁表面存储器向主机传送数据的位数或字节数,它与记录密度 D_b 和记录介质的运动速度 V 有关:

$$D_r = D_b \times V$$

此外,辅存和主机的接口逻辑应有足够快的传送速度,用来完成接收/发送信息,以便主机与辅存之间正确无误地传送。

（5）误码率

误码率是衡量磁表面存储器出错概率的参数,它等于从辅存读出时,出错信息位数和读出信息的总位数之比。为了减少出错率,磁表面存储器通常采用循环冗余码来发现并纠正错误。

4.4.2　磁记录原理和记录方式

1. 磁记录原理

磁表面存储器通过磁头和记录介质的相对运动完成读/写操作。

写入过程如图 4.61 所示。

写入时,记录介质在磁头下方匀速通过,根据写入代码的要求,对写入线圈输入一定方向和大小的电流,使磁头导磁体磁化,产生一定方向和强度的磁场。由于磁头与磁层表面间距非常小,磁力线直接穿透磁层表面,将对应磁头下方的微小区域磁化（称为磁化单元）。可以根据写入驱动电流的不同方向,使磁层表面被磁化的极性方向不同,以区别记录"0"或"1"。

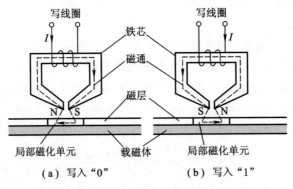

（a）写入"0"　　　　（b）写入"1"

图 4.61　磁表面存储器写入原理

读出时,记录介质在磁头下方匀速通过,磁头相对于一个个被读出的磁化单元作切割磁力线的运动,从而在磁头读线圈中产生感应电势 e,且 $e=-n\dfrac{\mathrm{d}\phi}{\mathrm{d}t}$（$n$ 为读出线圈匝数）,其方向正好和磁通的变化方向相反。由于原来磁化单元的剩磁通 ϕ 的方向不同,感应电势方向也不同,便可读出"1"或"0"两种不同信息,如图 4.62 所示。

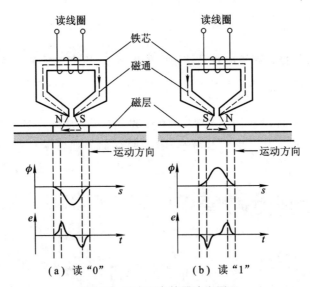

（a）读"0"　　　　（b）读"1"

图 4.62　磁表面存储器读出原理

2. 磁表面存储器的记录方式

磁记录方式又称为编码方式,它是按某种规律将一串二进制数字信息变换成磁表面相应的磁化状态。磁记录方式对记录密度和可靠性都有很大影响,常用的记录方式有六种,如图 4.63 所示。

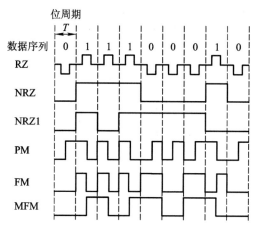

图 4.63 六种磁记录方式的写入电流波形

图中波形既代表了磁头线圈中的写入电流波形,也代表磁层上相应位置所记录的理想的磁通变化状态。

(1) 归零制(RZ)

归零制记录"1"时,通以正向脉冲电流,记录"0"时,通以反向脉冲电流。这样使其在磁表面形成两个不同极性的磁饱和状态,分别表示"1"和"0"。由于两位信息之间驱动电流归零,故称为归零制记录方式。这种方式在写入信息时很难覆盖原来的磁化区域,所以为了重新写入信息,在写入前,必须先抹去原存信息。这种记录方式原理简单,实施方便,但由于两个脉冲之间有一段间隔没有电流,相应的该段磁介质未被磁化,即该段空白,故记录密度不高,目前很少使用。

(2) 不归零制(NRZ)

不归零制记录信息时,磁头线圈始终有驱动电流,不是正向,便是反向,不存在无电流状态。这样,磁表面层不是正向被磁化,就是反向被磁化。当连续记录"1"或"0"时,其写电流方向不变,只有当相邻两信息代码不同时,写电流才改变方向,故称为"见变就翻"的不归零制。

(3) "见 1 就翻"的不归零制(NRZ1)

"见 1 就翻"的不归零制在记录信息时,磁头线圈也始终有电流。但只有在记录"1"时电流改变方向,使磁层磁化方向发生翻转;记录"0"时,电流方向保持不变,使磁层的磁化方向也维持原来状态,因此称为"见 1 就翻"的不归零制。

(4) 调相制(PM)

调相制又称为相位编码(PE),其特点是记录"1"或"0"的相位相反。如:记录"0"时,写电流由负变正;记录"1"时,写电流由正变负(也可以相反定义),而且电流变化出现在一位信息记录时间的中间时刻,它以相位差为 180°的磁化翻转方向来表示"1"和"0"。因此,当连续记录相同信息时,在每两个相同信息的交界处,电流方向都要变化一次;若相邻信息不同,则两个信息位的交界处电流方向维持不变。调相制在磁带存储器中用得较多。

(5) 调频制(FM)

调频制的记录规则是:以驱动电流变化的频率不同来区别记录"1"还是"0"。当记录"0"时,在一位信息的记录时间内电流保持不变;当记录"1"时,在一位信息记录时间的中间时刻,使电流改变一次方向。而且无论记录"0"还是"1",在相邻信息的交界处,线圈电流均变化一次。因此,写"1"时,在位单元的起始和中间位置都有磁通翻转;在写"0"时,仅在位单元起始位置有翻转。显然,记录"1"的磁翻转频率为记录"0"的两倍,故又称为倍频制。调频制记录方式被广泛应用在硬磁盘和软磁盘中。

(6) 改进型调频制(MFM)

这种记录方式基本上同调频制,即记录"0"时,在位记录时间内电流不变;记录"1"时,在位记录时间的中间时刻电流发生一次变化。两者不同之处在于,改进型调频制只有当连续记录两个或两个以上的"0"时,才在每位的起始处改变一次电流,不必在每个位起始处都改变电流方向。由于这一特点,在写入同样数据序列时,MFM 比 FM 磁翻转次数少,在相同长度的磁层上可记录的信息量将会增加,从而提高了磁记录密度。FM 制记录一位二进制代码最多是两次磁翻转,MFM 制最多只要一次翻转,记录密度提高了一倍,故又称为倍密度记录方式。倍密度软磁盘即采用 MFM 记录方式。

此外还有一种二次改进的调频制(M^2FM),它是在 MFM 基础上改进的,其记录规则是:当连续记录"0"时,仅在第 1 个位起始处改变电流方向,以后的位交界处电流方向不变。

3. 评价记录方式的主要指标

评价一种记录方式的优劣标准主要反映在编码效率和自同步能力等方面。

(1) 编码效率

编码效率是指位密度与磁化翻转密度的比值,可用记录一位信息的最大磁化翻转次数来表示。例如,FM、PM 记录方式中,记录一位信息最大磁化翻转次数为 2,因此编码效率为 50%;而 MFM、NRZ、NRZ1 三种记录方式的编码效率为 100%,因为它们记录一位信息磁化翻转最多一次。

(2) 自同步能力

自同步能力是指从单个磁道读出的脉冲序列中所提取同步时钟脉冲的难易程度。从磁表面存储器的读出可知,为了将数据信息分离出来,必须有时间基准信号,称为同步信号。同步信号可以从专门设置用来记录同步信号的磁道中取得,这种方法称为外同步,如 NRZ1 制。图 4.64 画出了 NRZ1 制驱动电流、记录磁通、感应电势、同步脉冲、读出代码等几种波形的理想对应关系(图中未反映磁通变化的滞后现象)。读出时将读线圈获得的感应信号放大(负波还要反相)、整形,这样,对于每个记录的"1"都会得到一个正脉冲,再将它们与同步脉冲相"与",即可得读出代码波形。

对于高密度的记录系统,可直接从磁盘读出的信号中提取同步信号,这种方法称为自同步。

自同步能力可用最小磁化翻转间隔和最大磁化翻转间隔之比值 R 来衡量。R 越大,自同步能力也越强。例如,NRZ 和 NRZ1 方式在连续记录"0"时,磁层都不发生磁化磁转,而 NRZ 方式在连续记录"1"时,磁层也不发生磁化翻转,因此,NRZ 和 NRZ1 都没有自同步能力。而 PM、FM、MFM 记录方式均有自同步能力。FM 记录方式的最大磁化翻转间隔是 T(T 为一位信息的记录时间),最小磁化翻转间隔是 $T/2$,所以 $R_{FM} = 0.5$。

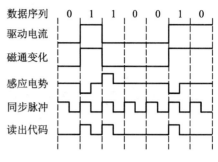

图 4.64 NRZ1 的读出代码波形

影响记录方式的优劣因素还有很多,如读分辨力、信息独立性(即某一位信息读出时出现误码而不影响后续其他信息位的正确性)、频带宽度、抗干扰能力以及实现电路的复杂性等。

除上述所介绍的 6 种记录方式外,还有成组编码记录方式,如 GCR(5.4)编码,它广泛用于磁带存储器,游程长度受限码(RLL 码)是近年发展起来的用于高密度磁盘上的一种记录方式,在此均不详述。

4.4.3 硬磁盘存储器

硬磁盘存储器是计算机系统中最主要的外存设备。第一个商品化的硬磁盘是由美国 IBM 公司于 1956 年研制而成的。60 多年来,无论在结构还是在性能方面,磁盘存储器有了很大的发展和改进。

1. 硬磁盘存储器类型

硬磁盘存储器的盘片是由硬质铝合金材料制成的,其表面涂有一层可被磁化的硬磁特性材料。按磁头的工作方式可分为固定磁头磁盘存储器和移动磁头磁盘存储器;按磁盘是否具有可换性又可分为可换盘磁盘存储器和固定盘磁盘存储器。

固定磁头的磁盘存储器,其磁头位置固定不动,磁盘上的每一个磁道都对应一个磁头,如图 4.65(a)所示,盘片也不可更换。其特点是省去了磁头沿盘片径向运动所需寻找磁道的时间,存取速度快,只要磁头进入工作状态即可进行读写操作。

移动磁头的磁盘存储器在存取数据时,磁头在盘面上做径向运动,这类存储器可以由一个盘片组成,如图 4.65(b)所示。也可由多个盘片装在一个同心主轴上,每个记录面各有一个磁头,如图 4.65(c)所示。

图 4.65(c)中含有 6 个盘片,除上下两外侧为保护面外,共有 10 个盘面可作为记录面,并对应 10 个磁头(有的磁盘组最外两侧盘面也可作为记录面,并分别与一个磁头对应)。所有这些磁头连成一体,固定在一个支架上可以移动,任何时刻各磁头都位于距圆心相等距离的磁道上,这组磁道称为一个柱面。目前,这类结构的硬磁盘存储器应用最广泛。最

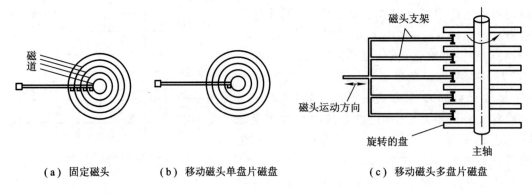

（a）固定磁头   （b）移动磁头单盘片磁盘   （c）移动磁头多盘片磁盘

图 4.65   固定头和移动头磁盘

典型的就是温切斯特磁盘。

可换盘磁盘存储器是指盘片可以脱机保存。这种磁盘可以在互为兼容的磁盘存储器之间交换数据，便于扩大存储容量。盘片可以只换单片，如在 4 片盒式磁盘存储器中，3 片磁盘固定，只有 1 片可换。也可以将整个磁盘组（如 6 片、11 片、12 片等）换下。

固定盘磁盘存储器是指磁盘不能从驱动器中取下，更换时要把整个头盘组合体一起更换。

温切斯特磁盘是一种可移动磁头固定盘片的磁盘存储器，简称温盘。它是目前用得最广，最有代表性的硬磁盘存储器。它于 1973 年首先应用在 IBM 3340 硬磁盘存储器中。其特点是采用密封组合方式，将磁头、盘片、驱动部件以及读/写电路等制成一个不能随意拆卸的整体，称为头盘组合体。因此，它的防尘性能好，可靠性高，对环境要求不高。过去有些普通的硬磁盘存储器要求在超净环境中应用，往往只能用在特殊条件的大中型计算机系统中。

2. 硬磁盘存储器的结构

硬磁盘存储器由磁盘驱动器、磁盘控制器和盘片 3 大部分组成，如图 4.66 所示。

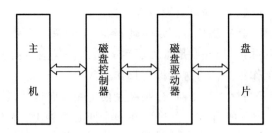

图 4.66   磁盘存储器基本结构示意

（1）磁盘驱动器

磁盘驱动器是主机外的一个独立装置，又称磁盘机。大型磁盘驱动器要占用一个或几个机柜，温盘只是一个比砖还小的小匣子。驱动器主要包括主轴、定位驱动及数据控制 3 部分。

图 4.67 示意了磁盘驱动器的主轴系统和定位驱动系统。

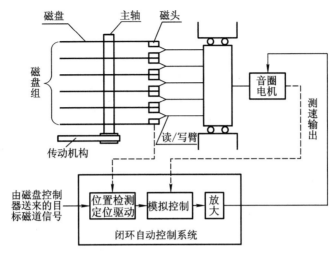

图 4.67　磁盘驱动器结构及定位驱动系统的示意图

图中主轴上装有 6 片磁盘,主轴受传动机构控制,可使磁盘组作高速旋转运动。磁盘组共有 10 个有效记录面,每一面对应一个磁头。10 个磁头分装在读/写臂上,连成一体,固定在小车上,犹如一把梳子。在音圈电机带动下,小车可以平行移动,带着磁头作盘的径向运动,以便找到目标磁道。磁头还具备浮动的特性,即当盘面作高速旋转时,依靠盘面形成的高速气流将磁头微微"托"起,使磁头与盘面不直接接触形成微小的气隙。

整个驱动定位系统是一个带有速度和位置反馈的闭环调节自控系统。由位置检测电路测得磁头的即时位置,并与磁盘控制器送来的目标磁道位置进行比较,找出位差;再根据磁头即时平移的速度求出磁头正确运动的方向和速度,经放大送回给线性音圈电机,以改变小车的移动方向和速度,由此直到找到目标磁道为止。

数据控制部分主要完成数据转换及读/写控制操作。在写操作时,首先接收选头选址信号,用以确定道地址和扇段地址。再根据写命令和写数据选定的磁记录方式,并将其转化为按一定变化规律的驱动电流注入磁头的写线圈中。按 4.4.2 节所述的工作原理,便可将数据写入指定磁道上。读操作时,首先也要接收选头选址信号,然后通过读放大器以及译码电路,将数据脉冲分离出来。

（2）磁盘控制器

磁盘控制器通常制作成一块电路板,插在主机总线插槽中。其作用是接收由主机发来的命令,将它转换成磁盘驱动器的控制命令,实现主机和驱动器之间的数据格式转换和数据传送,并控制驱动器的读/写。可见,磁盘控制器是主机与磁盘驱动器之间的接口。其内部又包含两个接口,一个是对主机的接口,称为系统级接口,它通过系统总线与主机交换信息;另一个是对硬盘（设备）的接口,称为设备级接口,又称为设备控制器,它接收主机的命令以控制设备的各种操作。一个磁盘控制器可以控制一台或几台驱动器。图 4.68 是磁盘控制器接口的示意图。

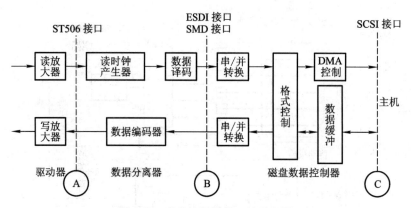

图 4.68　磁盘控制器接口的示意图

　　磁盘控制器与主机之间的界面比较清晰,只与主机的系统总线打交道,即数据的发送或接收都是通过总线完成的。磁盘存储器属快速外部设备,它与主机交换信息通常采用直接存储器访问(DMA)的控制方式(详见 5.6 节),图中所示的 SCSI 标准接口即可与系统总线相连。

　　磁盘控制器与驱动器的界面可设在图 4.68 的 A 处,则驱动器只完成读写和放大,如 ST506 接口就属于这种类型。如果将界面设在 B 处,则将数据分离电路和编码、解码电路划入驱动器内,磁盘控制器仅完成串/并(或并/串)转换、格式控制和 DMA 控制等逻辑功能,如 SMD 和 ESDI 等接口就属于这种类型。如果界面设在 C 处,则磁盘控制器的功能全部转入设备之中,主机与设备之间便可采用标准通用接口,如 SCSI 接口。现在的发展趋势是后两类,增强了设备的功能,使设备相对独立。图 4.69(a)是采用了 SCSI 接口的系统结构示意图,其接口信号线如图 4.69(b)所示。

　　(3) 盘片

　　盘片是存储信息的载体,随着计算机系统的不断小型化,硬盘也在朝着小体积和大容量的方向发展。十几年来商品化的硬盘盘面的记录密度已增长了 10 倍以上。表 4.5 列出了 1991 年以来正在研制或投产的各种硬盘某些主要指标所达到的水平(实际上这些指标都高于商品化硬盘指标)。

表 4.5　几种硬盘的某些指标

硬盘直径/英寸	5.25	3.5	2.5	1.8
驱动器容量	3.7 GB	1.4 GB	181.3 MB	20 MB
数据传输率/MBps	20	14.5	6	2
平均存取时间/ms	11	8.5	14.5	20

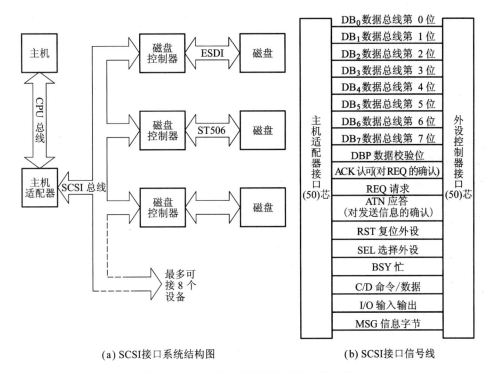

(a) SCSI接口系统结构图	(b) SCSI接口信号线

图 4.69 SCSI 接口系统结构和接口信号线

3. 硬磁盘存储器的发展动向

（1）半导体盘

半导体盘是用半导体材料制成的"盘"，它既没有盘，也没有其他运动部件，它是以半导体芯片为核心，加上接口电路和其他控制电路，在功能上模拟硬盘，即按硬盘的工作方式存取数据。如 EEPROM，它可用电信号改写，断电时其原存信息也不被丢失，因此，它就可以做成半导体盘，其存取速度比硬盘要快得多，大约在 0.1 ms 以下。

Flash Memory 是在 EPROM 和 EEPROM 基础上产生的一种新型的、具有性能价格比和可靠性更高的可擦写、非易失性的存储器。大容量的 Flash Memory 既能长期反复使用，又不丢失信息，因此它可以用来替代磁盘。2006 年韩国三星电子公司开发的 Flash 存储芯片的容量已达 32 GB。

（2）提高磁盘记录密度

为提高磁盘记录密度，通常可采用以下技术。

· 采用高密度记录磁头。

· 采用先进的信息处理技术，克服由高密度带来的读出信号减弱和信号干扰比下降的缺点。

- 降低磁头浮动高度和采用高性能磁头浮动块。
- 改进磁头伺服跟踪技术。
- 采用高性能介质和基板的磁盘。
- 改进编码方式。

（3）提高磁盘的数据传输率和缩短平均存取时间

为实现磁盘高速化，可采用如下措施。

- 提高主轴转速，从过去的 2 400 rpm、3 600 rpm 提高到 4 400 rpm、4 500 rpm、5 400 rpm 和 6 300 rpm。例如，美国 Maxtor Corp 开发的 MXT - 1240S 型的 3.5 英寸硬盘，主轴转速为 6 300 rpm，旋转等待时间为 4.76 ms，平均存取时间为 8.5 ms。
- 采用超高速缓冲存储器 Cache 芯片作为读/写操作控制电路。例如，IBM 3990 型 14 英寸 硬盘以及 Quantum、Conner、日立制作所的 3.5 英寸硬盘的 Cache 容量已达 256 KB。

（4）采用磁盘阵列 RAID

尽管磁盘存储器的速度有了很大的提高，但与处理器相比，差距仍然很大。这种状态使磁盘 存储器成了整个计算机系统功能提高的瓶颈。于是又出现了磁盘阵列 RAID（Redundant Array of Independent Disks）。它的基本原理是将并行处理技术引入磁盘系统。使用多台小型温盘构成同 步化的磁盘阵列，将数据展开分放在多台盘上，而这些盘又能像一台盘那样操作，使数据传输时 间为单台盘的 $1/n$（n 为并行驱动器个数）。有关 RAID 的内容，读者可在"计算机体系结构"课 程中重点学习。

4. 硬磁盘的磁道记录格式

盘面的信息串行排列在磁道上，以字节为单位，若干相关的字节组成记录块，一系列的记录 块又构成一个"记录"，一批相关的"记录"组成了文件。为了便于寻址，数据块在盘面上的分布 遵循一定规律，称为磁道记录格式。常见的有定长记录格式和不定长记录格式两种。

（1）定长记录格式

一个具有 n 个盘片的磁盘组，可将其 n 个面上同一半径的磁道看成一个圆柱面，这些磁道存 储的信息称为柱面信息。在移动磁头组合盘中，磁头定位机构一次定位的磁道集合正好是一个 柱面。信息的交换通常在圆柱面上进行，柱面个数正好等于磁道数，故柱面号就是磁道号，而磁 头号则是盘面号。

盘面又分若干扇区，每条磁道被分割成若干个扇段，数据在盘片上的布局如图 4.70 所示。 扇段是磁盘寻址的最小单位。在定长记录格式中，当台号决定后，磁盘寻址定位首先确定柱面， 再选定磁头，最后找到扇段。因此寻址用的磁盘地址应由台号、磁道号、盘面号、扇段号等字段组 成，也可将扇段号用扇区号代替。

CDC 6639 型、7637 型、ISOT-1370 型等磁盘都采用定长记录格式。ISOT-1370 型磁盘的磁道 记录格式如图 4.71 所示。

ISOT 盘共有 12 个扇区，每个扇段内只记录一个数据块，每个扇段开始由扇区标志盘读出一 个扇标脉冲，标志一个扇段的开始，0 扇区标志处再增加一个磁道标志，指明是起始扇区。

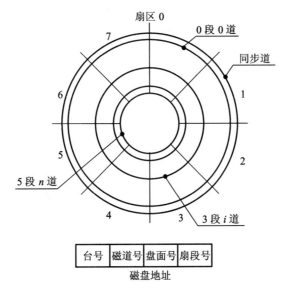

图 4.70　数据在盘片上的分布及磁盘地址定位

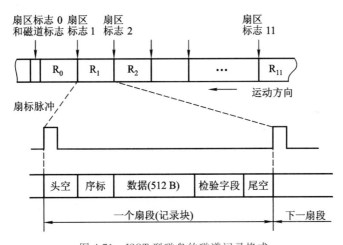

图 4.71　ISOT 型磁盘的磁道记录格式

　　每个扇段的头部是空白段,起到隧道清除作用。序标段以某种约定代码作为数据块的引导。数据段可写入 512 B,若不满 512 B,该扇段余下部分为空白;若超过 512 B,则可占用几个扇段。检验字段写一个校验字,常用循环冗余码(CRC)检验,尾空白段为全 0 或空白区以示数据结束。

　　这种记录格式结构简单,可按磁道号(柱面号)、盘面号、扇段号进行直接寻址,但记录区的利用率不高。

　　例 4.12　假设磁盘存储器共有 6 个盘片,最外两侧盘面不能记录,每面有 204 条磁道,每条磁道有 12 个扇段,每个扇段有 512 B,磁盘机以 7 200 rpm 速度旋转,平均定位时间为 8 ms。

（1）计算该磁盘存储器的存储容量。

（2）计算该磁盘存储器的平均寻址时间。

解：（1）6 个盘片共有 10 个记录面,磁盘存储器的总容量为 512 B×12×204×10 = 12 533 760 B

（2）磁盘存储器的平均寻址时间包括平均寻道时间和平均等待时间。其中,平均寻道时间即平均定位时间为 8 ms,平均等待时间与磁盘转速有关。根据磁盘转速为 7 200 rpm,得磁盘每转一周的平均时间为

$$[60 \text{ s}/(7\ 200 \text{ rpm})]\times0.5\approx4.165 \text{ ms}$$

故平均寻址时间为

$$8 \text{ ms}+4.165 \text{ ms}=12.165 \text{ ms}$$

例 4.13　一个磁盘组共有 11 片,每片有 203 道,数据传输率为 983 040 Bps,磁盘组转速为 3 600 rpm。假设每个记录块有 1 024 B,且系统可挂 16 台这样的磁盘机,计算该磁盘存储器的总容量并设计磁盘地址格式。

解：（1）由于数据传输速率 = 每一条磁道的容量×磁盘转速,且磁盘转速为 3 600 rpm = 60 rps,故每一磁道的容量为 983 040 Bps/60 rps = 16 384 B。

（2）根据每个记录块（即扇段）有 1 024 B,故每个磁道有 16 384 B/1 024 B = 16 个扇段。

（3）磁盘地址格式如图 4.72 所示。其中:台号 4 位,表示有 16 台磁盘机;磁道号 8 位,能反映 203 道;盘面号 5 位,对应 11 个盘片共有 20 个记录面;扇段号 4 位,对应 16 个扇段。

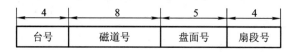

4	8	5	4
台号	磁道号	盘面号	扇段号

图 4.72　例 4.13 磁盘地址格式

例 4.14　对于一个由 6 个盘面组成的磁盘存储器,若某个文件长度超过一个磁道的容量,应将它记录在同一个存储面上,还是记录在同一个柱面上?

解：如果文件长度超过一个磁道的容量,应将它记录在同一柱面上,因为不需要重新找道,寻址时间减少,数据读/写速度快。

（2）不定长记录格式

在实践应用中,信息常以文件形式存入磁盘。若文件长度不是定长记录块的整数倍时,往往造成记录块的浪费。不定长记录格式可根据需要来决定记录块的长度。例如,IBM 2311、2314 等磁盘驱动器采用不定长记录格式,图 4.73 是 IBM 2311 盘不定长度磁道记录格式的示意图。

图中 ID 是起始标志,又称索引标志,表示磁道的起点。间隙 G_1 是一段空白区,占 36～72 个字节长度,其作用是使连续的磁道分成不同的区,以利于磁盘控制器与磁盘机之间的同步和定

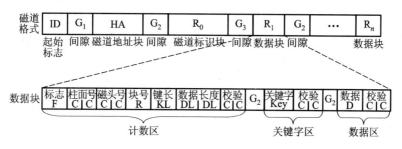

图 4.73 IBM 2311 盘不定长度磁道记录格式的示意图

位。磁道地址块 HA 又称为标识地址或专用地址,占 7 个字节,用来表明 4 部分的状况:磁道是否完好、柱面逻辑地址号、磁头逻辑地址号和校验码。间隙 G_2 占 18~38 个字节长度。R_0 是磁道标识块,用来说明本磁道的状况,不作为用户数据区。间隙 G_3 包含一个以专用字符表示的地址标志,指明后面都是数据记录块。数据记录块 R_1 由计数区、关键字区和数据区 3 段组成,这 3 段都有循环校验码。一般要求一个记录限于同一磁道内,若设有专门的磁道溢出手段,则允许继续记录到同一柱面的另一磁道内。数据区长度不定,实际长度由计数区的 DL 给定,通常为 1~64 KB。从主存调出数据时,常常带有奇偶校验位,在写入磁盘时,则由磁盘控制器删去奇偶校验位,并在数据区结束时加上循环校验位。当从磁盘读出数据时,需进行一次校验操作,并恢复原来的奇偶校验位。可见,在磁盘数据区中,数据是串行的,字节之间没有间隙,字节后面没有校验位。

4.4.4 软磁盘存储器

1. 概述

软磁盘存储器与硬磁盘存储器的存储原理和记录方式是相同的,但在结构上有较大差别:硬盘转速高,存取速度快;软盘转速低,存取速度慢。硬盘有固定磁头、固定盘、盘组等结构;软盘都是活动头,可换盘片结构。硬盘是靠浮动磁头读/写,磁头不接触盘片;软盘磁头直接接触盘片进行读/写。硬盘系统及硬盘片价格比较贵,大部分盘片不能互换;软盘价格便宜,盘片保存方便、使用灵活、具有互换性。硬盘对环境要求苛刻,要求采用超净措施;软盘对环境的要求不苛刻。因此,软盘在微小型计算机系统中获得了广泛的应用,甚至有的大中型计算机系统中也配有软盘。

软磁盘存储器的种类主要是按其盘片尺寸不同而区分的,现有 8 英寸、5.25 英寸、3.5 英寸和 2.5 英寸几种。软盘尺寸越小,记录密度就越高,驱动器也越小。从内部结构来看,若按使用的磁记录面(磁头个数)不同和记录密度不同,又可分为单面单密度、单面双密度、双面双密度等多种软盘存储器。

世界上第一台软盘机是美国 IBM 公司于 1972 年制成的 IBM 3740 数据录入系统。它是 8 英寸单面单密度软盘,容量只有 256 KB。1976 年出现了 5.25 英寸软盘,20 世纪 80 年代又出现了 3.5 英寸和 2.5 英寸的微型软盘,其容量可达 1 MB 以上。由于软盘价格便宜,使用灵活,盘片保管方便,20 世纪八九十年代曾作为外存的主要部件。

软盘存储器除主要用作外存设备外,还可以和键盘一起构成脱机输入装置,其作用是给程序员提供输入程序和数据,然后再输入主机上运行,这样使输入操作不占用主机工作时间。

2. 软磁盘盘片

软磁盘盘片的盘基是由厚约为 76 μm 的聚酯薄膜制成,其两面涂有厚约为 2.3~3 μm 的磁层。盘片装在塑料封套内,套内有一层无纺布,用来防尘,保护盘面不受碰撞,还起到消除静电的作用。盘片连封套一起插入软盘机中,盘片在塑料套内旋转,磁头通过槽孔和盘片上的记录区接触,无纺布消除因盘片转动而产生的静电,保证信息可以正常读/写。

塑料封套均为正方形,其上有许多孔,例如,用来装卡盘片的中心孔、用于定位的索引孔、用于磁头读/写盘片的读/写孔,以及写保护缺口(8 英寸盘)或允许写缺口(5.25 英寸盘)等。图 4.74 所示为软磁盘盘片及其外形示意图。

8 英寸软盘有 77 个磁道,从外往里依次为 00 道到 76 道。5.25 英寸软盘有 40 个和 80 个磁道两种。

与硬磁盘相同,软磁盘盘面也分为若干个扇区(参见图 4.70),每条磁道上的扇段数是相同的,记录同样多的信息。由于靠里的磁道圆周长小于外磁道的圆周长,因此,里圈磁道的位密度比外圈磁道的位密度高。至于一个盘面分成几个扇区,则取决于它的记录方式。区段的划分一般采用软分段方式,由软件写上的标志实现。

索引孔可作为旋转一圈开始或结束的标志,通常在盘片和保护套上各打有小孔。当盘片上的小孔转到与保护套上的小孔位置重合时,通过光电检测元件测出信号,即标志磁道已到起点或已为结束点。

3.5 英寸盘的盘片装在硬塑料封套内,它们的基本结构与 8 英寸盘和 5.25 英寸盘类似。

按软盘驱动器的性能区分,有单面盘和双面盘。前者驱动器只有一个磁头,盘片只有一个面可以记录信息。双面盘的驱动器有两个磁头,盘片有两个记录面。

按记录密度区分,有单密度和双密度两种。前者采用 FM 记录方式,后者采用 MFM 记录方式。

综上所述,软盘分为单面单密度(SS、SD)、双面单密度(DS、SD)、单面双密度(SS、DD)、双面双密度(DS、DD)四种。对于 5.25 英寸和 3.5 英寸的磁盘机而言,均采用双面双密度及高密度(四倍密度)的记录方式。

3. 软磁盘的记录格式

软磁盘存储器采用软分段格式,软分段格式有 IBM 格式和非 IBM 格式两种。IBM 格式被国际标准化组织(ISO)确定为国际标准。下面以 IBM 3740 的 8 英寸软盘为例,介绍其软分段格式,如图 4.75 所示。

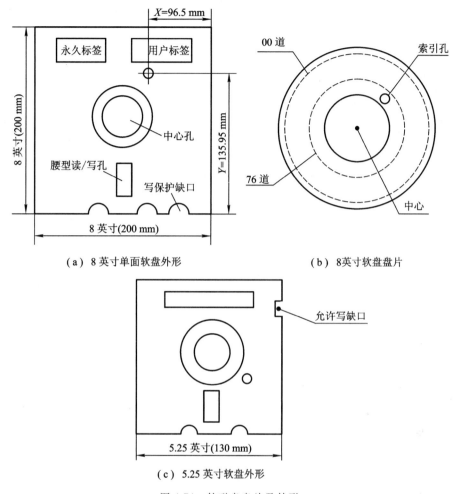

（a）8 英寸单面软盘外形

（b）8 英寸软盘盘片

（c）5.25 英寸软盘外形

图 4.74 软磁盘盘片及外形

软分段的磁道由首部、扇区部和尾部 3 部分组成。当磁盘驱动器检查到索引孔时,标志磁道的起始位已找到。首部是一段空隙,是为避免由于不同软盘驱动器的索引检测器和磁头机械尺寸误差引起读/写错误而设置的。尾部是依次设置在首部和各扇区后所剩下的间隙,起到转速变化的缓冲作用。首部和尾部之间的弧被划分成若干扇区,又称为扇段。

图 4.75（a）中索引孔信号的前沿标志磁道开始,经 46 个字节的间隙后,有一个字节的软索引标志,后面再隔 26 个字节的间隙后,便是 26 个扇区（每个扇区 188 个字节）,最后还有 247 个字节的间隙,表示一个磁道结束。

图 4.75（b）中标出了一个扇区的 188 个字节的具体分配。前 13 个字节是地址区,详细内容可见图 4.75（c）。其中地址信息占 4 个字节,分别指明磁道号、磁头号、区段号和记录长度。地

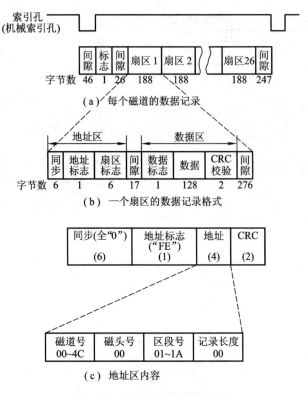

图 4.75　IBM 3740 软分段格式

址区字段的最后 2 个字节是 CRC 循环冗余校验码。此外,一个扇区内还有 131 个字节的数据区,它由数据标志、数据、CRC 校验码 3 部分组成。在地址区和数据区后各自都有一段间隙。

对图 4.75 所示的单面单密度软盘而言,其格式化容量为

磁道数/盘片×扇区数/磁道×数据字节数/扇区 = 77×26×128 ≈ 256 KB

不同规格的软盘,每磁道究竟分成多少区段,IBM 格式都有明确规定。例如,5.25 英寸软盘,每磁道区段数为 15、9 或 8 三种,每个区段字节数均为 512 个。

出厂后未使用过的盘片称为白盘,需格式化后才能使用。采用统一的标准记录格式是为了达到盘片互换及简化系统设计的目的。但是软件生产厂家为了保护软件的产权,常用改变盘片上的数据格式来达到软件不被盗版的目的。因为通过对磁盘控制器编程,可以方便地指定每条磁道上的扇区数和所采用的记录格式,甚至可以调整间隙长度,改变磁盘地址的安排顺序等。经过这些处理,使用通用软件就不能正确复制磁盘文件了。

4. 软磁盘驱动器和控制器

软磁盘存储器也由软磁盘驱动器、软磁盘控制器和软磁盘盘片 3 部分组成。软磁盘驱动器是一个相对独立的装置,又称软盘机,主要由驱动机构、磁头及定位机构和读/写电路组成。软磁

盘控制器的功能是解释来自主机的命令,并向软磁盘驱动器发出各种控制信号,同时还要检测驱动器的状态,按规定的数据格式向驱动器发出读/写数据命令等。具体操作如下。

① 寻道操作:将磁头定位在目标磁道上。

② 地址检测操作:主机将目标地址送往软磁盘控制器,控制器从驱动器上按记录格式读取地址信息,并与目标地址进行比较,找到欲读(写)信息的磁盘地址。

③ 读数据操作:首先检测数据标志是否正确,然后将数据字段的内容送入主存,最后用 CRC 校验。

④ 写数据操作:写数据时,不仅要将原始信息经编码后写入磁盘,同时要写上数据区标志和 CRC 校验码以及间隙。

⑤ 初始化:在盘片上写格式化信息,对每个磁道划分区段。

上述所有操作都是由软磁盘控制器完成的,为此设计了软磁盘控制器芯片,将许多功能集成在一块芯片上,如 FD1771、FD1991、μPD765 等。这些芯片都是可编程的,将磁盘最基本的操作用这些芯片的指令编程,便可实现对驱动器的控制。

软磁盘控制器发给驱动器的信号有:驱动器选择信号(表示某台驱动器与控制器接通)、马达允许信号(表示驱动器的主轴电机旋转或停止)、步进信号(使所选驱动器的磁头按指定方向移动,一次移一道)、步进方向(磁头移动的方向)、写数据与写允许信号、选头信号(选择"0"面还是"1"面的磁头)。

驱动器提供给控制器的信号有:读出数据信号、写保护信号(表示盘片套上是否贴有写保护标志,如果贴有标记,则发写保护信号)、索引信号(表示盘片旋转到索引孔位置,表明一个磁道的开始)、0 磁道信号(表示磁头正停在 0 号磁道上)。

图 4.76 是 IBM PC 上的软盘控制器逻辑框图。

4.4.5 磁带存储器

1. 概述

磁带存储器也属于磁表面存储器,记录原理和记录方式与磁盘存储器是相同的。但从存取方式来看,磁盘存储器属于直接存取设备,即只要知道信息所在盘面、磁道和扇区的位置,磁头便可直接找到其位置并读/写。磁带存储器必须按顺序进行存取,即磁带上的文件是按磁带头尾顺序存放的。如果某文件存在磁带尾部,而磁头当前位置在磁带首部,那么必须等待磁带走到尾部时才能读取该文件,因此磁带存取时间比磁盘长。但由于磁带容量比较大,位价也比磁盘的低,而且格式统一,便于互换,因此,磁带存储器仍然是一种用于脱机存储的后备存储器。

磁带存储器由磁带和磁带机两部分组成。磁带按长度分,有 2 400 英尺、1 200 英尺、600 英尺几种;按宽度分,有 1/4 英寸、1/2 英寸、1 英寸、3 英寸几种;按记录密度分,有 800 bpi、1 600 bpi、6 250 bpi等几种;按磁带表面并行记录信息的道数分,有 7 道、9 道、16 道等;按磁带外形分,有开盘式磁带和盒式磁带两种。现在计算机系统较广泛使用的两种标准磁带为:1/2 英寸开盘

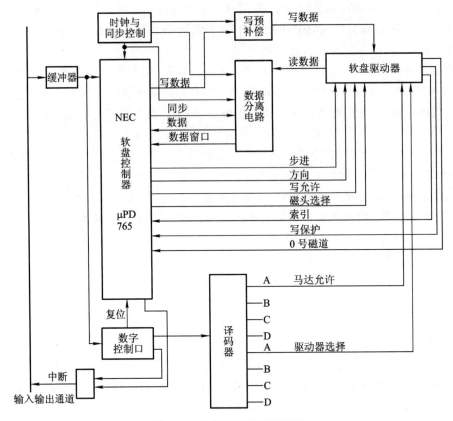

图 4.76　软盘控制器逻辑框图

式和 1/4 英寸盒式。

　　磁带机又有很多种类,按磁带机规模分有标准半英寸磁带机、海量宽带磁带机(Mass Storage)和盒式磁带机三种。按磁带机走带速度分,有高速磁带机(4~5 m/s)、中速磁带机(2~3 m/s)和低速磁带机(2 m/s 以下)。磁带机的数据传输率取决于记录密度和走带速度。在记录密度相同的情况下,带速越快,传输率就越高。按装卸磁带机构分,有手动装卸式和自动装卸式;按磁带传动缓冲机构分,有摆杆式和真空式;按磁带的记录格式分,有启停式和数据流式。数据流磁带机已成为现代计算机系统中主要的后备存储器,其位密度可达 8 000 bpi。它用于资料保存、文件复制,作为脱机后备存储装置,特别是当温盘出现故障时,用以恢复系统。

　　磁带机正朝着提高传输率、提高记录密度、改善机械结构、提高可靠性等方向发展。

　　2. 数据流磁带机

　　数据流磁带机是将数据连续地写到磁带上,每个数据块后有一个记录间隙,使磁带机在数据块间不启停,简化了磁带机的结构,用电子控制替代了机械启停式控制,降低了成本,提高了可靠性。

数据流磁带机有 1/2 英寸开盘式和 1/4 英寸盒式两种。盒式磁带的结构类似录音带和录像带。盒带内装有供带盘和收带盘,磁带长度有 450 英尺和 600 英尺两种,容量分别为 45 MB 和 60 MB。容量高达 1 GB 和 1.35 GB 的 1/4 英寸盒式数据流磁带机也已问世。当采用数据压缩技术时,1/4 英寸盒式数据流磁带机容量可达 2 GB 或 2.7 GB。

数据流磁带机与传统的启停式磁带机的多位并行读/写不同,它采用类似磁盘的串行读/写方式,记录格式与软盘类似。

以 4 道数据流磁带机为例,4 个磁道的排列次序如图 4.77 所示。在记录信息时,先在第 0 道上从磁带首端 BOT 记到磁带末端 EOT,然后在第 1 道上反向记录,即从 EOT 到 BOT,第 2 道又从 BOT 到 EOT,第 3 道从 EOT 到 BOT。读出信息时,也是这个顺序。这种方式称为蛇形 (Serpentine) 记录。9 道 1/4 英寸数据流磁带记录格式也与此相同,偶数磁道从 BOT 到 EOT,奇数磁道从 EOT 到 BOT,依次首尾相接。

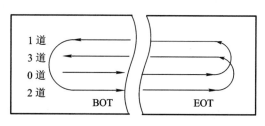

图 4.77　4 道 1/4 英寸磁带蛇形串行记录方式

盒式数据流磁带机与主机的接口是标准的通用接口,可用小型计算机系统接口 SCSI 与主机相连,也可以通过磁带控制器与主机相连。磁带控制器的作用类似于磁盘控制器,控制主机与磁带机之间进行信息交换。

3. 磁带的记录格式

磁带上的信息可以以文件形式存储,也可以按数据块存储。磁带可以在数据块之间启停,进行数据传输。按数据块存储的磁带互换性更好。

磁带机与主机之间进行信息传送的最小单位是数据块或称为记录块(Block),记录块的长度可以是固定的,也可以是变化的,由操作系统决定。记录块之间有空白间隙,作为磁头停靠的地方,并保证磁带机停止或启动时有足够的惯性缓冲。记录块尾部有几行特殊的标记,表示数据块结束,接着便是校验区。图 4.78 示意了磁带机上的数据格式。

图 4.78　磁带的数据格式

　　磁带信息的校验属于多重校验,由奇偶校验、循环冗余校验和纵向冗余校验共同完成。以 9 道磁带为例,横向可以并排记录 9 位二进制信息(称为一行),其中 8 位是数据磁道,存储一个字节,另一位是这一字节的奇偶校验位,称为横向奇偶校验码。在每一个数据块内,沿纵向(走带方向)每一磁道还配有 CRC 校验码。此外对每一磁道上的信息(包括 CRC 在内),又有一个纵向奇偶校验码。纠错的原理是用循环冗余码的规律和专门线路,指出出错的磁道(CRC 可发现一个磁道上的多个错误码),然后用横向校验码检测每一行是否有错,纵横交错后就可指明哪行哪道有错,如有错就立即纠正。

4.4.6　循环冗余校验码

　　磁表面存储器由于磁介质表面的缺陷、尘埃等原因,致使出现多个错误码。循环冗余校验(Cyclic Redundancy Check,CRC)码可以发现并纠正信息在存储或传送过程中连续出现的多位错误代码。因此,CRC 校验码在磁介质存储器和计算机之间通信方面得到广泛应用。

　　CRC 码是基于模 2 运算而建立编码规律的校验码。模 2 运算的特点是不考虑进位和借位的运算,其规律如下:

　　① 模 2 加和模 2 减的结果是相等的,即 $0 \pm 1 = 1, 0 \pm 0 = 0, 1 \pm 0 = 1, 1 \pm 1 = 0$。可见,两个相同数的模 2 和恒为 0。

　　② 模 2 乘是按模 2 和求部分积之和。

　　③ 模 2 除是按模 2 减求部分余数。每求一位商应使部分余数减少一位。上商的原则是:当部分余数的首位为 1 时,上商 1;当部分余数的首位为 0 时,上商 0。当部分余数的位数小于除数的位数时,该余数即为最后余数。

　　②和③的实例如下:

$$
\begin{array}{r}
1010 \\
\times\ 101 \\
\hline
1010 \\
0000 \\
1010 \\
\hline
100010
\end{array}
\qquad\qquad
\begin{array}{r}
101 \leftarrow 商 \\
101\,\overline{)\,10000} \\
101 \\
\hline
010 \\
000 \\
\hline
100 \\
101 \\
\hline
01 \leftarrow 余数
\end{array}
$$

　　　　　　　　　②　　　　　　　　　　　　　　　　③

1. CRC 码的编码方法

设待编的信息码组为 $D_{n-1}D_{n-2}\cdots D_2 D_1 D_0$,共 n 位,它可用多项式 $M(x)$ 表示:

$$M(x) = D_{n-1}x^{n-1} + D_{n-2}x^{n-2} + \cdots + D_1x^1 + D_0x^0$$

将信息码组左移 k 位,得 $M(x) \cdot x^k$,即成 $n+k$ 位信息码组:

$$D_{n-1+k}D_{n-2+k}\cdots\cdots D_{2+k}D_{1+k}D_{0+k} \underbrace{0000\cdots\cdots 0}_{k位}$$

空出的 k 位用来拼接 k 位校验位。

CRC 码就是用多项式 $M(x) \cdot x^k$ 除以生成多项式 $G(x)$(即产生校验码的多项式),所得余数作为校验位。为了得到 k 位余数(校验位),$G(x)$ 必须是 $k+1$ 位。

设所得余数为 $R(x)$,商为 $Q(x)$,则有

$$M(X) \cdot x^k = Q(x) \cdot G(x) + R(x)$$

将余数拼接在左移了 k 位后的信息位后面,就构成了这个有效信息的 CRC 码。这个 CRC 码用多项式表示为

$$\begin{aligned}
M(x) \cdot x^k + R(x) &= [Q(x) \cdot G(x) + R(x)] + R(x) \\
&= [Q(x) \cdot G(x)] + [R(x) + R(x)] \\
&= Q(x) \cdot G(x) \qquad (模 2 和)
\end{aligned}$$

因此,所得 CRC 码是一个可被生成多项式 $G(x)$ 除尽的数码。如果 CRC 码在传输过程中不出错,其余数必为 0;如果传输过程中出错,则余数不为 0,再由该余数指出哪一位出错,即可纠正。

例 4.15 已知有效信息为 1100,试用生成多项式 $G(x) = 1011$ 将其编成 CRC 码。

解:有效信息 $M(x) = 1100 = x^3 + x^2$ $\qquad (n=4)$

由 $\qquad\qquad\qquad\qquad G(x) = 1011 = x^3 + x + 1$

得 $\qquad\qquad\qquad\qquad k+1 = 4$

所以 $\qquad\qquad\qquad\qquad k = 3$

将有效信息左移 3 位后再被 $G(x)$ 模 2 除,即

$$M(x) \cdot x^3 = 1100000 = x^6 + x^5$$

$$\frac{M(x)x^3}{G(x)} = \frac{1100000}{1011} = 1110 + \frac{010}{1011}(模 2 除)$$

所以 $M(x) \cdot x^3 + R(x) = 1100000 + 010 = 1100010$ 为 CRC 码。

总的信息位为 7 位,有效信息位为 4 位,故上述 1100010 码又称(7,4)码。这里的(7,4)码即为码制,还可以有(7,3)码制和(7,6)码制等。

2. CRC 码的译码和纠错

将收到的循环校验码用约定的生成多项式 $G(x)$ 去除,如果无错,则余数应为 0,如果某一位出错,则余数不为 0。不同的出错位其余数也不同,表 4.6 列出了对应 $G(x) = 1011$ 的出错模式。

表 4.6　对应 $G(x)=1011$ 的 $(7,4)$ 循环的出错模式

序号	N_1	N_2	N_3	N_4	N_5	N_6	N_7	余数	出错位
正确	1	1	0	0	0	1	0	000	无
错误	1	1	0	0	0	1	1	001	7
	1	1	0	0	0	0	0	010	6
	1	1	0	0	1	1	0	100	5
	1	1	0	1	0	1	0	011	4
	1	1	1	0	0	1	0	110	3
	1	0	0	0	0	1	0	111	2
	0	1	0	0	0	1	0	101	1

可以证明,更换不同的待测码字,余数和出错位的对应关系不变,只与码制和生成多项式有关。表 4.6 给出的关系只对应 $G(x)=1011$ 的 $(7,4)$ 码,对于其他码制或选用其他生成多项式,出错模式将发生变化。

如果循环码有一位出错,被 $G(x)$ 模 2 除将得到一个不为 0 的余数。如果对余数补 0 继续除下去,将发现各次所得余数将按表 4.6 顺序循环。例如,第 7 位出错,其余数为 001,补 0 后再除,第二次余数为 010,以后依次为 100,011…,反复循环,这就是"循环码"的名称由来。这个特点正好用来纠错,即当出现不为零的余数后,一方面对余数补 0 继续做模 2 除,另一方面将被检测的校验码字循环左移。由表 4.6 可知,当出现余数为 101 时,出错位也移到了 N_1 位置。可通过异或门将其纠正后在下一次移位时送回 N_7。这样当移满一个循环[对 $(7,4)$ 码共移 7 次]后,就得到一个纠正后的码字。

值得指出的是,并不是任何一个 $(k+1)$ 位多项式都可以作为生成多项式。从检错和纠错的要求出发,生成多项式应满足以下要求:

① 任何一位发生错误,都应该使余数不为零。

② 不同位发生错误应使余数不同。

③ 对余数继续做模 2 除,应使余数循环。

达到上述要求的数学关系比较复杂,读者若有兴趣可查阅有关资料。

4.4.7　光盘存储器

1. 概述

光盘(Optical Disk)是利用光学方式进行读/写信息的圆盘。光盘存储器是在激光视频唱片和数字音频唱片基础上发展起来的。应用激光在某种介质上写入信息,然后再利用激光读出信息,这种技术称为光存储技术。如果光存储使用的介质是磁性材料,即利用激光在磁记

录介质上存储信息,就称为磁光存储。通常把采用非磁性介质进行光存储的技术称为第一代光存储技术,它不能把内容抹掉重写新内容。磁光存储技术是在光存储技术基础上发展起来的,称为第二代光存储技术,主要特点是可擦除重写。根据光存储性能和用途的不同,光盘存储器可分为三类。

(1) 只读型光盘(CD-ROM)

这种光盘内的数据和程序是由厂家事先写入的,使用时用户只能读出,不能修改或写入新的内容。它主要用于电视唱片和数字音频唱片,可以获得高质量的图像和高保真的音乐。在计算机领域里,主要用于检索文献数据库或其他数据库,也可用于计算机的辅助教学等。因它具有ROM 特性,故称为 CD-ROM(Compact Disk-ROM)。

(2) 只写一次型光盘(WORM)

这种光盘允许用户写入信息,写入后可多次读出,但只能写入一次,而且不能修改,故称其为"写一次型"(Write Once Read Many,WORM),主要用于计算机系统中的文件存档,或写入的信息不再需要修改的场合。

(3) 可擦写型光盘

这种光盘类似磁盘,可以重复读/写。从原理上来看,目前仅有光磁记录(热磁反转)和相变记录(晶态-非晶态转变)两种。它是很有前途的辅助存储器。1989 年下半年可擦写型 5.25 英寸的光盘,双面格式化的容量达到 500~650 MB。2004 年索尼公司的 Pro DATA 光盘单面容量已高达 25 GB,读取速度每秒 11 MB,刻录速度每秒 9 MB。

2. 光盘的存取原理

光盘存储器利用激光束在记录表面上存储信息,根据激光束和反射光的强弱不同,可以实现信息的读/写。由于光学读/写头和介质保持较大的距离,因此,它是非接触型读/写的存储器。

对于只读型和只写一次型光盘而言,写入时,将光束聚焦成直径为小于 1 μm 的微小光点,使其能量高度集中,在记录的介质上发生物理或化学变化,从而存储信息。例如,激光束以其热作用熔化盘表面的光存储介质薄膜,在薄膜上形成小凹坑,有坑的位置表示记录"1",没坑的位置表示"0"。又比如,有些光存储介质在激光照射下,使照射点温度升高,冷却后晶体结构或晶粒大小会发生变化,从而导致介质膜光学性质发生变化(如折射率和反射率),利用这一现象便可记录信息。

读出时,在读出光束的照射下,在有凹处和无凹处反射的光强是不同的,利用这种差别,可以读出二进制信息。由于读出光束的功率只有写入光束的 1/10,因此不会使盘面熔出新的凹坑。

可擦写光盘利用激光在磁性薄膜上产生热磁效应来记录信息(称为磁光存储)。其原理是:在一定温度下,对磁介质表面加一个强度高于该介质矫顽力的磁场,就会发生磁通翻转,便可用于记录信息。矫顽力的大小是随温度而变的。倘若设法控制温度,降低介质的矫顽力,那么外加磁场强度便很容易高于此矫顽力,使介质表面磁通发生翻转。磁光存储就是根据这一原理来存储信息的。它利用激光照射磁性薄膜,使其被照处温度升高,矫顽力下降,在外磁场 HR 作用下,该处发生磁通翻转,并使其磁化方向与外磁场 HR 一致,就可视为寄存"1"。不被照射处或 HR 小于矫顽力处可视为寄存"0"。通常把这种磁记录材料因受热而发生磁性变化的现象称为热磁效应。

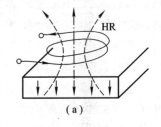

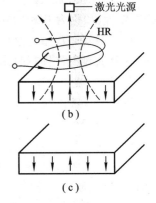

图 4.79(a)表示在记录方向外加一个小于矫顽力的磁场 HR,其介质表面不发生翻转;图 4.79(b)表示激光照射处温度上升,外加的磁场 HR 大于矫顽力,而使其发生磁通翻转;图4.79(c)表示照射后,将磁通翻转保持下来,即写入了信息。

擦除信息和记录信息原理一样,擦除时外加一个和记录方向相反的磁场 HR,对已写入的信息用激光束照射,并使 HR 大于矫顽力,那么,被照射处又发生反方向磁化,使之恢复为记录前的状态。

这种利用激光的热作用改变磁化方向来记录信息的光盘称为磁光盘。

图 4.79 磁光记录原理

3. 光盘存储器的组成

光盘存储器与磁盘存储器很相似,它也由盘片、驱动器和控制器组成。驱动器同样有读/写头、寻道定位机构、主轴驱动机构等。除了机械电子机构外,还有光学机构。图 4.80 是写一次型光盘的光学系统的示意图。

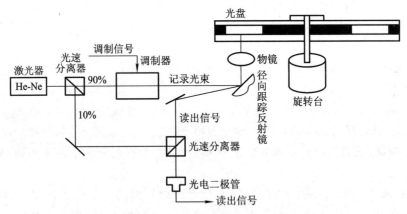

图 4.80 写一次型光盘光学系统的示意图

图中激光器产生的光束经分离器分离后,其中 90%的光束用作记录光束,10%的光束作为读出光束。记录光束经调制器,由聚焦系统向光盘记录信息。读出光束经几个反射镜射到光盘盘片,读出光信号再经光电二极管输出。

光盘盘片的形状与磁盘盘片类似,但记录材料不同。只读型光盘与只写一次型光盘都是三层式结构。第一层为基板,第二层为涂覆在基板上的一层铝质反射层,最上面一层为很薄的金属膜。反射层和金属薄膜的厚度取决于激光源的波长 λ,两者厚度之和为 $\lambda/4$。金属膜的材料一般是碲(Te)的合金组成,这种材料在激光源的照射下会熔成一个小凹坑,用以表示"1"或"0"。

4. 光盘存储器与其他辅助存储器的比较

光盘、硬盘、软盘、磁带在记录原理上很相似,都属于表面介质存储器。它们都包括头、精密机械、马达及电子线路等。在技术上都可采用自同步技术、定位和校正技术。它们都包含盘片、控制器、驱动器等。但由于它们各自的特点和功能不同,使其在计算机系统中的应用各不相同。

光盘是非接触式读/写信息,光学头与盘面的距离几乎比磁盘的磁头与盘面的间隙大 1 万倍,互不摩擦,介质不会被破坏,大大提高了光盘的耐用性,其使用寿命可长达数十年以上。

光盘可靠性高,对使用环境要求不高,机械振动的问题甚少,不需要采取特殊的防震和防尘措施。

由于光盘是靠直径小于 1 μm 的激光束写入每位信息,因此记录密度高,可达 10^8 位/cm^2,约为磁盘的 10~100 倍。

光盘记录头分量重,体积大,使寻道时间长约 30~100 ms。写入速度低,约为 0.2 s,平均存取时间为 100~500 ms,与主机交换信息速度不匹配。因此,它不能代替硬盘,只能作为硬盘的后备存储器。

光盘的介质互换性好,存储容量大,可用于文献档案、图书管理、多媒体等方面的应用。但由于目前价格比较贵,故尚不能替代磁带机。

硬磁盘存储器容量大,数据传输率比光盘高(采用磁盘阵列,数据传输率可达 100 Mbps),等待时间短。它作为主存的后备存储器,用以存放程序的中间和最后结果。

软磁盘存储器容量小,数据传输率低,平均寻道时间长,而且是接触式存取,盘片不固定在驱动器中,运行时有大量的灰尘进入盘面,易造成盘面磨损或出现误码,不易提高位密度。近年来软盘已逐渐被淘汰。

磁带存储器的历史比磁盘更久,20 世纪 60 年代后期逐渐被磁盘取代。它的数据传输率更低,采用接触式记录,容量也很大,每兆字节价格较低,记录介质也容易装卸、互换和携带,可用作硬盘的后备存储器。据统计,80% 的磁带被用作磁盘的后备存储器,20% 的磁带用作计算机的输入输出数据和文件的存储。

思考题与习题

4.1 解释概念:主存、辅存、Cache、RAM、SRAM、DRAM、ROM、PROM、EPROM、EEPROM、CDROM、Flash Memory。

4.2 计算机中哪些部件可用于存储信息,按其速度、容量和价格/位排序说明。

4.3 存储器的层次结构主要体现在什么地方,为什么要分这些层次,计算机如何管理这些层次?

4.4　说明存取周期和存取时间的区别。

4.5　什么是存储器的带宽？若存储器的数据总线宽度为 32 位,存取周期为 200 ns,则存储器的带宽是多少？

4.6　某机字长为 32 位,其存储容量是 64 KB,按字编址其寻址范围是多少？若主存以字节编址,试画出主存字地址和字节地址的分配情况。

4.7　一个容量为 16 K×32 位的存储器,其地址线和数据线的总和是多少？当选用下列不同规格的存储芯片时,各需要多少片？

$$1\ K×4\ 位,2\ K×8\ 位,4\ K×4\ 位,16\ K×1\ 位,4\ K×8\ 位,8\ K×8\ 位$$

4.8　试比较静态 RAM 和动态 RAM。

4.9　什么叫刷新？为什么要刷新？说明刷新有几种方法。

4.10　半导体存储器芯片的译码驱动方式有几种？

4.11　一个 8 K×8 位的动态 RAM 芯片,其内部结构排列成 256×256 形式,读/写周期为 0.1 μs。试问采用集中刷新、分散刷新及异步刷新三种方式的刷新间隔各为多少？

4.12　画出用 1 024×4 位的存储芯片组成一个容量为 64 K×8 位的存储器逻辑框图。要求将 64 K 分成 4 个页面①,每个页面分 16 组,共需多少片存储芯片？

4.13　设有一个 64 K×8 位的 RAM 芯片,试问该芯片共有多少个基本单元电路(简称存储基元)？欲设计一种具有上述同样多存储基元的芯片,要求对芯片字长的选择应满足地址线和数据线的总和为最小,试确定这种芯片的地址线和数据线,并说明有几种解答。

4.14　某 8 位微型计算机地址码为 18 位,若使用 4 K×4 位的 RAM 芯片组成模块板结构的存储器,试问:

(1) 该机所允许的最大主存空间是多少？

(2) 若每个模块板为 32 K×8 位,共需几个模块板？

(3) 每个模块板内共有几片 RAM 芯片？

(4) 共有多少片 RAM？

(5) CPU 如何选择各模块板？

4.15　设 CPU 共有 16 根地址线,8 根数据线,并用 $\overline{\text{MREQ}}$(低电平有效)作访存控制信号,R/$\overline{\text{W}}$ 作读/写命令信号(高电平为读,低电平为写)。现有这些存储芯片:ROM(2 K×8 位,4 K×4 位,8 K×8 位),RAM(1 K×4 位,2 K×8 位,4 K×8 位)及 74138 译码器和其他门电路(门电路自定)。

试从上述规格中选用合适的芯片,画出 CPU 和存储芯片的连接图。要求如下:

(1) 最小 4 K 地址为系统程序区,4096～16383 地址范围为用户程序区。

(2) 指出选用的存储芯片类型及数量。

(3) 详细画出片选逻辑。

4.16　CPU 假设同上题,现有 8 片 8 K×8 位的 RAM 芯片与 CPU 相连。

(1) 用 74138 译码器画出 CPU 与存储芯片的连接图。

(2) 写出每片 RAM 的地址范围。

(3) 如果运行时发现不论往哪片 RAM 写入数据,以 A000H 为起始地址的存储芯片都有与其相同的数据,分析故障原因。

---

① 将存储器分成若干个容量相等的区域,每一个区域可看作一个页面。

（4）根据（1）的连接图，若出现地址线 A_{13} 与 CPU 断线，并搭接到高电平上，将出现什么后果？

4.17 写出 1100、1101、1110、1111 对应的汉明码。

4.18 已知接收到的汉明码（按配偶原则配置）为 1100100、1100111、1100000、1100001，检查上述代码是否出错？第几位出错？

4.19 已知接收到下列汉明码，分别写出它们所对应的欲传送代码。

1100000（按偶性配置）

1100010（按偶性配置）

1101001（按偶性配置）

0011001（按奇性配置）

1000000（按奇性配置）

1110001（按奇性配置）

4.20 欲传送的二进制代码为 1001101，用奇校验来确定其对应的汉明码，若在第 6 位出错，说明纠错过程。

4.21 为什么在汉明码纠错过程中，新的检测位 $P_4 P_2 P_1$ 的状态即指出了编码中错误的信息位？

4.22 某机字长为 16 位，常规的存储空间为 64 K 字，若想不改用其他高速的存储芯片，而使访存速度提高到 8 倍，可采取什么措施？画图说明。

4.23 设 CPU 共有 16 根地址线，8 根数据线，并用 $M/\overline{IO}$ 作为访问存储器或 I/O 的控制信号（高电平为访存，低电平为访 I/O），$\overline{WR}$（低电平有效）为写命令，$\overline{RD}$（低电平有效）为读命令。设计一个容量为 64 KB 的采用低位交叉编址的 8 体并行结构存储器。现有右图所示的存储芯片及 74138 译码器。

画出 CPU 和存储芯片（芯片容量自定）的连接图，并写出图中每个存储芯片的地址范围（用十六进制数表示）。

4.24 一个 4 体低位交叉的存储器，假设存取周期为 T，CPU 每隔 $1/4$ 存取周期启动一个存储体，试问依次访问 64 个字需多少个存取周期？

4.25 什么是程序访问的局部性？存储系统中哪一级采用了程序访问的局部性原理？

4.26 计算机中设置 Cache 的作用是什么？能不能把 Cache 的容量扩大，最后取代主存，为什么？

4.27 Cache 制作在 CPU 芯片内有什么好处？将指令 Cache 和数据 Cache 分开又有什么好处？

4.28 设主存容量为 256 K 字，Cache 容量为 2 K 字，块长为 4。

（1）设计 Cache 地址格式，Cache 中可装入多少块数据？

（2）在直接映射方式下，设计主存地址格式。

（3）在四路组相联映射方式下，设计主存地址格式。

（4）在全相联映射方式下，设计主存地址格式。

（5）若存储字长为 32 位，存储器按字节寻址，写出上述三种映射方式下主存的地址格式。

4.29 假设 CPU 执行某段程序时共访问 Cache 命中 4 800 次，访问主存 200 次，已知 Cache 的存取周期是 30 ns，主存的存取周期是 150 ns，求 Cache 的命中率以及 Cache-主存系统的平均访问时间和效率，试问该系统的性能提高了多少？

4.30 一个组相联映射的 Cache 由 64 块组成，每组内包含 4 块。主存包含 4 096 块，每块由 128 字组成，访存地址为字地址。试问主存和 Cache 的地址各为几位? 画出主存的地址格式。

4.31 设主存容量为 1 MB,采用直接映射方式的 Cache 容量为 16 KB,块长为 4,每字 32 位。试问主存地址为 ABCDEH 的存储单元在 Cache 中的什么位置?

4.32 设某机主存容量为 4 MB,Cache 容量为 16 KB,每字块有 8 个字,每字 32 位,设计一个四路组相联映射(即 Cache 每组内共有 4 个字块)的 Cache 组织。

(1) 画出主存地址字段中各段的位数。

(2) 设 Cache 的初态为空,CPU 依次从主存第 0,1,2,…,89 号单元读出 90 个字(主存一次读出一个字),并重复按此次序读 8 次,问命中率是多少?

(3) 若 Cache 的速度是主存的 6 倍,试问有 Cache 和无 Cache 相比,速度约提高多少倍?

4.33 简要说明提高访存速度可采取的措施。

4.34 反映主存和外存的速度指标有何不同?

4.35 画出 RZ、NRZ、NRZ1、PE、FM 写入数字串 1011001 的写电流波形图。

4.36 以写入 10010110 为例,比较调频制和改进调频制的写电流波形图。

4.37 画出调相制记录 01100010 的驱动电流、记录磁通、感应电势、同步脉冲及读出代码等几种波形。

4.38 磁盘组有 6 片磁盘,最外两侧盘面可以记录,存储区域内径 22 cm,外径 33 cm,道密度为 40 道/cm,内层密度为 400 位/cm,转速 3 600 r/min。

(1) 共有多少存储面可用?

(2) 共有多少柱面?

(3) 盘组总存储容量是多少?

(4) 数据传输率是多少?

4.39 某磁盘存储器转速为 3 000 r/min,共有 4 个记录盘面,每毫米 5 道,每道记录信息 12 288 字节,最小磁道直径为 230 mm,共有 275 道,求:

(1) 磁盘存储器的存储容量。

(2) 最高位密度(最小磁道的位密度)和最低位密度。

(3) 磁盘数据传输率。

(4) 平均等待时间。

4.40 采用定长数据块记录格式的磁盘存储器,直接寻址的最小单位是什么? 寻址命令中如何表示磁盘地址?

4.41 设有效信息为 110,试用生成多项式 $G(x) = 11011$ 将其编成循环冗余校验码。

4.42 有一个 $(7,4)$ 码,生成多项式 $G(x) = x^3 + x + 1$,写出代码 1001 的循环冗余校验码。

4.43 磁表面存储器和光盘存储器记录信息的原理有何不同?

4.44 试从存储容量、存取速度、使用寿命和应用场合方面比较磁盘、磁带和光盘存储器。

附录 4A　相联存储器

相联存储器既可按地址寻址,又可按内容(通常是某些字段)寻址,为与传统存储器区别,又称为按内容寻址的存储器。

相联存储器的每个字由若干字段组成,每个字段描述了一个对象的属性,也称一个内容。例如,在存储学生信息的相联存储器中,可分为学号、姓名、年龄、班号、成绩等字段(参见图 4.82)。

相联存储器的基本组成如图 4.81 所示。

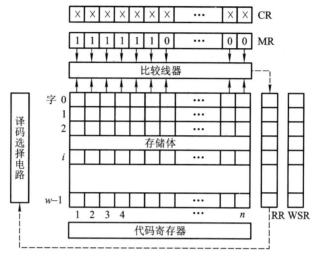

图 4.81　相联存储器基本组成框图

图中检索寄存器 CR 用来存放检索字,其位数与相联存储器的字长相等。屏蔽寄存器 MR 用来存放屏蔽码,其位数与检索寄存器位数相同,其内容与需要检索的字段有关。如需检索 CR 的高 6 位字段(称为检索项),则 MR 的高 6 位为"1",其余各位为"0",即把 CR 中的第 $7\sim n$ 位屏蔽掉,也即这些位不参加比较。比较线路是把检索项和所有存储单元的相应位进行比较,如果比较结果相等,就将符合寄存器 RR 的相应位置"1"。RR 又称为查找结果寄存器,其位数等于相联存储器的字数。如果比较结果第 i 个字满足要求,则 RR 的第 i 位为"1",其余各位为"0";如果同时有 5 个字都满足要求,则 RR 中就有 5 位为"1"。有的相联存储器还设有字选择寄存器 WSR,用来确定哪些存储字参与检索。若 WSR 某位为"1",则表示对应的存储字参与检索,而对应 WSR 某位为"0"的存储字则不参与检索。可见 WSR 的位数与存储器字数相同。代码寄存器用来存放从存储体中读出的代码,或存放写至存储体中的代码。

相联存储器有三种基本操作:读、写、检索(比较)。读、写操作与传统存储器相同,检索只能按内容进行。例如,某系学生的考试成绩已存入相联存储器中,如图 4.82 所示。要求列出总分在 $580\sim600$ 分范围内的学生名单,可通过两次查找来完成。第一次找出总分大于 579 的学生名单,第二次找出总分小于 601 的学生名单。可见总分字段是关键字,故需要将 MR 中对应的位置成"1",其他字段置成"0"。第一次查找时,CR 中的"总分"字段是 579(二进制表示），查找结果送入 RR。第二次查找时，将 CR 中"总分"字段改为"601"，并且将 RR 的内容送至 WSR，这样，第二次查找只需查 WSR 中对应"1"的各个存储字。最后将查找结果送入 RR，此时 RR 中为"1"的各位所对应的学生，其成绩便在 580～600 分之间。通过打印机将名单打印出来。

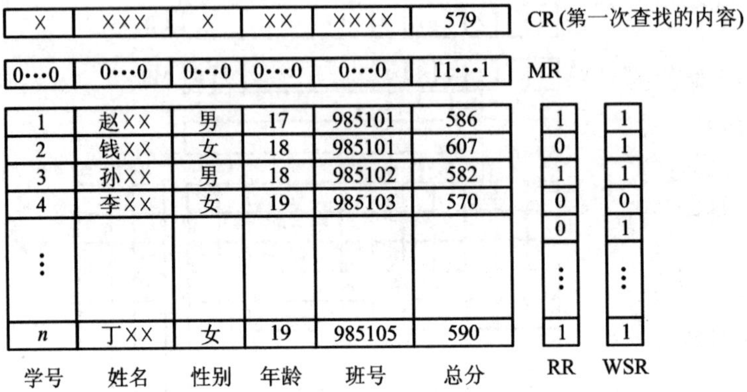

| X | ×× × | X | ×× | × ××× | 579 | CR(第一次查找的内容) |

| 0…0 | 0…0 | 0…0 | 0…0 | 0…0 | 11…1 | MR |

学号	姓名	性别	年龄	班号	总分	RR	WSR
1	赵××	男	17	985101	586	1	1
2	钱××	女	18	985101	607	0	1
3	孙××	男	18	985102	582	1	1
4	李××	女	19	985103	570	0	0
						0	1
⋮	⋮					⋮	⋮
n	丁××	女	19	985105	590	1	1

图 4.82　相联存储器检索举例

这里需要特别指出的是，相联存储器每次查找是将所有存储字的相关字段与检索项同时进行比较，这是由相联存储器的具体电路实现的。如果是按地址访问的存储器，查找时则必须一次读出一个存储字，逐一与检索项进行比较。如果设存储器有 M 个单元，那么按地址访问的存储器检索出某一单元，平均需进行 $M/2$ 次操作，而相联存储器仅需进行一次检索操作。由此可见，相联存储器大大提高了处理速度。

相联存储器还可以进行各种比较，如大于、小于、相等、不等、求最大值、求最小值、相似、接近以及其他各种类型的逻辑检索。因此，相联存储器的每个单元不仅能存储，还要能进行逻辑运算，需增加很多逻辑电路，所以也称为分布逻辑存储器。显然，其电路比一般存储器复杂得多，故相联存储芯片比一般存储芯片昂贵。随着大规模集成电路集成度的提高，相联存储芯片已由 4 K 位、8 K 位发展到 20 K 位，商品化容量已经达到 256×48 位。

相联存储器的原理在 Cache 中得到应用。例如，在 Cache 中将主存的字块标记同时与每个缓存字块的"标记"进行比较，就可迅速判断出该主存字块是否"命中"。若比较相等，表示命中，即可从缓存中读出信息；若不等，即不命中，则需将新的主存块调入缓存。

此外，相联存储器还广泛应用于虚拟存储器中，还常用于数据库和知识库中。近年来，相联存储器在语音识别、图像处理、数据流计算机和 Prolog 机中也都有所应用。

第5章 输入输出系统

除了 CPU 和存储器两大模块外,计算机硬件系统的第三个关键部分是输入输出模块,又称输入输出系统。随着计算机系统的不断发展,应用范围的不断扩大,I/O 设备的数量和种类也越来越多,它们与主机的联络方式及信息的交换方式也各不相同。因此,输入输出系统涉及的内容极其繁杂,既包括具体的各类 I/O 设备,又包括各种不同的 I/O 设备如何与主机交换信息。本章重点分析 I/O 设备与主机交换信息的三种控制方式(程序查询、中断和 DMA)及其相应的接口功能和组成,对几种常用的 I/O 设备也进行简单介绍,旨在使读者对输入输出系统有一个较清晰的认识,进一步加深对整机工作的理解。

5.1 概述

5.1.1 输入输出系统的发展概况

输入输出系统的发展大致可分为 4 个阶段。

1. 早期阶段

早期的 I/O 设备种类较少,I/O 设备与主存交换信息都必须通过 CPU,如图 5.1 所示。

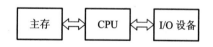

图 5.1 I/O 设备通过 CPU 与主存交换信息

这种交换方式延续了相当长的时间。当时的 I/O 设备具有以下几个特点。

• 每个 I/O 设备都必须配有一套独立的逻辑电路与 CPU 相连,用来实现 I/O 设备与主机之间的信息交换,因此线路十分散乱、庞杂。

• 输入输出过程是穿插在 CPU 执行程序过程之中进行的,当 I/O 设备与主机交换信息时,CPU 不得不停止各种运算,因此,I/O 设备与 CPU 是按串行方式工作的,极浪费时间。

• 每个 I/O 设备的逻辑控制电路与 CPU 的控制器紧密构成一个不可分割的整体,它们彼此依赖,相互牵连,因此,欲增添、撤减或更换 I/O 设备是非常困难的。

在这个阶段中,计算机系统硬件价格十分昂贵,机器运行速度不高,配置的 I/O 设备不多,主机与 I/O 设备之间交换的信息量也不大,计算机应用尚未普及。

2. 接口模块和 DMA 阶段

这个阶段 I/O 设备通过接口模块与主机连接,计算机系统采用了总线结构,如图 5.2 所示。

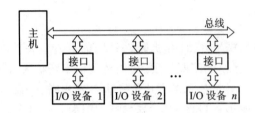

图 5.2　I/O 设备通过接口与主机交换信息

通常,在接口中都设有数据通路和控制通路。数据经过接口既起到缓冲作用,又可完成串-并变换。控制通路用以传送 CPU 向 I/O 设备发出的各种控制命令,或使 CPU 接受来自 I/O 设备的反馈信号。许多接口还能满足中断请求处理的要求,使 I/O 设备与 CPU 可按并行方式工作,大大地提高了 CPU 的工作效率。采用接口技术还可以使多台 I/O 设备分时占用总线,使多台I/O 设备互相之间也可实现并行工作方式,有利于整机工作效率的提高。

虽然这个阶段实现了 CPU 和 I/O 设备并行工作,但是在主机与 I/O 设备交换信息时,CPU 要中断现行程序,即 CPU 与 I/O 设备还不能做到绝对的并行工作。

为了进一步提高 CPU 的工作效率,又出现了直接存储器存取(Direct Memory Access,DMA)技术,其特点是 I/O 设备与主存之间有一条直接数据通路,I/O 设备可以与主存直接交换信息,使 CPU 在 I/O 设备与主存交换信息时能继续完成自身的工作,故资源利用率得到了进一步提高。

3. 具有通道结构的阶段

在小型和微型计算机中,采用 DMA 方式可实现高速 I/O 设备与主机之间成组数据的交换,但在大中型计算机中,I/O 设备配置繁多,数据传送频繁,若仍采用 DMA 方式会出现一系列问题。

① 如果每台 I/O 设备都配置专用的 DMA 接口,不仅增加了硬件成本,而且为了解决众多 DMA 接口同时访问主存的冲突问题,会使控制变得十分复杂。

② CPU 需要对众多的 DMA 接口进行管理,同样会占用 CPU 的工作时间,而且因频繁地进入周期挪用阶段,也会直接影响 CPU 的整体工作效率(详见 5.6 节)。

因此在大中型计算机系统中,采用 I/O 通道的方式来进行数据交换。图 5.3 所示为具有通道结构的计算机系统。

图 5.3　I/O 设备通过通道与
主机交换信息

通道是用来负责管理 I/O 设备以及实现主存与 I/O 设备之间交换信息的部件,可以视为一种具有特殊功能的处理器。通道有专用的通道指令,能独立地执行用通道指令所编写的输入输出程序,但不是一个完全独立的处理器。它依据 CPU 的 I/O 指令进行启动、停止或改变工作状态,是从属于 CPU 的一个专用处理器。依赖通道管理的 I/O 设备在与主机交换信息时,CPU 不直接参与管理,故提高了 CPU 的资源利用率。

4. 具有 I/O 处理机的阶段

输入输出系统发展到第四阶段,出现了 I/O 处理机。I/O 处理机又称为外围处理机(Peripheral Processor),它基本独立于主机工作,既可完成 I/O 通道要完成的 I/O 控制,又可完成码制变换,格式处理,数据块检错、纠错等操作。具有 I/O 处理机的输入输出系统与 CPU 工作的并行性更高,这说明 I/O 系统对主机来说具有更大的独立性。

本章主要介绍第二阶段的输入输出系统,有关通道及 I/O 处理机管理 I/O 系统的内容将在"计算机体系结构"课程中讲述。

5.1.2　输入输出系统的组成

输入输出系统由 I/O 软件和 I/O 硬件两部分组成。

1. I/O 软件

输入输出系统软件的主要任务如下:

① 将用户编制的程序(或数据)输入主机内。

② 将运算结果输送给用户。

③ 实现输入输出系统与主机工作的协调等。

不同结构的输入输出系统所采用的软件技术差异很大。一般而言,当采用接口模块方式时,应用机器指令系统中的 I/O 指令及系统软件中的管理程序便可使 I/O 设备与主机协调工作。当采用通道管理方式时,除 I/O 指令外,还必须有通道指令及相应的操作系统。即使都采用操作系统,不同的机器其操作系统的复杂程度差异也是很大的。

(1) I/O 指令

I/O 指令是机器指令的一类,其指令格式与其他指令既有相似之处,又有所不同。I/O 指令可以和其他机器指令的字长相等,但它还应该能反映 CPU 与 I/O 设备交换信息的各种特点,如它必须反映出对多台 I/O 设备的选择,以及在完成信息交换过程中,对不同设备应做哪些具体操作等。图 5.4 示意了 I/O 指令的一般格式。

操作码	命令码	设备码

图 5.4　I/O 指令的一般格式

图中的操作码字段可作为 I/O 指令与其他指令(如访存指令、算逻指令、控制指令等)的判别代码;命令码体现 I/O 设备的具体操作;设备码是多台 I/O 设备的选择码。

I/O 指令的命令码一般可表述如下几种情况。

● 将数据从 I/O 设备输入主机。例如,将某台设备接口电路的数据缓冲寄存器中的数据读入 CPU 的某个寄存器(如累加器 ACC)。

- 将数据从主机输出至 I/O 设备。例如,将 CPU 的某个寄存器(如 ACC)中的数据写入某台设备接口电路的数据缓冲寄存器内。

- 状态测试。利用命令码检测各个 I/O 设备所处的状态是"忙"(Busy)还是"准备就绪"(Ready),以便决定下一步是否可进入主机与 I/O 设备交换信息的阶段。

- 形成某些操作命令。不同 I/O 设备与主机交换信息时,需要完成不同的操作。例如,磁带机需要正转、反转、读、写、写文件结束等;对于磁盘驱动器,需要读扇区、写扇区、找磁道、扫描记录标识符等。这里值得注意的是,在第 4 章中,按磁盘机和磁带机的功能来看,它们都被视为存储系统的一部分;但从管理角度来看,调用这些设备与调用其他 I/O 设备又有共同之处。因此,本章又将它们视为 I/O 设备。

I/O 指令的设备码相当于设备的地址。只有对繁多的 I/O 设备赋以不同的编号,才能准确选择某台设备与主机交换信息。

(2) 通道指令

通道指令是对具有通道的 I/O 系统专门设置的指令,这类指令一般用以指明参与传送(写入或读取)的数据组在主存中的首地址;指明需要传送的字节数或所传送数据组的末地址;指明所选设备的设备码及完成某种操作的命令码。这类指令的位数一般较长,如 IBM 370 机的通道指令为 64 位。

通道指令又称为通道控制字(Channel Control Word,CCW),它是通道用于执行 I/O 操作的指令,可以由管理程序存放在主存的任何地方,由通道从主存中取出并执行。通道程序即由通道指令组成,它完成某种外围设备与主存之间传送信息的操作。例如,将磁带记录区的部分内容送到指定的主存缓冲区内。

通道指令是通道自身的指令,用来执行 I/O 操作,如读、写、磁带走带及磁盘找道等。而 I/O 指令是 CPU 指令系统的一部分,是 CPU 用来控制输入输出操作的指令,由 CPU 译码后执行。在具有通道结构的计算机中,I/O 指令不实现 I/O 数据传送,主要完成启、停 I/O 设备,查询通道和 I/O 设备的状态及控制通道所做的其他操作。具有通道指令的计算机,一旦 CPU 执行了启动 I/O 设备的指令,就由通道来代替 CPU 对 I/O 设备的管理。

2. I/O 硬件

输入输出系统的硬件组成是多种多样的,在带有接口的 I/O 系统中,一般包括接口模块及 I/O 设备两大部分。图 5.2 中的接口电路实际上包含许多数据传送通路和有关数据,还包含控制信号通路及其相应的逻辑电路(详见 5.3 节)。

图 5.5 是具有通道的 I/O 系统的示意图。

一个通道可以和一个以上的设备控制器相连,一个设备控制器又可以控制若干台同一类型的设备。例如,IBM 360 系统的一个通道可以连接 8 个设备控制器,一个设备控制器又与 8 台设备相连,因此,一个通道可以管理 64 台设备。如果一台计算机有 6 个通道,便可带动 384 台设备。当然,实际上由于设备利用率和通道的频带影响,主机不可能带动这么多的设备。

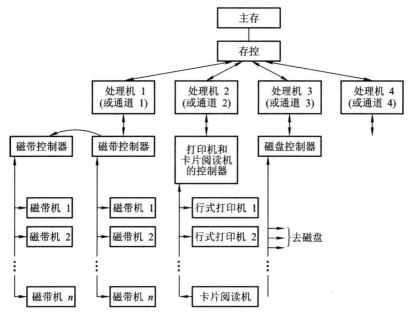

图 5.5　具有通道的 I/O 系统

5.1.3　I/O 设备与主机的联系方式

I/O 设备与主机交换信息和 CPU 与主存交换信息相比,有许多不同点。例如,CPU 如何对 I/O 设备编址;如何寻找 I/O 设备号;信息传送是逐位串行还是多位并行;I/O 设备与主机以什么方式进行联络,使它们彼此都知道对方处于何种状态;I/O 设备与主机是怎么连接的,等等。这一系列问题统称为 I/O 设备与主机的联系方式。

1. I/O 设备编址方式

通常将 I/O 设备码看作地址码,对 I/O 地址码的编址可采用两种方式:统一编址或不统一编址。统一编址就是将 I/O 地址看作存储器地址的一部分。例如,在 64 K 地址的存储空间中,划出 8 K 地址作为 I/O 设备的地址,凡是在这 8 K 地址范围内的访问,就是对 I/O 设备的访问,所用的指令与访存指令相似。不统一编址就是指 I/O 地址和存储器地址是分开的,所有对 I/O 设备的访问必须有专用的 I/O 指令。显然统一编址占用了存储空间,减少了主存容量,但无须专用的 I/O 指令。不统一编址由于不占用主存空间,故不影响主存容量,但需设 I/O 专用指令。因此,设计机器时,需根据实际情况权衡考虑选取何种编址方式。

当设备通过接口与主机相连时,CPU 可以通过接口地址来访问 I/O 设备。

2. 设备寻址

由于每台设备都赋予一个设备号,因此,当要启动某一设备时,可由 I/O 指令的设备码字段直接指出该设备的设备号。通过接口电路中的设备选择电路,便可选中要交换信息的设备。

3. 传送方式

在同一瞬间,n 位信息同时从 CPU 输出至 I/O 设备,或由 I/O 设备输入 CPU,这种传送方式称为并行传送。其特点是传送速度较快,但要求数据线多。例如,16 位信息并行传送需要 16 根数据线。

若在同一瞬间只传送一位信息,在不同时刻连续逐位传送一串信息,这种传送方式称为串行传送。其特点是传送速度较慢,但只需一根数据线和一根地线。当 I/O 设备与主机距离很远时,采用串行传送较为合理,例如远距离数据通信。

不同的传送方式需配置不同的接口电路,如并行传送接口、串行传送接口或串并联用的传送接口等。用户可按需要选择合适的接口电路。

4. 联络方式

不论是串行传送还是并行传送,I/O 设备与主机之间必须互相了解彼此当时所处的状态,如是否可以传送、传送是否已结束等。这就是 I/O 设备与主机之间的联络问题。按 I/O 设备工作速度的不同,可分为三种联络方式。

（1）立即响应方式

对于一些工作速度十分缓慢的 I/O 设备,如指示灯的亮与灭、开关的通与断、A/D 转换器缓变信号的输入等,当它们与 CPU 发生联系时,通常都已使其处于某种等待状态,因此,只要 CPU 的 I/O 指令一到,它们便立即响应,故这种设备无须特殊联络信号,称为立即响应方式。

（2）异步工作采用应答信号联络

当 I/O 设备与主机工作速度不匹配时,通常采用异步工作方式。这种方式在交换信息前,I/O 设备与 CPU 各自完成自身的任务,一旦出现联络信号,彼此才准备交换信息。图 5.6 示意了并行传送的异步联络方式。

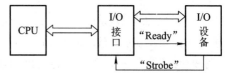

图 5.6 异步并行"应答"联络方式

如图 5.6 所示,当 CPU 将数据输出到 I/O 接口后,接口立即向 I/O 设备发出一个"Ready"(准备就绪)信号,告诉 I/O 设备可以从接口内取数据。I/O 设备收到"Ready"信号后,通常便立即从接口中取出数据,接着便向接口回发一个"Strobe"信号,并让接口转告 CPU,接口中的数据已被取走,CPU 还可继续向此接口送数据。同理,倘若 I/O 设备需向 CPU 传送数据,则先由 I/O 设备向接口送数据,并向接口发"Strobe"信号,表明数据已送出。接口接到联络信号后便通知 CPU 可以取数,一旦数据被取走,接口便向 I/O 设备发"Ready"信号,通知 I/O 设备,数据已被取走,尚可继续送数据。这种一应一答的联络方式称为异步联络。

图 5.7 示意了串行传送的异步联络方式。

I/O 设备与 CPU 双方设定一组特殊标记,用"起始"和"终止"来建立联系。图中 9.09 ms 的低电平表示"起始",又用 2×9.09 ms 的高电平表示"终止"。

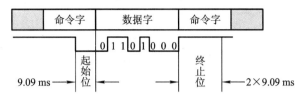

图 5.7　异步串行联络方式

（3）同步工作采用同步时标联络

同步工作要求 I/O 设备与 CPU 的工作速度完全同步。例如,在数据采集过程中,若外部数据以 2 400 bps 的速率传送至接口,则 CPU 也必须以 1/2 400 s 的速率接收每一位数。这种联络互相之间还得配有专用电路,用以产生同步时标来控制同步工作。

5. I/O 设备与主机的连接方式

I/O 设备与主机的连接方式通常有两种:辐射式和总线式。图 5.8 和图 5.2 分别示意了这两种方式。

采用辐射式连接方式时,要求每台 I/O 设备都有一套控制线路和一组信号线,因此所用的器件和连线较多,对 I/O 设备的增删都比较困难。这种连接方式大多出现在计算机发展的初级阶段。

图 5.2 所示的是总线连接方式,通过一组总线(包括地址线、数据线、控制线等),将所有的 I/O 设备与主机连接。这种连接方式是现代大多数计算机系统所采用的方式。

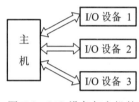

图 5.8　I/O 设备与主机的辐射式连接示意图

5.1.4　I/O 设备与主机信息传送的控制方式

I/O 设备与主机交换信息时,共有 5 种控制方式:程序查询方式、程序中断方式、直接存储器存取方式(DMA)、I/O 通道方式、I/O 处理机方式。本节主要介绍前 3 种方式,后两种方式在5.1.1 节已进行了一般介绍,更详尽的内容将由“计算机体系结构”课程讲述。

1. 程序查询方式

程序查询方式是由 CPU 通过程序不断查询 I/O 设备是否已做好准备,从而控制 I/O 设备与主机交换信息。采用这种方式实现主机和 I/O 设备交换信息,要求 I/O 接口内设置一个能反映 I/O 设备是否准备就绪的状态标记,CPU 通过对此标记的检测,可得知 I/O 设备的准备情况。图5.9 所示为 CPU 从某一 I/O 设备读数据块(例如从磁带上读一记录块)至主存的查询方式流程。当现行程序需启动某 I/O 设备工作时,即将此程序流程插入运行的程序中。由图中可知,CPU启动 I/O 设备后便开始对 I/O 设备的状态进行查询。若查得 I/O 设备未准备就绪,就继续查询;若查得 I/O 设备准备就绪,就将数据从 I/O 接口送至 CPU,再由 CPU 送至主存。这样一个字一个字地传送,直至这个数据块的数据全部传送结束,CPU 又重新回到原现行程序。

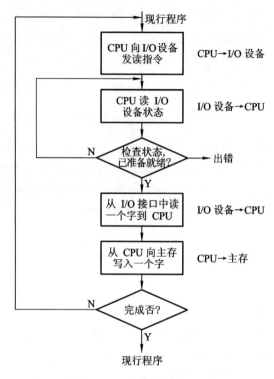

图 5.9　程序查询方式流程

　　由这个查询过程可见,只要一启动 I/O 设备,CPU 便不断查询 I/O 设备的准备情况,从而终止了原程序的执行。CPU 在反复查询过程中,犹如就地"踏步"。另一方面,I/O 设备准备就绪后,CPU 要一个字一个字从 I/O 设备取出,经 CPU 送至主存,此刻 CPU 也不能执行原程序,可见这种方式使 CPU 和 I/O 设备处于串行工作状态,CPU 的工作效率不高。

　　2. 程序中断方式

　　倘若 CPU 在启动 I/O 设备后,不查询设备是否已准备就绪,继续执行自身程序,只是当 I/O 设备准备就绪并向 CPU 发出中断请求后才予以响应,这将大大提高 CPU 的工作效率。图 5.10 示意了这种方式。

　　由图中可见,CPU 启动 I/O 设备后仍继续执行原程

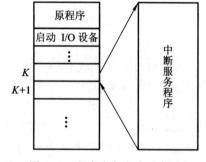

图 5.10　程序中断方式示意图

序,在第 K 条指令执行结束后,CPU 响应了 I/O 设备的请求,中断了现行程序,转至中断服务程序,待处理完后又返回到原程序断点处,继续从第 $K+1$ 条指令往下执行。由于这种方式使原程序中断了运行,故称为程序中断方式。

　　图 5.11 示意了采用程序中断方式从 I/O 设备读数据块到主存的程序流程。

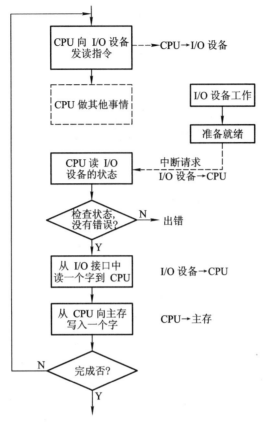

图 5.11　程序中断方式流程

　　由图中可见,CPU 向 I/O 设备发读指令后,仍在处理其他事情(如继续在算题),当 I/O 设备向 CPU 发出请求后,CPU 才从 I/O 接口读一个字经 CPU 送至主存(这是通过执行中断服务程序完成的)。如果 I/O 设备的一批数据(一个数据块的全部数据)尚未传送结束时,CPU 再次启动 I/O 设备,命令 I/O 设备再做准备,一旦又接收到 I/O 设备中断请求时,CPU 重复上述中断服务过程,这样周而复始,直至一批数据传送完毕。

　　显然,程序中断方式在 I/O 设备进行准备时,CPU 不必时刻查询 I/O 设备的准备情况,不出现"踏步"现象,即 CPU 执行程序与 I/O 设备做准备是同时进行的,这种方式和 CPU 与 I/O 设备是串行工作的程序查询方式相比,CPU 的资源得到了充分的利用。图 5.12(a)、(b)分别示意了这两种方式 CPU 的工作效率。

　　当然,采用程序中断方式,CPU 和 I/O 接口不仅在硬件方面需增加相应的电路,而且在软件方面还必须编制中断服务程序,这方面内容将在 5.3 和 5.5 节中详细讲述。

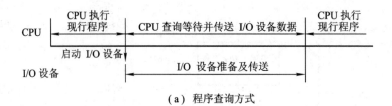

（a）程序查询方式

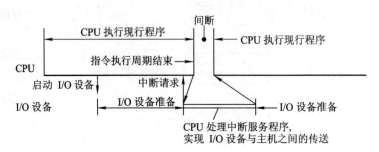

（b）程序中断方式

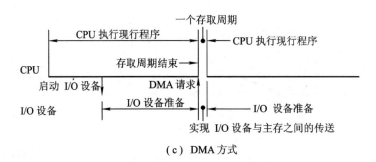

（c）DMA 方式

图 5.12　三种方式的 CPU 工作效率比较

3. DMA 方式

虽然程序中断方式消除了程序查询方式的"踏步"现象，提高了 CPU 资源的利用率，但是 CPU 在响应中断请求后，必须停止现行程序而转入中断服务程序，并且为了完成 I/O 设备与主存交换信息，还不得不占用 CPU 内部的一些寄存器，这同样是对 CPU 资源的消耗。如果 I/O 设备能直接与主存交换信息而不占用 CPU，那么，CPU 的资源利用率显然又可进一步提高，这就出现了直接存储器存取（DMA）的方式。

在 DMA 方式中，主存与 I/O 设备之间有一条数据通路，主存与 I/O 设备交换信息时，无须调用中断服务程序。若出现 DMA 和 CPU 同时访问主存，CPU 总是将总线占有权让给 DMA，通常把 DMA 的这种占有称为窃取或挪用。窃取的时间一般为一个存取周期，故又把 DMA 占用的存取周期窃取周期或挪用周期。而且，在 DMA 窃取存取周期时，CPU 尚能继续做内部操作（如乘法运算）。可见，与程序查询和程序中断方式相比，DMA 方式进一步提高了 CPU 的资源利用率。

图 5.12(c)示意了 DMA 方式的 CPU 效率。当然,采用 DMA 方式时,也需要增加必要的 DMA 接口电路。有关 DMA 方式的详细内容将在 5.6 节讲述。

5.2　I/O 设备

5.2.1　概述

中央处理器和主存构成了主机,除主机外的大部分硬件设备都可称为 I/O 设备或外部设备,或外围设备,简称外设。计算机系统没有输入输出设备,就如计算机系统没有软件一样,是毫无意义的。

随着计算机技术的发展,I/O 设备在计算机系统中的地位越来越重要,其成本在整个系统中所占的比重也越来越大。早期的计算机系统主机结构简单、速度慢、应用范围窄,配置的 I/O 设备种类有限,数量不多,I/O 设备价格仅占整个系统价格的几个百分点。现代的计算机系统 I/O 设备向多样化、智能化方向发展,品种繁多,性能良好,其价格往往已占到系统总价的 80% 左右。

I/O 设备的组成通常可用图 5.13 点画线框内的结构来描述。

图 5.13 中的设备控制器用来控制 I/O 设备的具体动作,不同的 I/O 设备完成的控制功能也不同。机、电、磁、光部件与具体的 I/O 设备有关,即 I/O 设备的具体结构大致与机、电、磁、光的工作原理有关。本节主要介绍有关设备控制器的内容,要求读者能理解 I/O 设备的工作原理。现代的 I/O 设备一般还通过接口与主机联系,至于接口的详细内容将在 5.3 节中讲述。

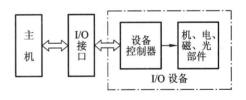

图 5.13　I/O 设备的结构框图

I/O 设备大致可分为三类。

(1) 人机交互设备

它是实现操作者与计算机之间互相交流信息的设备,能将人体五官可识别的信息转换成机器可识别的信息,如键盘、鼠标、手写板、扫描仪、摄像机、语音识别器等。反之,另一类是将计算机的处理结果信息转换为人们可识别的信息,如打印机、显示器、绘图仪、语音合成器等。

(2) 计算机信息的存储设备

系统软件和各种计算机的有用信息,其信息量极大,需存储保留起来。存储设备多数可作为计算机系统的辅助存储器,如磁盘、光盘、磁带等。

（3）机-机通信设备

它是用来实现一台计算机与其他计算机或与其他系统之间完成通信任务的设备。例如，两台计算机之间可利用电话线进行通信，它们可以通过调制解调器（Modem）完成。用计算机实现实时工业控制，可通过 D/A、A/D 转换设备来完成。计算机与计算机及其他系统还可通过各种设备实现远距离的信息交换。

表 5.1 列出了现代常用的 I/O 设备的名称及用途。

表 5.1　常用的 I/O 设备

输入输出设备	输入设备	键盘 图形输入设备（鼠标、图形板、跟踪球、操纵杆、光笔） 图像输入设备（摄像机、扫描仪、传真机） 条形码阅读器 光学字符识别 语音和文字输入设备
	输出设备	显示器（字符、汉字、图形、图像） 打印设备（点阵式打印机、激光打印机、喷墨打印机） 绘图仪（平板式、滚筒式） 音箱
	终端设备（键盘+显示器） 汉字处理设备 A/D、D/A 转换设备 多媒体设备 脱机输入输出设备（软磁盘数据站）	

本节主要介绍人机交互设备，可分为输入设备和输出设备两种，并且有的设备既具有输入功能，又具有输出功能。关于存储设备已在第 4 章介绍过，有关机-机通信设备将在"计算机网络"课程中讲述。

5.2.2　输入设备

输入设备完成输入程序、数据和操作命令等功能。当实现人工输入时，往往与显示器联用，以便检查和修正输入时的错误。也可以利用软盘、磁带等脱机录入的介质进行输入。目前已可以实现语音直接输入。

1. 键盘

键盘是应用最普遍的输入设备。可以通过键盘上的各个键，按某种规范向主机输入各种信息,如汉字、外文、数字等。

　　键盘由一组排列成阵列形式的按键开关组成,如图 5.14 所示。键盘上的按键分字符键和控制功能键两类。字符键包括字母、数字和一些特殊符号键;控制功能键是产生控制字符的键(由软件系统定义功能),还有控制光标移动的光标控制键以及用于插入或消除字符的编辑键等。

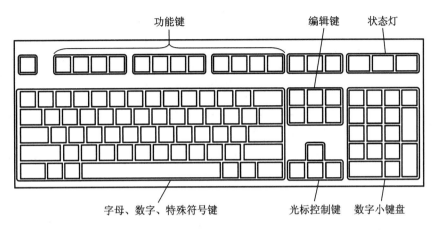

图 5.14　计算机键盘示意图

　　键盘输入信息分为以下 3 个步骤。

　　① 按下一个键。

　　② 查出按下的是哪个键。

　　③ 将此键翻译成 ASCII 码(参见附录 5A),由计算机接收。

　　按键是由人工操作的,确认按下的是哪一个键可用硬件或软件的方法来实现。

　　采用硬件确认哪个键被按下的方法称为编码键盘法,它由硬件电路形成对应被按键的唯一编码信息。为了便于理解,下面以 8×8 键盘为例,说明硬件编码键盘法是如何通过对键盘扫描来识别按键所对应的 ASCII 码的,其原理如图 5.15 所示。

　　图 5.15 中的 6 位计数器经两个八选一的译码器对键盘扫描。若键未按下,则扫描将随着计数器的循环计数而反复进行。一旦扫描发现某键被按下,则键盘通过一个单稳电路产生一个脉冲信号。该信号一方面使计数器停止计数,用以终止扫描,此刻计数器的值便与所按键的位置相对应,该值可作为只读存储器(ROM)的输入地址,而该地址中的内容即为所按键的 ASCII 码。可见只读存储器存储的内容便是对应各个键的 ASCII 码。另一方面,此脉冲经中断请求触发器向 CPU 发中断请求,CPU 响应请求后便转入中断服务程序,在中断服务程序的执行过程中,CPU通过执行读入指令,将计数器所对应的 ROM 地址中的内容,即所按键对应的 ASCII 码送入 CPU中。CPU 的读入指令既可作为读出 ROM 内容的片选信号,而且经一段延迟后,又可用来清除中断请求触发器,并重新启动 6 位计数器开始新的扫描。

　　采用软件判断键是否按下的方法称为非编码键盘法,这种方法利用简单的硬件和一套专用

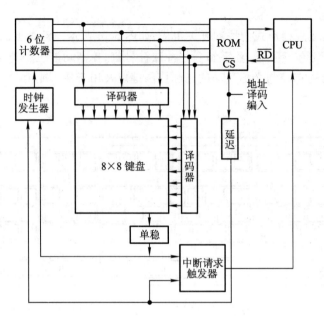

图 5.15 带只读存储器的编码键盘原理图

键盘编码程序来判断按键的位置,然后由 CPU 将位置码经查表程序转换成相应的编码信息。这种方法结构简单,但速度比较慢。

在按键时往往会出现键的机械抖动,容易造成误动。为了防止形成误判,在键盘控制电路中专门设有硬件消抖电路,或采取软件技术,以便有效地消除因键的抖动而出现的错误。

此外,为了提高传输的可靠性,可采用奇偶校验码(见附录 5C)来验证信息的准确性。

随着大规模集成电路技术的发展,厂商已提供了许多种可编程键盘接口芯片,如 Intel 8279 就是可编程键盘/显示接口芯片,用户可以随意选择。近年来又出现了智能键盘,如 IBM PC 的键盘内装有 Intel 8048 单片机,用它可完成键盘扫描、键盘监测、消除重键、自动重发、扫描码的缓冲以及与主机之间的通信等任务。

2. 鼠标

鼠标(Mouse)是一种手持式的定位设备,由于它拖着一根长线与接口相连,外形有点像老鼠,故取名为鼠标。常用的鼠标有两种:一种是机械式的,它的底座装有一个金属球,球在光滑表面上摩擦使球转动,球与 4 个方向的电位器接触,可测得上下左右 4 个方向的相对位移量,通过显示器便可确定欲寻求的方位。另一种是光电式鼠标,它需要与一块画满小方格的长方形金属板配合使用。安装在鼠标底部的光电转换器可以确定坐标点的位置,同样由显示器显示器所寻找的方位。光电式鼠标比机械式鼠标可靠性高,但需要增加一块金属板。机械式鼠标可以直接在光滑的桌面上摩擦,但往往因桌面上的灰尘随金属球滚动带入鼠标内,致使金属球转动不灵。

3. 触摸屏

触摸屏是一种对物体的接触或靠近能产生反应的定位设备。按原理的不同,触摸屏大致可分为 5 类:电阻式、电容式、表面超声波式、扫描红外线式和压感式。

电阻式触摸屏由显示屏上加一个两层高透明度的、并涂有导电物质的薄膜组成。在两层薄膜之间由绝缘支点隔开,其间隙为 0.000 1 英寸,如图 5.16 所示。

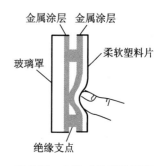

图 5.16 电阻式触摸屏原理

当用户触摸塑料薄膜片时,涂有金属导电物质的第一层塑料片与挨着玻璃罩上的第二层塑料片(也涂有金属导电物质)接触,这样根据其接触电阻的大小求得触摸点所在的 x 和 y 坐标位置。

电容式触摸屏是在显示屏幕上加一个内部涂有金属层的玻璃罩。当用户触摸此罩表面时,与电场建立了电容耦合,在触摸点产生小电流到屏幕 4 个角,然后根据 4 个电流大小计算出触摸点的位置。

表面超声波式触摸屏是由一个透明的玻璃罩组成的。在罩的 x 和 y 轴方向都有一个发射和接收压电转换器和一组反射器条,触摸屏还有一个控制器发送 5 MHz 的触发信号给发射、接收转换器,让它转换成表面超声波,此超声波在屏幕表面传播。当用手指触摸屏幕时,在触摸位置上的超声波被吸收,使接收信号发生变化,经控制分析和数字转换为 x 和 y 的坐标值。

可见,任何一种触摸屏都是通过某种物理现象来测得人手触及屏幕上各点的位置,从而通过 CPU 对此做出响应,由显示屏再现所需的位置。由于物理原理不同,体现出各类触摸屏的不同特点及其适用的场合。例如,电阻式能防尘、防潮,并可戴手套触摸,适用于饭店、医院等。电容式触摸屏亮度高,清晰度好,也能防尘、防潮,但不可戴手套触摸,并且易受温度、湿度变化的影响,因此,它适合于游戏机及供公共信息查询系统使用。表面超声波式触摸屏透明、坚固、稳定,不受温度、湿度变化的影响,是一种抗恶劣环境的设备。

4. 其他输入设备

在此主要介绍图形、图像的输入设备,有关语音和文字的输入设备不做介绍。

(1) 光笔

光笔(Light Pen)的外形与钢笔相似,头部装有一个透镜系统,能把进入的光会聚成一个光点。光笔的后端用导线连到计算机输入电路上。光笔头部附有开关,当按下开关时,进行光检测,光笔便可拾取显示屏上的绝对坐标。光笔与屏幕的光标配合,可使光标跟踪光笔移动,在屏幕上画出图形或修改图形,类似人们用钢笔画图的过程。

(2) 画笔与图形板

画笔(Stylus)同样为笔状,但必须配合图形板(Tablet)使用。当画笔接触到图形板上的某一位置时,画笔在图形板上的位置坐标就会自动传送到计算机中,随着画笔在板上的移动可以画出图形。图形板和画笔构成二维坐标的输入设备,主要用于输入工程图等。将图纸贴在图形板上,画笔沿着图纸上的图形移动,即可输入工程图。

　　图形板是一种二维的 A/D 变换器,又称为数字化板。坐标的测量方法有电阻式、电容式、电磁感应式和超声波式几种。

　　画笔与光笔都是输入绝对坐标,而鼠标只能输入相对坐标。

　　(3) 图像输入设备

　　最直接的图像输入设备是摄像机(Camera),它能摄取任何地点、任何环境下的自然景物和各类物体,经数字量化后变成数字图像存入磁带或磁盘。

　　如果图像已记录在某种介质上,则可用读出装置来读出图像。例如,记录在录像带上的图像可用录放机读出,再将视频信号经图像板量化输入计算机中。记录在数字磁带上的遥感图像可直接从磁带输入计算机中。如果把纸上的图像输入计算机内,则可用摄像机直接摄入,或用装有 CCD(电荷耦合器件)的图文扫描仪(Scanner)或图文传真机送入计算机。还有一种专用的光机扫描鼓,也可把纸上的图像直接转换成数字图像存入计算机。

5.2.3　输出设备

　　1. 显示设备

　　(1) 概述

　　以可见光的形式传递和处理信息的设备称为显示设备。它是应用最广的人机通信设备。显示设备种类繁多,按显示器件划分,有阴极射线管(Cathode Ray Tube,CRT)显示器、液晶显示器(Liquid Crystal Display,LCD)、等离子显示器(PD)等;按显示内容分有字符显示器、图形显示器和图像显示器;按显示器功能分有普通显示器和显示终端(终端是由显示器和键盘组成的一套独立完整的输入输出设备,它可以通过标准接口连接到远程主机,其结构比显示器复杂得多)两类。在 CRT 显示器中,按扫描方式不同,可分为光栅扫描和随机扫描两种;按分辨率不同,又可分为高分辨率和低分辨率的显示器。

　　CRT 是目前应用最广泛的显示器件,既可作为字符显示器,又可作为图像、图形显示器。CRT 是一个漏斗形的电真空器件,由电子枪、荧光屏及偏转装置组成,如图 5.17 所示。

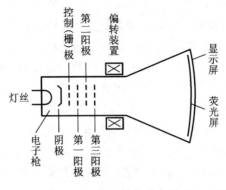

图 5.17　CRT 结构示意图

电子枪包括灯丝、阴极、控制（栅）极、第一阳极（加速阳极）、第二阳极（聚焦极）和第三阳极。当灯丝加热后，阴极受热而发射电子，电子的发射量和发射速度受控制极控制。电子经加速、聚焦而形成电子束，在第三阳极形成的均匀空间电位作用下，使电子束高速射到荧光屏上，荧光屏上的荧光粉受电子束的轰击产生亮点，其亮度取决于电子束的轰击速度、电子束电流强度和荧光粉的发光效率。电子束在偏转系统控制下，可在荧光屏的不同位置产生光点，由这些光点可以组成各种所需的字符、图形和图像。

彩色 CRT 的原理与单色 CRT 的原理是相似的，只是对彩色 CRT 而言，通常用 3 个电子枪发射的电子束，经定色机构，分别触发红、绿、蓝三种颜色的荧光粉发光，按三基色迭加原理形成彩色图像。

CRT 荧光屏尺寸大小是按屏幕对角线长度表示，普通字符显示器的 CRT 有 12 英寸和 14 英寸两种，图形、图像显示器的 CRT 有 15 英寸、17 英寸和 19 英寸，目前还出现了 21 英寸大屏幕 CRT。

分辨率和灰度等级是 CRT 的两个重要技术指标。分辨率是指显示屏面能表示的像素点数，分辨率越高，图像越清晰。灰度等级是指显示像素点相对亮暗的级差，在彩色显示器中它还表现为色彩的差别。

CRT 荧光屏发光是由电子束轰击荧光粉产生的，其发光亮度一般只能维持几十毫秒。为了使人眼能看到稳定的图像，电子束必须在图像变化前不断地进行整个屏幕的重复扫描，这个过程称为刷新。每秒刷新的次数称为刷新频率，一般刷新频率大于 30 次/秒时，人眼就不会感到闪烁。在显示设备中，通常都采用电视标准，每秒刷新 50 帧（Frame）图像。

为了不断地刷新，必须把瞬时图像保存在存储器中，这种存储器称为刷新存储器，又称帧存储器或视频存储器（VRAM）。刷新存储器的容量由图像分辨率和灰度等级决定。分辨率越高，灰度等级越多，需要的刷新存储器容量就越大。例如，分辨率为 512×512 像素，灰度等级为 256 的图像，其刷新存储器的容量需达 512×512×8 b，即为 256 KB。此外，刷新存储器的存取周期必须与刷新频率相匹配。

计算机的显示器大多采用光栅扫描方式。所谓光栅扫描，是指电子束在荧光屏上按某种轨迹运动，光栅扫描是从上至下顺序扫描，可分为逐行扫描和隔行扫描两种。一般 CRT 都采用与电视相同的隔行扫描，即把一帧图像分为奇数场（由 1、3、5 等奇数行组成）和偶数场（由 0、2、4、6 等偶数行组成），一帧图像需扫描 625 行，则奇数场和偶数场各扫描 312.5 行。扫描顺序是先扫描偶数场，再扫描奇数场，交替进行，每秒显示 50 场。

（2）字符显示器

字符显示器是计算机系统中最基本的输出设备，它通常由 CRT 控制器和显示器（CRT）组成，图 5.18 示意了它的原理框图。

1）显示存储器（刷新存储器）VRAM

显示存储器存放欲显示字符的 ASCII 码，其容量与显示屏能显示的字符个数有关。如显示屏上能显示 80 列×25 行＝2 000 个字符，则显示存储器的容量应为 2 000×8（字符编码 7 位，闪烁

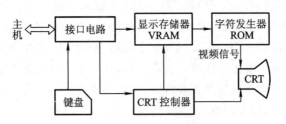

图 5.18　字符显示器原理框图

1 位),每个字符所在存储单元的地址与字符在荧光屏上的位置一一对应,即显示存储器单元的地址顺序与屏面上每行从左到右,按行从上到下的显示器位置对应。

2) 字符发生器

由于荧光屏上的字符由光点组成,而显示存储器中存放的是 ASCII 码,因此,必须有一个部件能将每个 ASCII 码转变为一组 5×7 或 7×9 的光点矩阵信息。具有这种变换功能的部件称为字符发生器,它实质是一个 ROM。图 5.19 是一个对应 7×9 光点矩阵的字符发生器原理框图。

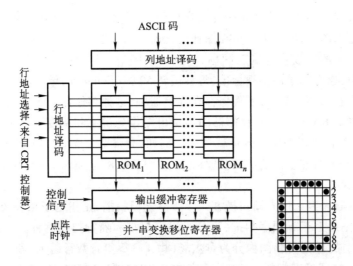

图 5.19　对应 7×9 光点矩阵的字符发生器原理图

图中 ROM_i 的个数与显示器所能显示的字符种类有关,例如,能显示 97 个字符,则 $i = 1 \sim 97$。每个 ROM_i 共有 9 个单元(对应 9 行),每个单元中存放 7 位光点代码。如"C"的 9 个单元中,所存储的 9 组光点代码分别为 0111110、1000001、1000000、1000000、1000000、1000000、1000000、1000001、0111110(设"1"对应亮点,"0"对应暗点)。字符发生器工作时,由显示存储器输出的 ASCII 码作为 ROM 的高位地址(列地址),而 ROM 的低位地址(行地址)来自 CRT 控制器的光栅地址计数器。ROM 的输出并行加载到移位寄存器中,然后在点阵时钟控制下,移位输出形成视频信号,作为 CRT 的亮度控制信号。显示器在水平同步、垂直同步(来自 CRT 控制器)和视频信号(来自字符发生器)的共同作用下,连续不断地进行屏幕刷新,就能显示稳定而不消失的字符图像。

3) CRT 控制器

CRT 控制器通常都做成专用芯片,它可接收来自 CPU 的数据和控制信号,并给出访问显示存储器的地址和访问字符发生器的光栅地址,还能给出 CRT 所需的水平同步和垂直同步信号等。该芯片的定时控制电路要对显示每个字符的点(光点)数、每排(字符行)字(7×9 点阵)数、每排行(光栅行)数和每场排数计数。因此,芯片中需配置点计数器、字计数器(水平地址计数器)、行计数器(光栅地址计数器)和排计数器(垂直地址计数器),这些计数器用来控制显示器的逐点、逐行、逐排、逐屏的刷新显示,还可以控制对显示存储器的访问和屏幕间扫描的同步。

点计数器记录每个字的横向光点,因每个字符占 7 个光点,字符间留一个光点作间隙,共占 8 个光点,故点计数器为模 8 计数器,计满 8 个点向字计数器进位。字计数器用来记录屏幕上每排的字数,若每排能显示 80 个字,考虑到屏幕两边失真较大,各空出 5 个字符位置,再加上光栅回扫消隐时间(此段时间屏幕不显示)的需要,占 20 个显示字符的时间,总共 80+10+20＝110,则字计数器计满 110 就归零,并向行计数器进位。行计数器用来记录每个字(7×9 点阵)的 9 行光栅地址,外加每排字的 3 行间隔,总共 9+3＝12,即行计数器计满 12 归零,并向排计数器进位。排计数器用来记录每屏字符的排数,若能显示 25 排,再考虑到屏幕上下失真空一排,则共 26 排,即排计数器计满 26 归零,表示一场扫描结束。

字计数器反映了光栅扫描的水平方向,排计数器反映了光栅扫描的垂直方向,将这两个方向的同步信号输至 CRT 的 x 和 y 偏转线圈,便可达到按指定位置进行显示的要求。

值得注意的是,CRT 的扫描方式不是一个字符一个字符地扫描,而是每次对一排字符中所有字符的同一行进行扫描,并显示亮点。例如,某排字符为 WELCOME,其显示次序是:先从显示存储器中读出“W”字符,送至字符发生器,并从字符发生器中扫描选出“W”字符的第一行光点代码,于是屏幕上显示出“W”字符第一行的 7 个光点代码;再从显示存储器中读出“E”字符并送字符发生器,又选出“E”字符的第一行 7 个光点代码……直到最后一个字符“E”的第一行 7 个光点代码显示完毕。接着进行每个字符点阵的第二行 7 个光点代码的扫描……直到该排每个字符的第 9 行光点代码扫描完毕,则屏幕上完整地显示出 WELCOME 字符。

(3) 图形显示器

图形显示器是用点、线(直线和曲线)、面(平面和曲面)组合成平面或立体图形的显示设备,并可作平移、比例变化、旋转、坐标变换、投影变换(把三维图形变为二维图形)、透视变换(由一个三维空间向另一个三维空间变换)、透视投影(把透视变换和投影变换结合在一起)、轴侧投影(三面图)、单点透视、两点或三点透视以及隐线处理(观察物体时把看不见的部分去掉)等操作。主要用于计算机辅助设计(CAD)和计算机辅助制造(CAM),如汽车、飞机、舰船、土建以及大规模集成电路板等的设计制造。

　　图形显示器经常配有键盘、光笔、鼠标及绘图仪等。

　　利用 CRT 显示器产生图形有两种方法：一种是随机扫描法，另一种是光栅扫描法。

　　随机扫描法在随机扫描时，电子束产生图形的过程和人用笔在纸上画图的过程相似，任何图形的线条都被认为是由许多微小的首尾相接的线段来逼近的，这些微小的线段称为矢量，故这种方法又称为矢量法。与此法相对应的显示器称为随机扫描图形显示器，其缺点是在显示复杂图形时，会出现闪烁现象。

　　与光栅扫描法对应的显示器称为光栅扫描图形显示器。其特点是把对应于屏幕上的每个像素信息都存储在刷新存储器中。光栅扫描时，读出这些像素来调制 CRT 的灰度，以便控制屏幕上像素的亮度。同样也需不断地对屏幕进行刷新，使图形稳定显示。图 5.20 示意了光栅扫描图形显示器的硬件结构框图。

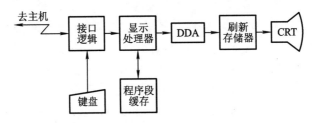

图 5.20　光栅扫描图形显示器的硬件结构框图

　　图 5.20 中的程序段缓存用来存储计算机送来的显示文件和图形操作命令，如图形的局部放大、平移、旋转、比例变换以及图形的检索等。这些操作直接由显示处理器完成。刷新存储器存放一帧图形的形状信息，它与屏幕上的像素一一对应。例如，屏幕的分辨率为 1 024×1 024 像素，且像素的灰度为 256 级，则刷新存储器就需要有 1 024×1 024 个单元，每个单元的字长为 8 位。可见刷新存储器的容量与分辨率、灰度都有关。

　　图 5.20 中的 DDA（Digital Difference Analyses）是数字差分分析器，它能将显示文件变换成图形形状，是一种完成数据插补的部件，能够根据显示文件给出的曲线类型和坐标值，生成直线、圆、抛物线甚至更复杂的曲线。插补后的数据存入刷新存储器用于显示。此外，对于数字化的图像数据也可直接输入刷新存储器，不经 DDA 等图形控制部分便可用来显示图像。

　　光栅扫描显示器的通用性强，灰度层次多，色调丰富，显示复杂图形时无闪烁，所形成的图形可以有消除隐藏面、阴影效应和涂色等功能。

　　（4）图像显示器

　　图形显示器所显示的图形是由计算机用一定的算法形成的点、线、面、阴影等，来自主观世界，故又称为主观图像或计算机图像。

　　图像显示器所显示的图像（如遥感图像、医学图像、自然景物、新闻照片等）通常来自客观世界，故又称为客观图像。图像显示器是把由计算机处理后的图像（称为数字图像）以点阵的形式显示出来。通常采用光栅扫描方式，其分辨率为 256×256 像素或 512×512 像素，也可与图形显示器兼容,其分辨率可达 1 024×1 024 像素,灰度等级可达 64 至 256 级。

图像显示器除了能存储从计算机输入的图像并在显示屏幕上显示外,还具有灰度变换、窗口技术、真彩色和伪彩色显示等图像增强技术功能。

- 灰度变换:可使原始图像的对比度增强或改变。
- 窗口技术:在图像存储器中,每个像素有 2 048 级灰度值,而人的肉眼只能分辨到 40 级。如果从 2 048 级中开一个小窗口,并把这窗口范围内的灰度级取出,使之变换为 64 级显示灰度,就可以使原来被掩盖的灰度细节充分显示出来。
- 真彩色和伪彩色:真彩色是指真实图像色彩显示,采用色还原技术,如彩色电视;伪彩色处理是一种图像增强技术。通常肉眼能分辨黑白色只有几十级灰度,但却能分辨出上千种色彩。利用伪彩色技术可以人为地对黑白图像进行染色,例如,把水的灰度染成蓝色,把植物的灰度染成绿色,把土地的灰度染成黄色等。

此外,图像显示器还具有几何处理功能,如图像放大(按 2、4、8 倍放大)、图像分割或重叠、图像滚动等。

图 5.21 示意了一种简单的图像显示器原理框图。

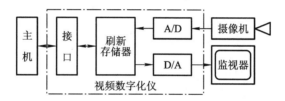

图 5.21　简单的图像显示器原理框图

简单的图像显示器只显示由计算机送来的数字图像,图像处理操作在主机中完成,显示器不做任何处理。其中 I/O 接口、刷新存储器、A/D、D/A 转换等组成单独的一部分,称为视频数字化仪(Video Digitizer)或图像输入控制板(简称图像板),其功能是实现连续的视频信号与离散的数字量之间的转换。视频数字化仪接收摄像机的视频输入信号,经 A/D 变换为数字量存入刷新存储器用于显示,并可传送到主机进行图像处理操作。操作后的结果送回刷新存储器,又经 D/A 变为视频信号输出,由监视器(Monitor)显示输出。监视器只包括扫描、视频放大等有关的显示电路和显像管。也可接至电视机的视频输入端,用电视机代替监视器。一般通用计算机配置一块图像板和监视器便能组成一个图像处理系统。

(5) IBM PC 系列微型计算机的显示标准

IBM PC 系列微型计算机配套的显示系统有两大类。一类是基本显示系统,用于字符/图形显示;另一类是专用显示系统,用于高分辨率图形或图像显示。这里仅介绍几种显示标准。

1) MDA(Monochrome Display Adapter)标准

MDA 是单色字符显示标准,采用 9×14 点阵的字符窗口,满屏显示 80 列、25 行字符,对应分辨率为 720×350 像素。MDA 不能兼容图形显示。

2) CGA(Color Graphics Adapter)标准

CGA 是彩色图形/字符显示标准,可兼容字符和图形两种显示方式。在字符方式下,字符窗口为 8×8 点阵,故字符质量不如 MDA,但字符的背景可以选择颜色。在图形方式下,可以显示 640×200 两种颜色或 320×200 四种颜色的图形。

3) EGA(Enhanced Graphics Adapter)标准

EGA 标准集中了 MDA 和 CGA 两个显示标准的优点,并有所增强。其字符窗口为 8×14 点阵,字符显示质量优于 CGA 而接近 MDA。图形方式下分辨率为 640×350 像素,有 16 种颜色,彩色图形的质量优于 CGA,且兼容原 CGA 和 MDA 的各种显示方式。

4) VGA(Video Graphics Array)标准

VGA 标准在字符方式下,字符窗口为 9×16 点阵,在图形方式下分辨率为 640×480 像素、16 种颜色,或 320×200 像素、256 种颜色,还有 720×400 像素的文本模式。

近年来显示标准有了很大发展,改进型的 VGA,如 SVGA(Super VGA)标准,分辨率为 800×600 像素、16 种颜色(每像素 4 位)。XGA(Extended Graphics Array)支持 1 024×768 像素的分辨率、256 种颜色(每像素 8 位),或者 640×480 像素的分辨率(每像素 16 位,或称高色)。XGA-2 进一步支持 1 024×768 像素的分辨率(高色,更高视频)和 1 360×1 024 像素的分辨率(每像素 4 位,16 种颜色可选)。SXGA(Super XGA)分辨率达 1 280×1 024 像素,每个像素用 32 位表示(本色)。UXGA(Ultra XGA)分辨率已达 1 600×1 200 像素,每个像素 32 位表示(本色)。

最近笔记本计算机开始流行显示纵横比为 16∶9 的 XGA 格式,又称为 WXGA(Wide XGA)标准,其分辨率为 1 280×720 像素。而 WUXGA(Wide Ultra XGA)标准是一种分辨率为 1 920×1 200 像素、纵横比为 16∶10 的 UXGA 格式,这种纵横比在高档 15 英寸和 17 英寸笔记本计算机上越来越流行。

2. 打印设备

打印设备可将计算机运行结果输出到纸介质上,并能长期保存,是一种硬拷贝设备。相比之下,显示器在屏幕上的信息是无法长期保存的,故它不属于硬拷贝设备。

(1) 打印设备的分类

打印设备的种类有很多种划分方法。

按印字原理划分,有击打式和非击打式两大类。击打式打印机是利用机械动作使印字机构与色带和纸相撞击而打印字符,其特点是设备成本低、印字质量较好,但噪声大、速度慢。击打式打印机又分为活字打印机和点阵针式打印机两种。活字打印机是将字符刻在印字机构的表面上,印字机构的形状有圆柱形、球形、菊花瓣形、鼓轮形、链形等,现在用得越来越少。点阵打印机的字符是点阵结构,它利用钢针撞击的原理印字,目前仍用得较普遍。非击打式打印机采用电、磁、光、喷墨等物理和化学方法来印刷字符,如激光打印机、静电打印机、喷墨打印机等,它们速度快、噪声低,印字质量比击打式的好,但价格比较贵,有的设备需用专用纸张进行打印。

按工作方式分,有串行打印机和行式打印机两种。前者是逐字打印,后者是逐行打印,故行式打印机比串行打印机速度快。

此外,按打印纸的宽度还可分宽行打印机和窄行打印机,还有能输出图的图形/图像打印机,具有色彩效果好的彩色打印机等。

(2) 点阵针式打印机

点阵针式打印机结构简单、体积小、重量轻、价格低、字符种类不受限制、较易实现汉字打印,还可打印图形和图像,是目前应用最广泛的一种打印设备。一般在微型、小型计算机中都配有这类打印机。

点阵针式打印机的印字原理是由打印针(钢针)印出 $n×m$ 个点阵来组成字符或图形。点越多、越密,字形质量越高。西文字符点阵通常采用 5×7、7×7、7×9、9×9 几种,汉字的点阵采用16×16、24×24、32×32 和 48×48 多种。图 5.22 是 7×9 点阵字符的打印格式和打印头的示意图。

打印头中的钢针数与打印机型号有关,有 7 针、9 针,也有双列 14(2×7)针或双列 24(2×12)针。打印头固定在托架上,托架可横向移动。图 5.22 中为 7 根钢针,对应垂直方向的 7 点,由于受机械安装的限制,这 7 点之间有一定的间隙。水平方向各点的距离取决于打印头移动的位置,故可密集些,这对形成斜形或弧形笔画非常有利。字符的形成是按字符中各列所包含的点逐列形成的。例如,对于字符 E,先打印第 2 列的 1~7 个点,再打印第 4、6、8 列的第 1、4、7 三点,最后打第 10 列的 1、7 两个点。可见每根针可以单独驱动。打印一个字符后,空出 3 列(第 11、0、1列)作为间隙。

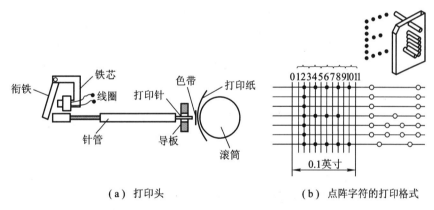

（a）打印头　　　　　　　　（b）点阵字符的打印格式

图 5.22　针式打印头和打印格式的示意图

针式打印机由打印头、横移机构、输纸机构、色带机构和相应的控制电路组成,如图 5.23所示。

打印机被 CPU 启动后,在接收代码时序器控制下,功能码判别电路开始接收从主机送来的欲打印字符的字符代码(ASCII 码)。首先判断该字符是打印字符码还是控制功能码(如回车、换行、换页等),若是打印字符码,则送至缓冲存储器,直到把缓冲存储器装满为止;若是控制功能码,则打印控制器停止接收代码并转入打印状态。打印时首先启动打印时序器,并在它控制下,从缓冲存储器中逐个读出打印字符码,再以该字符码作为字符发生器 ROM 的地址码,从中选出

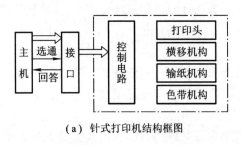

（a）针式打印机结构框图

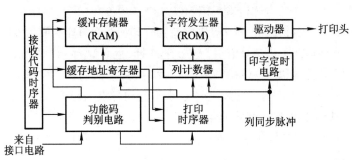

（b）针式打印机控制电路框图

图 5.23　针式打印机的组成

对应的字符点阵信息（字符发生器可将 ASCII 码转换成打印字符的点阵信息）。然后在列同步脉冲计数器控制下,将一列列读出的字符点阵信息送至打印驱动电路,驱动电磁铁带动相应的钢针进行打印。每打印一列,固定钢针的托架就要横移一列距离,直到打印完最后一列,形成 $n \times m$ 点阵字符。当一行字符打印结束或换行打印或缓存内容已全部打印完毕时,托架就返回到起始位置,并向主机报告,请求打印新的数据。

　　图 5.23（a）中的输纸机构受步进电机驱动,每打印完一行字符,按给定要求走纸。色带的作用是供给色源,如同复写纸的作用。如图 5.22（a）所示,钢针撞击在色带上,就可将颜色印在纸上,色带机构可使色带不断移动,以改变受击打的位置,避免色带的破损。

　　有的点阵针式打印机内部配有一个独立的微处理器,用来产生各种控制信号,完成复杂的打印任务。

　　上面介绍的针式打印机是串行点阵针式打印机,打印速度每秒 100 个字符左右,在微型计算机系统广泛采用。在大型、中型通用计算机系统中,为提高打印速度,通常配备行式点阵打印机,它是将多根打印针沿横向排成一行,安装在一块形似梳齿状的梳形板上,每根针各由一个电磁铁驱动。打印时梳形板可向左右移动,每移动一次印出一行印点。当梳形板改变移动方向时,走纸机构使纸移动一个印点间距,如此重复多次即可打印出一行字符。例如,44 针行式打印,沿水平方向均匀排列 44 根打印针,每根针负责打印 3 个字符,打印行宽为 44×3 = 132 列字符。如果每根针负责打印两个字符,则可采用 66 针结构。

（3）激光打印机

激光打印机采用了激光技术和照相技术,由于它的印字质量好,在各种计算机系统中广泛采用。激光打印机的工作原理如图 5.24 所示。

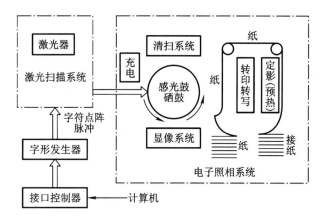

图 5.24　激光打印机原理框图

激光打印机由激光扫描系统、电子照相系统、字形发生器和接口控制器几部分组成。接口控制器接收由计算机输出的二进制字符编码及其他控制信号;字形发生器可将二进制字符编码转换成字符点阵脉冲信号;激光扫描系统的光源是激光器,该系统受字符点阵脉冲信号的控制,能输出很细的激光束,该激光束对做圆周运动的感光鼓进行轴向(垂直于纸面)扫描。感光鼓是电子照相系统的核心部件,鼓面上涂有一层具有光敏特性的感光材料,主要成分为硒,故感光鼓又称为硒鼓。感光鼓在未被激光扫描之前,先在黑暗中充电,使鼓表面均匀地沉积一层电荷,扫描时激光束对鼓表面有选择地曝光,被曝光的部分产生放电现象,未被曝光的部分仍保留充电时的电荷,这就形成了"潜像"。随着鼓的圆周运动,"潜像"部分通过装有碳粉盒的显像系统,使"潜像"部分(实际上是具有字符信息的区域)吸附上碳粉,达到"显影"的目的。当鼓上的字符信息区和打印纸接触时,由纸的背面施以反向的静电电荷,则鼓面上的碳粉就会被吸附到纸面上,这就是"转印"或"转写"过程。最后经过定影系统就将碳粉永久性地粘在纸上。转印后的鼓面还留有残余的碳粉,故先要除去鼓面上的电荷,经清扫系统将残余碳粉全部清除,然后重复上述充电、曝光、显形、转印、定影等一系列过程。

激光打印机可以使用普通纸张打印,输出速度高,一般可达 10 000 行/分(高速的可达 70 000 行/分),印字质量好,普通激光打印机的印字分辨率可达 300 dpi(每英寸 300 个点)或 400 dpi。字体字形可任意选择,还可打印图形、图像、表格、各种字母、数字和汉字等字符。

激光打印机是非击打式硬拷贝输出设备,是逐页输出的,故又有"页式输出设备"之称。普通击打式打印机是逐字或逐行输出的。页式输出设备的速度以每分钟输出的页数(Pages Per Minute,PPM)来描述。高速激光打印机的速度在 100 ppm 以上,中速为 30~60 ppm,它们主要用于大型计算机系统。低速激光打印机的速度为 10~20 ppm 或 10 ppm 以下,主要用于办公室自动化系统和文字编辑系统。

（4）喷墨打印机

喷墨打印机是串行非击打式打印机，印字原理是将墨水喷射到普通打印纸上。若采用红、绿、蓝三色喷墨头，便可实现彩色打印。随着喷墨打印技术的不断提高，其输出效果接近于激光打印机，而价格又与点阵针式打印机相当，因此也得到广泛应用。

图 5.25（a）是一种电荷控制式喷墨打印机的原理框图，主要由喷头、充电电极、墨水供应、过滤回收系统及相应的控制电路组成。

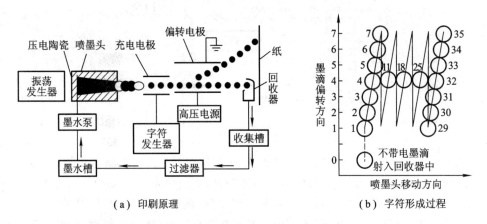

（a）印刷原理   （b）字符形成过程

图 5.25   电荷控制式喷墨打印机原理框图

喷墨头后部的压电陶瓷受振荡脉冲激励，使喷墨头喷出具有一定速度的一串不连续、不带电的墨水滴。墨水滴通过充电电极时被充上电荷，其电荷量的大小由字符发生器控制。字符发生器可将字符编码转换成字符点阵信息。由于各点的位置不同，充电电极所加的电压也不同，电压越高，充电电荷越多，墨滴经偏转电极后偏移的距离也越大，最后墨滴落在印字纸上。图中只有一对垂直方向的偏转电极，因此墨滴只能在垂直方向偏移。若垂直线段上某处不需喷点（对应字符在此处无点阵信息），则相应墨滴不充电，在偏转电场中不发生偏转，而射入回收器中。横向没有偏转电极，靠喷头相对于记录纸作横向移动来完成横向偏转。图 5.25（b）示意了 H 字符由 5×7 点阵组成。墨滴的运动轨迹如图中所示的数字顺序，可见字符中的每个点都要一个个地进行控制，故字符发生器的输出必须是一个点一个点的信息。这与点阵针式打印机的字符发生器一次输出一列上的 7 个点信息，分 5 次打印一个字符是完全不同的（参见图 5.22）。

喷墨打印机还有很多种，如电场控制型连续式喷墨打印机、随机式喷墨打印机以及具有多个喷头的喷墨打印机（如日本 EPSON 公司的 TSQ-4800 喷墨打印机有 48 个喷头）等，在此不做详述。

（5）几种打印机的比较

以上介绍的三种打印机都配有一个字符发生器，它们的共同点是都能将字符编码信息变为点阵信息,不同的是这些点阵信息的控制对象不同。点阵针式打印机的字符点阵用于控制打印针的驱动电路;激光打印机的字符点阵脉冲信号用于控制激光束;喷墨打印机的字符点阵信息控制墨滴的运动轨迹。

此外,点阵针式打印机属于击打式打印机,可以逐字打印,也可以逐行打印;喷墨打印机只能逐字打印;激光打印机属于页式输出设备。后两种都属于非击打式打印机。

不同种类的打印机性能和价格差别很大,用户可根据不同需要合理选用。要求印字质量高的场合可选用激光打印机;要求价格便宜的或只需具有文字处理功能的个人用计算机,可配置串行点阵针式打印机;要求处理的信息量很大,速度又要快,应该配行式打印机或高速激光打印机。

5.2.4　其他 I/O 设备

计算机的 I/O 设备中有一类既是输入设备,又是输出设备,如磁盘、终端、A/D 或 D/A 转换器以及汉字处理设备等。

1. 终端设备

终端是由显示器和键盘组成的一套独立完整的 I/O 设备,它可以通过标准接口接到远离主机的地方使用。终端与显示器是两个不同的概念,终端的结构比显示器复杂,它能完成显示控制与存储、键盘管理及通信控制等,还可完成简单的编辑操作。

2. A/D 与 D/A 转换器

当计算机用于过程控制时,其控制信号是模拟量,而计算机仅能处理数字量,这就要用 A/D、D/A 转换器来完成模拟量与数字量之间的相互转换任务。

A/D 转换器是模拟/数字转换器,它能将模拟量转换成数字量,是计算机的输入设备。A/D 转换器均已制成各种规格的芯片。

D/A 转换器是数字/模拟转换器,它能将计算机输出的数字量转换成控制所需的模拟量,以便控制被控对象或直接输出模拟信号,它是计算机的输出设备。D/A 转换器现在也均已制成各种规格的芯片。

A/D 与 D/A 转换器均属于过程控制设备,往往还需要配置其他设备,如传感器、放大电路、执行机构以及开关量 I/O 设备等,与计算机共同完成对对象的过程控制。

3. 汉字处理设备

计算机进行汉字信息处理时,必须将汉字代码化,即对汉字进行编码。汉字编码可分为输入码、内码和字形码三大类。输入码是解决汉字的输入和识别问题的;内码是由输入码转换而成的,只有内码才能在计算机内进行加工处理;字形码能显示或打印输出。汉字处理设备包括汉字输入、汉字存储和汉字输出三部分。

(1) 汉字的输入

采用西文标准键盘输入汉字时,必须对汉字进行编码,以便用字母、数字串替代汉字输入。

汉字编码方法主要有三类:数字编码、拼音编码和字形编码。

● 数字编码就是用数字串代表一个汉字的输入,常用的是国标区位码,也有的用电报码。使用区位码输入汉字时,必须根据国标 GB2312《信息交换用汉字编码字符集——基本集》,先查出汉字对应的代码,然后才能输入。这种编码输入的优点是无重码,而且输入码和内码的转换比较方便,但每个汉字的编码都是一串等长的数字,很难记忆。

● 拼音码是以汉语读音为基础的,由于汉字同音字太多,输入重码率很高,因此按拼音输入后还必须进行同音字的选择,影响了输入速度。

● 字形编码是以汉字形状确定的,由于汉字都是由一笔一画构成的,而笔画又是有限的,而且汉字的结构(又称为部件)也可以归结为几类,因此,把汉字的笔画和部件用字母和数字编码后,再按笔画书写顺序依次输入,就能表示出一个汉字。常用的有五笔字型编码。目前这种编码输入方法的效率是最高的。

上面介绍的汉字输入方法均为"手动"操作,主要用键盘输入。为了提高输入速度,又发展了词组输入、联想输入等输入方法。随着计算机技术的不断发展,利用语音或图像识别技术,直接将汉语或文本输入计算机,使计算机既能识别汉字,又能听懂汉语,并将其自动转换成机内代码。近年来有关语音识别、文字识别、自然语言理解及机器视觉等学科的研究都已有了不少好的成果,读者可查阅有关资料进一步了解。

(2)汉字的存储

汉字的存储包括汉字内码存储和字形码的存储。

汉字内码是汉字信息在机内存储、交换、检索等过程中所使用的机内代码,通常用两个字节表示。使用汉字内码字符时,应注意和英文字符区别开。英文字符的机内代码是 7 位 ASCII 码,字节的最高位为"0",而汉字内码的两个字节最高位均为"1"。以汉字操作系统 CCDOS 中的汉字内码为例,汉字国标码"兵"用十六进制表示为"3224H",每个字节最高位加"1"后,便得汉字内码为"B2A4H"(参见附录 6A 中的 6A.1)。当使用编辑程序输入汉字时,存储到磁盘上的文件就是用机内码表示汉字的。有些机器把字节的最高位用作奇偶校验位,这时汉字内码需用 3 个字节表示。

汉字字形码是用点阵表示汉字字形的代码,也称字模码,它是汉字的输出形式。简易型的汉字为 16×16 点阵,高精度的汉字用 24×24 点阵或 32×32 点阵表示。字模点阵的信息量很大,以 16×16 点阵为例,存放一个汉字就要占用 32 个字节。国标给出的常用汉字有 6 763 个,大约占 256 K 字节,因此必须单设字模点阵库来存储每个汉字的点阵代码。当显示输出时,需检索字库,输出字模点阵,最后得到字形。图 5.26 是汉字"次"字的字形点阵及编码。

(3)汉字的输出

汉字输出有打印输出和显示输出两种形式。针式

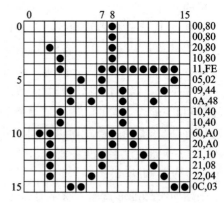

图 5.26　汉字字形点阵及编码

汉字打印机有 24 针和 16 针两种，前者印字质量较高。也可采用 9 针的西文打印机，当用 9 针打印机打印汉字时，需用软件控制把一行汉字分成两次打印，即每次打印 8 个点，第一次打印一行汉字的上半部，第二次打印一行汉字的下半部，拼在一起构成 16×16 的点阵汉字。

汉字显示可用通用显示器，在主机内由汉字显示控制板（简称汉卡）或通用的图形显示板形成点阵码，再将点阵码送至显示设备。只要设备具有输出点阵的能力，就可以输出汉字。此外，汉字显示终端除了显示汉字外，还可作为人机通信设备。

5.2.5 多媒体技术

1. 多媒体的定义

多媒体是"Multimedia"的汉译，而"Multimedia"一词是由"Multi"和"Media"两个词构成的复合词，直译即为"多媒体"。

多媒体一词的核心词是媒体。所谓媒体，是指信息传递和存储的最基本的技术和手段。日常生活中最常用的媒体包括音乐、语言、图片、文件、书籍、电视、广播、电话等。人们可以通过媒体获取他（她）们所需的信息，同时也可以利用这些媒体将有用信息传送出去或保存起来。

然而，传统的媒体设施、工具和手段大多是单一功能的。例如，音响设备只能录音或放音；电视只能提供音频和视频信息；报纸只能提供文字和图像图表信息等。由于都是单功能媒体，而且各自均独立分散，为此人们希望能有一个集多种功能的多媒体系统，这就是应用领域向计算机科学与技术和计算机工业提出的迫切要求。

此外，计算机本身的发展也提出了同样的要求。回顾一下计算机的发展史，不难发现，计算机与某一信息形式结合便可以开拓一个新的应用领域。在 20 世纪 50 年代，计算机局限于处理数字，应用领域也限制在求解复杂的数学问题。到了 20 世纪 60 年代，计算机与字符处理、文本处理相结合，就出现了信息管理系统。后来计算机与图形结合，产生了 CAD。计算机与照相技术相结合，又产生了图像（静）处理等。20 世纪 80 年代曾是人工智能研究领域的高潮时代，首先是日本提出了以研究具有高度智能的第五代计算机为目标的 FGCS 计划，给世界计算机技术形成了一次冲击，可是经过了 10 年含辛茹苦地探索，人们才发现研制人工智能第五代计算机的时代远未成熟，只有在计算机科学理论和信息处理技术的高度发展以及知识库体系自我完备的基础上，第五代人工智能计算机的研制才有可能成为现实。人们在认识世界和对某一事物做出判断时，绝不是或不仅仅是用某种单一媒体上的信息或孤立地利用某一时刻的信息。人脑首先是具有高度的信息融合能力，其次是具有历史和环境提供的启示信息，以减少推理搜索空间的能力。目前的计算机还远远不具备人脑的这种能力，因此，人工智能也很难取得突破性的进展。

研究多媒体计算机技术，就是要强调计算机与声音、活动图像和文字相结合。例如，将录像内容输到计算机内（如果需要可进行处理），在播放时，可与多种其他媒体信息（如文字、声音）混合在一起，形成一个多媒体的演示系统。又如，将计算机产生的图形或动画与摄像机摄得的图像叠加在一起等。此外，采用人机对话方式，对计算机存储的各种信息进行查找、编辑以及实现同时播放,使多媒体系统成为一个交互式的系统。可见,多媒体计算机可作为研制高度智能计算机系统的一个平台。

2. 多媒体计算机的关键技术

(1) 视频和音频数据的压缩与解压缩技术

多媒体计算机的关键问题是如何实时综合处理声、图和文字信息,需要将每幅图像从模拟量转换成数字量,然后进行图像处理,与图形、文字复合后存放在机器中。数字化图像和声音的信息量是非常大的。以一般彩色电视信号为例,设代表光强、色彩和色饱和度的 YIQ 色空间中各分量的带宽分别为 4.2 MHz、1.5 MHz 和 0.5 MHz。根据采样原理,仅当采样频率大于等于 2 倍的原始信号的频率时,才能保证采样后信号不失真地恢复为原始信号。再设各分量均被数字化为 8 位,从而 1 秒钟的电视信号的数据总量应为

$$(4.2+1.5+0.5) \times 2 \times 8 = 99.2 \text{ Mb}$$

也就是说,彩色电视节目信号的数据量每秒约为 100 Mb,因而一个容量为 1 GB 的 CD-ROM 仅能存放约一分钟的原始电视数据(每字节后面附有 2 位校验位),很显然电视信号数字化后直接保存的方法是令人难以接受的。

对于语音的数据也一样,一般人类语音的带宽为 4 kHz,同样依据采样定理,并设数字化精度为 8 位,则一秒钟的数据量约为 4 K$\times 2 \times 8$ = 64 K 位,因此在上述采样条件下,讲一分钟话的数据量约为 480 KB。

由此可见,电视图像、彩色图像、彩色静图像、文件图像以及语音等数据量是相当大的。特别是电视图像的数据量,在相同条件下要比语音数据量大 1 000 倍。再加上计算机总线的传输速率的局限,因此,必须对信息进行压缩和解压缩。所谓图像压缩,是指图像从像素存储的方式经过图像变换、量化和高效编码等处理,转换成特殊形式的编码,从而大大降低计算机所需存储和实时传送的数据量。例如,Intel 公司的交互式数字视频系统 DVI 能将动态图像数据压缩到 135 KBps 的传送速度。

信息编码方式很多,应选用符合国际标准的,并能用计算机或 VLSI 芯片快速实现的编码方法。

(2) 多媒体专用芯片

由于多媒体计算机承担大量与数据信号处理、图像处理、压缩与解压缩以及解决多媒体之间关系等有关的问题,而且要求处理速度快,因此需研制专用芯片。一般多媒体专用芯片有两种类型:固定功能的和可编程的。

(3) 大容量存储器

多媒体计算机需要存储的信息量极大,因此研制大容量的存储器仍是多媒体计算机系统的关键技术。

(4) 适用于多媒体技术的软件

图 5.27 示意了多媒体系统的层次结构。

最底层为计算机硬件,还可配置电视机、录像机及音像设备等。其上层是多媒体实时压缩和

解压缩层,它将视频和音频信号压缩后存储在磁盘上,播放时要解压缩,而且要求处理速度快,通常采用以专用芯片为基础的电路卡。

多媒体输入输出控制及接口层与多媒体设备打交道,驱动控制这些硬件设备,并提供与高层软件的接口。

多媒体核心系统层是多媒体操作系统,Intel、IBM、Microsoft 和 Apple 等公司都开发了这层软件。

应用系统
创作系统
多媒体核心系统
多媒体输入输出控制及接口
多媒体实时压缩与解压缩
计算机硬件

图 5.27 多媒体系统的层次结构

创作系统层是为方便用户开发应用系统而设置的,具有编辑和播放等功能。

应用系统层包括厂家或用户开发的应用软件。

以上除最底层的硬件层外,其他层次都包含适用于多媒体技术的软件。

5.3 I/O 接口

5.3.1 概述

接口可以看作两个系统或两个部件之间的交接部分,它既可以是两种硬设备之间的连接电路,也可以是两个软件之间的共同逻辑边界。I/O 接口通常是指主机与 I/O 设备之间设置的一个硬件电路及其相应的软件控制。由图 5.13 可知,不同的 I/O 设备都有其相应的设备控制器,而它们往往都是通过 I/O 接口与主机取得联系的。主机与 I/O 设备之间设置接口的理由如下:

① 一台机器通常配有多台 I/O 设备,它们各自有其设备号(地址),通过接口可实现 I/O 设备的选择。

② I/O 设备种类繁多,速度不一,与 CPU 速度相差可能很大,通过接口可实现数据缓冲,达到速度匹配。

③ 有些 I/O 设备可能串行传送数据,而 CPU 一般为并行传送,通过接口可实现数据串-并格式的转换。

④ I/O 设备的输入输出电平可能与 CPU 的输入输出电平不同,通过接口可实现电平转换。

⑤ CPU 启动 I/O 设备工作,要向 I/O 设备发各种控制信号,通过接口可传送控制命令。

⑥ I/O 设备需将其工作状态(如"忙""就绪""错误""中断请求"等)及时向 CPU 报告,通过接口可监视设备的工作状态,并可保存状态信息,供 CPU 查询。

值得注意的是,接口(Interface)和端口(Port)是两个不同的概念。端口是指接口电路中的一些寄存器,这些寄存器分别用来存放数据信息、控制信息和状态信息,相应的端口分别称为数据端口、控制端口和状态端口。若干个端口加上相应的控制逻辑才能组成接口。CPU 通过输入指令,从端口读入信息,通过输出指令,可将信息写入端口中。

5.3.2   接口的功能和组成

1. 总线连接方式的 I/O 接口电路

图 5.28 所示为总线结构的计算机,每一台 I/O 设备都是通过 I/O 接口挂到系统总线上的。图中的 I/O 总线包括数据线、设备选择线、命令线和状态线。

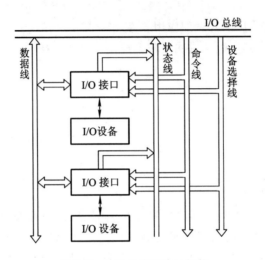

图 5.28   I/O 总线和接口部件

(1) 数据线

数据线是 I/O 设备与主机之间数据代码的传送线,其根数一般等于存储字长的位数或字符的位数,它通常是双向的,也可以是单向的。若采用单向数据总线,则必须用两组才能实现数据的输入和输出功能,而双向数据总线只需一组即可。

(2) 设备选择线

设备选择线是用来传送设备码的,它的根数取决于 I/O 指令中设备码的位数。如果把设备码看作地址号,那么设备选择线又可称为地址线。设备选择线可以有一组,也可以有两组,其中一组用于主机向 I/O 设备发送设备码,另一组用于 I/O 设备向主机回送设备码。当然设备选择线也可采用一组双向总线代替两组单向总线。

(3) 命令线

命令线主要用以传输 CPU 向设备发出的各种命令信号,如启动、清除、屏蔽、读、写等。它是一组单向总线,其根数与命令信号多少有关。

（4）状态线

状态线是将 I/O 设备的状态向主机报告的信号线，例如，设备是否准备就绪，是否向 CPU 发出中断请求等。它也是一组单向总线。

现代计算机中大多采用三态逻辑电路来构成总线。

2. 接口的功能和组成

根据上述设置接口的理由，可归纳出接口通常应具有以下几个功能以及相应的硬件配置。

（1）选址功能

由于 I/O 总线与所有设备的接口电路相连，但 CPU 究竟选择哪台设备，还得通过设备选择线上的设备码来确定。该设备码将送至所有设备的接口，因此，要求每个接口都必须具有选址功能，即当设备选择线上的设备码与本设备码相符时，应发出设备选中信号 SEL，这种功能可通过接口内的设备选择电路来实现。

图 5.29 所示为接口 1 和接口 2 的设备选择电路。这两个电路的具体线路可以不同，它们分别能识别出自身的设备码，一旦某接口设备选择电路有输出时，它便可控制这个设备通过命令线、状态线和数据线与主机交换信息。

（2）传送命令的功能

当 CPU 向 I/O 设备发出命令时，要求 I/O 设备能做出响应，如果 I/O 接口不具备传送命令信息的功能，那么设备将无法响应，故通常在 I/O 接口中设有存放命令的命令寄存器以及命令译码器，如图 5.30 所示。

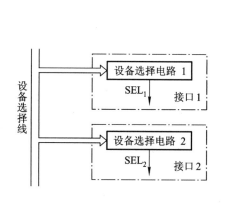

图 5.29　设备选择电路框图

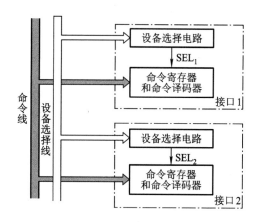

图 5.30　命令寄存器和命令译码器

命令寄存器用来存放 I/O 指令中的命令码，它受设备选中信号控制。命令线和所有接口电路的命令寄存器相连，只有被选中设备的 SEL 信号有效，命令寄存器才可接受命令线上的命令码。

（3）传送数据的功能

既然接口处于主机与 I/O 设备之间，因此数据必须通过接口才能实现主机与 I/O 设备之间的传送。这就要求接口中具有数据通路，完成数据传送。这种数据通路还应具有缓冲能力，即能将数据暂存在接口内。接口中通常设有数据缓冲寄存器（Data Buffer Register，DBR），它用来暂存 I/O 设备与主机准备交换的信息，与 I/O 总线中的数据线是相连的。

每个接口中的数据缓冲寄存器的位数可以各不相同，这取决于各类 I/O 设备的不同需要。例如，键盘接口的 DBR 定为 8 位，因为 ASCII 码为 7 位（见附录 5A），再加一位奇偶校验位，故为 8 位。又如磁盘这类外设，其 DBR 的位数通常与存储字长的位数相等，而且还要求具有串-并转换能力，既可将从磁盘中串行读出的信息并行送至主存，又可将从主存中并行读出的信息串行输至磁盘。

（4）反映 I/O 设备工作状态的功能

为了使 CPU 能及时了解各 I/O 设备的工作状态，接口内必须设置一些反映设备工作状态的触发器。例如，用完成触发器 D 和工作触发器 B 来标志设备所处的状态。

当 D = 0，B = 0 时，表示 I/O 设备处于暂停状态。

当 D = 1，B = 0 时，表示 I/O 设备已经准备就绪。

当 D = 0，B = 1 时，表示 I/O 设备正处于准备状态。

由于现代计算机系统中大多采用中断技术，因此接口电路中一般还设有中断请求触发器 INTR，当其为"1"时，表示该 I/O 设备向 CPU 发出中断请求。接口内还有屏蔽触发器 MASK，它与中断请求触发器配合使用，完成设备的屏蔽功能（有关内容将在 8.4 节讲述）。

所有的状态标志触发器都与 I/O 总线中的状态线相连。此外，不同的 I/O 设备的接口电路中还可根据需要增设一些其他状态标志触发器，如"出错"触发器、"数据迟到"触发器，或配置一些奇偶校验电路、循环码校验电路等。随着大规模集成电路制作工艺的不断进步，目前大多数 I/O 设备所共用的电路都制作在一个芯片内，作为通用接口芯片。另一些 I/O 设备专用的电路，制作在 I/O 设备的设备控制器中。本节所讲述的接口功能及组成均是指通用接口所具备的。图 5.31 所示为 I/O 接口的基本组成。

5.3.3　接口类型

I/O 接口按不同方式分类有以下几种。

① 按数据传送方式分类，有并行接口和串行接口两类。并行接口是将一个字节（或一个字）的所有位同时传送（如 Intel 8255）；串行接口是在设备与接口间一位一位传送（如 Intel 8251）。由于接口与主机之间是按字节或字并行传送，因此对串行接口而言，其内部还必须设有串-并转换装置。

② 按功能选择的灵活性分类，有可编程接口和不可编程接口两种。可编程接口的功能及操作方式可用程序来改变或选择（如 Intel 8255、Intel 8251）；不可编程接口不能由程序来改变其功

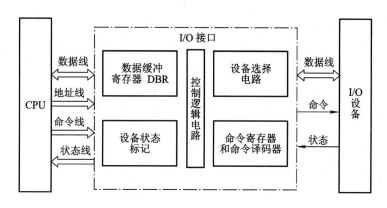

图 5.31　I/O 接口的基本组成

能,但可通过硬连线逻辑来实现不同的功能(如 Intel 8212)。

　　③ 按通用性分类有通用接口和专用接口。通用接口可供多种 I/O 设备使用,如 Intel 8255、Intel 8212;专用接口是为某类外设或某种用途专门设计的,如 Intel 8279 可编程键盘/显示器接口;Intel 8275 可编程 CRT 控制器接口等。

　　④ 按数据传送的控制方式分类,有程序型接口和 DMA 型接口。程序型接口用于连接速度较慢的 I/O 设备,如显示终端、键盘、打印机等。现代计算机一般都可采用程序中断方式实现主机与 I/O 设备之间的信息交换,故都配有这类接口,如 Intel 8259。DMA 型接口用于连接高速 I/O 设备,如磁盘、磁带等,如 Intel 8237。有关这两类接口,将在 5.5 和 5.6 节中讲述它们的基本组成原理。

5.4　程序查询方式

5.4.1　程序查询流程

　　由 5.1.4 节已知,程序查询方式的核心问题在于每时每刻需不断查询 I/O 设备是否准备就绪。图 5.32 是单个 I/O 设备的查询流程。

　　当 I/O 设备较多时,CPU 需按各个 I/O 设备在系统中的优先级别进行逐级查询,其流程图如 5.33 所示。图中设备的优先顺序按 1 至 N 降序排列。

　　为了正确完成这种查询,通常要执行如下 3 条指令。

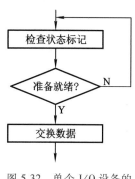

图 5.32　单个 I/O 设备的
查询流程

① 测试指令,用来查询 I/O 设备是否准备就绪。

② 传送指令,当 I/O 设备已准备就绪时,执行传送指令。

③ 转移指令,若 I/O 设备未准备就绪,执行转移指令,转至测试指令,继续测试 I/O 设备的状态。

图 5.34 所示为单个 I/O 设备程序查询方式的程序流程。当需要启动某一 I/O 设备时,必须将该程序插入现行程序中。该程序包括如下几项,其中①~③为准备工作。

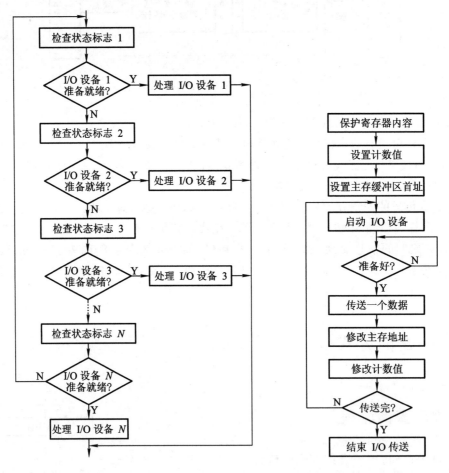

图 5.33　多个 I/O 设备的查询流程　　　图 5.34　程序查询方式的程序流程

① 由于这种方式传送数据时要占用 CPU 中的寄存器,故首先需将寄存器原内容保护起来(若该寄存器中存有有用信息)。

② 由于传送往往是一批数据,因此需先设置 I/O 设备与主机交换数据的计数值。

③ 设置欲传送数据在主存缓冲区的首地址。

④ CPU 启动 I/O 设备。

⑤ 将 I/O 接口中的设备状态标志取至 CPU 并测试 I/O 设备是否准备就绪。如果未准备就绪,则等待,直到准备就绪为止。当准备就绪时,接着可实现传送。对输入而言,准备就绪意味着接口电路中的数据缓冲寄存器已装满欲传送的数据,称为输入缓冲满,CPU 即可取走数据;对输出而言,准备就绪意味着接口电路中的数据已被设备取走,故称为输出缓冲空,这样 CPU 可再次将数据送到接口,设备可再次从接口接收数据。

⑥ CPU 执行 I/O 指令,或从 I/O 接口的数据缓冲寄存器中读出一个数据,或把一个数据写入 I/O 接口中的数据缓冲寄存器内,同时将接口中的状态标志复位。

⑦ 修改主存地址。

⑧ 修改计数值,若原设置计数值为原码,则依次减 1;若原设置计数值为负数的补码,则依次加 1(有关原码、补码的概念可参阅 6.1 节)。

⑨ 判断计数值。若计数值不为 0,表示一批数据尚未传送完,重新启动外设继续传送;若计数值为 0,则表示一批数据已传送完毕。

⑩ 结束 I/O 传送,继续执行现行程序。

5.4.2　程序查询方式的接口电路

由程序查询流程和 5.3.2 节所述的接口功能及组成,得出程序查询方式接口电路的基本组成,如图 5.35 所示。

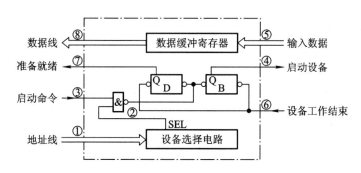

图 5.35　程序查询方式接口电路(输入)的基本组成

图中设备选择电路用以识别本设备地址,当地址线上的设备号与本设备号相符时,SEL 有效,可以接收命令;数据缓冲寄存器用于存放欲传送的数据;D 是完成触发器,B 是工作触发器,其功能如 5.3.2 节所述。

以输入设备为例,该接口的工作过程如下:

① 当 CPU 通过 I/O 指令启动输入设备时,指令的设备码字段通过地址线送至设备选择电路。

② 若该接口的设备码与地址线上的代码吻合,其输出 SEL 有效。

③ I/O 指令的启动命令经过"与非"门将工作触发器 B 置"1",将完成触发器 D 置"0"。

④ 由 B 触发器启动设备工作。

⑤ 输入设备将数据送至数据缓冲寄存器。

⑥ 由设备发设备工作结束信号,将 D 置"1",B 置"0",表示外设准备就绪。

⑦ D 触发器以"准备就绪"状态通知 CPU,表示"数据缓冲满"。

⑧ CPU 执行输入指令,将数据缓冲寄存器中的数据送至 CPU 的通用寄存器,再存入主存相关单元。

例 5.1　在程序查询方式的输入输出系统中,假设不考虑处理时间,每一次查询操作需要 100 个时钟周期,CPU 的时钟频率为 50 MHz。现有鼠标和硬盘两个设备,而且 CPU 必须每秒对鼠标进行 30 次查询,硬盘以 32 位字长为单位传输数据,即每 32 位被 CPU 查询一次,传输率为 2 MBps。求 CPU 对这两个设备查询所花费的时间比率,由此可得出什么结论?

解:(1) CPU 每秒对鼠标进行 30 次查询,所需的时钟周期数为

$$100 \times 30 = 3\ 000$$

根据 CPU 的时钟频率为 50 MHz,即每秒 50×10^6 个时钟周期,故对鼠标的查询占用 CPU 的时间比率为

$$[3\ 000/(50 \times 10^6)] \times 100\% = 0.006\%$$

可见,对鼠标的查询基本不影响 CPU 的性能。

(2) 对于硬盘,每 32 位被 CPU 查询一次,故每秒查询

$$2\ MB/4\ B = 512\ K\ 次$$

则每秒查询的时钟周期数为

$$100 \times 512 \times 1\ 024 = 52.4 \times 10^6$$

故对磁盘的查询占用 CPU 的时间比率为

$$[(52.4 \times 10^6)/(50 \times 10^6)] \times 100\% = 105\%$$

可见,即使 CPU 将全部时间都用于对硬盘的查询也不能满足磁盘传输的要求,因此 CPU 一般不采用程序查询方式与磁盘交换信息。

5.5　程序中断方式

5.5.1　中断的概念

计算机在执行程序的过程中,当出现异常情况或特殊请求时,计算机停止现行程序的运行,转向对这些异常情况或特殊请求的处理,处理结束后再返回到现行程序的间断处,继续执行原程

序,这就是"中断"(参见图 5.10)。中断是现代计算机能有效合理地发挥效能和提高效率的一个十分重要的功能。通常又把实现这种功能所需的软硬件技术统称为中断技术。

5.5.2　I/O 中断的产生

在 I/O 设备与主机交换信息时,由于设备本身机电特性的影响,其工作速度较低,与 CPU 无法匹配,因此,CPU 启动设备后,往往需要等待一段时间才能实现主机与 I/O 设备之间的信息交换。如果在设备准备的同时,CPU 不做无谓的等待,而继续执行现行程序,只有当 I/O 设备准备就绪向 CPU 提出请求后,再暂时中断 CPU 现行程序转入 I/O 服务程序,这便产生了 I/O 中断。

图 5.36 所示为由打印机引起的 I/O 中断时,CPU 与打印机并行工作的时间示意图。

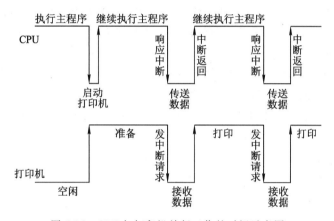

图 5.36　CPU 与打印机并行工作的时间示意图

其实,计算机系统引入中断技术的原因不仅仅是为了适应 I/O 设备工作速度低的问题。例如,当计算机正在运行中,若出现突然掉电这种异常情况,将会导致 CPU 中的全部信息丢失。倘若能在突然掉电的瞬间立即启动另一个备份电源,并迅速进行一些必要的处理,例如,将有用信息送至不受电源影响的存储系统内,待电源恢复后接着使用,这种处理技术也要用中断技术来实现。又如,在实时控制领域中,要求 CPU 能即时响应外来信号的请求,并能完成相应的操作,也都要求采用中断技术。总之,为了提高计算机的整机效率,为了应付突发事件,为了实时控制的需要,在计算机技术的发展过程中产生了"中断"技术。为了实现"中断",计算机系统中必须配有相应的中断系统或中断机构。本节着重介绍 I/O 中断处理的相关内容,有关中断的其他内容将在第 8 章中讲述。

5.5.3　程序中断方式的接口电路

为处理 I/O 中断,在 I/O 接口电路中必须配置相关的硬件线路。

1. 中断请求触发器和中断屏蔽触发器

每台外部设备都必须配置一个中断请求触发器 INTR,当其为“1”时,表示该设备向 CPU 提出中断请求。但是设备欲提出中断请求时,其设备本身必须准备就绪,即接口内的完成触发器 D 的状态必须为“1”。

由于计算机应用的范围越来越广泛,向 CPU 提出中断请求的原因也越来越多,除了各种 I/O 设备外,还有其他许多突发性事件都是引起中断的因素,为此,把凡能向 CPU 提出中断请求的各种因素统称为中断源。当多个中断源向 CPU 提出中断请求时,CPU 必须坚持一个原则,即在任何瞬间只能接受一个中断源的请求。所以,当多个中断源同时提出请求时,CPU 必须对各中断源的请求进行排队,且只能接受级别最高的中断源的请求,不允许级别低的中断源中断正在运行的中断服务程序。这样,在 I/O 接口中需设置一个屏蔽触发器 MASK,当其为“1”时,表示被屏蔽,即封锁其中断源的请求。可见中断请求触发器和中断屏蔽触发器在 I/O 接口中是成对出现的。有关屏蔽的详细内容将在 8.4.6 节中讲述。

此外,CPU 总是在统一的时间,即每条指令执行阶段的最后时刻,查询所有的设备是否有中断请求。

综合上述各因素,可得出接口电路中的完成触发器 D、中断请求触发器 INTR、中断屏蔽触发器 MASK 和中断查询信号的关系如图 5.37 所示。可见,仅当设备准备就绪(D = 1),且该设备未被屏蔽(MASK = 0)时,CPU 的中断查询信号可将中断请求触发器置“1”(INTR = 1)。

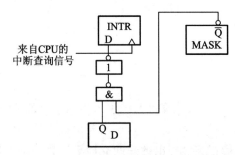

图 5.37　接口电路中 D、INTR、MASK 和中断查询信号的关系

2. 排队器

如上所述,当多个中断源同时向 CPU 提出请求时,CPU 只能按中断源的不同性质对其排队,给予不同等级的优先权,并按优先等级的高低予以响应。就 I/O 中断而言,速度越高的 I/O 设备,优先级越高,因为若 CPU 不及时响应高速 I/O 的请求,其信息可能会立即丢失。

设备优先权的处理可以采用硬件方法,也可采用软件方法(详见 8.4.2 节)。硬件排队器的实现方法很多,既可在 CPU 内部设置一个统一的排队器,对所有中断源进行排队(详见图 8.25),也可在接口电路内分别设置各个设备的排队器,图 5.38 所示是设在各个接口电路中的排队器电路,又称为链式排队器。

图 5.38 中下面的一排门电路是链式排队器的核心。每个接口中有一个反相器和一个“与

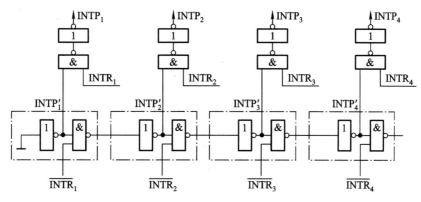

图 5.38　链式排队器

非"门(如图中点画线框内所示),它们之间犹如链条一样串接在一起,故称为链式排队器。该电路中级别最高的中断源是 1 号,其次是 2 号、3 号、4 号。不论是哪个中断源(一个或多个)提出中断请求,排队器输出端 INTP$_i$ 只有一个高电平。

　　当各中断源均无中断请求时,各个 $\overline{\text{INTR}_i}$ 为高电平,其 INTP$_1'$、INTP$_2'$、INTP$_3'$⋯均为高电平。一旦某个中断源提出中断请求时,就迫使比其优先级低的中断源 INTP$_i'$ 变为低电平,封锁其发中断请求。例如,当 2 号和 3 号中断源同时有请求时($\overline{\text{INTR}_2}=0$,$\overline{\text{INTR}_3}=0$),经分析可知 INTP$_1'$ 和 INTP$_2'$ 均为高电平,INTP$_3'$ 及往后各级的 INTP$_i'$ 均为低电平。各个 INTP$_i'$ 再经图中上面一排两个输入头的"与非"门,便可保证排队器只有 INTP$_2$ 为高电平,表示 2 号中断源排队选中。

　　3. 中断向量地址形成部件(设备编码器)

　　CPU 一旦响应了 I/O 中断,就要暂停现行程序,转去执行该设备的中断服务程序。不同的设备有不同的中断服务程序,每个服务程序都有一个入口地址,CPU 必须找到这个入口地址。

　　入口地址的寻找也可用硬件或软件的方法来完成,这里只介绍硬件向量法。所谓硬件向量法,就是通过向量地址来寻找设备的中断服务程序入口地址,而且向量地址是由硬件电路产生的,如图 5.39 所示。

　　中断向量地址形成部件的输入是来自排队器的输出 INTP$_1$,INTP$_2$,⋯,INTP$_n$,它的输出是中断向量(二进制代码表示),其位数与计算机可以处理中断源的个数有关,即一个中断源对应一个向量地址。可见,该部件实质上是一个编码器。在 I/O 接口中的编码器又称为设备编码器。

　　这里必须分清向量地址和中断服务程序的入口地址是两个不同的概念,图 5.40 是通过向量地址寻找入口地址的一种方案。其中 12H、13H、14H 是向量地址,200、300 分别是打印机服务程序和显示器服务程序的入口地址。

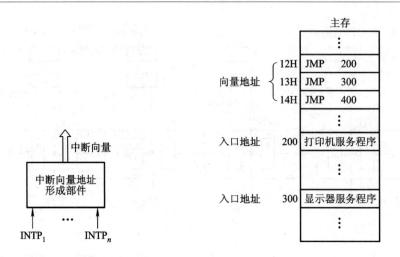

图 5.39   中断向量地址形成部件框图   图 5.40   通过向量地址寻找入口地址

4. 程序中断方式接口电路的基本组成

综合 5.3.2 节对一般接口电路的分析以及上述对实现程序中断方式所需增设硬件的介绍, 以输入设备为例,程序中断方式接口电路的基本组成如图 5.41 所示。

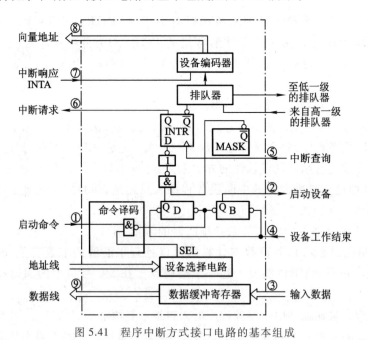

图 5.41   程序中断方式接口电路的基本组成

例 5.2   现有 3 个设备 A、B、C,它们的优先级按降序排列。此 3 个设备的向量地址分别是 001010、001011、001100。设计一个链式排队线路和产生 3 个向量地址的设备编码器。

解：链式排队线路和设备编码器如图 5.42 所示。图中 $INTR_i(i = A, B, C)$ 为中断请求信号，有请求时 $INTR_i = 1$（即 $\overline{INTR_i} = 0$），$INTP_i(i = A, B, C)$ 为排队器输出，$INTA$ 为中断响应信号。点画线框内为设备编码器。当中断响应信号 $INTA$ 有效时，被选中的排队信号 $INTP_i$ 通过设备编码器形成的向量地址可通过数据总线送至 CPU。

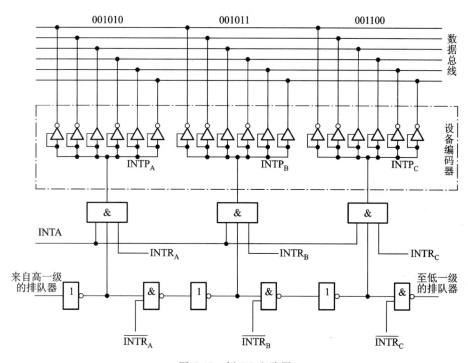

图 5.42　例 5.2 电路图

5.5.4　I/O 中断处理过程

1. CPU 响应中断的条件和时间

CPU 响应 I/O 设备提出中断请求的条件是必须满足 CPU 中的允许中断触发器 EINT 为"1"。该触发器可用开中断指令置位（称为开中断）；也可用关中断指令或硬件自动使其复位（称为关中断）。

由图 5.37 分析可知，I/O 设备准备就绪的时间（即 D = 1）是随机的，而 CPU 是在统一的时刻（每条指令执行阶段结束前）向接口发中断查询信号，以获取 I/O 的中断请求。因此，CPU 响应中断的时间一定是在每条指令执行阶段的结束时刻。

2. I/O 中断处理过程

下面以输入设备为例，结合图 5.41，说明 I/O 中断处理的全过程。当 CPU 通过 I/O 指令的

地址码选中某设备后,则

①　由 CPU 发启动 I/O 设备命令,将接口中的 B 置"1",D 置"0"。

②　接口启动输入设备开始工作。

③　输入设备将数据送入数据缓冲寄存器。

④　输入设备向接口发出"设备工作结束"信号,将 D 置"1",B 置"0",标志设备准备就绪。

⑤　当设备准备就绪(D=1),且本设备未被屏蔽(MASK=0)时,在指令执行阶段的结束时刻,由 CPU 发出中断查询信号。

⑥　设备中断请求触发器 INTR 被置"1",标志设备向 CPU 提出**中断请求**。与此同时,INTR 送至排队器,进行**中断判优**。

⑦　若 CPU 允许中断(EINT=1),设备又被排队选中,即进入**中断响应**阶段,由中断响应信号 INTA 将排队器输出送至编码器形成向量地址。

⑧　向量地址送至 PC,作为下一条指令的地址。

⑨　由于向量地址中存放的是一条无条件转移指令(参见图 5.40),故这条指令执行结束后,即无条件转至该设备的服务程序入口地址,开始执行中断服务程序,进入**中断服务**阶段,通过输入指令将数据缓冲寄存器的输入数据送至 CPU 的通用寄存器,再存入主存相关单元。

⑩　中断服务程序的最后一条指令是中断返回指令,当其执行结束时,即**中断返回**至原程序的断点处。至此,一个完整的程序中断处理过程即告结束。

综上所述,可将一次中断处理过程简单地归纳为中断请求、中断判优、中断响应、中断服务和中断返回 5 个阶段。至于为什么能准确返回至原程序断点,CPU 在中断响应阶段除了将向量地址送至 PC 外,还做了什么其他操作等问题,将在 8.4 节详细介绍。

5.5.5　中断服务程序的流程

不同设备的服务程序是不相同的,可它们的程序流程又是类似的,一般中断服务程序的流程分四大部分:保护现场、中断服务、恢复现场和中断返回。

1. 保护现场

保护现场有两个含义,其一是保存程序的断点;其二是保存通用寄存器和状态寄存器的内容。前者由中断隐指令完成(详见 8.4.4 节),后者由中断服务程序完成。具体而言,可在中断服务程序的起始部分安排若干条存数指令,将寄存器的内容存至存储器中保存,或用进栈指令(PUSH)将各寄存器的内容推入堆栈保存,即将程序中断时的"现场"保存起来。

2. 中断服务(设备服务)

这是中断服务程序的主体部分,对于不同的中断请求源,其中断服务操作内容是不同的,例如,打印机要求 CPU 将需打印的一行字符代码,通过接口送入打印机的缓冲存储器中(参见图 5.23)以供打印机打印。又如,显示设备要求 CPU 将需显示的一屏字符代码通过接口送入显示器的显示存储器中(参见图 5.18)。

3. 恢复现场

这是中断服务程序的结尾部分,要求在退出服务程序前,将原程序中断时的"现场"恢复到原来的寄存器中。通常可用取数指令或出栈指令(POP),将保存在存储器(或堆栈)中的信息送回到原来的寄存器中。

4. 中断返回

中断服务程序的最后一条指令通常是一条中断返回指令,使其返回到原程序的断点处,以便继续执行原程序。

计算机在处理中断的过程中,有可能出现新的中断请求,此时如果 CPU 暂停现行的中断服务程序,转去处理新的中断请求,这种现象称为中断嵌套,或多重中断。倘若 CPU 在执行中断服务程序时,对新的中断请求不予理睬,这种中断称为单重中断。这两种处理方式的中断服务程序略有区别。图 5.43(a)和图 5.43(b)分别为单重中断和多重中断服务程序流程。比较图 5.43(a)和图 5.43(b)可以发现,其区别在于"开中断"的设置时间不同。

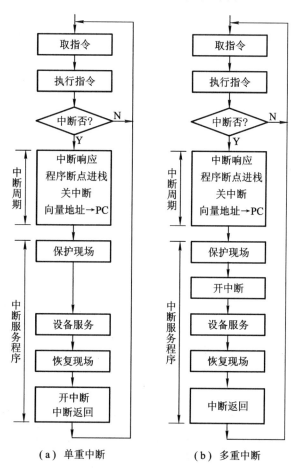

(a) 单重中断　　　　　　(b) 多重中断

图 5.43　单重中断和多重中断服务程序流程

CPU 一旦响应了某中断源的中断请求后,便由硬件线路自动关中断,即中断允许触发器 EINT 被置"0"(详见图 8.30),以确保该中断服务程序的顺利执行。因此如果不用"开中断"指令将 EINT 置"1",则意味着 CPU 不能再响应其他任何一个中断源的中断请求。对于单重中断,开中断指令设置在最后"中断返回"之前,意味着在整个中断服务处理过程中,不能再响应其他中断源的请求。对于多重中断,开中断指令提前至"保护现场"之后,意味着在保护现场后,若有级别更高的中断源提出请求(这是实现多重中断的必要条件),CPU 也可以响应,即再次中断现行的服务程序,转至新的中断服务程序,这是单重中断与多重中断的主要区别。有关多重中断的详细内容参见 8.4.6 节。

　　综上所述,从宏观上分析,程序中断方式克服了程序查询方式中的 CPU "踏步"现象,实现了 CPU 与 I/O 的并行工作,提高了 CPU 的资源利用率。但从微观操作分析,发现 CPU 在处理中断服务程序时仍需暂停原程序的正常运行,尤其是当高速 I/O 设备或辅助存储器频繁地、成批地与主存交换信息时,需不断地打断 CPU 执行主程序而执行中断服务程序。图 5.44 是主程序和服务程序抢占 CPU 的示意图。为此,人们探索出使 CPU 效率更高的 DMA 控制方式。

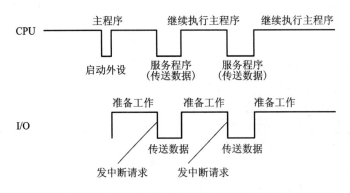

图 5.44　主程序和服务程序抢占 CPU 的示意图

5.6　DMA 方式

5.6.1　DMA 方式的特点

　　图 5.45 示意了 DMA 方式与程序中断方式的数据通路。

　　由图中可见,由于主存和 DMA 接口之间有一条数据通路,因此主存和设备交换信息时,不通过 CPU,也不需要 CPU 暂停现行程序为设备服务,省去了保护现场和恢复现场,因此工作速度比程序中断方式的工作速度高。这一特点特别适合于高速 I/O 或辅存与主存之间的信息交换。

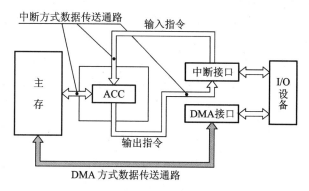

图 5.45　DMA 和程序中断两种方式的数据通路

因为高速 I/O 设备若每次申请与主机交换信息时,都要等待 CPU 做出中断响应后再进行,很可能因此使数据丢失。

值得注意的是,若出现高速 I/O(通过 DMA 接口)和 CPU 同时访问主存,CPU 必须将总线(如地址线、数据线)占有权让给 DMA 接口使用,即 DMA 采用周期窃取的方式占用一个存取周期。

在 DMA 方式中,由于 DMA 接口与 CPU 共享主存,这就有可能出现两者争用主存的冲突。为了有效地分时使用主存,通常 DMA 与主存交换数据时采用如下三种方法。

（1）停止 CPU 访问主存

当外设要求传送一批数据时,由 DMA 接口向 CPU 发一个停止信号,要求 CPU 放弃地址线、数据线和有关控制线的使用权。DMA 接口获得总线控制权后,开始进行数据传送,在数据传送结束后,DMA 接口通知 CPU 可以使用主存,并把总线控制权交回给 CPU,图 5.46(a)是该方式的时间示意图。

这种方式的优点是控制简单,适用于数据传输率很高的 I/O 设备实现成组数据的传送。缺点是 DMA 接口在访问主存时,CPU 基本上处于不工作状态或保持原状态。而且即使 I/O 设备高速运行,两个数据之间的准备间隔时间也总大于一个存取周期,因此,CPU 对主存的利用率并没得到充分的发挥。如软盘读一个 8 位二进制数大约需要 32 μs,而半导体存储器的存取周期远小于 1 μs,可见在软盘准备数据的时间内,主存处于空闲状态,而 CPU 又暂停访问主存。为此在 DMA 接口中,一般设有一个小容量存储器(这种存储器是用半导体芯片制作的),使 I/O 设备首先与小容量存储器交换数据,然后由小容量存储器与主存交换数据,这便可减少 DMA 传送数据时占用总线的时间,即可减少 CPU 的暂停工作时间。

（2）周期挪用(或周期窃取)

在这种方法中,每当 I/O 设备发出 DMA 请求时,I/O 设备便挪用或窃取总线占用权一个或几个主存周期,而 DMA 不请求时,CPU 仍继续访问主存。

I/O 设备请求 DMA 传送会遇到三种情况。一种是 CPU 此时不需要访问主存(如 CPU 正在执行乘法指令,由于乘法指令执行时间较长,此时 CPU 不需要访问主存),故 I/O 设备与 CPU 不发生冲突。第二种情况是 I/O 设备请求 DMA 传送时,CPU 正在访问主存,此时必须待存取周期结束,CPU 才能将总线占有权让出。第三种情况是 I/O 设备要求访问主存时,CPU 也要求访问主存,这就出现了访问冲突。此刻,I/O 访存优先于 CPU 访问主存,因为 I/O 不立即访问主存就可能丢失数据,这时 I/O 要窃取一两个存取周期,意味着 CPU 在执行访问主存指令过程中插入了 DMA 请求,并挪用了一两个存取周期,使 CPU 延缓了一两个存取周期再访问主存。图 5.46 (b)示意了 DMA 周期挪用的时间对应关系。

　　与 CPU 暂停访存的方式相比,这种方式既实现了 I/O 传送,又较好地发挥了主存与 CPU 的效率,是一种广泛采用的方法。

　　应该指出,I/O 设备每挪用一个主存周期都要申请总线控制权、建立总线控制权和归还总线控制权。因此,尽管传送一个字对主存而言只占用一个主存周期,但对 DMA 接口而言,实质上要占 2~5 个主存周期(由逻辑线路的延迟特性而定)。因此周期挪用的方法比较适合于 I/O 设备的读/写周期大于主存周期的情况。

　　(3) DMA 与 CPU 交替访问

　　这种方法适合于 CPU 的工作周期比主存存取周期长的情况。例如,CPU 的工作周期为 1.2 μs,主存的存取周期小于 0.6 μs,那么可将一个 CPU 周期分为 C_1 和 C_2 两个分周期,其中 C_1 专供 DMA 访存,C_2 专供 CPU 访存,如图 5.46(c)所示。

　　这种方式不需要总线使用权的申请、建立和归还过程,总线使用权是通过 C_1 和 C_2 分别控制的。CPU 与 DMA 接口各自有独立的访存地址寄存器、数据寄存器和读/写信号。实际上总线变成了在 C_1 和 C_2 控制下的多路转换器,其总线控制权的转移几乎不需要什么时间,具有很高的 DMA 传送速率。在这种工作方式下,CPU 既不停止主程序的运行也不进入等待状态,即完成了 DMA 的数据传送。当然其相应的硬件逻辑变得更为复杂。

5.6.2　DMA 接口的功能和组成

　　1. DMA 接口的功能

　　利用 DMA 方式传送数据时,数据的传输过程完全由 DMA 接口电路控制,故 DMA 接口又有 DMA 控制器之称。DMA 接口应具有如下几个功能。

　　① 向 CPU 申请 DMA 传送。

　　② 在 CPU 允许 DMA 工作时,处理总线控制权的转交,避免因进入 DMA 工作而影响 CPU 正常活动或引起总线竞争。

　　③ 在 DMA 期间管理系统总线,控制数据传送。

　　④ 确定数据传送的起始地址和数据长度,修正数据传送过程中的数据地址和数据长度。

　　⑤ 在数据块传送结束时,给出 DMA 操作完成的信号。

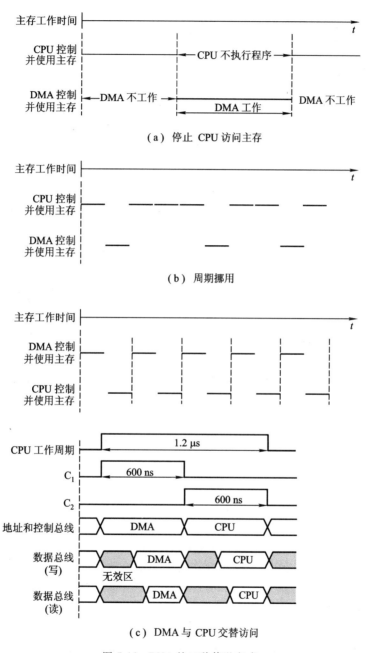

图 5.46 DMA 的三种传送方式

2. DMA 接口基本组成

最简单的 DMA 接口组成原理如图 5.47 所示,它由以下几个逻辑部件组成。

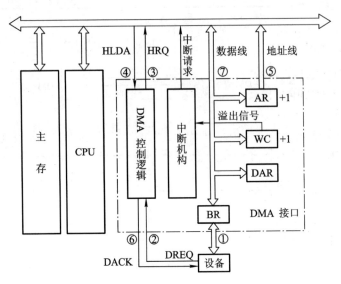

图 5.47　简单的 DMA 接口组成原理图

（1）主存地址寄存器（AR）

AR 用于存放主存中需要交换数据的地址。在 DMA 传送数据前,必须通过程序将数据在主存中的首地址送到主存地址寄存器。在 DMA 传送过程中,每交换一次数据,将地址寄存器内容加 1,直到一批数据传送完毕为止。

（2）字计数器（WC）

WC 用于记录传送数据的总字数,通常以交换字数的补码值预置。在 DMA 传送过程中,每传送一个字,字计数器加 1,直到计数器为 0,即最高位产生进位时,表示该批数据传送完毕（若交换字数以原码值预置,则每传送一个字,字计数器减 1,直到计数器为 0 时,表示该批数据传送结束）。于是 DMA 接口向 CPU 发中断请求信号。

（3）数据缓冲寄存器（BR）

BR 用于暂存每次传送的数据。通常 DMA 接口与主存之间采用字传送,而 DMA 与设备之间可能是字节或位传送。因此 DMA 接口中还可能包括有装配或拆卸字信息的硬件逻辑,如数据移位缓冲寄存器、字节计数器等。

（4）DMA 控制逻辑

DMA 控制逻辑负责管理 DMA 的传送过程,由控制电路、时序电路及命令状态控制寄存器等组成。每当设备准备好一个数据字（或一个字传送结束）,就向 DMA 接口提出申请（DREQ）,DMA 控制逻辑便向 CPU 请求 DMA 服务,发出总线使用权的请求信号（HRQ）。待收到 CPU 发出的响应信号 HLDA 后,DMA 控制逻辑便开始负责管理 DMA 传送的全过程,包括对主存地址寄存器和字计数器的修改、识别总线地址、指定传送类型（输入或输出）以及通知设备已经被授予一个 DMA 周期（DACK）等。

（5）中断机构

当字计数器溢出（全“0”）时，表示一批数据交换完毕，由“溢出信号”通过中断机构向 CPU 提出中断请求，请求 CPU 作 DMA 操作的后处理。必须注意，这里的中断与 5.5 节介绍的 I/O 中断的技术相同，但中断的目的不同，前面是为了数据的输入或输出，而这里是为了报告一批数据传送结束。它们是 I/O 系统中不同的中断事件。

（6）设备地址寄存器（DAR）

DAR 存放 I/O 设备的设备码或表示设备信息存储区的寻址信息，如磁盘数据所在的区号、盘面号和柱面号。具体内容取决于设备的数据格式和地址的编址方式。

5.6.3　DMA 的工作过程

1. DMA 传送过程

DMA 的数据传送过程分为预处理、数据传送和后处理 3 个阶段。

（1）预处理

在 DMA 接口开始工作之前，CPU 必须给它预置如下信息。

- 给 DMA 控制逻辑指明数据传送方向是输入（写主存）还是输出（读主存）。
- 向 DMA 设备地址寄存器送入设备号，并启动设备。
- 向 DMA 主存地址寄存器送入交换数据的主存起始地址。
- 对字计数器赋予交换数据的个数。

上述工作由 CPU 执行几条输入输出指令完成，即程序的初始化阶段。这些工作完成后，CPU 继续执行原来的程序，如图 5.48（a）所示。

当 I/O 设备准备好发送的数据（输入）或上次接收的数据已经处理完毕（输出）时，它便通过 DMA 接口向 CPU 提出占用总线的申请，若有多个 DMA 同时申请，则按轻重缓急由硬件排队判优逻辑决定优先等。待 I/O 设备得到主存总线的控制权后，数据的传送便由该 DMA 接口进行管理。

（2）数据传送

DMA 方式是以数据块为单位传送的，以周期挪用的 DMA 方式为例，其数据传送的流程如图 5.48（b）所示。

结合图 5.47，以数据输入为例，具体操作如下。

① 当设备准备好一个字时，发出选通信号，将该字读到 DMA 的数据缓冲寄存器（BR）中，表示数据缓冲寄存器“满”（如果 I/O 设备是面向字符的，则一次读入一个字节，组装成一个字）。

② 与此同时设备向 DMA 接口发请求（DREQ）。

③ DMA 接口向 CPU 申请总线控制权（HRQ）。

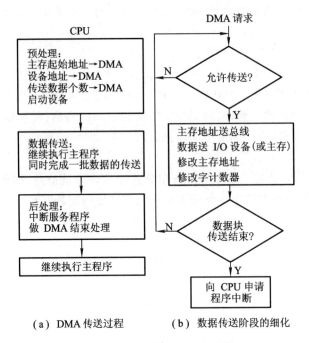

图 5.48　DMA 传送过程示意图

④ CPU 发回 HLDA 信号,表示允许将总线控制权交给 DMA 接口。

⑤ 将 DMA 主存地址寄存器中的主存地址送地址总线,并命令存储器写。

⑥ 通知设备已被授予一个 DMA 周期(DACK),并为交换下一个字做准备。

⑦ 将 DMA 数据缓冲寄存器的内容送数据总线。

⑧ 主存将数据总线上的信息写至地址总线指定的存储单元中。

⑨ 修改主存地址和字计数值。

⑩ 判断数据块是否传送结束,若未结束,则继续传送;若已结束,(字计数器溢出),则向 CPU 申请程序中断,标志数据块传送结束。

若为输出数据,则应完成以下操作:

① 当 DMA 数据缓冲寄存器已将输出数据送至 I/O 设备后,表示数据缓冲寄存器已"空"。

② 设备向 DMA 接口发请求(DREQ)。

③ DMA 接口向 CPU 申请总线控制权(HRQ)。

④ CPU 发回 HLDA 信号,表示允许将总线控制权交给 DMA 接口使用。

⑤ 将 DMA 主存地址寄存器中的主存地址送地址总线,并命令存储器读。

⑥ 通知设备已被授予一个 DMA 周期(DACK),并为交换下一个字做准备。

⑦ 主存将相应地址单元的内容通过数据总线读入 DMA 的数据缓冲寄存器中。

⑧ 将 DMA 数据缓冲寄存器的内容送到输出设备,若为字符设备,则需将其拆成字符输出。

⑨ 修改主存地址和字计数值。

⑩ 判断数据块是否已传送完毕,若未完毕,继续传送;若已传送完毕,则向 CPU 申请程序中断。

（3）后处理

当 DMA 的中断请求得到响应后,CPU 停止原程序的执行,转去执行中断服务程序,做一些 DMA 的结束工作,如图 5.48(a)的后处理部分。这包括校验送入主存的数据是否正确;决定是否继续用 DMA 传送其他数据块,若继续传送,则又要对 DMA 接口进行初始化,若不需要传送,则停止外设;测试在传送过程中是否发生错误,若出错,则转错误诊断及处理错误程序。

例 5.3　一个 DMA 接口可采用周期窃取方式把字符传送到存储器,它支持的最大批量为 400 个字节。若存取周期为 100 ns,每处理一次中断需 5 μs,现有的字符设备的传输率为 9 600 bps。假设字符之间的传输是无间隙的,若忽略预处理所需的时间,试问采用 DMA 方式每秒因数据传输需占用处理器多少时间？ 如果完全采用中断方式,又需占用处理器多少时间？

解:根据字符设备的传输率为 9 600 bps,则每秒能传输

$$9\ 600/8 = 1\ 200\ B(1\ 200\ 个字符)$$

若采用 DMA 方式,传送 1 200 个字符共需 1 200 个存取周期,考虑到每传 400 个字符需中断处理一次,因此 DMA 方式每秒因数据传输占用处理器的时间是

$$0.1\ μs × 1\ 200 + 5\ μs ×(1\ 200\ /\ 400)= 135\ μs$$

若采用中断方式,每传送一个字符要申请一次中断请求,每秒因数据传输占用处理器的时间是

$$5\ μs × 1\ 200 = 6\ 000\ μs$$

例 5.4　假设磁盘采用 DMA 方式与主机交换信息,其传输速率为 2 MBps,而且 DMA 的预处理需 1 000 个时钟周期,DMA 完成传送后处理中断需 500 个时钟周期。如果平均传输的数据长度为 4 KB,试问在硬盘工作时,50 MHz 的处理器需用多少时间比率进行 DMA 辅助操作(预处理和后处理)？

解:DMA 传送过程包括预处理、数据传送和后处理 3 个阶段。传送 4 KB 的数据长度需

$$(4\ KB)/(2\ MBps) = 0.002\ s$$

如果磁盘不断进行传输,每秒所需 DMA 辅助操作的时钟周期数为

$$(1\ 000\ +\ 500)/0.002 = 750\ 000$$

故 DMA 辅助操作占用 CPU 的时间比率为

$$[\ 750\ 000\ /(50 × 10^6)\ ] ×100\% = 1.5\%$$

2. DMA 接口与系统的连接方式

DMA 接口与系统的连接方式有两种,如图 5.49 所示。

图 5.49(a)为具有公共请求线的 DMA 请求方式,若干个 DMA 接口通过一条公用的 DMA 请求线向 CPU 申请总线控制权。CPU 发出响应信号,用链式查询方式通过 DMA 接口,首先选中的设备获得总线控制权,即可占用总线与主存传送信息。

图 5.49(b)是独立的 DMA 请求方式,每一个 DMA 接口各有一对独立的 DMA 请求线和 DMA 响应线,它由 CPU 的优先级判别机构裁决首先响应哪个请求,并在响应线上发出响应信号,被获得响应信号的 DMA 接口便可控制总线与主存传送数据。

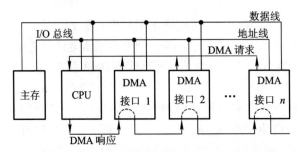

（a）具有公共请求线的 DMA 请求

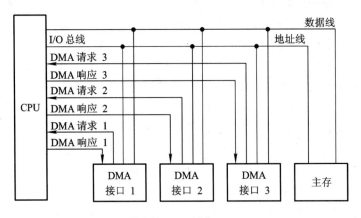

（b）独立的 DMA 请求

图 5.49　DMA 接口与系统的连接方式

3. DMA 小结

与程序中断方式相比,DMA 方式有如下特点。

① 从数据传送看,程序中断方式靠程序传送,DMA 方式靠硬件传送。

② 从 CPU 响应时间看,程序中断方式是在一条指令执行结束时响应,而 DMA 方式可在指令周期内的任一存取周期结束时响应。

③ 程序中断方式有处理异常事件的能力,DMA 方式没有这种能力,主要用于大批数据的传送,如硬盘存取、图像处理、高速数据采集系统等,可提高数据吞吐量。

④ 程序中断方式需要中断现行程序,故需保护现场;DMA 方式不中断现行程序,无须保护现场。

⑤ DMA 的优先级比程序中断的优先级高。

5.6.4 DMA 接口的类型

现代集成电路制造技术已将 DMA 接口制成芯片,通常有选择型和多路型两类。

1. 选择型 DMA 接口

这种类型的 DMA 接口的基本组成如图 5.47 所示,它的主要特点是在物理上可连接多个设备,在逻辑上只允许连接一个设备,即在某一段时间内,DMA 接口只能为一个设备服务,关键是在预处理时将所选设备的设备号送入设备地址寄存器。图 5.50 是选择型 DMA 接口的逻辑框图。选择型 DMA 接口特别适用于数据传输率很高的设备。

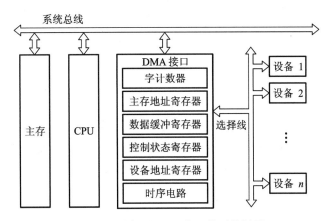

图 5.50 选择型 DMA 接口的逻辑框图

2. 多路型 DMA 接口

多路型 DMA 接口不仅在物理上可以连接多个设备,而且在逻辑上也允许多个设备同时工作,各个设备采用字节交叉的方式通过 DMA 接口进行数据传送。在多路型 DMA 接口中,为每个与它连接的设备都设置了一套寄存器,分别存放各自的传送参数。图 5.51(a)和(b)分别是链式多路型 DMA 接口和独立请求多路型 DMA 接口的逻辑框图。这类接口特别适合于同时为多个数据传输率不十分高的设备服务。

图 5.52 是多路型 DMA 接口工作原理示意图。图中磁盘、磁带、打印机同时工作。磁盘、磁带、打印机分别每隔 30 μs、45 μs、150 μs 向 DMA 接口发 DMA 请求,磁盘的优先级高于磁带,磁带的优先级高于打印机。

假设 DMA 接口完成一次 DMA 数据传送需 5 μs,由图 5.52 可见,打印机首先发请求,故 DMA 接口首先为打印机服务(T_1);接着磁盘、磁带同时又有 DMA 请求,DMA 接口按优先级别先响应磁盘请求(T_2),再响应磁带请求(T_3),每次 DMA 传送都是一个字节。这样,在 90 多微秒的时间里,DMA 接口为打印机服务一次(T_1),为磁盘服务 4 次(T_2、T_4、T_6、T_7),为磁带服务 3 次(T_3、T_5、T_8)。可见 DMA 接口还有很多空闲时间,可再容纳更多的设备。

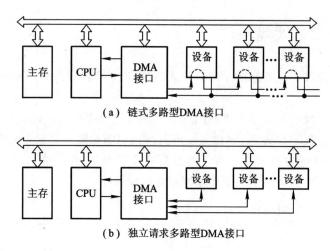

（a）链式多路型DMA接口

（b）独立请求多路型DMA接口

图 5.51   多路型 DMA 接口的逻辑框图

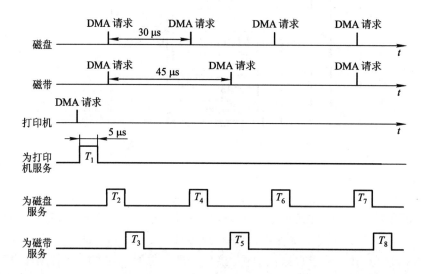

图 5.52   多路型 DMA 接口工作原理示意图

思考题与习题

5.1 I/O 设备有哪些编址方式,各有何特点?

5.2 简要说明 CPU 与 I/O 设备之间传递信息可采用哪几种联络方式,它们分别用于什么场合。

5.3 I/O 设备与主机交换信息时,共有哪几种控制方式?简述它们的特点。

5.4 试比较程序查询方式、程序中断方式和 DMA 方式对 CPU 工作效率的影响。

5.5 图形显示和图像显示有何区别?

5.6　字符显示器的接口电路中配有缓冲存储器和只读存储器,各有何作用?

5.7　试比较针式打印机、激光打印机和喷墨打印机的特点。

5.8　某计算机的 I/O 设备采用异步串行传送方式传送字符信息。字符信息的格式为 1 位起始位、7 位数据位、1 位检验位和 1 位停止位。若要求每秒钟传送 480 个字符,那么该设备的数据传送速率为多少?

5.9　什么是多媒体技术?简要说明研制多媒体计算机的关键技术。

5.10　什么是 I/O 接口,它与端口有何区别?为什么要设置 I/O 接口?I/O 接口如何分类?

5.11　简述 I/O 接口的功能和基本组成。

5.12　结合程序查询方式的接口电路,说明其工作过程。

5.13　说明中断向量地址和入口地址的区别和联系。

5.14　在什么条件下,I/O 设备可以向 CPU 提出中断请求?

5.15　什么是中断允许触发器?它有何作用?

5.16　在什么条件和什么时间,CPU 可以响应 I/O 的中断请求?

5.17　某系统对输入数据进行取样处理,每抽取一个输入数据,CPU 就要中断处理一次,将取样的数据存至存储器的缓冲区中,该中断处理需 P 秒。此外,缓冲区内每存储 N 个数据,主程序就要将其取出进行处理,这个处理需 Q 秒。试问该系统可以跟踪到每秒多少次中断请求?

5.18　试以键盘设备为例,结合中断接口电路,说明其工作过程。

5.19　在程序中断方式中,磁盘申请中断的优先级高于打印机。当打印机正在进行打印时,磁盘申请中断请求。试问是否要将打印机输出停下来,等磁盘操作结束后,打印机输出才能继续进行?为什么?

5.20　试比较单重中断和多重中断服务程序的处理流程,说明它们不同的原因。

5.21　中断向量通过什么总线送至什么地方?为什么?

5.22　程序查询方式和程序中断方式都是通过"程序"传送数据,两者的区别是什么?

5.23　调用中断服务程序和调用子程序有何区别?

5.24　试分析图 5.33 所示对多个设备的查询流程,说明这种处理方式存在的问题以及如何改进。

5.25　根据以下要求设计一个产生 3 个设备向量地址的电路。

(1)　3 个设备的优先级按 A→B→C 降序排列。

(2)　A、B、C 的向量地址分别为 110100、010100、000110。

(3)　排队器采用链式排队电路。

(4)　当 CPU 发来中断响应信号 INTA 时,可将向量地址取至 CPU。

5.26　什么是多重中断?实现多重中断的必要条件是什么?

5.27　DMA 方式有何特点?什么样的 I/O 设备与主机交换信息时采用 DMA 方式,举例说明。

5.28　CPU 对 DMA 请求和中断请求的响应时间是否相同?为什么?

5.29　结合 DMA 接口电路说明其工作过程。

5.30　在 DMA 的工作方式中,CPU 暂停方式和周期挪用方式的数据传送流程有何不同,画图说明。

5.31　假设某设备向 CPU 传送信息的最高频率是 40 000 次/秒,而相应的中断处理程序执行时间为 40 μs,试问该外设是否可用程序中断方式与主机交换信息,为什么?

5.32　设磁盘存储器转速为 3 000 r/min,分 8 个扇区,每扇区存储 1 KB,主存与磁盘存储器数据传送的宽度为 16 位(即每次传送 16 位)。假设一条指令最长执行时间是 25 μs,是否可采用一条指令执行结束时响应 DMA 请求的方案,为什么?若不行,应采取什么方案?

5.33 试从下面 7 个方面比较程序查询、程序中断和 DMA 三种方式的综合性能。

（1）数据传送依赖软件还是硬件。

（2）传送数据的基本单位。

（3）并行性。

（4）主动性。

（5）传输速度。

（6）经济性。

（7）应用对象。

5.34 解释周期挪用,分析周期挪用可能会出现的几种情况。

5.35 试从 5 个方面比较程序中断方式和 DMA 方式的区别。

附录 5A　ASCII 码

表 5.2 列出的 ASCII 码（American Standard Code for Information Interchange,美国信息交换标准码）是美国信息交换标准委员会制定的 7 位二进制码,共有 128 种字符,其中包括 32 个通用控制字符、10 个十进制数码、52 个英文大写与小写字母、34 个专用符号（如 \$ 、% 、+ 、= 等）。除了 32 个控制字符不打印外,其余 96 个字符全部可以打印。

ASCII 码由 $b_7 b_6 b_5 b_4 b_3 b_2 b_1$ 这 7 个二进制位组成,书写上可用两位十六进制数表示,如"A"可用 41H 表示,"7"可用 37H 表示。为了提高信息传输的可靠性,通常增加一位 b_8 做校验位,这样一个字符就可用 8 位二进制代码表示。

表 5.2　ASCII 码 $b_7 b_6 b_5 b_4 b_3 b_2 b_1$

$b_4 b_3 b_2 b_1$	$b_7 b_6 b_5$							
	000	001	010	011	100	101	110	111
0 0 0 0	NUL	DLE	SP	0	@	P	`	P
0 0 0 1	SOH	DC1	!	1	A	Q	a	q
0 0 1 0	STX	DC2	"	2	B	R	b	r
0 0 1 1	ETX	DC3	#	3	C	S	c	s
0 1 0 0	EOT	DC4	\$	4	D	T	d	t
0 1 0 1	ENQ	NAK	%	5	E	U	e	u
0 1 1 0	ACK	SYN	&	6	F	V	f	v
0 1 1 1	BEL	ETB	'	7	G	W	g	w
1 0 0 0	BS	CAN	(	8	H	X	h	x
1 0 0 1	HT	EM	)	9	I	Y	i	y
1 0 1 0	LF	SUB	*	:	J	Z	j	z
1 0 1 1	VT	ESC	+	;	K	[	k	{

续表

$b_4b_3b_2b_1$	$b_7b_6b_5$							
	000	001	010	011	100	101	110	111
1 1 0 0	FF	FS	,	<	L	/	l	|
1 1 0 1	CR	GS	–	=	M	]	m	¦
1 1 1 0	SO	RS	.	>	N	↑	n	~
1 1 1 1	SI	VS	/	?	O	─	o	DEL

注:

NUL	空行	VT	纵向制表	SYN	同步空转
SOH	标题开始	FF	改换格式	ETB	信息组传送结束
STX	文件开始	CR	回车	CAN	作废
ETX	文件结束	SO	移出	EM	记录媒体结束
EOT	传送结束	SI	移入	SUB	代替
ENQ	询问	DEL	删除	ESC	脱离
ACK	回答	DC1	设备控制 1	FS	字段分隔
BEL	报警	DC2	设备控制 2	GS	字组分隔
LF	换行	NAK	否定回答		

用 ASCII 码可方便地表示十进制数串。十进制数串在计算机内主要有两种表示形式:非压缩型和压缩型。

（1）非压缩型

非压缩型的十进制数每一个字符占一个字节,又根据符号位的不同位置,将其分为前分隔式和后嵌入式两种。

前分隔式的符号位占一个字节,并且放在数字位之前,用 2B（即字符"+"的 ASCII 码）表示正号,用 2D（即字符"−"的 ASCII 码）表示负号。每个十进制位均用对应的 ASCII 码表示,例如:

+427　　表示为　　2B　34　32　37

−427　　表示为　　2D　34　32　37

后嵌入式的符号位不占一个字节,而是将符号嵌入最低一位数字中,其规则是:如果是负数,就将最低位十进制数的 ASCII 码加上 40H;如果是正数则不变。例如:

+427　　表示为　　34　32　37

−427　　表示为　　34　32　77

可见最低一个字节既表示数值,又表示符号。

用非压缩型表示的十进制数进行算术运算很不方便,因为每个字节占 8 位,只有其低 4 位的值才表示数值,高 4 位值在算术运算时无数值意义,这种表示主要用于非数值计算的有关领域中。

（2）压缩型

如果采用一个字节存放两个十进制的数位,就成了压缩型的十进制数。这种方式比非压缩型节省了存储空间,又便于完成十进制数的算术运算。压缩型十进制数的每个数位可用数字符 ASCII 码的低 4 位表示,或用 BCD 码表示。

附录 5B BCD 码

BCD(Binary Coded Decimal)码又称二-十编码,它用 4 位二进制代码表示一位十进制数。最常见的 BCD 码是 8421 码,又称 NBCD(Natural Binary Coded Decimal)码。由于 8421 码每位的权与二进制数完全相同,而 4 位二进制代码共有 16 种组合,因此 1010~1111 这 6 种代码是无效的。NBCD 码与十进制数的对应关系如表 5.3 所示。

表 5.3 8421 码与十进制数对照表

十进制数	8421 码	8421 奇校验码	8421 偶校验码
0	0 0 0 0	1 0 0 0 0	0 0 0 0 0
1	0 0 0 1	0 0 0 0 1	1 0 0 0 1
2	0 0 1 0	0 0 0 1 0	1 0 0 1 0
3	0 0 1 1	1 0 0 1 1	0 0 0 1 1
4	0 1 0 0	0 0 1 0 0	1 0 1 0 0
5	0 1 0 1	1 0 1 0 1	0 0 1 0 1
6	0 1 1 0	1 0 1 1 0	0 0 1 1 0
7	0 1 1 1	0 0 1 1 1	1 0 1 1 1
8	1 0 0 0	0 1 0 0 0	1 1 0 0 0
9	1 0 0 1	1 1 0 0 1	0 1 0 0 1

采用 BCD 码所表示的十进制数,再用十六进制数 C 表示"+"号,用十六进制数 D 表示"-"号,而且均放在数字串的最后,就可表示有符号的十进制数。例如:

+427 表示为 0100 0010 0111 1100

-427 表示为 0100 0010 0111 1101

当十进制数串为偶数时,在第一个字节的高 4 位补"0",即

+42 表示为 0000 0100 0010 1100

-42 表示为 0000 0100 0010 1101

附录 5C　奇偶校检码

　　为了校验编码的正确性,在被传送的 n 位代码上增加一位检验位,并使其配置后的 $n+1$ 位代码中"1"的个数为奇数,则称其为奇校验;若配置后"1"的个数为偶数,则称其为偶校验。例如,在十进制数的 8421 码的前面加上一位校验位,组成 5 位代码,若 5 位二进制代码配置结果"1"的个数为奇数,就称为奇校验码;若配置结果"1"的个数为偶数,就称为偶校验码,如表 5.3 所示。对表中奇校验码而言,倘若传送过程中 5 位代码中"1"的个数不为奇数,则表明传送出错,可见奇校验码具有检错能力。同理,偶校验码也具有检错能力。

　　奇偶校验码通常用于 I/O 设备,例如,键盘输入时使用 ASCII 码,再配一位校验位,组成 8 位的奇偶校验码,正好占一个字节。在传送过程中如果出现一位错,便能检测出来,但由于不知出错位的位置,故无法纠错。此外,一旦传送过程中出现两位错,奇偶性不变,也无法判断是否出错。

第3篇 中央处理器

以上各章节基本上把 CPU 看作一个"黑匣子",并且分析了它通过总线与存储器和 I/O 部件之间的相互关系。本篇将剖析其内部结构,讲述 CPU 的功能,包括计算机的运算、指令系统、指令流水、时序系统、中断系统及控制单元。除时序系统和控制单元将在第 4 篇单独讲述外,其余部分均在此篇介绍。

第 6 章　计算机的运算方法

计算机的应用领域极其广泛,但不论其应用在什么地方,信息在机器内部的形式都是一致的,即均为 0 和 1 组成的各种编码。本章主要介绍参与运算的各类数据(包括无符号数和有符号数、定点数和浮点数等),以及它们在计算机中的算术运算方法。使读者进一步认识到计算机在自动解题过程中数据信息的加工处理流程,从而进一步加深对计算机硬件组成及整机工作原理的理解。有关逻辑运算以及计算机中采用的各种进位制均在前修课中介绍过,本章只在附录中给出了各种进位制及其相互转换的关系(可参阅附录 6A)。至于计算机中的字符编码以及校验码,读者可分别参阅本书附录 5A、附录 5B、附录 5C、4.2.6 节和 4.4.6 节等。

6.1　无符号数和有符号数

在计算机中参与运算的数有两大类:无符号数和有符号数。

6.1.1　无符号数

计算机中的数均放在寄存器中,通常称寄存器的位数为机器字长。所谓无符号数,即没有符号的数,在寄存器中的每一位均可用来存放数值。当存放有符号数时,则需留出位置存放符号。因此,在机器字长相同时,无符号数与有符号数所对应的数值范围是不同的。以机器字长为 16 位为例,无符号数的表示范围为 0 ~ 65 535,而有符号数的表示范围为 −32 768 ~ +32 767(此数值对应补码表示,详见 6.1.2 节)。

6.1.2　有符号数

1. 机器数与真值

对有符号数而言,符号的"正""负"机器是无法识别的,但由于"正""负"恰好是两种截然不同的状态,如果用"0"表示"正",用"1"表示"负",这样符号也被数字化了,并且规定将它放在有效数字的前面,即组成了有符号数。

例如,有符号数(小数):

+0.1011　在机器中表示为 ⬚0⬚1011

└─── 小数点位置

−0.1011　在机器中表示为 ⬚1⬚1011

└─── 小数点位置

又如,有符号数(整数):

+1100　在机器中表示为 ⬚0‖1100

└─── 小数点位置

−1100　在机器中表示为 ⬚1‖1100

└─── 小数点位置

把符号"数字化"的数称为机器数,而把带"+"或"−"符号的数称为真值。一旦符号数字化后,符号和数值就形成了一种新的编码。在运算过程中,符号位能否和数值部分一起参加运算? 如果参加运算,符号位又需作哪些处理? 这些问题都与符号位和数值位所构成的编码有关,这些编码就是原码、补码、反码和移码。

2. 原码表示法

原码是机器数中最简单的一种表示形式,符号位为 0 表示正数,符号位为 1 表示负数,数值位即真值的绝对值,故原码表示又称为带符号的绝对值表示。上面列举的 4 个真值所对应的机器数即为原码。为了书写方便以及区别整数和小数,约定整数的符号位与数值位之间用逗号隔开;小数的符号位与数值位之间用小数点隔开。例如,上面 4 个数的原码分别是 0.1011、1.1011、0,1100 和 1,1100。由此可得原码的定义。

整数原码的定义为

$$[x]_\text{原} = \begin{cases} 0,x & 2^n > x \geqslant 0 \\ 2^n - x & 0 \geqslant x > -2^n \end{cases}$$

式中,x 为真值,n 为整数的位数。

例如:

当 $x = +1110$ 时,$[x]_\text{原} = 0,1110$

当 $x = -1110$ 时,$[x]_\text{原} = 2^4 - (-1110) = 1,1110$

↑

用逗号将符号位和数值部分隔开

小数原码的定义为

$$[x]_\text{原} = \begin{cases} x & 1 > x \geqslant 0 \\ 1 - x & 0 \geqslant x > -1 \end{cases}$$

式中,x 为真值。

例如:

当 $x = 0.1101$ 时,$[x]_\text{原} = 0.1101$

当 $x=-0.1101$ 时, $[x]_原 = 1-(-0.1101) = 1.1101$

根据定义,已知真值可求原码,反之已知原码也可求真值。例如:

当 $[x]_原 = 1.0011$ 时,由定义得

$$x = 1-[x]_原 = 1-1.0011 = -0.0011$$

当 $[x]_原 = 1,1100$ 时,由定义得

$$x = 2^n-[x]_原 = 2^4-1,1100 = 10000-11100 = -1100$$

当 $[x]_原 = 0.1101$ 时, $x = 0.1101$

当 $x=0$ 时

$$[+0.0000]_原 = 0.0000$$

$$[-0.0000]_原 = 1-(0.0000) = 1.0000$$

可见 $[+0]_原$ 不等于 $[-0]_原$,即原码中的"零"有两种表示形式。

原码表示简单明了,并易于和真值转换。但用原码进行加减运算时,却带来了许多麻烦。例如,当两个操作数符号不同且要做加法运算时,先要判断两数绝对值大小,然后将绝对值大的数减去绝对值小的数,结果的符号以绝对值大的数为准。运算步骤既复杂又费时,而且本来是加法运算却要用减法器实现。那么能否在计算机中只设加法器,只做加法操作呢?如果能找到一个与负数等价的正数来代替该负数,就可把减法操作用加法代替。而机器数采用补码时,就能满足此要求。

3. 补码表示法

(1) 补数的概念

在日常生活中,常会遇到"补数"的概念。例如,时钟指示 6 点,欲使它指示 3 点,既可按顺时针方向将分针转 9 圈,又可按逆时针方向将分针转 3 圈,结果是一致的。假设顺时针方向转为正,逆时针方向转为负,则有

$$\begin{array}{cc} 6 & 6 \\ \underline{-3} & \underline{+9} \\ 3 & 15 \end{array}$$

由于时钟的时针转一圈能指示 12 个小时,这"12"在时钟里是不被显示而自动丢失的,即 $15-12=3$,故 15 点和 3 点均显示 3 点。这样-3和$+9$对时钟而言其作用是一致的。在数学上称 12 为模,写作 mod 12,而称$+9$是-3以 12 为模的补数,记作

$$-3 \equiv +9 \quad (\text{mod } 12)$$

或者说,对模 12 而言,-3 和$+9$是互为补数的。同理有

$$-4 \equiv +8 \quad (\text{mod } 12)$$

$$-5 \equiv +7 \quad (\text{mod } 12)$$

即对模 12 而言,$+8$ 和$+7$分别是-4和-5的补数。可见,只要确定了"模",就可找到一个与负数等价的正数(该正数即为负数的补数)来代替此负数,这样就可把减法运算用加法实现。例如:

设 $A=9, B=5$,求 $A-B(\bmod 12)$。

解:

$$A-B=9-5=4 \qquad (作减法)$$

对模 12 而言,-5 可以用其补数 $+7$ 代替,即

$$-5 \equiv +7 \qquad (\bmod 12)$$

所以 $\qquad A-B=9+7=16 \qquad (作加法)$

对模 12 而言,12 会自动丢失,所以 16 等价于 4,即 $4 \equiv 16 (\bmod 12)$。

进一步分析发现,3 点、15 点、27 点……在时钟上看见的都是 3 点,即

$$3 \equiv 15 \equiv 27 \qquad (\bmod 12)$$

也即 $\qquad 3 \equiv 3+12 \equiv 3+24 \equiv 3 \qquad (\bmod 12)$

这说明正数相对于"模"的补数就是正数本身。

上述补数的概念可以用到任意"模"上,如

$$-3 \equiv +7 \qquad (\bmod 10)$$
$$+7 \equiv +7 \qquad (\bmod 10)$$
$$-3 \equiv +97 \qquad (\bmod 10^2)$$
$$+97 \equiv +97 \qquad (\bmod 10^2)$$
$$-1011 \equiv +0101 \qquad (\bmod 2^4)$$
$$+0101 \equiv +0101 \qquad (\bmod 2^4)$$
$$-0.1001 \equiv +1.0111 \qquad (\bmod 2)$$
$$+0.1001 \equiv +0.1001 \qquad (\bmod 2)$$

由此可得如下结论。

- 一个负数可用它的正补数来代替,而这个正补数可以用模加上负数本身求得。
- 一个正数和一个负数互为补数时,它们绝对值之和即为模数。
- 正数的补数即该正数本身。

将补数的概念用到计算机中,便出现了补码这种机器数。

(2)补码的定义

整数补码的定义为

$$[x]_{\text{补}} = \begin{cases} 0,x & 2^n > x \geqslant 0 \\ 2^{n+1}+x & 0 > x \geqslant -2^n \end{cases} \quad (\bmod 2^{n+1})$$

式中,x 为真值,n 为整数的位数。

例如:

当 $x=+1010$ 时,

$[x]_{\text{补}} = 0,1010$

$\qquad\uparrow$

用逗号将符号位和数值部分隔开

当 $x = -1101$ 时，

$$[x]_{补} = 2^{n+1} + x = 100000 - 1101 = 1,0011$$

↑

用逗号将符号位和数值部分隔开

小数补码的定义为

$$[x]_{补} = \begin{cases} x & 1 > x \geq 0 \\ 2 + x & 0 > x \geq -1 \end{cases} \quad (\bmod 2)$$

式中，x 为真值。

例如：

当 $x = 0.1001$ 时，

$$[x]_{补} = 0.1001$$

当 $x = -0.0110$ 时，

$$[x]_{补} = 2 + x = 10.0000 - 0.0110 = 1.1010$$

当 $x = 0$ 时，

$$[+0.0000]_{补} = 0.0000$$

$$[-0.0000]_{补} = 2 + (-0.0000) = 10.0000 - 0.0000 = 0.0000$$

显然 $[+0]_{补} = [-0]_{补} = 0.0000$，即补码中的"零"只有一种表示形式。

对于小数，若 $x = -1$，则根据小数补码定义，有 $[x]_{补} = 2 + x = 10.0000 - 1.0000 = 1.0000$。可见，$-1$ 本不属于小数范围，但却有 $[-1]_{补}$ 存在（其实在小数补码定义中已指明），这是由于补码中的零只有一种表示形式，故它比原码能多表示一个"-1"。此外，根据补码定义，已知补码还可以求真值，例如：

若 $[x]_{补} = 1.0101$

则

$$x = [x]_{补} - 2 = 1.0101 - 10.0000 = -0.1011$$

若 $[x]_{补} = 1,1110$

则

$$x = [x]_{补} - 2^{4+1} = 1,1110 - 100000 = -0010$$

若 $[x]_{补} = 0.1101$

则

$$x = [x]_{补} = 0.1101$$

同理，当模数为 4 时，形成了双符号位的补码。如 $x = -0.1001$，对 $(\bmod 2^2)$ 而言

$$[x]_{补} = 2^2 + x = 100.0000 - 0.1001 = 11.0111$$

这种双符号位的补码又称为变形补码，它在阶码运算和溢出判断中有其特殊作用，后面有关章节中将详细介绍。

由上讨论可知，引入补码的概念是为了消除减法运算，但是根据补码的定义，在形成补码的过程中又出现了减法。例如：

$$x = -1011$$

$$[x]_{补} = 2^{4+1} + x = 100000 - 1011 = 1,0101 \tag{6.1}$$

若把模 2^{4+1} 改写成 $2^5 = 100000 = 11111 + 00001$ 时，则式（6.1）可写成

$$[x]_\text{补} = 2^5 + x = 11111 + 00001 + x \tag{6.2}$$

又因 x 是负数，若 x 用 $-x_1x_2x_3x_4$ 表示，其中 $x_i(i = 1,2,3,4)$ 不为 0 则为 1，于是式（6.2）可写成

$$[x]_\text{补} = 2^5 + x = 11111 + 00001 - x_1x_2x_3x_4$$
$$= 1\,\bar{x}_1\,\bar{x}_2\,\bar{x}_3\,\bar{x}_4 + 00001 \tag{6.3}$$

因为任一位"1"减去 x_i 即为 $\bar{x}_i$，所以式（6.3）成立。

由于负数 $-x_1x_2x_3x_4$ 的原码为 $1,x_1x_2x_3x_4$，因此对这个负数求补，可以看作它的原码除符号位外，每位求反，末位加 1，简称"求反加 1"。这样，由真值通过原码求补码就可避免减法运算。同理，对于小数也有同样的结论，读者可以自行证明。

"由原码除符号位外，每位求反，末位加 1 求补码"这一规则同样适用于由 $[x]_\text{补}$ 求 $[x]_\text{原}$。而对于一个负数，若对其原码除符号位外，每位求反（简称"每位求反"），或是对其补码减去末位的 1，即得机器数的反码。

4. 反码表示法

反码通常用来作为由原码求补码或者由补码求原码的中间过渡。反码的定义如下：

整数反码的定义为

$$[x]_\text{反} = \begin{cases} 0,x & 2^n > x \geqslant 0 \\ (2^{n+1}-1)+x & 0 \geqslant x > -2^n \end{cases} \quad (\bmod(2^{n+1}-1))$$

式中，x 为真值，n 为整数的位数。

例如：

当 $x = +1101$ 时，

$[x]_\text{反} = 0,1101$

　　　　↑

用逗号将符号位和数值部分隔开

当 $x = -1101$ 时，

$[x]_\text{反} = (2^{4+1}-1)+x = 11111-1101 = 1,0010$

　　　　　　　↑

用逗号将符号位和数值部分隔开

小数反码的定义为

$$[x]_\text{反} = \begin{cases} x & 1 > x \geqslant 0 \\ (2-2^{-n})+x & 0 \geqslant x > -1 \end{cases} \quad (\bmod(2-2^{-n}))$$

式中，x 为真值，n 为小数的位数。

例如：

当 $x = +0.0110$ 时，

$$[x]_{反} = 0.0110$$

当 $x = -0.0110$ 时,

$$[x]_{反} = (2 - 2^{-4}) + x = 1.1111 - 0.0110 = 1.1001$$

当 $x = 0$ 时,

$$[+0.0000]_{反} = 0.0000$$

$$[-0.0000]_{反} = (10.0000 - 0.0001) - 0.0000 = 1.1111$$

可见 $[+0]_{反}$ 不等于 $[-0]_{反}$,即反码中的"零"也有两种表示形式。

实际上,反码也可看作是 mod $(2 - 2^{-n})$(对于小数)或 mod $(2^{n+1} - 1)$(对于整数)的补码。与补码相比,仅在末位差 1,因此有些书上称小数的补码为 2 的补码,而称小数的反码为 1 的补码。

综上所述,三种机器数的特点可归纳如下:

- 三种机器数的最高位均为符号位。符号位和数值部分之间可用"."(对于小数)或","(对于整数)隔开。
- 当真值为正时,原码、补码和反码的表示形式均相同,即符号位用"0"表示,数值部分与真值相同。
- 当真值为负时,原码、补码和反码的表示形式不同,但其符号位都用"1"表示,而数值部分有这样的关系,即补码是原码的"求反加 1",反码是原码的"每位求反"。

下面通过实例来进一步理解和掌握三种机器数的表示。

例 6.1 设机器数字长为 8 位(其中 1 位为符号位),对于整数,当其分别代表无符号数、原码、补码和反码时,对应的真值范围各为多少?

解:表 6.1 列出了 8 位寄存器中所有二进制代码组合与无符号数、原码、补码和反码所代表的真值的对应关系。

表 6.1 例 6.1 对应的真值范围

二进制代码	无符号数 对应的真值	原码对应 的真值	补码对应 的真值	反码对应 的真值
0 0 0 0 0 0 0 0	0	+0	±0	+0
0 0 0 0 0 0 0 1	1	+1	+1	+1
0 0 0 0 0 0 1 0	2	+2	+2	+2
⋮	⋮	⋮	⋮	⋮
0 1 1 1 1 1 1 0	126	+126	+126	+126
0 1 1 1 1 1 1 1	127	+127	+127	+127
1 0 0 0 0 0 0 0	128	-0	-128	-127
1 0 0 0 0 0 0 1	129	-1	-127	-126
1 0 0 0 0 0 1 0	130	-2	-126	-125
⋮	⋮	⋮	⋮	⋮
1 1 1 1 1 1 0 1	253	-125	-3	-2
1 1 1 1 1 1 1 0	254	-126	-2	-1
1 1 1 1 1 1 1 1	255	-127	-1	-0

由此可得出一个结论:由于"零"在补码中只有一种表示形式,故补码比原码和反码可以多表示一个负数。

例 6.2 已知 $[y]_{补}$,求 $[-y]_{补}$。

解:设 $[y]_{补} = y_0.y_1y_2\cdots y_n$

第一种情况 $\qquad\qquad\qquad\qquad [y]_{补} = 0.y_1y_2\cdots y_n \qquad\qquad\qquad\qquad (6.4)$

所以 $\qquad\qquad\qquad\qquad\qquad y = 0.y_1y_2\cdots y_n$

故 $\qquad\qquad\qquad\qquad\qquad -y = -0.y_1y_2\cdots y_n$

则 $\qquad\qquad\qquad\qquad [-y]_{补} = 1.\bar{y}_1\,\bar{y}_2\cdots\bar{y}_n + 2^{-n} \qquad\qquad\qquad\quad (6.5)$

比较式(6.4)和式(6.5),发现由 $[y]_{补}$ 连同符号位在内每位取反,末位加 1,即可得 $[-y]_{补}$。

第二种情况 $\qquad\qquad\qquad\qquad [y]_{补} = 1.y_1y_2\cdots y_n \qquad\qquad\qquad\qquad (6.6)$

所以 $\qquad\qquad\qquad\qquad [y]_{原} = 1.\bar{y}_1\,\bar{y}_2\cdots\bar{y}_n + 2^{-n}$

得 $\qquad\qquad\qquad\qquad y = -(0.\bar{y}_1\,\bar{y}_2\cdots\bar{y}_n + 2^{-n})$

故 $\qquad\qquad\qquad\qquad -y = 0.\bar{y}_1\,\bar{y}_2\cdots\bar{y}_n + 2^{-n}$

则 $\qquad\qquad\qquad\qquad [-y]_{补} = 0.\bar{y}_1\,\bar{y}_2\cdots\bar{y}_n + 2^{-n} \qquad\qquad\qquad (6.7)$

比较式(6.6)、式(6.7),发现由 $[y]_{补}$ 连同符号位在内每位取反,末位加 1,即可得 $[-y]_{补}$。

可见,不论真值是正(第一种情况)或负(第二种情况),由 $[y]_{补}$ 求 $[-y]_{补}$ 都是采用"连同符号位在内,每位取反,末位加 1"的规则。这一结论在补码减法运算时将经常用到(详见 6.3 节有关内容)。

有符号数在计算机中除了用原码、补码和反码表示外,在一些通用计算机中还用另一种机器数——移码表示,由于一些突出的优点,目前它已被广泛采用。

5. 移码表示法

当真值用补码表示时,由于符号位和数值部分一起编码,与习惯上的表示法不同,因此人们很难从补码的形式上直接判断其真值的大小,例如:

十进制数 $x = 21$,对应的二进制数为 $+10101$,则 $[x]_{补} = 0,10101$

十进制数 $x = -21$,对应的二进制数为 -10101,则 $[x]_{补} = 1,01011$

十进制数 $x = 31$,对应的二进制数为 $+11111$,则 $[x]_{补} = 0,11111$

十进制数 $x = -31$,对应的二进制数为 -11111,则 $[x]_{补} = 1,00001$

上述补码表示中的","在计算机内部是不存在的,因此,从代码形式看,符号位也是一位二进制数。按这 6 位二进制代码比较大小的话,会得出 $101011 > 010101$,$100001 > 011111$,其实恰恰相反。

如果对每个真值加上一个 2^n(n 为整数的位数),情况就发生了变化。例如:

$x = 10101$ 加上 2^5 可得 $10101 + 100000 = 110101$

$x = -10101$ 加上 2^5 可得 $-10101 + 100000 = 001011$

$x = 11111$ 加上 2^5 可得 $11111 + 100000 = 111111$

$x = -11111$ 加上 2^5 可得 $-11111 + 100000 = 000001$

比较它们的结果可见,$110101 > 001011$,$111111 > 000001$。这样一来,从 6 位代码本身就可看出真值的实际大小。

由此可得移码的定义

$$[x]_{移} = 2^n + x \quad (2^n > x \geqslant -2^n)$$

式中,x 为真值,n 为整数的位数。

其实移码就是在真值上加一个常数 2^n。在数轴上移码所表示的范围恰好对应于真值在数轴上的范围向轴的正方向移动 2^n 个单元,如图 6.1 所示,由此而得移码之称。

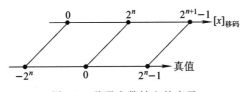

图 6.1　移码在数轴上的表示

例如:$x = 10100$

$$[x]_{移} = 2^5 + 10100 = 1,10100$$

$$\uparrow$$

用逗号将符号位和数值部分隔开

$x = -10100$

$$[x]_{移} = 2^5 - 10100 = 0,01100$$

$$\uparrow$$

用逗号将符号位和数值部分隔开

当 $x = 0$ 时

$$[+0]_{移} = 2^5 + 0 = 1,00000$$

$$[-0]_{移} = 2^5 - 0 = 1,00000$$

可见 $[+0]_{移}$ 等于 $[-0]_{移}$,即移码表示中零也是唯一的。

此外,由移码的定义可见,当 $n = 5$ 时,其最小的真值为 $x = -2^5 = -100000$,则 $[-100000]_{移} = 2^5 + x = 100000 - 100000 = 0,00000$,即最小真值的移码为全 0,这符合人们的习惯。利用移码的这一特点,当浮点数的阶码用移码表示时,就能很方便地判断阶码的大小(详见 6.2.4 节)。

进一步观察发现,同一个真值的移码和补码仅差一个符号位,若将补码的符号位由"0"改为"1",或从"1"改为"0",即可得该真值的移码。表 6.2 列出了真值、补码和移码的对应关系。

表 6.2　真值、补码和移码对照表

真值 x	$[x]_{补}$	$[x]_{移}$	$[x]_{移}$ 对应的 十进制整数
-100000	100000	000000	0
-11111	100001	000001	1
-11110	100010	000010	2
⋮	⋮	⋮	⋮
-00001	111111	011111	31
±00000	000000	100000	32
$+00001$	000001	100001	33
$+00010$	000010	100010	34
⋮	⋮	⋮	⋮
$+11110$	011110	111110	62
$+11111$	011111	111111	63

6.2　数的定点表示和浮点表示

在计算机中,小数点不用专门的器件表示,而是按约定的方式标出,共有两种方法表示小数点的存在,即定点表示和浮点表示。定点表示的数称为定点数,浮点表示的数称为浮点数。

6.2.1　定点表示

小数点固定在某一位置的数为定点数,有以下两种格式。

当小数点位于数符和第一数值位之间时,机器内的数为纯小数;当小数点位于数值位之后时,机器内的数为纯整数。采用定点数的机器称为定点机。数值部分的位数 n 决定了定点机中数的表示范围。若机器数采用原码,小数定点机中数的表示范围是 $-(1-2^{-n})\sim(1-2^{-n})$,整数定点机中数的表示范围是 $-(2^{n}-1)\sim(2^{n}-1)$。

在定点机中,由于小数点的位置固定不变,故当机器处理的数不是纯小数或纯整数时,必须乘上一个比例因子,否则会产生"溢出"。

6.2.2　浮点表示

实际上计算机中处理的数不一定是纯小数或纯整数(如圆周率 3.141 6),而且有些数据的数值范围相差很大(如电子的质量 9×10^{-28} g,太阳的质量 2×10^{33} g),它们都不能直接用定点小数或定点整数表示,但均可用浮点数表示。浮点数即小数点的位置可以浮动的数,如

$$352.47 = 3.5247 \times 10^2$$
$$= 3524.7 \times 10^{-1}$$
$$= 0.35247 \times 10^3$$

显然,这里小数点的位置是变化的,但因为分别乘上了不同的 10 的方幂,故值不变。

通常,浮点数被表示成

$$N = S \times r^j$$

式中,S 为尾数(可正可负),j 为阶码(可正可负),r 是基数(或基值)。在计算机中,基数可取 2,4、8 或 16 等。

以基数 $r = 2$ 为例,数 N 可写成下列不同的形式:

$$N = 11.0101$$
$$= 0.110101 \times 2^{10}$$
$$= 1.10101 \times 2^1$$
$$= 1101.01 \times 2^{-10}$$
$$= 0.00110101 \times 2^{100}$$
$$\vdots$$

为了提高数据精度以及便于浮点数的比较,在计算机中规定浮点数的尾数用纯小数形式,故上例中 0.110101×2^{10} 和 $0.00110101 \times 2^{100}$ 形式是可以采用的。此外,将尾数最高位为 1 的浮点数称为规格化数,即 $N = 0.110101 \times 2^{10}$ 为浮点数的规格化形式。浮点数表示成规格化形式后,其精度最高。

1. 浮点数的表示形式

浮点数在机器中的形式如下所示。采用这种数据格式的机器称为浮点机。

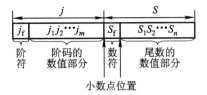

浮点数由阶码 j 和尾数 S 两部分组成。阶码是整数,阶符和阶码的位数 m 合起来反映浮点数的表示范围及小数点的实际位置;尾数是小数,其位数 n 反映了浮点数的精度;尾数的符号 S_f

代表浮点数的正负。

2. 浮点数的表示范围

以通式 $N = S \times r^j$ 为例,设浮点数阶码的数值位取 m 位,尾数的数值位取 n 位,当浮点数为非规格化数时,它在数轴上的表示范围如图 6.2 所示。

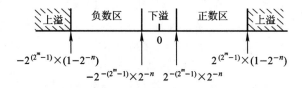

图 6.2　浮点数在数轴上的表示范围

由图中可见,其最大正数为 $2^{(2^m-1)} \times (1 - 2^{-n})$;最小正数为 $2^{-(2^m-1)} \times 2^{-n}$;最大负数为 $-2^{-(2^m-1)} \times 2^{-n}$;最小负数为 $-2^{(2^m-1)} \times (1 - 2^{-n})$。当浮点数阶码大于最大阶码时,称为上溢,此时机器停止运算,进行中断溢出处理;当浮点数阶码小于最小阶码时,称为下溢,此时溢出的数绝对值很小,通常将尾数各位强置为零,按机器零处理,此时机器可以继续运行。

一旦浮点数的位数确定后,合理分配阶码和尾数的位数,直接影响浮点数的表示范围和精度。通常对于短实数(总位数为 32 位),阶码取 8 位(含阶符 1 位),尾数取 24 位(含数符 1 位);对于长实数(总位数为 64 位),阶码取 11 位(含阶符 1 位),尾数取 53 位(含数符 1 位);对于临时实数(总位数为 80 位),阶码取 15 位(含阶符 1 位),尾数取 65 位(含数符 1 位)。

3. 浮点数的规格化

为了提高浮点数的精度,其尾数必须为规格化数。如果不是规格化数,就要通过修改阶码并同时左右移尾数的办法,使其变成规格化数。将非规格化数转换成规格化数的过程称为规格化。对于基数不同的浮点数,因其规格化数的形式不同,规格化过程也不同。

当基数为 2 时,尾数最高位为 1 的数为规格化数。规格化时,尾数左移一位,阶码减 1(这种规格化称为向左规格化,简称左规);尾数右移一位,阶码加 1(这种规格化称为向右规格化,简称右规)。图 6.2 所示的浮点数规格化后,其最大正数为 $2^{(2^m-1)} \times (1 - 2^{-n})$,最小正数为 $2^{-(2^m-1)} \times 2^{-1}$;最大负数为 $-2^{-(2^m-1)} \times 2^{-1}$,最小负数为 $-2^{(2^m-1)} \times (1 - 2^{-n})$。

当基数为 4 时,尾数的最高两位不全为零的数为规格化数。规格化时,尾数左移两位,阶码减 1;尾数右移两位,阶码加 1。

当基数为 8 时,尾数的最高三位不全为零的数为规格化数。规格化时,尾数左移三位,阶码减 1;尾数右移三位,阶码加 1。

同理类推,不难得到基数为 16 或 2^n 时的规格化过程。

浮点机中一旦基数确定后就不再变了,而且基数是隐含的,故不同基数的浮点数表示形式完全相同。但基数不同,对数的表示范围和精度等都有影响。一般来说,基数 r 越大,可表示的浮点数范围越大,而且所表示的数的个数越多。但 r 越大,浮点数的精度反而下降。如 $r = 16$ 的浮点数,因其规格化数的尾数最高三位可能出现零,故与其尾数位数相同的 $r=2$ 的浮点数相比,后者可能比前者多三位精度。

6.2.3 定点数和浮点数的比较

定点数和浮点数可从如下几个方面进行比较。

① 当浮点机和定点机中数的位数相同时,浮点数的表示范围比定点数的大得多。

② 当浮点数为规格化数时,其相对精度远比定点数高。

③ 浮点数运算要分阶码部分和尾数部分,而且运算结果都要求规格化,故浮点运算步骤比定点运算步骤多,运算速度比定点运算的低,运算线路比定点运算的复杂。

④ 在溢出的判断方法上,浮点数是对规格化数的阶码进行判断,而定点数是对数值本身进行判断。例如,小数定点机中的数,其绝对值必须小于 1,否则"溢出",此时要求机器停止运算,进行处理。为了防止溢出,上机前必须选择比例因子,这个工作比较麻烦,给编程带来不便。而浮点数的表示范围远比定点数大,仅当"上溢"时机器才停止运算,故一般不必考虑比例因子的选择。

总之,浮点数在数的表示范围、数的精度、溢出处理和程序编程方面(不取比例因子)均优于定点数。但在运算规则、运算速度及硬件成本方面又不如定点数。因此,究竟选用定点数还是浮点数,应根据具体应用综合考虑。一般来说,通用的大型计算机大多采用浮点数,或同时采用定、浮点数;小型、微型及某些专用机、控制机则大多采用定点数。当需要做浮点运算时,可通过软件实现,也可外加浮点扩展硬件(如协处理器)来实现。

6.2.4 举例

例 6.3 设浮点数字长 16 位,其中阶码 5 位(含 1 位阶符),尾数 11 位(含 1 位数符),将十进制数 $+\dfrac{13}{128}$ 写成二进制定点数和浮点数,并分别写出它在定点机和浮点机中的机器数形式。

解:令 $x = +\dfrac{13}{128}$

其二进制形式 $x = 0.0001101000$

定点数表示 $x = 0.0001101000$

浮点数规格化表示 $x = 0.1101000000 \times 2^{-11}$

定点机中 $[x]_原 = [x]_补 = [x]_反 = 0.0001101000$

浮点机中

$[x]_原$: | 1 | 0011 ‖ 0 | 1101000000 | 或写成 1,0011;0.1101000000

$[x]_补$: | 1 | 1101 ‖ 0 | 1101000000 | 或写成 1,1101;0.1101000000

$[x]_反$: | 1 | 1100 ‖ 0 | 1101000000 | 或写成 1,1100;0.1101000000

例 6.4　将十进制数-54 表示成二进制定点数和浮点数,并写出它在定点机和浮点机中的机器数形式(其他要求同上例)。

解:令 $x = -54$

其二进制形式	$x = -110110$
定点数表示	$x = -0000110110$
浮点数规格化表示	$x = -(0.1101100000) \times 2^{110}$

定点机中

$$[x]_原 = 1,0000110110$$

$$[x]_补 = 1,1111001010$$

$$[x]_反 = 1,1111001001$$

浮点机中

$$[x]_原 = 0,0110; 1.1101100000$$

$$[x]_补 = 0,0110; 1.0010100000$$

$$[x]_反 = 0,0110; 1.0010011111$$

例 6.5　写出对应图 6.2 所示的浮点数的补码形式。设图中 $n = 10, m = 4$,阶符、数符各取 1 位。

解:

	真值	补码
最大正数	$2^{15} \times (1 - 2^{-10})$	$0,1111; 0.1111111111$
最小正数	$2^{-15} \times 2^{-10}$	$1,0001; 0.0000000001$
最大负数	$-2^{-15} \times 2^{-10}$	$1,0001; 1.1111111111$
最小负数	$-2^{15} \times (1 - 2^{-10})$	$0,1111; 1.0000000001$

计算机中浮点数的阶码和尾数可以采用同一种机器数表示,也可采用不同的机器数表示。

例 6.6　设浮点数字长为 16 位,其中阶码为 5 位(含 1 位阶符),尾数为 11 位(含 1 位数符),写出 $-\dfrac{53}{512}$ 对应的浮点规格化数的原码、补码、反码和阶码用移码,尾数用补码的形式。

解:设 $x = -\dfrac{53}{512} = -0.000110101 = 2^{-11} \times (-0.1101010000)$

$$[x]_原 = 1,0011; 1.1101010000$$

$$[x]_补 = 1,1101; 1.0010110000$$

$$[x]_反 = 1,1100; 1.0010101111$$

$$[x]_{阶移,尾补} = 0,1101; 1.0010110000$$

值得注意的是,当一个浮点数尾数为 0 时,不论其阶码为何值;或阶码等于或小于它所能表示的最小数时,不管其尾数为何值,机器都把该浮点数作为零看待,并称之为"机器零"。如果浮点数的阶码用移码表示,尾数用补码表示,则当阶码为它所能表示的最小数 2^{-m}(式中 m 为阶码的位数)且尾数为 0 时,其阶码(移码)全为 0,尾数(补码)也全为 0,这样的机器零为 000…0000,

全零表示有利于简化机器中判"0"电路。

6.2.5　IEEE 754 标准

现代计算机中,浮点数一般采用 IEEE 制定的国际标准,这种标准形式如下:

按 IEEE 标准,常用的浮点数有三种:

	符号位 S	阶码	尾数	总位数
短实数	1	8	23	32
长实数	1	11	52	64
临时实数	1	15	64	80

其中,S 为数符,它表示浮点数的正负,但与其有效位(尾数)是分开的。阶码用移码表示,阶码的真值都被加上一个常数(偏移量),如短实数、长实数和临时实数的偏移量用十六进制数表示分别为 7FH、3FFH 和 3FFFH(见附录 6A.1)。尾数部分通常都是规格化表示,即非"0"的有效位最高位总是"1",但在 IEEE 标准中,有效位呈如下形式。

$$1_{\blacktriangle} ffff\cdots\cdots fff$$

其中▲表示假想的二进制小数点。在实际表示中,对短实数和长实数,这个整数位的 1 省略,称隐藏位;对于临时实数不采用隐藏位方案。表 6.3 列出了十进制数 178.125 的实数表示。

表 6.3　实数 178.125 的几种不同表示

实数表示	数　值		
原始十进制数	178.125		
二进制数	10110010.001		
二进制浮点表示	$1.0110010001 \times 2^{111}$		
	符号	偏移的阶码	有效值
短实数表示	0	00000111+01111111 = 10000110	01100100010000000000000 ↑1▲(隐含的)

6.3 定点运算

定点运算包括移位、加、减、乘、除几种。

6.3.1 移位运算

1. 移位的意义

移位运算在日常生活中常见。例如,15 m 可写成 1 500 cm,单就数字而言,1 500 相当于数 15 相对于小数点左移了两位,并在小数点前面添了两个 0;同样 15 也相当于 1 500 相对于小数点右移了两位,并删去了小数点后面的两个 0。可见,当某个十进制数相对于小数点左移 n 位时,相当于该数乘以 10^n;右移 n 位时,相当于该数除以 10^n。

计算机中小数点的位置是事先约定的,因此,二进制表示的机器数在相对于小数点作 n 位左移或右移时,其实质就是该数乘以或除以 $2^n(n=1,2,\cdots,n)$。

移位运算称为移位操作,对计算机来说,有很大的实用价值。例如,当某计算机没有乘(除)法运算线路时,可以采用移位和加法相结合,实现乘(除)运算。

计算机中机器数的字长往往是固定的,当机器数左移 n 位或右移 n 位时,必然会使其 n 位低位或 n 位高位出现空位。那么,对空出的空位应该添补 0 还是 1 呢? 这与机器数采用有符号数还是无符号数有关。对有符号数的移位称为算术移位。

2. 算术移位规则

对于正数,由于 $[x]_原=[x]_补=[x]_反=$ 真值,故移位后出现的空位均以 0 添之。对于负数,由于原码、补码和反码的表示形式不同,故当机器数移位时,对其空位的添补规则也不同。表 6.4 列出了三种不同码制的机器数(整数或小数均可),分别对应正数或负数移位后的添补规则。必须注意的是:不论是正数还是负数,移位后其符号位均不变,这是算术移位的重要特点。

表 6.4 不同码制机器数算术移位后的空位添补规则

真 值	码 制	添补代码
正数	原码、补码、反码	0
负数	原 码	0
	补 码	左移添 0
		右移添 1
	反 码	1

由表 6.4 可得出如下结论。

① 机器数为正时,不论是左移还是右移,添补代码均为 0。

② 由于负数的原码数值部分与真值相同,故在移位时只要使符号位不变,其空位均添 0 即可。

③ 由于负数的反码各位除符号位外与负数的原码正好相反,故移位后所添的代码应与原码相反,即全部添 1。

④ 分析任意负数的补码可发现,当对其由低位向高位找到第一个"1"时,在此"1"左边的各位均与对应的反码相同,而在此"1"右边的各位(包括此"1"在内)均与对应的原码相同。故负数的补码左移时,因空位出现在低位,则添补的代码与原码相同,即添 0;右移时因空位出现在高位,则添补的代码应与反码相同,即添 1。

例 6.7　设机器数字长为 8 位(含 1 位符号位),若 $A = \pm 26$,写出三种机器数左、右移一位和两位后的表示形式及对应的真值,并分析结果的正确性。

解:(1) $A = +26 = (+11010)_2$

则 $[A]_原 = [A]_补 = [A]_反 = 0,0011010$

移位结果如表 6.5 所示。

表 6.5　对 $A = +26$ 移位后的结果

移位操作	机 器 数 $[A]_原 = [A]_补 = [A]_反$	对应的真值
移位前	0,0011010	+26
左移一位	0,0110100	+52
左移两位	0,1101000	+104
右移一位	0,0001101	+13
右移两位	0,0000110	+6

可见,对于正数,三种机器数移位后符号位均不变,左移时最高数位丢 1,结果出错;右移时最低数位丢 1,影响精度。

(2) $A = -26 = (-11010)_2$

三种机器数移位结果如表 6.6 所示。

表 6.6　对 $A = -26$ 移位后的结果

移位操作	机 器 数		对应的真值
移位前		1,0011010	-26
左移一位	原	1,0110100	-52
左移两位		1,1101000	-104
右移一位	码	1,0001101	-13
右移两位		1,0000110	-6

移位操作		机 器 数	对应的真值
移位前	补码	1，1100110	−26
左移一位		1，1001100	−52
左移两位		1，0011000	−104
右移一位		1，1110011	−13
右移两位		1，1111001	−7
移位前	反码	1，1100101	−26
左移一位		1，1001011	−52
左移两位		1，0010111	−104
右移一位		1，1110010	−13
右移两位		1，1111001	−6

可见,对于负数,三种机器数算术移位后符号位均不变。负数的原码左移时,高位丢 1,结果出错;右移时,低位丢 1,影响精度。负数的补码左移时,高位丢 0,结果出错;右移时,低位丢 1,影响精度。负数的反码左移时,高位丢 0,结果出错;右移时,低位丢 0,影响精度。

图 6.3 示意了机器中实现算术左移和右移操作的硬件框图。其中,图 6.3(a)为真值为正的三种机器数的移位操作;图 6.3(b)为负数原码的移位操作;图 6.3(c)为负数补码的移位操作;图 6.3(d)为负数反码的移位操作。

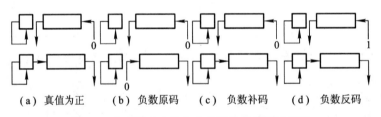

(a) 真值为正　(b) 负数原码　(c) 负数补码　(d) 负数反码

图 6.3　实现算术左移和右移操作的硬件示意图

3. 算术移位和逻辑移位的区别

有符号数的移位称为算术移位,无符号数的移位称为逻辑移位。逻辑移位的规则是:逻辑左移时,高位移丢,低位添 0;逻辑右移时,低位移丢,高位添 0。例如,寄存器内容为 01010011,逻辑左移为 10100110,算术左移为 00100110(最高数位"1"移丢)。又如,寄存器内容为 10110010,逻辑右移为 01011001,若将其视为补码,算术右移为 11011001。显然,两种移位的结果是不同的。上例中为了避免算术左移时最高数位丢 1,可采用带进位(C_y)的移位,其示意图如图 6.4 所示。算术左移时,符号位移至 C_y,最高数位就可避免移丢。

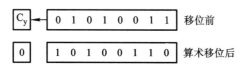

图 6.4　用带进位的移位实现算术左移

6.3.2　加法与减法运算

加减法运算是计算机中最基本的运算,因减法运算可看作被减数加上一个减数的负值,即 $A - B = A + (-B)$,故在此将机器中的减法运算和加法运算合在一起讨论。现代计算机中都采用补码作加减法运算。

1. 补码加减运算的基本公式

补码加法的基本公式如下:

整数　　　$[A]_补 + [B]_补 = [A+B]_补 (\bmod\ 2^{n+1})$

小数　　　$[A]_补 + [B]_补 = [A+B]_补 (\bmod\ 2)$

即补码表示的两个数在进行加法运算时,可以把符号位与数值位同等处理,只要结果不超出机器能表示的数值范围,运算后的结果按 2^{n+1} 取模(对于整数)或按 2 取模(对于小数),就能得到本次加法的运算结果。

读者可根据补码定义,按两个操作数的四种正负组合情况加以证明。

对于减法,因 $A - B = A + (-B)$

则 $[A-B]_补 = [A + (-B)]_补$

由补码加法基本公式可得

整数　　　$[A-B]_补 = [A]_补 + [-B]_补 (\bmod\ 2^{n+1})$

小数　　　$[A-B]_补 = [A]_补 + [-B]_补 (\bmod\ 2)$

因此,若机器数采用补码,当求 $A - B$ 时,只需先求 $[-B]_补$(称 $[-B]_补$ 为"求补"后的减数),就可按补码加法规则进行运算。而 $[-B]_补$ 由 $[B]_补$ 连同符号位在内,每位取反,末位加 1 而得。

例 6.8　已知 $A = 0.1011, B = -0.0101$,求 $[A+B]_补$。

解:因为　$A = 0.1011, B = -0.0101$

所以　　　$[A]_补 = 0.1011, [B]_补 = 1.1011$

则　　　　$[A]_补 + [B]_补 = 0.1011$

$$\begin{array}{r} + 1.1011 \\ \hline \boxed{1}\ \ 0.0110 = [A+B]_补 \end{array}$$

丢掉 ←

按模 2 的意义,最左边的 1 丢掉,故 $[A+B]_{补}=0.0110$,结果正确。

例 6.9　已知 $A=-1001,B=-0101$,求 $[A+B]_{补}$。

解:因为　$A=-1001,B=-0101$

所以　　　　$[A]_{补}=1,0111,[B]_{补}=1,1011$

则　　　　　$[A]_{补}+[B]_{补}=1,0111$

$$\begin{array}{r}+1,1011 \\ \hline \boxed{1}\quad 1,0010=[A+B]_{补}\end{array}$$

丢掉 ⟵

按模 2^{4+1} 的意义,最左边的 1 丢掉。

例 6.10　设机器数字长为 8 位(含 1 位符号位),若 $A=+15,B=+24$,求 $[A-B]_{补}$ 并还原成真值。

解:因为　$A=+15=+0001111,B=+24=+0011000$

所以　　　　$[A]_{补}=0,0001111,[B]_{补}=0,0011000,[-B]_{补}=1,1101000$

则　　　　　$[A-B]_{补}=[A]_{补}+[-B]_{补}=0,0001111$

$$\begin{array}{r}+1,1101000 \\ \hline 1,1110111\end{array}$$

所以　　　　$[A-B]_{补}=1,1110111$

故　　　　　$A-B=-0001001=-9$

可见,不论操作数是正还是负,在做补码加减法时,只需将符号位和数值部分一起参加运算,并且将符号位产生的进位自然丢掉即可。

例 6.11　设机器数字长为 8 位,其中 1 位为符号位,令 $A=-93,B=+45$,求 $[A-B]_{补}$。

解:由 $A=-93=-1011101$,得 $[A]_{补}=1,0100011$

由 $B=+45=+0101101$,得 $[B]_{补}=0,0101101,[-B]_{补}=1,1010011$

$$\begin{array}{r}[A]_{补}=\quad 1,0100011 \\ +[-B]_{补}=\quad 1,1010011 \\ \hline [A]_{补}+[-B]_{补}=\boxed{1}\,0,1110110=[A-B]_{补}\end{array}$$

丢掉 ⟵

按模 2^{n+1} 的意义,最左边的"1"自然丢掉,故 $[A-B]_{补}=0,1110110$,还原成真值得 $A-B=118$,结果出错,这是因为 $A-B=-138$ 超出了机器字长所能表示的范围。在计算机中,这种超出机器字长的现象叫溢出。为此,在补码定点加减运算过程中,必须对结果是否溢出做出明确的判断。

2. 溢出判断

补码定点加减运算判断溢出有两种方法。

（1）用一位符号位判断溢出

对于加法，只有在正数加正数和负数加负数两种情况下才可能出现溢出，符号不同的两个数相加是不会溢出的。

对于减法，只有在正数减负数或负数减正数两种情况下才可能出现溢出，符号相同的两个数相减是不会溢出的。

下面以机器字长为 4 位（含 1 位符号位）为例，说明机器是如何判断溢出的。

机器字长为 4 位的补码所对应的真值范围为 $-8 \sim +7$，运算结果一旦超过这个范围即为溢出。表 6.7 列出了四种溢出情况。

由于减法运算在机器中是用加法器实现的，因此可得出如下结论：不论是作加法还是减法，只要实际参加操作的两个数（减法时即为被减数和"求补"以后的减数）符号相同，结果又与原操作数的符号不同，即为溢出。

表 6.7 补码定点运算溢出判断举例

真 值	补码运算
$A = 5$ $+ B = 4$ $A + B = 9 > 7$ 溢出	$[A]_补 = 0,101$ $+ [B]_补 = 0,100$ $[A + B]_补 = 1,001$
$A = -5$ $+ B = -4$ $A + B = -9 < -8$ 溢出	$[A]_补 = 1,011$ $+ [B]_补 = 1,100$ $[A + B]_补 = 10,111$
$A = 5$ $- B = -4$ $A - B = 9 > 7$ 溢出	$[A]_补 = 0,101$ $+ [-B]_补 = 0,100$ $[A - B]_补 = 1,001$
$A = -5$ $- B = +4$ $A - B = -9 < -8$ 溢出	$[A]_补 = 1,011$ $+ [-B]_补 = 1,100$ $[A - B]_补 = 10,111$

例 6.12 已知 $A = -\dfrac{11}{16}, B = -\dfrac{7}{16}$，求 $[A+B]_补$。

解：由 $A = -\dfrac{11}{16} = -0.1011, B = -\dfrac{7}{16} = -0.0111$

得　　$[A]_补 = 1.0101, [B]_补 = 1.1001$

所以

$$[A + B]_补 = [A]_补 = 1.0101$$
$$+ [B]_补 = 1.1001$$
$$\boxed{1}\ 0.1110$$

丢掉 ←

两操作数符号均为 1,结果的符号为 0,故为溢出。

例 6.13 已知 $A=-0.1000$, $B=-0.1000$,求 $[A+B]_{补}$。

解:由 $A=-0.1000$, $B=-0.1000$

得 $[A]_补=1.1000$, $[B]_补=1.1000$

所以

$$[A+B]_补=[A]_补=1.1000$$
$$+[B]_补=1.1000$$
$$\overline{\boxed{1}\ 1.0000}$$

丢掉 ←

结果的符号同原操作数符号,故未溢出。

由 $[A+B]_补=1.0000$,得 $A+B=-1$,由此可见,用补码表示定点小数时,它能表示 -1 的值。

计算机中采用 1 位符号位判断时,为了节省时间,通常用符号位产生的进位与最高有效位产生的进位异或操作后,按其结果进行判断。若异或结果为 1,即为溢出;异或结果为 0,则无溢出。例 6.12 中符号位有进位,最高有效位无进位,即 $1\oplus0=1$,故溢出。例 6.13 中符号位有进位,最高有效位也有进位,即 $1\oplus1=0$,故无溢出。

（2）用两位符号位判断溢出

在 6.1.2 节中已提到过 2 位符号位的补码,即变形补码,它是以 4 为模的,其定义为

$$[x]_{补'}=\begin{cases} x & 1>x\geqslant0 \\ 4+x & 0>x\geqslant-1 \end{cases} \quad (\text{mod } 4)$$

在用变形补码作加法时,2 位符号位要连同数值部分一起参加运算,而且高位符号位产生的进位自动丢失,便可得正确结果,即

$$[x]_{补'}+[y]_{补'}=[x+y]_{补'} \quad (\text{mod } 4)$$

变形补码判断溢出的原则是:当 2 位符号位不同时,表示溢出,否则;无溢出。不论是否发生溢出,高位(第 1 位)符号位永远代表真正的符号。

例 6.14 设 $x=+\dfrac{11}{16}$, $y=+\dfrac{3}{16}$,试用变形补码计算 $x+y$。

解:因为 $x=+\dfrac{11}{16}=0.1011$, $y=+\dfrac{3}{16}=0.0011$

所以 $[x]_{补'}=00.1011$, $[y]_{补'}=00.0011$

则

$$[x]_{补'}+[y]_{补'}=00.1011$$
$$+00.0011$$
$$\overline{00.1110}$$

故 $[x+y]_{补'}=00.1110$

$$x+y=0.1110$$

例 6.15 设 $x=+\dfrac{11}{16},y=+\dfrac{7}{16}$,试用变形补码计算 $x+y$。

解:因为 $x=+\dfrac{11}{16}=0.1011,y=+\dfrac{7}{16}=0.0111$

所以 $[x]_{补'}=00.1011,[y]_{补'}=00.0111$

则 $[x]_{补'}+[y]_{补'}=00.1011$

$$+00.0111$$

第 1 位符号位 → $\boxed{01}.0010$

　　　　　　└→ 溢出

此时,符号位为"01",表示溢出,又因第 1 位符号位为"0",表示结果的真正符号为正,故"01"表示正溢出。

例 6.16 设 $x=-\dfrac{11}{16},y=-\dfrac{7}{16}$,用变形补码计算 $x+y$。

解:因为 $x=-\dfrac{11}{16}=-0.1011,y=-\dfrac{7}{16}=-0.0111$

所以 $[x]_{补'}=11.0101,[y]_{补'}=11.1001$

则

$$[x]_{补'}+[y]_{补'}=11.0101$$

$$+11.1001$$

$\boxed{1}10.1110$

丢掉 ←┘

符号位为"10",表示溢出。由于第 1 位符号位为 1,则表示负溢出。

上述结论对于整数也同样适用。在浮点机中,当阶码用两位符号位表示时,判断溢出的原则与小数的完全相同。

这里需要说明一点,采用双符号位方案时,寄存器或主存中的操作数只需保存一位符号位即可。因为任何正确的数,两个符号位的值总是相同的,而双符号位在加法器中又是必要的,故在相加时,寄存器中一位符号的值要同时送到加法器的两位符号位的输入端。

3. 补码定点加减法所需的硬件配置

图 6.5 是实现补码定点加减法的基本硬件配置框图。

图中寄存器 A、X、加法器的位数相等,其中 A 存放被加数(或被减数)的补码,X 存放加数(或减数)的补码。当作减法时,由"求补控制逻辑"将 $\overline{X}$ 送至加法器,并使加法器的最末位外来进位为 1,以达到对减数求补的目的。运算结果溢出时,通过溢出判断电路置"1"溢出标记 V。G_A 为加法标记,G_S 为减法标记。

4. 补码加减运算控制流程

补码加减运算控制流程如图 6.6 所示。

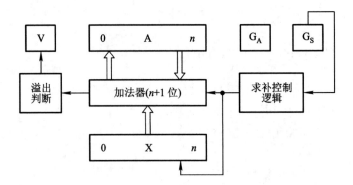

图 6.5 补码定点加减法硬件配置

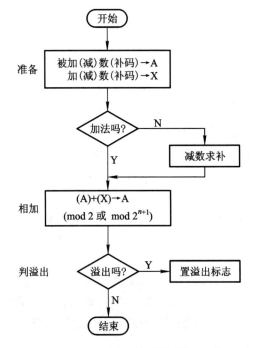

图 6.6 补码加减运算控制流程

由图可见,加(减)法运算前,被加(减)数的补码在 A 中,加(减)数的补码在 X 中。若是加法,直接完成(A)+(X)→A(mod 2 或 mod 2^{n+1})的运算;若是减法,则需对减数求补,再和 A 寄存器的内容相加,结果送 A。最后完成溢出判断。

6.3.3　乘法运算

在计算机中,乘法运算是一种很重要的运算,有的机器由硬件乘法器直接完成乘法运算,有的机器内没有乘法器,但可以按机器做乘法运算的方法,用软件编程实现。因此,学习乘法运算方法不仅有助于乘法器的设计,也有助于乘法编程。

下面从分析笔算乘法入手,介绍机器中用到的几种乘法运算方法。

1. 分析笔算乘法

设 $A = 0.1101, B = 0.1011$,求 $A \times B$。

笔算乘法时,乘积的符号由两数符号心算而得:正正得正。其数值部分的运算如下:

$$
\begin{array}{r}
0.1\,1\,0\,1 \\
\times\ 0.1\,0\,1\,1 \\
\hline
1\,1\,0\,1 \quad \cdots\cdots\cdots\cdots\cdots A \times 2^0 \quad A\ 不移位 \\
1\,1\,0\,1 \quad \cdots\cdots\cdots\cdots\cdots A \times 2^1 \quad A\ 左移\,1\,位 \\
0\,0\,0\,0 \quad \cdots\cdots\cdots\cdots\cdots 0 \times 2^2 \quad 0\ 左移\,2\,位 \\
1\,1\,0\,1 \quad \cdots\cdots\cdots\cdots\cdots A \times 2^3 \quad A\ 左移\,3\,位 \\
\hline
0.1\,0\,0\,0\,1\,1\,1\,1
\end{array}
$$

所以　$A \times B = +0.10001111$

可见,这里包含着被乘数 A 的多次左移,以及 4 个位积的相加运算。

若计算机完全模仿笔算乘法步骤,将会有两大困难:其一,将 4 个位积一次相加,机器难以实现;其二,乘积位数增长了一倍,这将造成器材的浪费和运算时间的增加。为此,对笔算乘法进行改进。

2. 笔算乘法的改进

$$
\begin{aligned}
A \cdot B &= A \cdot 0.1011 \\
&= 0.1A + 0.00A + 0.001A + 0.0001A \\
&= 0.1A + 0.00A + 0.001(A + 0.1A) \\
&= 0.1A + 0.01[0A + 0.1(A + 0.1A)] \\
&= 0.1\{A + 0.1[0A + 0.1(A + 0.1A)]\} \\
&= 2^{-1}\{A + 2^{-1}[0A + 2^{-1}(A + 2^{-1}A)]\} \\
&= 2^{-1}\{A + 2^{-1}[0A + 2^{-1}(A + 2^{-1}(A + 0))]\}
\end{aligned} \tag{6.8}
$$

由式(6.8)可见,两数相乘的过程,可视为加法和移位(乘 2^{-1} 相当于做一位右移)两种运算,这对计算机来说是非常容易实现的。

从初始值为 0 开始,对式(6.8)作分步运算,则

第一步:被乘数加零　　　　　　　　　　　　　　　　　　$A + 0 = 0.1101 + 0.0000 = 0.1101$

第二步:右移一位,得新的部分积　　　　　　　　　　　　$2^{-1}(A + 0) = 0.01101$

第三步:被乘数加部分积　　　　　　　$A+2^{-1}(A+0)=0.1101+0.01101=1.00111$

第四步:右移一位,得新的部分积　　　$2^{-1}[A+2^{-1}(A+0)]=0.100111$

第五步:　　　　　　　　　　　　　$0\cdot A+2^{-1}[A+2^{-1}(A+0)]=0.100111$

第六步:　　　　　　　　　　　$2^{-1}\{0\cdot A+2^{-1}[A+2^{-1}(A+0)]\}=0.0100111$

第七步:　　　　　　　　　$A+2^{-1}\{0\cdot A+2^{-1}[A+2^{-1}(A+0)]\}=1.0001111$

第八步:　　　　　$2^{-1}\{A+2^{-1}[0\cdot A+2^{-1}(A+2^{-1}(A+0))]\}=0.10001111$

表 6.8 列出了式(6.8)的全部运算过程。

表 6.8　式(6.8)的运算过程

部 分 积	乘 数	说　　明
0.0000	1011	初始条件,部分积为 0
+ 0.1101		乘数为 1,加被乘数
0.1101		
0.0110	1101	→1 位,形成新的部分积;乘数同时→1 位
+ 0.1101		乘数为 1,加被乘数
1.0011	1	
0.1001	1110	→1 位,形成新的部分积;乘数同时→1 位
+ 0.0000		乘数为 0,加上 0
0.1001	11	
0.0100	1111	→1 位,形成新的部分积;乘数同时→1 位
+ 0.1101		乘数为 1,加被乘数
1.0001	111	
0.1000	1111	→1 位,形成最终结果

上述运算过程可归纳如下:

① 乘法运算可用移位和加法来实现,两个 4 位数相乘,总共需要进行 4 次加法运算和 4 次移位。

② 由乘数的末位值确定被乘数是否与原部分积相加,然后右移一位,形成新的部分积;同时,乘数也右移一位,由次低位作新的末位,空出最高位放部分积的最低位。

③ 每次做加法时,被乘数仅仅与原部分积的高位相加,其低位被移至乘数所空出的高位位置。

计算机很容易实现这种运算规则。用一个寄存器存放被乘数,一个寄存器存放乘积的高位,另一个寄存器存放乘数及乘积的低位,再配上加法器及其他相应电路,就可组成乘法器。又因加法只在部分积的高位进行,故不但节省了器材,而且还缩短了运算时间。

3. 原码乘法

由于原码表示与真值极为相似,只差一个符号,而乘积的符号又可通过两数符号的逻辑异或求得,因此,上述讨论的结果可以直接用于原码一位乘,只需加上符号位处理即可。

（1）原码一位乘运算规则

以小数为例:

设　　　　$[x]_原 = x_0 . x_1 x_2 \cdots x_n$

　　　　　$[y]_原 = y_0 . y_1 y_2 \cdots y_n$

则　$[x]_原 \cdot [y]_原 = x_0 \oplus y_0 . (0. x_1 x_2 \cdots x_n)(0. y_1 y_2 \cdots y_n)$

式中,$0. x_1 x_2 \cdots x_n$ 为 x 的绝对值,记作 x^*;$0. y_1 y_2 \cdots y_n$ 为 y 的绝对值,记作 y^*。

原码一位乘的运算规则如下:

① 乘积的符号位由两原码符号位异或运算结果决定。

② 乘积的数值部分由两数绝对值相乘,其通式为

$$
\left.
\begin{aligned}
x^* \cdot y^* &= x^* (0. y_1 y_2 \cdots y_n) \\
&= x^* (y_1 2^{-1} + y_2 2^{-2} + \cdots + y_n 2^{-n}) \\
&= 2^{-1}(y_1 x^* + 2^{-1}(y_2 x^* + 2^{-1}(\cdots + 2^{-1}(\underbrace{\underbrace{\underbrace{y_{n-1} x^* + 2^{-1}(\overset{z_0}{\underbrace{y_n x^* + 0}})}_{z_1}}_{z_2}}_{\substack{\cdots \\ z_{n-1} \\ z_n}}) \cdots)))
\end{aligned}
\right\} \quad (6.9)
$$

再令 z_i 表示第 i 次部分积,式(6.9)可写成如下递推公式。

$$
\left.
\begin{aligned}
z_0 &= 0 \\
z_1 &= 2^{-1}(y_n \cdot x^* + z_0) \\
z_2 &= 2^{-1}(y_{n-1} \cdot x^* + z_1) \\
&\vdots \\
z_i &= 2^{-1}(y_{n-i+1} \cdot x^* + z_{i-1}) \\
&\vdots \\
z_n &= 2^{-1}(y_1 \cdot x^* + z_{n-1})
\end{aligned}
\right\} \quad (6.10)
$$

例 6.17　已知 $x = -0.1110, y = -0.1101,$ 求 $[x \cdot y]_原$。

解: 因为　$x = -0.1110$

所以 $[x]_原 = 1.1110, x^* = 0.1110($ 为绝对值$), x_0 = 1$

又因为　　$y = -0.1101$

所以 $[y]_原 = 1.1101, y^* = 0.1101($ 为绝对值$), y_0 = 1$

按原码一位乘运算规则,$[x \cdot y]_原$ 的数值部分计算如表 6.9 所示。

表 6.9　例 6.17 数值部分的计算

部　分　积	乘　　数	说　　　　明
0.0000 +0.1110	1101	开始部分积 $z_0 = 0$ 乘数为 1,加上 x^*
0.1110 0.0111 +0.0000	0110	→1 位得 z_1,乘数同时→1 位 乘数为 0,加上 0
0.0111 0.0011 +0.1110	0 1011	→1 位得 z_2,乘数同时→1 位 乘数为 1,加上 x^*
1.0001 0.1000 +0.1110	10 1101	→1 位得 z_3,乘数同时→1 位 乘数为 1,加上 x^*
1.0110 0.1011	110 0110	→1 位得 z_4,乘数已全部移出

　　　即 $x^* \cdot y^* = 0.10110110$

　　　乘积的符号位为 $x_0 \oplus y_0 = 1 \oplus 1 = 0$

故　　$[x \cdot y]_原 = 0.10110110$

　　　值得注意的是,这里部分积取 $n+1$ 位,以便存放乘法过程中绝对值大于或等于 1 的值。此外,由于乘积的数值部分是两数绝对值相乘的结果,故原码一位乘法运算过程中的右移操作均为逻辑右移。

　　　(2) 原码一位乘所需的硬件配置

　　　图 6.7 是实现原码一位乘运算的基本硬件配置框图。

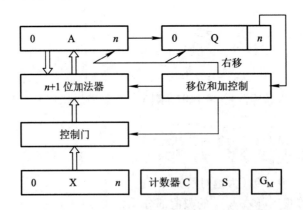

图 6.7　原码一位乘运算基本配置

图中 A、X、Q 均为 $n+1$ 位的寄存器,其中 X 存放被乘数的原码,Q 存放乘数的原码。移位和加控制电路受末位乘数 Q_n 的控制(当 $Q_n=1$ 时,A 和 X 内容相加后,A、Q 右移一位;当 $Q_n=0$ 时,只作 A、Q 右移一位的操作)。计数器 C 用于控制逐位相乘的次数。S 存放乘积的符号。G_M 为乘法标记。

（3）原码一位乘控制流程

原码一位乘控制流程如图 6.8 所示。

乘法运算前,A 寄存器被清零,作为初始部分积,被乘数原码在 X 中,乘数原码在 Q 中,计数器 C 中存放乘数的位数 n。乘法开始后,首先通过异或运算,求出乘积的符号并存于 S,接着将被乘数和乘数从原码形式变为绝对值。然后根据 Q_n 的状态决定部分积是否加上被乘数,再逻辑右移一位,重复 n 次,即得运算结果。

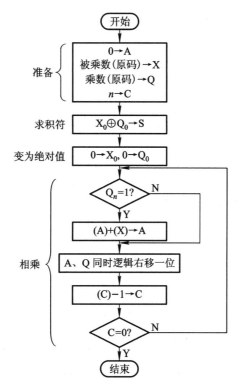

图 6.8　原码一位乘控制流程

上述讨论的运算规则同样可用于整数原码。为了区别于小数乘法,书写上可将表 6.9 中的".改为","。

为了提高乘法速度,可采用原码两位乘。

（4）原码两位乘

原码两位乘与原码一位乘一样,符号位的运算和数值部分是分开进行的,但原码两位乘是用两位乘数的状态来决定新的部分积如何形成,因此可提高运算速度。

两位乘数共有四种状态,对应这四种状态可得表 6.10。

表 6.10　两位乘数所对应的新的部分积

乘数 $y_{n-1}y_n$	新的部分积
0 0	新部分积等于原部分积右移两位
0 1	新部分积等于原部分积加被乘数后右移两位
1 0	新部分积等于原部分积加 2 倍被乘数后右移两位
1 1	新部分积等于原部分积加 3 倍被乘数后右移两位

表中 2 倍被乘数可通过将被乘数左移一位实现,但 3 倍被乘数的获得较难。此刻可将 3 视为 $4-1(11=100-1)$,即把乘以 3 分两步完成,第一步先完成减 1 倍被乘数的操作,第二步完成加 4 倍被乘数的操作。而加 4 倍被乘数的操作实际上是由比"11"高的两位乘数代替完成的,可看作是在高两位乘数上加"1"。这个"1"可暂存在 C_j 触发器中。机器完成 C_j 置"1",即意味着对高两位乘数加 1,也即要求高两位乘数代替本两位乘数"11"来完成加 4 倍被乘数的操作。由此可得原码两位乘的运算规则如表 6.11 所示。

表 6.11　原码两位乘的运算规则

乘数判断位 $y_{n-1}y_n$	标志位 C_j	操作内容
0 0	0	$z \to 2$ 位,$y^* \to 2$ 位,C_j 保持"0"
0 1	0	$z+x^* \to 2$ 位,$y^* \to 2$ 位,C_j 保持"0"
1 0	0	$z+2x^* \to 2$ 位,$y^* \to 2$ 位,C_j 保持"0"
1 1	0	$z-x^* \to 2$ 位,$y^* \to 2$ 位,C_j 置"1"
0 0	1	$z+x^* \to 2$ 位,$y^* \to 2$ 位,C_j 置"0"
0 1	1	$z+2x^* \to 2$ 位,$y^* \to 2$ 位,C_j 置"0"
1 0	1	$z-x^* \to 2$ 位,$y^* \to 2$ 位,C_j 保持"1"
1 1	1	$z \to 2$ 位,$y^* \to 2$ 位,C_j 保持"1"

表中 z 表示原有部分积,x^* 表示被乘数的绝对值,y^* 表示乘数的绝对值,$\to 2$ 表示右移两位,当进行 $-x^*$ 运算时,一般都采用加 $[-x^*]_{\c}$ 来实现。这样,参与原码两位乘运算的操作数是绝对值的补码,因此运算中右移两位的操作也必须按补码右移规则完成。尤其应注意的是,乘法过程中可能要加 2 倍被乘数,即 $+[2x^*]_{\c}$,使部分积的绝对值大于 2。为此,只有对部分积取 3 位符号位,且以最高符号位作为真正的符号位,才能保证运算过程正确无误。

此外,为了统一用两位乘数和一位 C_j 共同配合管理全部操作,与原码一位乘不同的是,需在乘数(当乘数位数为偶数时)的最高位前增加两个 0。这样,当乘数最高两个有效位出现"11"时,需将 C_j 置"1",再与所添补的两个 0 结合呈 001 状态,以完成加 x^* 的操作(此步不必移位)。

例 6.18　设 $x = 0.111111, y = -0.111001$,用原码两位乘求 $[x \cdot y]_原$。

解:① 数值部分的计算如表 6.12 所示,其中

$$x^* = 0.111111, [-x^*]_补 = 1.000001, 2x^* = 1.111110, y^* = 0.111001$$

表 6.12　例 6.18 原码两位乘数值部分的运算过程

部　分　积	乘数 y^*	C_j	说　　明
0 0 0 . 0 0 0 0 0 0 + 0 0 0 . 1 1 1 1 1 1	0 0 1 1 1 0 0 <u>1</u>	0	开始,部分积为 0,$C_j = 0$ 根据 $y_{n-1} y_n C_j = 010$,加 x^*,保持 $C_j = 0$
0 0 0 . 1 1 1 1 1 1 0 0 0 . 0 0 1 1 1 1 + 0 0 1 . 1 1 1 1 1 0	1 1 0 0 1 1 <u>1</u> 0	0	→2 位,得新的部分积,乘数同时→2 位 根据"100"加 $2x^*$,保持 $C_j = 0$
0 1 0 . 0 0 1 1 0 1 0 0 0 . 1 0 0 0 1 1 + 1 1 1 . 0 0 0 0 0 1	1 1 0 1 1 1 0 0 <u>1 1</u>	0	→2 位,得新的部分积,乘数同时→2 位 根据"110"减 x^*(即加 $[-x^*]_补$),C_j 置"1"
1 1 1 . 1 0 0 1 0 0 1 1 1 . 1 1 1 0 0 1 + 0 0 0 . 1 1 1 1 1 1	0 1 1 1 0 0 0 1 1 1 <u>0 0</u>	1	→2 位,得新的部分积,乘数同时→2 位 根据"001"加 x^*,C_j 置"0"
0 0 0 . 1 1 1 0 0 0	0 0 0 1 1 1		形成最终结果

② 乘积符号的确定:

$$x_0 \oplus y_0 = 0 \oplus 1 = 1$$

故　　　　$[x \cdot y]_原 = 1.111000000111$

不难理解,当乘数为偶数时,需做 $n/2$ 次移位,最多做 $n/2+1$ 次加法。当乘数为奇数时,乘数高位前可只增加一个"0",此时需做 $n/2+1$ 次移位(最后一步移一位),最多需做 $n/2+1$ 次加法。

虽然两位乘法可提高乘法速度,但它仍基于重复相加和移位的思想,而且随着乘数位数的增加,重复次数增多,仍然影响乘法速度的进一步提高。采用并行阵列乘法器可大大提高乘法速度。有关阵列乘法器的内容可参见附录 6B。

原码乘法实现比较容易,但由于机器都采用补码做加减运算,倘若做乘法前再将补码转换成原码,相乘之后又要将负积的原码变为补码形式,这样增添了许多操作步骤,反而使运算复杂。为此,有不少机器直接用补码相乘,机器里配置实现补码乘法的乘法器,避免了码制的转换,提高了机器效率。

4. 补码乘法

（1）补码一位乘运算规则

设被乘数　$[x]_{补}=x_0.x_1x_2\cdots x_n$

乘数　　　$[y]_{补}=y_0.y_1y_2\cdots y_n$

1）被乘数 x 符号任意，乘数 y 符号为正

$$[x]_{补}=x_0.x_1x_2\cdots x_n=2+x=2^{n+1}+x\ (\text{mod }2)$$

$$[y]_{补}=0.y_1y_2\cdots y_n=y$$

则　　　$[x]_{补}\cdot[y]_{补}=[x]_{补}\cdot y=(2^{n+1}+x)\cdot y=2^{n+1}\cdot y+xy$

由于 $y=0.y_1y_2\cdots y_n=\sum\limits_{i=1}^{n}y_i2^{-i}$，则 $2^{n+1}\cdot y=2\sum\limits_{i=1}^{n}y_i2^{n-i}$，且 $\sum\limits_{i=1}^{n}y_i2^{n-i}$ 是一个大于或等于 1 的正整数，根据模运算的性质，有 $2^{n+1}\cdot y=2(\text{mod }2)$，故

$$[x]_{补}\cdot[y]_{补}=2^{n+1}\cdot y+xy=2+xy=[x\cdot y]_{补}\qquad(\text{mod }2)$$

即　　　　　$[x\cdot y]_{补}=[x]_{补}\cdot[y]_{补}=[x]_{补}\cdot y$

对照原码乘法式（6.9）和式（6.10）可见，当乘数 y 为正数时，不管被乘数 x 符号如何，都可按原码乘法的规则运算，即

$$\left.\begin{aligned}
&[z_0]_{补}=0\\
&[z_1]_{补}=2^{-1}(y_n[x]_{补}+[z_0]_{补})\\
&[z_2]_{补}=2^{-1}(y_{n-1}[x]_{补}+[z_1]_{补})\\
&\qquad\vdots\\
&[z_i]_{补}=2^{-1}(y_{n-i+1}[x]_{补}+[z_{i-1}]_{补})\\
&\qquad\vdots\\
&[x\cdot y]_{补}=[z_n]_{补}=2^{-1}(y_1[x]_{补}+[z_{n-1}]_{补})
\end{aligned}\right\}\qquad(6.11)$$

当然这里的加和移位都必须按补码规则运算。

2）被乘数 x 符号任意，乘数 y 符号为负

$$[x]_{补}=x_0.x_1x_2\cdots x_n$$

$$[y]_{补}=1.y_1y_2\cdots y_n=2+y\ (\text{mod }2)$$

则　　　$y=[y]_{补}-2=1.y_1y_2\cdots y_n-2=0.y_1y_2\cdots y_n-1$

$$x\cdot y=x(0.y_1y_2\cdots y_n-1)$$

$$=x(0.y_1y_2\cdots y_n)-x$$

故　　　　$[x\cdot y]_{补}=[x(0.y_1y_2\cdots y_n)]_{补}+[-x]_{补}$

将上式 $0.y_1y_2\cdots y_n$ 视为一个正数，正好与上述情况相同。

则 $[x(0.y_1y_2\cdots y_n)]_{补}=[x]_{补}(0.y_1y_2\cdots y_n)$

所以　　　$[x\cdot y]_{补}=[x]_{补}(0.y_1y_2\cdots y_n)+[-x]_{补}$　　　　　　　　　（6.12）

由此可得，当乘数为负时是把乘数的补码 $[y]_{补}$ 去掉符号位，当成一个正数与 $[x]_{补}$ 相乘，然

后加上 $[-x]_补$ 进行校正,也称校正法,用递推公式表示如下:

$$
\left.
\begin{aligned}
[z_0]_补 &= 0 \\
[z_1]_补 &= 2^{-1}(y_n[x]_补 + [z_0]_补) \\
[z_2]_补 &= 2^{-1}(y_{n-1}[x]_补 + [z_1]_补) \\
&\vdots \\
[z_i]_补 &= 2^{-1}(y_{n-i+1}[x]_补 + [z_{i-1}]_补) \\
&\vdots \\
[z_n]_补 &= 2^{-1}(y_1[x]_补 + [z_{n-1}]_补) \\
[x \cdot y]_补 &= [z_n]_补 + [-x]_补
\end{aligned}
\right\}
\qquad (6.13)
$$

比较式(6.13)与式(6.11)可见,乘数为负的补码乘法与乘数为正时类似,只需最后加上一项校正项 $[-x]_补$ 即可。

例 6.19　已知 $[x]_补 = 1.0101$,$[y]_补 = 0.1101$,求 $[x \cdot y]_补$。

解:因为乘数 $y > 0$,所以按原码一位乘的算法运算,只是在相加和移位时按补码规则进行,如表 6.13 所示。考虑到运算时可能出现绝对值大于 1 的情况(但此刻并不是溢出),故部分积和被乘数取双符号位。

表 6.13　例 6.19 的运算过程

部分积	乘数	说　明
0 0 . 0 0 0 0 + 1 1 . 0 1 0 1	1 1 0 <u>1</u>	初值 $[z_0]_补 = 0$ $y_4 = 1$,$+[x]_补$
1 1 . 0 1 0 1 1 1 . 1 0 1 0 1 1 . 1 1 0 1 + 1 1 . 0 1 0 1	 1 1 1 <u>0</u> 0 1 1 <u>1</u>	 →1 位,得 $[z_1]_补$,乘数同时→1 位 $y_3 = 0$,→1 位,得 $[z_2]_补$,乘数同时→1 位 $y_2 = 1$,$+[x]_补$
1 1 . 0 0 1 0 1 1 . 1 0 0 1 + 1 1 . 0 1 0 1	0 1 0 0 1<u>1</u>	 →1 位,得 $[z_3]_补$,乘数同时→1 位 $y_1 = 1$,$+[x]_补$
1 0 . 1 1 1 0 1 1 . 0 1 1 1	0 0 1 0 0 0 1	 →1 位,得 $[z_4]_补$

故　乘积 $[x \cdot y]_补 = 1.01110001$

例 6.20　已知 $[x]_补 = 0.1101$,$[y]_补 = 1.0101$,求 $[x \cdot y]_补$。

解:因为乘数 $y < 0$,故先不考虑符号位,按原码一位乘的运算规则运算,最后再加上 $[-x]_补$,如表 6.14 所示。

表 6.14   例 6.20 的运算过程

部分积	乘数	说　　明
0 0 . 0 0 0 0 + 0 0 . 1 1 0 1	0 1 0 $\underline{1}$	初值 $[z_0]_\textrm{补} = 0$ $y_4 = 1, + [x]_\textrm{补}$
0 0 . 1 1 0 1 0 0 . 0 1 1 0 0 0 . 0 0 1 1 + 0 0 . 1 1 0 1	1 0 1 $\underline{0}$ 0 1 0 $\underline{1}$	→1 位, 得 $[z_1]_\textrm{补}$, 乘数同时→1 位 $y_3 = 0$, →1 位, 得 $[z_2]_\textrm{补}$ $y_2 = 1, + [x]_\textrm{补}$
0 1 . 0 0 0 0 0 0 . 1 0 0 0 0 0 . 0 1 0 0 + 1 1 . 0 0 1 1	0 1 0 0 1 $\underline{0}$ 0 0 0 1	→1 位, 得 $[z_3]_\textrm{补}$, 乘数同时→1 位 $y_1 = 0$, →1 位, 得 $[z_4]_\textrm{补}$ + $[-x]_\textrm{补}$ 进行校正
1 1 . 0 1 1 1	0 0 0 1	得最后结果 $[x \cdot y]_\textrm{补}$

故　乘积 $[x \cdot y]_\textrm{补} = 1.01110001$

由以上两例可见, 乘积的符号位在运算过程中自然形成, 这是补码乘法和原码乘法的重要区别。

上述校正法与乘数的符号有关, 虽然可将乘数和被乘数互换, 使乘数保持正, 不必校正, 但当两数均为负时必须校正。总之, 实现校正法的控制线路比较复杂。若不考虑操作数符号, 用统一的规则进行运算, 就可采用比较法。

3) 被乘数 x 和乘数 y 符号均为任意

比较法是 Booth 夫妇首先提出来的, 故又称 Booth 算法。它的运算规则可由校正法导出。

设　$[x]_\textrm{补} = x_0 . x_1 x_2 \cdots x_n$

　　$[y]_\textrm{补} = y_0 . y_1 y_2 \cdots y_n$

按补码乘法校正法规则, 其基本算法可用一个统一的公式表示为

$$[x \cdot y]_\textrm{补} = [x]_\textrm{补} (0 . y_1 y_2 \cdots y_n) - [x]_\textrm{补} \cdot y_0 \tag{6.14}$$

当 $y_0 = 0$ 时, 表示乘数 y 为正, 无须校正, 即

$$[x \cdot y]_\textrm{补} = [x]_\textrm{补} (0 . y_1 y_2 \cdots y_n) \tag{6.15}$$

当 $y_0 = 1$ 时, 表示乘数 y 为负, 则

$$[x \cdot y]_\textrm{补} = [x]_\textrm{补} (0 . y_1 y_2 \cdots y_n) - [x]_\textrm{补} \tag{6.16}$$

比较式(6.12)和式(6.16),在 mod 2 的前提下,$[-x]_\text{补}=-[x]_\text{补}$成立[①],所以式(6.15)和式(6.16)表达的算法与校正法的结论完全相同,故式(6.14)可以改写为

$$
\begin{aligned}
[x \cdot y]_\text{补} &= [x]_\text{补}(y_1 2^{-1}+y_2 2^{-2}+\cdots+y_n 2^{-n})-[x]_\text{补} \cdot y_0 \\
&= [x]_\text{补}(-y_0+y_1 2^{-1}+y_2 2^{-2}+\cdots+y_n 2^{-n}) \\
&= [x]_\text{补}[-y_0+(y_1-y_1 2^{-1})+(y_2 2^{-1}-y_2 2^{-2})+\cdots+(y_n 2^{-(n-1)}-y_n 2^{-n})] \\
&= [x]_\text{补}[(y_1-y_0)+(y_2-y_1)2^{-1}+\cdots+(y_n-y_{n-1})2^{-(n-1)}+(0-y_n)2^{-n}] \\
&= [x]_\text{补}[(y_1-y_0)+(y_2-y_1)2^{-1}+\cdots+(y_{n+1}-y_n)2^{-n}]
\end{aligned}
\tag{6.17}
$$

其中,$y_{n+1}=0$。

这样,可得如下递推公式。

$$
\left.
\begin{aligned}
&[z_0]_\text{补}=0 \\
&[z_1]_\text{补}=2^{-1}\{[z_0]_\text{补}+(y_{n+1}-y_n)[x]_\text{补}\} \\
&[z_2]_\text{补}=2^{-1}\{[z_1]_\text{补}+(y_n-y_{n-1})[x]_\text{补}\} \\
&\qquad\qquad\vdots \\
&[z_i]_\text{补}=2^{-1}\{[z_{i-1}]_\text{补}+(y_{n-i+2}-y_{n-i+1})[x]_\text{补}\} \\
&\qquad\qquad\vdots \\
&[z_n]_\text{补}=2^{-1}\{[z_{n-1}]_\text{补}+(y_2-y_1)[x]_\text{补}\} \\
&[x \cdot y]_\text{补}=[z_{n+1}]_\text{补}=[z_n]_\text{补}+(y_1-y_0)[x]_\text{补}
\end{aligned}
\right\}
\tag{6.18}
$$

由此可见,开始时$y_{n+1}=0$,部分积初值$[z_0]_\text{补}$为 0,每一步乘法由$(y_{i+1}-y_i)(i=1,2,\cdots,n)$决定原部分积加$[x]_\text{补}$或加$[-x]_\text{补}$或加 0,再右移一位得新的部分积,以此重复 n 步。第 $n+1$ 步由(y_1-y_0)决定原部分积加$[x]_\text{补}$或加$[-x]_\text{补}$或加 0,但不移位,即得$[x \cdot y]_\text{补}$。

这里的$(y_{i+1}-y_i)$之差值恰恰与乘数末两位 y_i 及 y_{i+1} 的状态对应,对应的操作如表 6.15 所示。当运算至最后一步时,乘积不再右移。这样的运算规则计算机很容易实现。

[①]　证明:$[-x]_\text{补}=-[x]_\text{补}$　(mod 2)

(1) 若$[x]_\text{补}=0.x_1 x_2 \cdots x_n$

则$x=0.x_1 x_2 \cdots x_n$

所以 $-x=-0.x_1 x_2 \cdots x_n$

故$[-x]_\text{补}=1.\bar{x}_1 \bar{x}_2 \cdots \bar{x}_n+2^{-n}(\bmod 2)$　　(a)

又因为 $[x]_\text{补}=0.x_1 x_2 \cdots x_n$

所以 $-[x]_\text{补}=-0.x_1 x_2 \cdots x_n$

$\qquad\equiv 2-0.x_1 x_2 \cdots x_n(\bmod 2)$

$\qquad=1.\bar{x}_1 \bar{x}_2 \cdots \bar{x}_n+2^{-n}$　　(b)

比较(a)、(b)两式可得

$\quad [-x]_\text{补}=-[x]_\text{补}(\bmod 2)$

证毕

(2) 若$[x]_\text{补}=1.x_1 x_2 \cdots x_n$

则$x=-(0.\bar{x}_1 \bar{x}_2 \cdots \bar{x}_n+2^{-n})$

所以 $-x=0.\bar{x}_1 \bar{x}_2 \cdots \bar{x}_n+2^{-n}$

故$[-x]_\text{补}=0.\bar{x}_1 \bar{x}_2 \cdots \bar{x}_n+2^{-n}(\bmod 2)$　　(c)

又因为 $[x]_\text{补}=1.x_1 x_2 \cdots x_n$

$\qquad\equiv -(0.\bar{x}_1 \bar{x}_2 \cdots \bar{x}_n+2^{-n})(\bmod 2)$

所以 $-[x]_\text{补}=0.\bar{x}_1 \bar{x}_2 \cdots \bar{x}_n+2^{-n}$　　(d)

比较(c)、(d)两式可得

$\quad [-x]_\text{补}=-[x]_\text{补}(\bmod 2)$

证毕

表 6.15 $y_i y_{i+1}$ 的状态对操作的影响

$y_i y_{i+1}$	$y_{i+1} - y_i$	操 作
0 0	0	部分积右移一位
0 1	1	部分积加$[x]_{补}$,再右移一位
1 0	-1	部分积加$[-x]_{补}$,再右移一位
1 1	0	部分积右移一位

应该注意的是,按比较法进行补码乘法时,像补码加、减法一样,符号位也一起参加运算。

例 6.21 已知$[x]_{补} = 0.1101$,$[y]_{补} = 0.1011$,求$[x \cdot y]_{补}$。

解: 表 6.16 列出了例 6.21 的求解过程。

表 6.16 例 6.21 求$[x \cdot y]_{补}$的过程

部 分 积	乘数 y_n	附加位 y_{n+1}	说 明
0 0 . 0 0 0 0 + 1 1 . 0 0 1 1	0 1 0 1 <u>1</u>	<u>0</u>	初值$[z_0]_{补} = 0$ $y_n y_{n+1} = 10$,部分积加$[-x]_{补}$
1 1 . 0 0 1 1 1 1 . 1 0 0 1 1 1 . 1 1 0 0 + 0 0 . 1 1 0 1	1 0 1 0 <u>1</u> 1 1 0 1 <u>0</u>	<u>1</u> <u>1</u>	→1 位,得$[z_1]_{补}$ $y_n y_{n+1} = 11$,部分积→1 位,得$[z_2]_{补}$ $y_n y_{n+1} = 01$,部分积加$[x]_{补}$
0 0 . 1 0 0 1 0 0 . 0 1 0 0 + 1 1 . 0 0 1 1	1 1 1 1 1 0 <u>1</u>	<u>0</u>	→1 位,得$[z_3]_{补}$ $y_n y_{n+1} = 10$,部分积加$[-x]_{补}$
1 1 . 0 1 1 1 1 1 . 1 0 1 1 + 0 0 . 1 1 0 1	1 1 1 1 1 1 1 <u>0</u>	<u>1</u>	→1 位,得$[z_4]_{补}$ $y_n y_{n+1} = 01$,部分积加$[x]_{补}$
0 0 . 1 0 0 0	1 1 1 1		最后一步不移位,得$[x \cdot y]_{补}$

故 $[x \cdot y]_{补} = 0.10001111$

由表 6.16 可见,与校正法(参见表 6.13 和表 6.14)相比,Booth 算法的部分积仍取双符号位,乘数因符号位参加运算,故多取 1 位。

例 6.22 已知$[x]_{补} = 1.0101$,$[y]_{补} = 1.0011$,求$[x \cdot y]_{补}$。

解: 表 6.17 列出了例 6.22 的求解过程。

表 6.17　例 6.22 求 $[x \cdot y]_{补}$ 的过程

部分积	乘数 y_n	附加位 y_{n+1}	说　　明
00.0000	$1001\underline{1}$	$\underline{0}$	
$+\ 00.1011$			$y_n y_{n+1}=10$，部分积加 $[-x]_{补}$
00.1011			
00.0101	$1100\underline{1}$	$\underline{1}$	$\rightarrow 1$ 位，得 $[z_1]_{补}$
00.0010	$1110\underline{0}$	$\underline{1}$	$y_n y_{n+1}=11$，部分积$\rightarrow 1$ 位，得 $[z_2]_{补}$
$+\ 11.0101$			$y_n y_{n+1}=01$，部分积加 $[x]_{补}$
11.0111	11		
11.1011	$1111\underline{0}$	$\underline{0}$	$\rightarrow 1$ 位，得 $[z_3]_{补}$
11.1101	$1111\underline{1}$	$\underline{0}$	$y_n y_{n+1}=00$，部分$\rightarrow 1$ 位，得 $[z_4]_{补}$
$+\ 00.1011$			$y_n y_{n+1}=10$，部分积加 $[-x]_{补}$
00.1000	1111		最后一步不移位，得 $[x \cdot y]_{补}$

故 $[x \cdot y]_{补}=0.10001111$

　　由于比较法的补码乘法运算规则不受乘数符号的约束，因此，控制线路比较简明，在计算机中普遍采用。

　　（2）补码比较法（Booth 算法）所需的硬件配置

　　图 6.9 是实现补码一位乘比较法乘法运算的基本硬件配置框图。

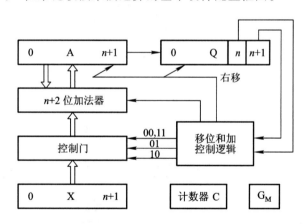

图 6.9　补码比较法运算基本硬件配置

　　图中 A、X、Q 均为 $n+2$ 位寄存器，其中 X 存放被乘数的补码（含两位符号位），Q 存放乘数的补码（含最高 1 位符号位和最末 1 位附加位），移位和加控制逻辑受 Q 寄存器末 2 位乘数控制。当其为 01 时，A、X 内容相加后 A、Q 右移一位；当其为 10 时，A、X 内容相减后 A、Q 右移一位。

计数器 C 用于控制逐位相乘的次数,G_M 为乘法标记。

（3）补码比较法（Booth 算法）控制流程

补码一位乘比较法的控制流程图如图 6.10 所示。乘法运算前 A 寄存器被清零,作为初始部分积。Q 寄存器末位清零,作为附加位的初态。被乘数的补码存在 X 中（双符号位）,乘数的补码在 Q 高 $n+1$ 位中,计数器 C 存放乘数的位数 n。乘法开始后,根据 Q 寄存器末两位 Q_n、Q_{n+1} 的状态决定部分积与被乘数相加还是相减,或是不加也不减,然后按补码规则进行算术移位,这样重复 n 次。最后,根据 Q 的末两位状态决定部分积是否与被乘数相加（或相减）,或不加也不减,但不必移位,这样便可得到最后结果。补码乘法乘积的符号位在运算中自然形成。

需要说明的是,图中（A）-（X）→A 实际是用加法器实现的,即（A）+（$\overline{X}$+1）→A。同理,Booth 运算规则也适用于整数补码。

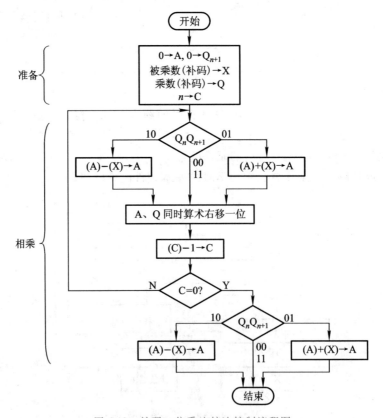

图 6.10   补码一位乘比较法控制流程图

为了提高乘法的运算速度,可采用补码两位乘。

（4）补码两位乘

补码两位乘运算规则是根据补码一位乘的规则,把比较 $y_n y_{n+1}$ 的状态应执行的操作和比较

$y_{n-1}y_n$ 的状态应执行的操作合并成一步得出的。

例如，$y_{n-1}y_ny_{n+1}$ 为 011，则第一步由 $y_ny_{n+1} = 11$ 得出只作右移，即 $2^{-1}[z_i]_{\text{补}}$，第二步由 $y_{n-1}y_n = 01$ 得出需作 $2^{-1}\{2^{-1}[z_i]_{\text{补}} + [x]_{\text{补}}\}$ 的操作，可改写为 $2^{-2}\{[z_i]_{\text{补}} + 2[x]_{\text{补}}\}$，即最后结论为当 $y_{n-1}y_ny_{n+1}$ 为 011 时，完成 $2^{-2}\{[z_i]_{\text{补}} + 2[x]_{\text{补}}\}$ 操作，同理可分析其余 7 种情况。表 6.18 列出了补码两位乘的运算规则。

表 6.18 补码两位乘的运算规则

判断位 $y_{n-1}y_ny_{n+1}$	操 作 内 容
0 0 0	$[z_{i+1}]_{\text{补}} = 2^{-2}[z_i]_{\text{补}}$
0 0 1	$[z_{i+1}]_{\text{补}} = 2^{-2}\{[z_i]_{\text{补}} + [x]_{\text{补}}\}$
0 1 0	$[z_{i+1}]_{\text{补}} = 2^{-2}\{[z_i]_{\text{补}} + [x]_{\text{补}}\}$
0 1 1	$[z_{i+1}]_{\text{补}} = 2^{-2}\{[z_i]_{\text{补}} + 2[x]_{\text{补}}\}$
1 0 0	$[z_{i+1}]_{\text{补}} = 2^{-2}\{[z_i]_{\text{补}} + 2[-x]_{\text{补}}\}$
1 0 1	$[z_{i+1}]_{\text{补}} = 2^{-2}\{[z_i]_{\text{补}} + [-x]_{\text{补}}\}$
1 1 0	$[z_{i+1}]_{\text{补}} = 2^{-2}\{[z_i]_{\text{补}} + [-x]_{\text{补}}\}$
1 1 1	$[z_{i+1}]_{\text{补}} = 2^{-2}[z_i]_{\text{补}}$

由表 6.18 可见，操作中出现加 $2[x]_{\text{补}}$ 和加 $2[-x]_{\text{补}}$，故除右移两位的操作外，还有被乘数左移一位的操作；而加 $2[x]_{\text{补}}$ 和加 $2[-x]_{\text{补}}$ 都可能因溢出而侵占双符号位，故部分积和被乘数采用 3 位符号位。

例 6.23 已知 $[x]_{\text{补}} = 0.0101$，$[y]_{\text{补}} = 1.0101$，求 $[x \cdot y]_{\text{补}}$。

解：表 6.19 列出了此例的求解过程。其中，乘数取 2 位符号位，外加 1 位附加位（初态为 0），即 11.01010，$[-x]_{\text{补}} = 1.1011$ 取 3 位符号位为 111.1011。

表 6.19 例 6.23 补码两位乘求 $[x \cdot y]_{\text{补}}$ 的过程

部 分 积	乘 数	说 明
0 0 0 . 0 0 0 0 + 0 0 0 . 0 1 0 1	1 1 0 1 0<u>1</u>0	判断位为 010，加 $[x]_{\text{补}}$
0 0 0 . 0 1 0 1 0 0 0 . 0 0 0 1 + 0 0 0 . 0 1 0 1	0 1 1 1 0<u>1</u>0	→2 位 判断位为 010，加 $[x]_{\text{补}}$
0 0 0 . 0 1 1 0 0 0 0 . 0 0 0 1 + 1 1 1 . 1 0 1 1	0 1 1 0 0 1 <u>1</u>1 0	→2 位 判断位为 110，加 $[-x]_{\text{补}}$
1 1 1 . 1 1 0 0	1 0 0 1	最后一步不移位，得 $[x \cdot y]_{\text{补}}$

故 $[x \cdot y]_{\text{补}} = 1.11001001$

由表 6.19 可见,与补码一位乘相比(参见表 6.16 和表 6.17),补码两位乘的部分积多取 1 位符号位(共 3 位),乘数也多取 1 位符号位(共 2 位),这是由于乘数每次右移 2 位,且用 3 位判断,故采用双符号位更便于硬件实现。可见,当乘数数值位为偶数时,乘数取 2 位符号位,共需作 $n/2$ 次移位,最多作 $n/2+1$ 次加法,最后一步不移位;当 n 为奇数时,可补 0 变为偶数位,以简化逻辑操作。也可对乘数取 1 位符号位,此时共进行 $n/2+1$ 次加法运算和 $n/2+1$ 次移位(最后一步移一位)。

对于整数补码乘法,其过程与小数补码乘法完全相同。为了区别于小数乘法,在书写上将符号位和数值位中间的"."改为","即可。

6.3.4 除法运算

1. 分析笔算除法

以小数为例,设 $x = -0.1011$,$y = 0.1101$,求 x/y。

笔算除法时,商的符号心算而得:负正得负。其数值部分的运算如下面的竖式所示。

$$
\begin{array}{r}
0.1101 \\
\hline
0.1101 \overline{)0.10110} \\
0.01101 \qquad 2^{-1} \cdot y \\
\hline
0.010010 \\
0.001101 \qquad 2^{-2} \cdot y \\
\hline
0.00010100 \\
0.00001101 \qquad 2^{-4} \cdot y \\
\hline
0.00000111 \\
\end{array}
$$

所以　　商 $x/y = -0.1101$,余数 $= 0.00000111$

其特点可归纳如下:

① 每次上商都是由心算来比较余数(被除数)和除数的大小,确定商为"1"还是"0"。

② 每做一次减法,总是保持余数不动,低位补 0,再减去右移后的除数。

③ 上商的位置不固定。

④ 商符单独处理。

如果将上述规则完全照搬到计算机内,实现起来有一定困难,主要问题如下:

① 机器不能"心算"上商,必须通过比较被除数(或余数)和除数绝对值的大小来确定商值,即 $|x| - |y|$,若差为正(够减)上商 1,差为负(不够减)上商 0。

② 按照每次减法总是保持余数不动低位补 0,再减去右移后的除数这一规则,则要求加法器的位数必须为除数的两倍。仔细分析发现,右移除数可以用左移余数的方法代替,其运算结果是一样的,但对线路结构更有利。不过此刻所得到的余数不是真正的余数,只有将它乘上 2^{-n} 才是

真正的余数。

③ 笔算求商时是从高位向低位逐位求的,而要求机器把每位商直接写到寄存器的不同位置也是不可取的。计算机可将每一位商直接写到寄存器的最低位,并把原来的部分商左移一位,这样更有利于硬件实现。

综上所述便可得原码除法运算规则。

2. 原码除法

原码除法和原码乘法一样,符号位是单独处理的,下面以小数为例。

设

$$[x]_原 = x_0.x_1x_2 \cdots x_n$$

$$[y]_原 = y_0.y_1y_2 \cdots y_n$$

则

$$\left[\frac{x}{y}\right]_原 = (x_0 \oplus y_0) \cdot \frac{0.x_1x_2 \cdots x_n}{0.y_1y_2 \cdots y_n}$$

式中,$0.x_1x_2 \cdots x_n$ 为 x 的绝对值,记作 x^*;$0.y_1y_2 \cdots y_n$ 为 y 的绝对值,记作 y^*。

即商符由两数符号位进行异或运算求得,商值由两数绝对值相除(x^*/y^*)求得。

小数定点除法对被除数和除数有一定的约束,即必须满足下列条件:

$$0 < |被除数| \leq |除数|$$

实现除法运算时,还应避免除数为 0 或被除数为 0。前者结果为无限大,不能用机器的有限位数表示;后者结果总是 0,这个除法操作没有意义,浪费了机器时间。商的位数一般与操作数的位数相同。

原码除法中由于对余数的处理不同,又可分为恢复余数法和不恢复余数法(加减交替法)两种。

(1) 恢复余数法

恢复余数法的特点是:当余数为负时,需加上除数,将其恢复成原来的余数。

由上所述,商值的确定是通过比较被除数和除数的绝对值大小,即 $x^* - y^*$ 实现的,而计算机内只设加法器,故需将 $x^* - y^*$ 操作变为 $[x^*]_补 + [-y^*]_补$ 的操作。

例 6.24　已知 $x = -0.1011$,$y = -0.1101$,求 $\left[\dfrac{x}{y}\right]_原$。

解：由 $x = -0.1011$,$y = -0.1101$

得　　$[x]_原 = 1.1011$,$x^* = 0.1011$

$[y]_原 = 1.1101$,$y^* = 0.1101$,$[-y^*]_补 = 1.0011$

表 6.20 列出了例 6.24 商值的求解过程。

表 6.20　例 6.24 恢复余数法的求解过程

被除数(余数)	商	说　　明
0.1011	0.0000	
+ 1.0011		$+[-y^*]_补$(减去除数)

被除数（余数）	商	说　明
1.1110 + 0.1101	0	余数为负,上商"0" 恢复余数+$[y^*]_\text{补}$
0.1011 1.0110 + 1.0011	0	被恢复的被除数 ←1 位 +$[-y^*]_\text{补}$（减去除数）
0.1001 1.0010 + 1.0011	0 1 0 1	余数为正,上商"1" ←1 位 +$[-y^*]_\text{补}$（减去除数）
0.0101 0.1010 + 1.0011	0 1 1 0 1 1	余数为正,上商"1" ←1 位 +$[-y^*]_\text{补}$（减去除数）
1.1101 + 0.1101	0 1 1 0	余数为负,上商"0" 恢复余数+$[y^*]_\text{补}$
0.1010 1.0100 + 1.0011	0 1 1 0	被恢复的余数 ←1 位 +$[-y^*]_\text{补}$（减去除数）
0.0111	0 1 1 0 1	余数为正,上商"1"

故　商值为 0.1101

商的符号位为

$$x_0 \oplus y_0 = 1 \oplus 1 = 0$$

所以

$$\left[\frac{x}{y}\right]_\text{原} = 0.1101$$

由此例可见,共左移（逻辑左移）4 次,上商 5 次,第一次上的商在商的整数位上,这对小数除法而言,可用它作溢出判断。即当该位为"1"时,表示此除法溢出,不能进行,应由程序进行处理;当该位为"0"时,说明除法合法,可以进行。

在恢复余数法中,每当余数为负时,都需恢复余数,这就延长了机器除法的时间,操作也很不规则,对线路结构不利。加减交替法可克服这些缺点。

（2）加减交替法

加减交替法又称不恢复余数法,可以认为它是恢复余数法的一种改进算法。

分析原码恢复余数法得知：

当余数 $R_i > 0$ 时，可上商"1"，再对 R_i 左移一位后减除数，即 $2R_i - y^*$。

当余数 $R_i < 0$ 时，可上商"0"，然后先做 $R_i + y^*$，即完成恢复余数的运算，再做 $2(R_i + y^*) - y^*$，即 $2R_i + y^*$。

可见，原码恢复余数法可归纳如下：

当 $R_i > 0$，商上"1"，做 $2R_i - y^*$ 的运算。

当 $R_i < 0$，商上"0"，做 $2R_i + y^*$ 的运算。

这里已经看不出余数的恢复问题了，而只是做加 y^* 或减 y^*，因此，一般将其称为加减交替法或不恢复余数法。

例 6.25　已知 $x = -0.1011, y = 0.1101$，求 $\left[\dfrac{x}{y}\right]_{原}$。

解：由 $x = -0.1011, y = 0.1101$

得　　　　$[x]_{原} = 1.1011, x^* = 0.1011$

　　　　　$[y]_{原} = 0.1101, y^* = 0.1101, [-y^*]_{补} = 1.0011$

表 6.21 列出了此例商值的求解过程。

表 6.21　例 6.25 加减交替法的求解过程

被除数（余数）	商	说　明
0 . 1 0 1 1 + 1 . 0 0 1 1	0 . 0 0 0 0	$+[-y^*]_{补}$（减除数）
1 . 1 1 1 0 1 . 1 1 0 0 + 0 . 1 1 0 1	0 0	余数为负，上商"0" ←1 位 $+[y^*]_{补}$（加除数）
0 . 1 0 0 1 1 . 0 0 1 0 + 1 . 0 0 1 1	0 1 0 1	余数为正，上商"1" ←1 位 $+[-y^*]_{补}$（减除数）
0 . 0 1 0 1 0 . 1 0 1 0 + 1 . 0 0 1 1	0 1 1 0 1 1	余数为正，上商"1" ←1 位 $+[-y^*]_{补}$（减除数）
1 . 1 1 0 1 1 . 1 0 1 0 + 0 . 1 1 0 1	0 1 1 0 0 1 1 0	余数为负，上商"0" ←1 位 $+[y^*]_{补}$（加除数）
0 . 0 1 1 1	0 1 1 0 1	余数为正，上商"1"

商的符号位为

$$x_0 \oplus y_0 = 1 \oplus 0 = 1$$

所以

$$\left[\frac{x}{y}\right]_原 = 1.1101$$

分析此例可见，n 位小数的除法共上商 $n+1$ 次（第一次商用来判断是否溢出），左移（逻辑左移）n 次，可用移位次数判断除法是否结束。倘若比例因子选择恰当，除法结果不溢出，则第一次商肯定是 0。如果省去这位商，只需上商 n 次即可，此时除法运算一开始应将被除数左移一位减去除数，然后再根据余数上商。读者可以自己练习。

需要说明一点，表 6.21 中操作数也可采用双符号位，此时移位操作可按算术左移处理，最高符号位是真正的符号，次高位符号位在移位时可被第一数值位占用。

（3）原码加减交替法所需的硬件配置

图 6.11 是实现原码加减交替法运算的基本硬件配置框图。

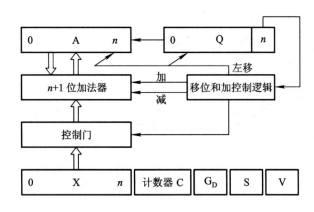

图 6.11 原码加减交替法运算的基本硬件配置

图中 A、X、Q 均为 $n+1$ 位寄存器，其中 A 存放被除数的原码，X 存放除数的原码。移位和加控制逻辑受 Q 的末位 Q_n 控制（$Q_n = 1$ 做减法，$Q_n = 0$ 做加法），计数器 C 用于控制逐位相除的次数 n，G_D 为除法标记，V 为溢出标记，S 为商符。

（4）原码加减交替法控制流程

图 6.12 为原码加减交替法控制流程图。

除法开始前，Q 寄存器被清零，准备接收商，被除数的原码放在 A 中，除数的原码放在 X 中，计数器 C 中存放除数的位数 n。除法开始后，首先通过异或运算求出商符，并存于 S。接着将被除数和除数变为绝对值，然后开始用第一次上商判断是否溢出。若溢出，则置溢出标记 V 为 1，停止运算，进行中断处理，重新选择比例因子；若无溢出，则先上商，接着 A、Q 同时左移一位，然后再根据上一次商值的状态，决定是加还是减除数，这样重复 n 次后，再上最后一次商（共上商 $n+1$ 次），即得运算结果。

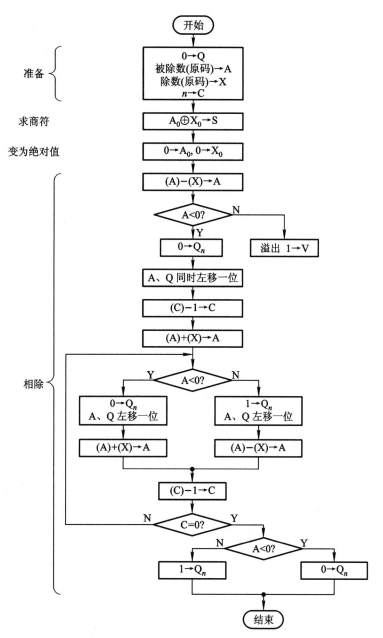

图 6.12　原码加减交替法控制流程图

对于整数除法,要求满足以下条件:

$$0 < |除数| \leqslant |被除数|$$

因为这样才能得到整数商。通常在做整数除法前,先要对这个条件进行判断,若不满足上述条件,机器发出出错信号,程序要重新设定比例因子。

上述讨论的小数除法完全适用于整数除法,只是整数除法的被除数位数可以是除数的两倍,且要求被除数的高 n 位要比除数(n 位)小,否则即为溢出。如果被除数和除数的位数都是单字长,则要在被除数前面加上一个字的 0,从而扩展成双倍字长再进行运算。

为了提高除法速度,可采用阵列除法器,有关内容参见附录 6B。

3. 补码除法

与补码乘法类似,也可以用补码完成除法操作。补码除法也分恢复余数法和加减交替法,后者用得较多,在此只讨论加减交替法。

(1)补码加减交替法运算规则

补码除法的符号位和数值部分是一起参加运算的,因此在算法上不像原码除法那样直观,主要需要解决 3 个问题:① 如何确定商值;② 如何形成商符;③ 如何获得新的余数。

① 欲确定商值,必须先比较被除数和除数的大小,然后才能求得商值。

• 比较被除数(余数)和除数的大小

补码除法的操作数均为补码,其符号又是任意的,因此要比较被除数 $[x]_{补}$ 和除数 $[y]_{补}$ 的大小就不能简单地用 $[x]_{补}$ 减去 $[y]_{补}$。实质上比较 $[x]_{补}$ 和 $[y]_{补}$ 的大小就是比较它们所对应的绝对值的大小。同样在求商的过程中,比较余数 $[R_i]_{补}$ 与除数 $[y]_{补}$ 的大小,也是比较它们所对应的绝对值的大小。这种比较的算法可归纳为以下两点。

第一,当被除数与除数同号时,做减法,若得到的余数与除数同号,表示"够减",否则表示"不够减"。

第二,当被除数与除数异号时,做加法,若得到的余数与除数异号,表示"够减",否则表示"不够减"。

此算法如表 6.22 所示。

表 6.22   比较算法表

比较 $[x]_{补}$ 与 $[y]_{补}$ 的符号	求余数	比较 $[R_i]_{补}$ 与 $[y]_{补}$ 的符号
同号	$[x]_{补}-[y]_{补}$	同号,表示"够减"
异号	$[x]_{补}+[y]_{补}$	异号,表示"够减"

• 商值的确定

补码除法的商也是用补码表示的,如果约定商的末位用"恒置 1"的舍入规则,那么除末位商外,其余各位的商值对正商和负商而言,上商规则是不同的。因为在负商的情况下,除末位商以外,其余任何一位的商与真值都正好相反。因此,上商的算法可归纳为以下两点。

第一,如果 $[x]_{补}$ 与 $[y]_{补}$ 同号,商为正,则"够减"时上商"1","不够减"时上商"0"(按原码规则上商)。

第二,如果$[x]_补$与$[y]_补$异号,商为负,则"够减"时上商"0","不够减"时上商"1"(按反码规则上商)。

结合比较规则与上商规则,便可得商值的确定方法,如表 6.23 所示。

表 6.23 商值的确定

$[x]_补$ 与 $[y]_补$	商	$[R]_补$ 与 $[y]_补$	商值
同号	正	同号,表示"够减"	1
		异号,表示"不够减"	0
异号	负	异号,表示"够减"	0
		同号,表示"不够减"	1

进一步简化,商值可直接由表 6.24 确定。

表 6.24 简化的商值确定

$[R]_补$ 与 $[y]_补$	商值
同号	1
异号	0

② 在补码除法中,商符是在求商的过程中自动形成的。

在小数定点除法中,被除数的绝对值必须小于除数的绝对值,否则商大于 1 而溢出。因此,当$[x]_补$与$[y]_补$同号时,$[x]_补-[y]_补$所得的余数$[R_0]_补$必与$[y]_补$异号,上商"0",恰好与商的符号(正)一致;当$[x]_补$与$[y]_补$异号时,$[x]_补+[y]_补$所得的余数$[R_0]_补$必与$[y]_补$同号,上商"1",这也与商的符号(负)一致。可见,商符是在求商值过程中自动形成的。

此外,商的符号还可用来判断商是否溢出。例如,当$[x]_补$与$[y]_补$同号时,若$[R_0]_补$与$[y]_补$同号,上商"1",即溢出。当$[x]_补$与$[y]_补$异号时,若$[R_0]_补$与$[y]_补$异号,上商"0",即溢出。

当然,对于小数补码运算,商等于"-1"应该是允许的,但这需要特殊处理,为简化问题,这里不予考虑。

③ 新余数$[R_{i+1}]_补$的获得方法与原码加减交替法极相似,其算法规则如下:

当$[R_i]_补$与$[y]_补$同号时,商上"1",新余数

$$[R_{i+1}]_补 = 2[R_i]_补 - [y]_补 = 2[R_i]_补 + [-y]_补$$

当$[R_i]_补$与$[y]_补$异号时,商上"0",新余数

$$[R_{i+1}]_补 = 2[R_i]_补 + [y]_补$$

将此算法列于表 6.25 中。

表 6.25　新余数的算法

$[R_i]_{补}$ 与 $[y]_{补}$	商	新余数 $[R_{i+1}]_{补}$
同号	1	$[R_{i+1}]_{补} = 2[R_i]_{补} + [-y]_{补}$
异号	0	$[R_{i+1}]_{补} = 2[R_i]_{补} + [y]_{补}$

如果对商的精度没有特殊要求,一般可采用"末位恒置 1"法,这种方法操作简单,易于实现,而且最大误差仅为 2^{-n}。

例 6.26　已知 $x = 0.1001$, $y = 0.1101$,求 $\left[\dfrac{x}{y}\right]_{补}$。

解:由 $x = 0.1001, y = 0.1101$

得　　$[x]_{补} = 0.1001, [y]_{补} = 0.1101, [-y]_{补} = 1.0011$

其运算过程如表 6.26 所示。

表 6.26　例 6.26 的运算过程

被除数(余数)	商	说　　明
0.1001	0.0000	
+ 1.0011		$[x]_{补}$ 与 $[y]_{补}$ 同号,$+[-y]_{补}$
1.1100	0	$[R]_{补}$ 与 $[y]_{补}$ 异号,上商"0"
1.1000	0	←1 位
+ 0.1101		$+[y]_{补}$
0.0101	0 1	$[R]_{补}$ 与 $[y]_{补}$ 同号,上商"1"
0.1010	0 1	←1 位
+ 1.0011		$+[-y]_{补}$
1.1101	0 1 0	$[R]_{补}$ 与 $[y]_{补}$ 异号,上商"0"
1.1010	0 1 0	←1 位
+ 0.1101		$+[y]_{补}$
0.0111	0 1 0 1	$[R]_{补}$ 与 $[y]_{补}$ 同号,上商"1"
0.1110	0 1 0 1 <u>1</u>	←1 位,末位商恒置"1"

所以　$\left[\dfrac{x}{y}\right]_{补} = 0.1011$

例 6.27　已知 $x = -0.1001$, $y = +0.1101$,求 $\left[\dfrac{x}{y}\right]_{补}$。

解:由 $x = -0.1001, y = +0.1101$

得　　$[x]_{补} = 1.0111, [y]_{补} = 0.1101, [-y]_{补} = 1.0011$

其运算过程如表 6.27 所示。

表 6.27 例 6.27 的运算过程

被除数（余数）	商	说　　明
1.0111	0.0000	
+0.1101		$[x]_补$ 与 $[y]_补$ 异号，$+[y]_补$
0.0100	1	$[R]_补$ 与 $[y]_补$ 同号，上商"1"
0.1000	1	←1 位
+1.0011		$+[-y]_补$
1.1011	1 0	$[R]_补$ 与 $[y]_补$ 异号，上商"0"
1.0110	1 0	←1 位
+0.1101		$+[y]_补$
0.0011	1 0 1	$[R]_补$ 与 $[y]_补$ 同号，上商"1"
0.0110	1 0 1	←1 位
+1.0011		$+[-y]_补$
1.1001	1 0 1 0	$[R]_补$ 与 $[y]_补$ 异号，上商"0"
1.0010	1 0 1 0 1	←1 位，末位商恒置"1"

所以 $\left[\dfrac{x}{y}\right]_补 = 1.0101$

可见，n 位小数补码除法共上商 $n+1$ 次（末位恒置"1"），第一次商可用来判断是否溢出。共移位 n 次，并用移位次数判断除法是否结束。

（2）补码加减交替法所需的硬件配置

补码加减交替法所需的硬件配置基本上与图 6.11 相似，只是图 6.11 中的 S 触发器可以省掉，因为补码除法的商符在运算中自动形成。此外，在寄存器中存放的均为补码。

例 6.28 设 X、Y、Z 均为 $n+1$ 位寄存器（n 为最低位），机器数采用 1 位符号位。若除法开始时操作数已放在合适的位置，试分别描述原码和补码除法商符的形成过程。

解：设 X、Y、Z 均为 $n+1$ 位寄存器，除法开始时被除数在 X 中，除数在 Y 中，S 为触发器，存放商符，Z 寄存器存放商。原码除法的商符由两操作数（原码）的符号位进行异或运算获得，记作 $X_0 \oplus Y_0 \to S$。

补码除法的商符由第 1 次上商获得，共分两步。

第一步，若两操作数符号相同，则被除数减去除数（加上"求补"以后的除数），结果送 X 寄存器；若两操作数符号不同，则被除数加上除数，结果送 X 寄存器，记作

$$\overline{X_0 \oplus Y_0} \cdot (X + \overline{Y} + 1) + (X_0 \oplus Y_0) \cdot (X + Y) \to X$$

第二步，根据结果的符号和除数的符号确定商值。若结果的符号 X_0 与除数的符号 Y_0 同号，则上商"1"，送至 Z_n 保存；若结果的符号 X_0 与除数的符号 Y_0 异号，则上商"0"，送至 Z_n 保存，记作

$$\overline{X_0 \oplus Y_0} \to Z_n$$

如果机器数采用补码,实现乘法和除法均用补码运算,那么,为了与补码乘法取得相同的寄存器位数,表 6.26 和表 6.27 中的被除数(余数)可取双符号位,整个运算过程与取 1 位符号位完全相同(见例 6.34 下的表 6.31)。

(3) 补码加减交替法的控制流程

补码加减交替法的控制流程如图 6.13 所示。

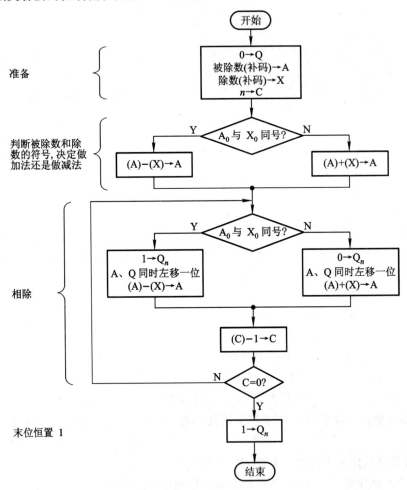

图 6.13 补码加减交替法控制流程

除法开始前,Q 寄存器被清零,准备接收商,被除数的补码在 A 中,除数的补码在 X 中,计数器 C 中存放除数的位数 n。除法开始后,首先根据两操作数的符号确定是做加法还是减法,加(或减)操作后,即上第一次商(商符),然后 A 和 Q 同时左移一位,再根据商值的状态决定加或减除数,这样重复 n 次后,再上一次末位商"1"(恒置"1"法),即得运算结果。

补充说明几点：

① 图中未画出补码除法溢出判断的内容。

② 按流程图所示，多做一次加（或减）法，其实在末位恒置"1"前，只需移位而不必做加（或减）法。

③ 与原码除法一样，图中均未指出对 0 进行检测。实际上在除法运算前，先检测被除数和除数是否为 0。若被除数为 0，结果即为 0；若除数为 0，结果为无穷大。这两种情况都无须继续做除法运算。

④ 为了节省时间，上商和移位操作可以同时进行。

以上介绍了计算机定点四则运算方法，根据这些运算规则，可以设计乘法器和除法器。有些机器的乘、除法可用编程来实现。分析上述运算方法对理解机器内部的操作过程和编制乘、除法运算的标准程序都是很有用的。

6.4　浮点四则运算

从 6.2 节浮点数的讨论可知，机器中任何一个浮点数都可写成

$$x = S_x \cdot r^{j_x}$$

的形式。其中，S_x 为浮点数的尾数，一般为绝对值小于 1 的规格化数（补码表示时允许为−1），机器中可用原码或补码表示；j_x 为浮点数的阶码，一般为整数，机器中大多用补码或移码表示；r 为浮点数的基数，常用 2、4、8 或 16 表示。以下以基数为 2 进行讨论。

6.4.1　浮点加减运算

设两个浮点数

$$x = S_x \cdot r^{j_x}$$
$$y = S_y \cdot r^{j_y}$$

由于浮点数尾数的小数点均固定在第一数值位前，所以尾数的加减运算规则与定点数的完全相同。但由于其阶码的大小又直接反映尾数有效值小数点的实际位置，因此当两浮点数阶码不等时，因两尾数小数点的实际位置不一样，尾数部分无法直接进行加减运算。为此，浮点数加减运算必须按以下几步进行。

① 对阶，使两数的小数点位置对齐。

② 尾数求和，将对阶后的两尾数按定点加减运算规则求和（差）。

③ 规格化，为增加有效数字的位数，提高运算精度，必须将求和（差）后的尾数规格化。

④ 舍入，为提高精度，要考虑尾数右移时丢失的数值位。

⑤ 溢出判断，即判断结果是否溢出。

1. 对阶

对阶的目的是使两操作数的小数点位置对齐,即使两数的阶码相等。为此,首先要求出阶差,再按小阶向大阶看齐的原则,使阶小的尾数向右移位,每右移一位,阶码加 1,直到两数的阶码相等为止。右移的次数正好等于阶差。尾数右移时可能会发生数码丢失,影响精度。

例如,两浮点数 $x = 0.1101 \times 2^{01}$,$y = (-0.1010) \times 2^{11}$,求 $x+y$。

首先写出 x, y 在计算机中的补码表示。

$[x]_{补} = 00,01; 00.1101$,$[y]_{补} = 00,11; 11.0110$

在进行加法前,必须先对阶,故先求阶差:

$$[\triangle_j]_{补} = [j_x]_{补} - [j_y]_{补} = 00,01 + 11,01 = 11,10$$

即 $\triangle_j = -2$,表示 x 的阶码比 y 的阶码小,再按小阶向大阶看齐的原则,将 x 的尾数右移两位,其阶码加 2,

得 $\qquad\qquad\qquad\qquad\qquad [x]'_{补} = 00,11; 00.0011$

此时,$\triangle_j = 0$,表示对阶完毕。

2. 尾数求和

将对阶后的两个尾数按定点加(减)运算规则进行运算。

如上例中的两数对阶后得

$$[x]'_{补} = 00,11; 00.0011$$
$$[y]_{补} = 00,11; 11.0110$$

则 $[S_x+S_y]_{补}$ 为

$$
\begin{array}{ll}
0\ 0.0\ 0\ 1\ 1 & [S_x]'_{补} \\
+1\ 1.0\ 1\ 1\ 0 & [S_y]_{补} \\
\hline
1\ 1.1\ 0\ 0\ 1 & [S_x+S_y]'_{补}
\end{array}
$$

即 $\qquad\qquad\qquad\qquad\qquad [x+y]_{补} = 00,11; 11.1001$

3. 规格化

由 6.2.2 节可知,当基值 $r=2$ 时,尾数 S 的规格化形式为

$$\frac{1}{2} \leqslant |S| < 1 \qquad\qquad\qquad (6.19)$$

如果采用双符号位的补码,则

当 $S>0$ 时,其补码规格化形式为

$$[S]_{补} = 00.1 \times \times \cdots \times \qquad\qquad\qquad (6.20)$$

当 $S<0$ 时,其补码规格化形式为

$$[S]_{补} = 11.0 \times \times \cdots \times \qquad\qquad\qquad (6.21)$$

可见,当尾数的最高数值位与符号位不同时,即为规格化形式,但对 $S<0$ 时,有两种情况需特殊处理。

① $S = -\dfrac{1}{2}$，则 $[S]_{补} = 11.100\cdots0$。此时对于真值 $-\dfrac{1}{2}$ 而言，它满足式（6.19），对于补码（$[S]_{补}$）而言，它不满足于式（6.21）。为了便于硬件判断，特规定 $-\dfrac{1}{2}$ 不是规格化的数（对补码而言）。

② $S = -1$，则 $[S]_{补} = 11.00\cdots0$，因小数补码允许表示 -1，故 -1 视为规格化的数。

当尾数求和（差）结果不满足式（6.20）或式（6.21）时，则需规格化。规格化又分左规和右规两种。

（1）左规

当尾数出现 $00.0\times\times\cdots\times$ 或 $11.1\times\times\cdots\times$ 时，需左规。左规时尾数左移一位，阶码减 1，直到符合式（6.20）或式（6.21）为止。

如上例求和结果为

$$[x+y]_{补} = 00,11；11.1001$$

尾数的第一数值位与符号位相同，需左规，即将其左移一位，同时阶码减 1，得

$$[x+y]_{补} = 00,10；11.0010$$

则

$$x+y = (-0.1110)\times2^{10}$$

（2）右规

当尾数出现 $01.\times\times\cdots\times$ 或 $10.\times\times\cdots\times$ 时，表示尾数溢出，这在定点加减运算中是不允许的，但在浮点运算中这不算溢出，可通过右规处理。右规时尾数右移一位，阶码加 1。

例 6.29 已知两浮点数 $x = 0.1101\times2^{10}$，$y = 0.1011\times2^{01}$，求 $x+y$。

解：x、y 在机器中以补码表示为

$$[x]_{补} = 00,10；00.1101$$
$$[y]_{补} = 00,01；00.1011$$

① 对阶：

$$[\triangle_j]_{补} = [j_x]_{补} - [j_y]_{补}$$
$$= 00,10+11,11 = 00,01$$

即 $\triangle_j = 1$，表示 y 的阶码比 x 的阶码小 1，因此将 y 的尾数向右移一位，阶码相应加 1，即

$$[y]'_{补} = 00,10；00.0101$$

这时 $[y]'_{补}$ 的阶码与 $[x]_{补}$ 的阶码相等，阶差为 0，表示对阶完毕。

② 求和：

$$
\begin{array}{rl}
0\ 0.1\ 1\ 0\ 1 & [S_x]_{补} \\
+\ 0\ 0.0\ 1\ 0\ 1 & [S_y]'_{补} \\
\hline
0\ 1.0\ 0\ 1\ 0 & [S_x+S_y]'_{补}
\end{array}
$$

即

$$[x+y]_{补} = 00,10；01.0010$$

③ 右规：

运算结果两符号位不等,表示尾数之和绝对值大于 1,需右规,即将尾数之和向右移一位,阶码加 1,故得

$$[x+y]_{\text{补}} = 00,11; \ 00.1001$$

则
$$x+y = 0.1001 \times 2^{11}$$

4. 舍入

在对阶和右规的过程中,可能会将尾数的低位丢失,引起误差,影响精度。为此可用舍入法来提高尾数的精度。常用的舍入方法有以下两种。

（1）"0 舍 1 入"法

"0 舍 1 入"法类似于十进制数运算中的"四舍五入"法,即在尾数右移时,被移去的最高数值位为 0,则舍去;被移去的最高数值位为 1,则在尾数的末位加 1。这样做可能使尾数又溢出,此时需再做一次右规。

（2）"恒置 1"法

尾数右移时,不论丢掉的最高数值位是"1"或"0",都使右移后的尾数末位恒置"1"。这种方法同样有使尾数变大和变小的两种可能。

综上所述,浮点加减运算经过对阶、尾数求和、规格化和舍入等步骤。与定点加减运算相比,显然要复杂得多。

例 6.30　设 $x = 2^{-101} \times (-0.101000)$,$y = 2^{-100} \times (+0.111011)$,并假设阶符取 2 位,阶码的数值部分取 3 位,数符取 2 位,尾数的数值部分取 6 位,求 $x - y$。

解：由　　　$x = 2^{-101} \times (-0.101000)$,　　$y = 2^{-100} \times (+0.111011)$

得　　　　$[x]_{\text{补}} = 11,011; \ 11.011000$,　　$[y]_{\text{补}} = 11,100; \ 00.111011$

① 对阶：

$$[\triangle_j]_{\text{补}} = [j_x]_{\text{补}} - [j_y]_{\text{补}} = 11,011 + 00,100 = 11,111$$

即 $\triangle_j = -1$,则 x 的尾数向右移一位,阶码相应加 1,即

$$[x]'_{\text{补}} = 11,100; \ 11.101100$$

② 求和：

$$[S_x]'_{\text{补}} - [S_y]'_{\text{补}} = [S_x]'_{\text{补}} + [-S_y]_{\text{补}}$$
$$= 11.101100 + 11.000101$$
$$= 10.110001$$

即　　　　$[x-y]_{\text{补}} = 11,100; \ 10.110001$

尾数符号位出现"10",需右规。

③ 规格化：

右规后得　$[x-y]_{\text{补}} = 11,101; \ 11.011000 \boxed{1}$

④ 舍入处理：

采用"0 舍 1 入"法,其尾数右规时末位丢 1,则有

$$11.011000$$
$$+ \qquad\qquad 1$$
$$\overline{11.011001}$$

所以 $[x-y]_{\text{补}} = 11,101; 11.011001$

5. 溢出判断

与定点加减法一样,浮点加减运算最后一步也需判断溢出。在浮点规格化中已指出,当尾数之和(差)出现 01.××…×或 10.××…×时,并不表示溢出,只有将此数右规后,再根据阶码来判断浮点运算结果是否溢出。

若机器数为补码,尾数为规格化形式,并假设阶符取 2 位,阶码的数值部分取 7 位,数符取 2 位,尾数的数值部分取 n 位,则它们能表示的补码在数轴上的表示范围如图 6.14 所示。

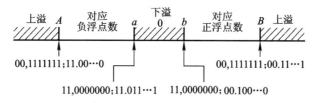

图 6.14 补码在数轴上的表示

图中 A、B、a、b 的坐标均为补码表示,分别对应最小负数、最大正数、最大负数和最小正数。它们所对应的真值如下:

  A 最小负数 $2^{+127} \times (-1)$

  B 最大正数 $2^{+127} \times (1-2^{-n})$

  a 最大负数 $2^{-128} \times (-2^{-1}-2^{-n})$

  b 最小正数 $2^{-128} \times 2^{-1}$

注意,由于图 6.14 所示的 A、B、a、b 均为补码规格化的形式,故其对应的真值与图 6.2 所示的结果有所不同。

在图 6.14 中 a、b 之间的阴影部分对应的阶码小于 -128,这种情况称为浮点数的下溢。下溢时,浮点数值趋于零,故机器不做溢出处理,仅把它作为机器零。

在图 6.14 中 A、B 两侧的阴影部分对应的阶码大于 $+127$,这种情况称为浮点数的上溢。此刻,浮点数真正溢出,机器需停止运算,做溢出中断处理。一般说浮点溢出,均是指上溢。

可见,浮点机的溢出与否可由阶码的符号决定,即

  阶码 $[j]_{\text{补}} = 01,××…×$ 为上溢。

  阶码 $[j]_{\text{补}} = 10,××…×$ 为下溢,按机器零处理。

  当阶符为"01"时,需做溢出处理。

例 6.30 经舍入处理后得 $[x-y]_{\text{补}} = 11,101; 11.011001$,阶符为"11",不溢出,故最终结果为

$$x-y = 2^{-011} \times (-0.100111)$$

例 6.31   设机器数字长 16 位,阶码 5 位(含 1 位阶符),基值为 2,尾数 11 位(含 1 位数符)。对于两个阶码相等的数按补码浮点加法完成后,由于规格化操作可能出现的最大误差的绝对值是多少?

解:两个阶码相等的数按补码浮点加法完成后,仅当尾数溢出需右规时会引起误差。右规时尾数右移一位,阶码加 1,可能出现的最大误差是末尾丢 1,例如:

结果为   00,1110;01.×××××××××1

右规后得   00,1111;00.1×××××××××1

考虑到最大阶码是 15,最后得最大误差的绝对值为 $(10000)_二 = 2^4$。

当计算机中阶码用移码表示时,移码运算规则参见浮点乘除运算。

最后可得浮点加减运算的流程。

例 6.32   要求用最少的位数设计一个浮点数格式,必须满足下列要求。

(1)十进制数的范围:负数 $-10^{38} \sim -10^{-38}$;正数 $+10^{-38} \sim 10^{38}$。

(2)精度:7 位十进制数据。

解:(1)由 $2^{10} > 10^3$

可得 $(2^{10})^{12} > (10^3)^{12}$,即 $2^{120} > 10^{36}$

又因为 $2^7 > 10^2$

所以 $2^7 \times 2^{120} > 10^2 \times 10^{36}$,即 $2^{127} > 10^{38}$

同理 $2^{-127} < 10^{-38}$

故阶码取 8 位(含 1 位阶符),当其用补码表示时,对应的数值范围为 $-128 \sim +127$。

(2)因为 $10^7 \approx 2^{23}$,故尾数的数值部分可取 23 位。加上数符,最终浮点数取 32 位,其中阶码 8 位(含 1 位阶符),尾数 24 位(含 1 位数符)。

6. 浮点加减运算流程

图 6.15 为浮点补码加减运算的流程图。

6.4.2   浮点乘除法运算

两个浮点数相乘,乘积的阶码应为相乘两数的阶码之和,乘积的尾数应为相乘两数的尾数之积。两个浮点数相除,商的阶码为被除数的阶码减去除数的阶码,尾数为被除数的尾数除以除数的尾数所得的商,可用下式描述。

设两浮点数 $x = S_x \cdot r^{j_x}$

$$y = S_y \cdot r^{j_y}$$

则 $x \cdot y = (S_x \cdot S_y) \times r^{j_x + j_y}$

$$\frac{x}{y} = \frac{S_x}{S_y} \cdot r^{j_x - j_y}$$

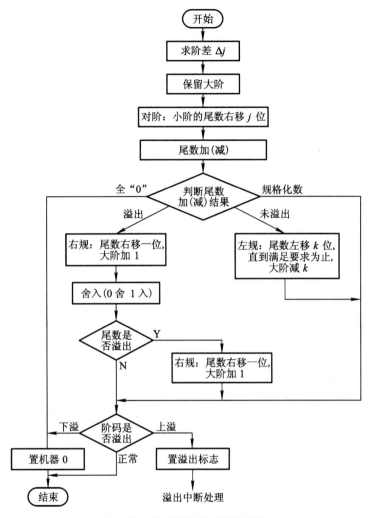

图 6.15　浮点补码加减运算流程

在运算中也要考虑规格化和舍入问题。

1. 阶码运算

若阶码用补码运算,乘积的阶码为 $[j_x]_补 + [j_y]_补$,商的阶码为 $[j_x]_补 - [j_y]_补$。两个同号的阶码相加或异号的阶码相减可能产生溢出,此时应做溢出判断。

若阶码用移码运算,则

因为　　　　　　　　　$[j_x]_移 = 2^n + j_x$　　$-2^n \leqslant j_x < 2^n$　　(n 为整数的位数)

　　　　　　　　　　　$[j_y]_移 = 2^n + j_y$　　$-2^n \leqslant j_y < 2^n$　　(n 为整数的位数)

所以　　　　$[j_x]_移 + [j_y]_移 = 2^n + j_x + 2^n + j_y$

$$= 2^n + [2^n + (j_x + j_y)]$$

$$= 2^n + [j_x + j_y]_{移}$$

可见,直接用移码求阶码和时,最高位多加了一个 2^n,要得到移码形式的结果,必须减去 2^n。

由于同一个真值的移码和补码数值部分完全相同,而符号位正好相反,即

$$[j_y]_{补} = 2^{n+1} + j_y \qquad (\bmod\ 2^{n+1})$$

因此,求阶码和可用下式完成

$$[j_x]_{移} + [j_y]_{补} = 2^n + j_x + 2^{n+1} + j_y$$

$$= 2^{n+1} + [2^n + (j_x + j_y)]$$

$$= [j_x + j_y]_{移} (\bmod\ 2^{n+1})$$

则直接可得移码形式。

同理,当做除法运算时,商的阶码可用下式完成

$$[j_x]_{移} + [-j_y]_{补} = [j_x - j_y]_{移}$$

可见进行移码加减运算时,只需将移码表示的加数或减数的符号位取反(即变为补码),然后进行运算,就可得阶和(或阶差)的移码。

阶码采用移码表示后又如何判断溢出呢?如果在原有移码符号位的前面(即高位)再增加 1 位符号位,并规定该位恒用"0"表示,便能方便地进行溢出判断。溢出的条件是运算结果移码的最高符号位为 1。此时若低位符号位为 0,表示上溢;低位符号位为 1,表示下溢。如果运算结果移码的最高符号位为 0,即表明没有溢出。此时若低位符号位为 1,表明结果为正;低位符号位为 0,表示结果为负。

例如,若阶码取 3 位(不含符号位),则对应的真值范围是 $-8 \sim +7$。

当 $j_x = +101, j_y = +100$ 时,则有

$$[j_x]_{移} = 01,101;\ [j_y]_{补} = 00,100$$

故　　$[j_x + j_y]_{移} = [j_x]_{移} + [j_y]_{补} = 01,101 + 00,100 = 10,001$　　　结果上溢

$$[j_x - j_y]_{移} = [j_x]_{移} + [-j_y]_{补} = 01,101 + 11,100 = 01,001$$　　 结果为 +1

当　$j_x = -101, j_y = -100$ 时,则有

$$[j_x]_{移} = 00,011, [j_y]_{补} = 11,100$$

故　　$[j_x + j_y]_{移} = [j_x]_{移} + [j_y]_{补} = 00,011 + 11,100 = 11,111$　　　结果下溢

$$[j_x - j_y]_{移} = [j_x]_{移} + [-j_y]_{补} = 00,011 + 00,100 = 00,111$$　　 结果为 -1

2. 尾数运算

(1) 浮点乘法尾数运算

两个浮点数的尾数相乘,可按下列步骤进行。

① 检测两个尾数中是否有一个为 0,若有一个为 0,乘积必为 0,不再做其他操作;如果两尾数均不为 0,则可进行乘法运算。

② 两个浮点数的尾数相乘可以采用定点小数的任何一种乘法运算来完成。相乘结果可能

要进行左规,左规时调整阶码后如果发生阶下溢,则作机器零处理;如果发生阶上溢,则作溢出处理。此外,尾数相乘会得到一个双倍字长的结果,若限定只取 1 倍字长,则乘积的若干低位将会丢失。如何处理丢失的各位值,通常有两种方法。

其一,无条件地丢掉正常尾数最低位之后的全部数值,这种方法称为截断处理,处理简单,但影响精度。

其二,按浮点加减运算讨论的两种舍入原则进行舍入处理。对于原码,采用 0 舍 1 入法时,不论其值是正数或负数,"舍"使数的绝对值变小,"入"使数的绝对值变大。对于补码,采用 0 舍 1 入法时,若丢失的位不是全 0,对正数来说,"舍""入"的结果与原码分析正好相同;对负数来说,"舍""入"的结果与原码分析正好相反,即"舍"使绝对值变大,"入"使绝对值变小。为了使原码、补码舍入处理后的结果相同,对负数的补码可采用如下规则进行舍入处理。

① 当丢失的各位均为 0 时,不必舍入。

② 当丢失的各位数中的最高位为 0 时,且以下各位不全为 0,或丢失的各位数中的最高位为 1,且以下各位均为 0 时,则舍去被丢失的各位。

③ 当丢失的各位数中的最高位为 1,且以下各位又不全为 0 时,则在保留尾数的最末位加 1 修正。

例如,对下列 4 个补码进行只保留小数点后 4 位有效数字的舍入操作,如表 6.28 所示。

表 6.28　补码舍入操作实例

$[x]_{\text{补}}$舍入前	舍入后	对应真值 x
1. 0 1 1 1 0 0 0 0	1. 0 1 1 1(不舍不入)	-0.1001
1. 0 1 1 1 1 0 0 0	1. 0 1 1 1(舍)	-0.1001
1. 0 1 1 1 0 1 0 1	1. 0 1 1 1(舍)	-0.1001
1. 0 1 1 1 1 1 0 0	1. 1 0 0 0(入)	-0.1000

如果将上述 4 个补码变成原码后再舍入,其结果列于表 6.29 中。

表 6.29　原码舍入操作实例

$[x]_{\text{原}}$舍入前	舍入后	对应真值 x
1. 1 0 0 1 0 0 0 0	1. 1 0 0 1(不舍不入)	-0.1001
1. 1 0 0 0 1 0 0 0	1. 1 0 0 1(入)	-0.1001
1. 1 0 0 0 1 0 1 1	1. 1 0 0 1(入)	-0.1001
1. 1 0 0 0 0 1 0 0	1. 1 0 0 0(舍)	-0.1000

比较表 6.28 和表 6.29 可见,按照上述的约定对负数的补码进行舍入处理,与对其原码进行舍入处理后的真值是一样的。

下面举例说明浮点乘法运算的全过程。

设机器数阶码取 3 位(不含阶符),尾数取 7 位(不含数符),要求阶码用移码运算,尾数用补码运算,最后结果保留 1 倍字长。

例 6.33 已知 $x = 2^{-101} \times 0.0110011$,$y = 2^{011} \times (-0.1110010)$,求 $x \cdot y$。

解:由 $x = 2^{-101} \times 0.0110011$,$y = 2^{011} \times (-0.1110010)$

得
$$[x]_{\text{补}} = 11,011; 00.0110011$$
$$[y]_{\text{补}} = 00,011; 11.0001110$$

① 阶码运算:

$$[j_x]_{\text{移}} = 00,011, [j_y]_{\text{补}} = 00,011$$
$$[j_x + j_y]_{\text{移}} = [j_x]_{\text{移}} + [j_y]_{\text{补}}$$
$$= 00,011 + 00,011$$
$$= 00,110 \text{ 对应真值} -2$$

② 尾数相乘(采用 Booth 算法):

其过程如表 6.30 所示。

表 6.30 例 6.33 尾数相乘过程

部分积	乘 数	y_{n+1}	说 明
0 0 . 0 0 0 0 0 0 0	1 . 0 0 0 1 1 1 <u>0</u>	<u>0</u>	
0 0 . 0 0 0 0 0 0 0	0 1 0 0 0 1 1 <u>1</u>	<u>0</u>	→1 位
+ 1 1 . 1 0 0 1 1 0 1			$+[-S_x]_{\text{补}}$
1 1 . 1 0 0 1 1 0 1	0		
1 1 . 1 1 0 0 1 1 0	1 0 1 0 0 0 1 <u>1</u>	<u>1</u>	→1 位
1 1 . 1 1 1 0 0 1 1	0 1 0 1 0 0 0 <u>1</u>	<u>1</u>	→1 位
1 1 . 1 1 1 1 0 0 1	1 0 1 0 1 0 0 <u>0</u>	<u>1</u>	→1 位
+ 0 0 . 0 1 1 0 0 1 1			$+[S_x]_{\text{补}}$
0 0 . 0 1 0 1 1 0 0	1 0 1 0		
0 0 . 0 0 1 0 1 1 0	0 1 0 1 0 1 0 <u>0</u>	<u>0</u>	→1 位
0 0 . 0 0 0 1 0 1 1	0 0 1 0 1 0 1 <u>0</u>	<u>0</u>	→1 位
0 0 . 0 0 0 0 1 0 1	1 0 0 1 0 1 0 <u>1</u>	<u>0</u>	→1 位
+ 1 1 . 1 0 0 1 1 0 1			$+[-S_x]_{\text{补}}$
1 1 . 1 0 1 0 0 1 0	1 0 0 1 0 1 0		

③ 规格化:

尾数相乘结果为 $[S_x \cdot S_y]_{\text{补}} = 11.10100101001010$，需左规，即

$$[x \cdot y]_{\text{补}} = 11,110 ; 11.10100101001010$$

左规后　　　　　　　$[x \cdot y]_{\text{补}} = 11,101 ; 11.01001010010100$

④ 舍入处理：

尾数为负，按负数补码的舍入规则，取 1 倍字长，丢失的 7 位为 0010100，应"舍"，故最终结果为

$$[x \cdot y]_{\text{补}} = 11,101 ; 11.0100101$$

$$x \cdot y = 2^{-011} \times (-0.1011011)$$

（2）浮点除法尾数运算

两个浮点数的尾数相除，可按下列步骤进行。

① 检测被除数是否为 0，若为 0，则商为 0；再检测除数是否为 0，若为 0，则商为无穷大，另作处理。若两数均不为 0，则可进行除法运算。

② 两浮点数尾数相除同样可采取定点小数的任何一种除法运算来完成。对已规格化的尾数，为了防止除法结果溢出，可先比较被除数和除数的绝对值，如果被除数的绝对值大于除数的绝对值，则先将被除数右移一位，其阶码加 1，再作尾数相除。此时所得结果必然是规格化的定点小数。

例 6.34　按补码浮点运算步骤，计算 $\left[2^5 \times \left(+\dfrac{9}{16} \right) \right] \div \left[2^3 \times \left(-\dfrac{13}{16} \right) \right]$。

解：令　$x = \left[2^5 \times \left(+\dfrac{9}{16} \right) \right] = 2^{101} \times (0.1001)$

　　　　$y = \left[2^3 \times \left(-\dfrac{13}{16} \right) \right] = 2^{011} \times (-0.1101)$

所以　　$[x]_{\text{补}} = 00,101 ; 00.1001$

　　　　$[y]_{\text{补}} = 00,011 ; 11.0011 , [-S_y]_{\text{补}} = 00.1101$

① 阶码相减：

$$[j_x]_{\text{补}} - [j_y]_{\text{补}} = 00,101 - 00,011 = 00,101 + 11,101 = 00,010$$

② 尾数相除（采用补码除法）：

其过程如表 6.31 所示。表中被除数（余数）采用双符号位，与采用一位符号位结果一致。

表 6.31　例 6.34 尾数相除过程

被除数（余数）	商	说　　明
0 0 . 1 0 0 1	0 . 0 0 0 0	
+ 1 1 . 0 0 1 1		$[S_x]_{\text{补}}$ 与 $[S_y]_{\text{补}}$ 异号，$+[S_y]_{\text{补}}$
1 1 . 1 1 0 0	1	$[R]_{\text{补}}$ 与 $[S_y]_{\text{补}}$ 同号，上商"1"
1 1 . 1 0 0 0	1	←1 位
+ 0 0 . 1 1 0 1		$+[-S_y]_{\text{补}}$

续表

被除数（余数）	商	说　明
0 0 . 0 1 0 1	1 0	$[R]_补$ 与 $[S_y]_补$ 异号，上商"0"
0 0 . 1 0 1 0	1 0	←1 位
+ 1 1 . 0 0 1 1		$+[S_y]_补$
1 1 . 1 1 0 1	1 0 1	$[R]_补$ 与 $[S_y]_补$ 同号，上商"1"
1 1 . 1 0 1 0	1 0 1	←1 位
+ 0 0 . 1 1 0 1		$+[-S_y]_补$
0 0 . 0 1 1 1	1 0 1 0	$[R]_补$ 与 $[S_y]_补$ 异号，上商"0"
+ 0 0 . 1 1 1 0	1 0 1 0 1̲	←1 位，末位商恒置"1"

所以

$$\left[\frac{S_x}{S_y}\right]_补 = 1.0101$$

③ 规格化：

尾数相除结果已为规格化数。

所以

$$\left[\frac{x}{y}\right]_补 = 00,010; \ 11.0101$$

则

$$\left[\frac{x}{y}\right] = 2^{010} \times (-0.1011) = \left[2^2 \times \left(-\frac{11}{16}\right)\right]$$

6.4.3　浮点运算所需的硬件配置

由于浮点运算分阶码和尾数两部分，因此浮点运算器的硬件配置比定点运算器的复杂。分析浮点四则运算发现，对于阶码只有加减运算，对于尾数则有加、减、乘、除四种运算。可见浮点运算器主要由两个定点运算部件组成。一个是阶码运算部件，用来完成阶码加、减，以及控制对阶时小阶的尾数右移次数和规格化时对阶码的调整；另一个是尾数运算部件，用来完成尾数的四则运算以及判断尾数是否已规格化，此外，还需有判断运算结果是否溢出的电路等。

现代计算机可把浮点运算部件做成独立的选件，或称协处理器，用户可根据需要选择，不用选件的机器，也可用编程的方法来完成浮点运算，不过这将会影响机器的运算速度。

例如，Intel 80287 是浮点协处理器，它可与 Intel 80286 或 80386 微处理器配合处理浮点数的算术运算和多种函数计算。

6.5　算术逻辑单元

针对每一种算术运算，都必须有一个相对应的基本硬件配置，其核心部件是加法器和寄存

器。当需要完成逻辑运算时,势必需要配置相应的逻辑电路,而 ALU 电路是既能完成算术运算
又能完成逻辑运算的部件。

6.5.1　ALU 电路

图 6.16 所示是 ALU 框图。图中 A_i 和 B_i 为输入变量;k_i 为控制信号,k_i 的不同取值可决定
该电路做哪一种算术运算或哪一种逻辑运算;F_i 是输出函数。

现在 ALU 电路已制成集成电路芯片,例如,74181 是能完成 4 位二进制代码的算逻运算部
件,外特性如图 6.17 所示。

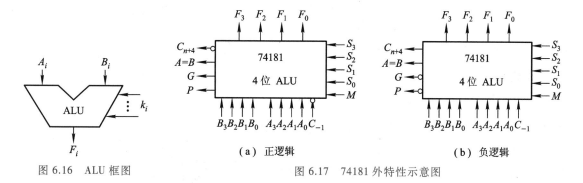

图 6.16　ALU 框图　　　　　　　　　　　　　　图 6.17　74181 外特性示意图

74181 有两种工作方式,即正逻辑和负逻辑,分别如图 6.17(a)和图 6.17(b)所示。表 6.32
列出了其算术/逻辑运算功能,逻辑电路参见附录 6C 的图 6.30。

表 6.32　74181 ALU 的算术/逻辑运算功能表

工作方式选择 输入 $S_3 S_2 S_1 S_0$	负逻辑输入或输出		正逻辑输入或输出	
	逻辑运算 ($M=1$)	算术运算 ($M=0$)($C_{-1}=0$)	逻辑运算 ($M=1$)	算术运算 ($M=0$)($C_{-1}=1$)
0 0 0 0	$\overline{A}$	A 减 1	$\overline{A}$	A
0 0 0 1	$\overline{AB}$	AB 减 1	$\overline{A+B}$	A+B
0 0 1 0	$\overline{A}+B$	$A\overline{B}$ 减 1	$\overline{A}B$	A+$\overline{B}$
0 0 1 1	逻辑 1	减 1	逻辑 0	减 1
0 1 0 0	$\overline{A+B}$	A 加 $(A+\overline{B})$	$\overline{AB}$	A 加 $A\overline{B}$
0 1 0 1	$\overline{B}$	AB 加 $(A+\overline{B})$	$\overline{B}$	$(A+B)$ 加 $A\overline{B}$
0 1 1 0	$\overline{A\oplus B}$	A 减 B 减 1	$A\oplus B$	A 减 B 减 1

续表

功　能　表				
工作方式选择 输入 $S_3S_2S_1S_0$	负逻辑输入或输出		正逻辑输入或输出	
	逻辑运算 （$M=1$）	算术运算 （$M=0$）（$C_{-1}=0$）	逻辑运算 （$M=1$）	算术运算 （$M=0$）（$C_{-1}=1$）
0 1 1 1	$A+\overline{B}$	$A+\overline{B}$	$A\overline{B}$	$A\overline{B}$ 减 1
1 0 0 0	$\overline{A}B$	A 加 $(A+B)$	$\overline{A}+B$	A 加 AB
1 0 0 1	$A\oplus B$	A 加 B	$\overline{A\oplus B}$	A 加 B
1 0 1 0	B	$A\overline{B}$ 加 $(A+B)$	B	$(A+\overline{B})$ 加 AB
1 0 1 1	$A+B$	$A+B$	AB	AB 减 1
1 1 0 0	逻辑 0	A 加 A^*	逻辑 1	A 加 A^*
1 1 0 1	$\overline{A}B$	AB 加 A	$A+\overline{B}$	$(A+B)$ 加 A
1 1 1 0	AB	$A\overline{B}$ 加 A	$A+B$	$(A+\overline{B})$ 加 A
1 1 1 1	A	A	A	A 减 1

① 1＝高电平，0＝低电平；② ＊表示每一位均移到下一个更高位，即 $A^*=2A$。

以正逻辑为例，$B_3\sim B_0$ 和 $A_3\sim A_0$ 是两个操作数，$F_3\sim F_0$ 为输出结果。C_{-1} 表示最低位的外来进位，C_{n+4} 是 74181 向高位的进位；P、G 可供先行进位使用（有关 P、G 的具体含义参见 6.5.2 节）。M 用于区别算术运算还是逻辑运算；$S_3\sim S_0$ 的不同取值可实现不同的运算。例如，当 $M=1$，$S_3\sim S_0=0110$ 时，74181 做逻辑运算 $A\oplus B$；当 $M=0$，$S_3\sim S_0=0110$ 时，74181 做算术运算。由表 6.32 可见，在正逻辑条件下，$M=0$，$S_3\sim S_0=0110$，且 $C_{-1}=1$ 时，完成 A 减 B 减 1 的操作。若想完成 A 减 B 运算，可使 $C_{-1}=0$。注意，74181 的算术运算是用补码实现的，其中减数的反码是由内部电路形成的，而末位加"1"，则通过 $C_{-1}=0$ 来体现（图 6.17（a）中 C_{-1} 输入端处有一个小圈，意味着 $C_{-1}=0$ 反相后为 1）。尤其要注意的是，ALU 为组合逻辑电路，因此实际应用 ALU 时，其输入端口 A 和 B 必须与锁存器相连，而且在运算的过程中锁存器的内容是不变的。其输出也必须送至寄存器中保存。现在有的芯片将寄存器和 ALU 电路集成在一个芯片内，如 29C101，如图 6.18 所示（图中 ALU 的控制端 $I_8\sim I_0$ 未画出）。

该芯片的核心部件是一个容量为 16 字的双端口 RAM 和一个高速 ALU 电路。

RAM 可视为由 16 个寄存器组成的寄存器堆。只要给出 A_i 口或 B_i 口的 4 位地址，就可以从 A_o 出口或 B_o 出口读出对应于口地址的存储单元内容。写入时，只能写入由 B_i 口指定的那个单元内。参与操作的两个数分别由 RAM 的 A_o、B_o 出口输出至两个锁存器中。

ALU 受 $I_8\sim I_0$ 控制，I_2、I_1、I_0 控制 ALU 的数据源；I_5、I_4、I_3 控制 ALU 所能完成的 3 种算术运算和 5 种逻辑运算；$I_8\sim I_6$ 用来控制 RAM 和 Q 移位器，决定是否移位以及 Y 口输出是来自 RAM 的 A 出口还是 ALU 的 F 出口。

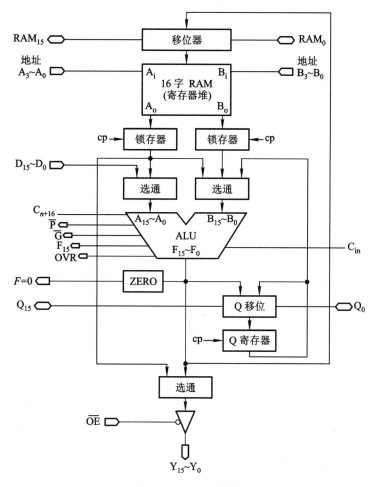

图 6.18　29C101 框图

　　ALU 的 C_{in} 为低位来的外来进位，C_{n+16} 为向高位的进位，可供 29C101 级联时用。ALU 结果为 0 时，F=0 可直接输出，OVR 为溢出标记。而 $\overline{P}$、$\overline{G}$ 与 74181 的 P、G 含义相同，它们可供先行进位方式时使用。ALU 的输出可直接通过移位器存入 RAM，也可通过选通门在 $\overline{OE}$ 有效时从 $Y_{15} \sim Y_0$ 输出。Q 寄存器主要为乘法和除法服务，$D_{15} \sim D_0$ 为 16 位立即数的输入口。

6.5.2　快速进位链

　　随着操作数位数的增加，电路中进位的速度对运算时间的影响也越来越大，为了提高运算速度，本节将通过对进位过程的分析设计快速进位链。

1. 并行加法器

并行加法器由若干个全加器组成，如图 6.19 所示。$n+1$ 个全加器级联就组成了一个 $n+1$ 位的并行加法器。

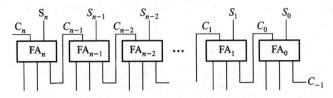

图 6.19　并行加法器示意图

由于每位全加器的进位输出是高一位全加器的进位输入，因此当全加器有进位时，这种一级一级传递进位的过程将会大大影响运算速度。

由全加器的逻辑表达式可知：

和　$S_i = \overline{A_i}\,\overline{B_i}C_{i-1} + \overline{A_i}B_i\,\overline{C_{i-1}} + A_i\,\overline{B_i}\,\overline{C_{i-1}} + A_i B_i C_{i-1}$

进位 $C_i = \overline{A_i}B_i C_{i-1} + A_i\,\overline{B_i}C_{i-1} + A_i B_i\,\overline{C_{i-1}} + A_i B_i C_{i-1}$

$\qquad = A_i B_i + (A_i + B_i)\,C_{i-1}$

可见，C_i 进位由两部分组成：本地进位 $A_i B_i$，可记作 d_i，与低位无关；传递进位 $(A_i+B_i)C_{i-1}$，与低位有关，可称 A_i+B_i 为传递条件，记作 t_i，则

$\qquad C_i = d_i + t_i C_{i-1}$

由 C_i 的组成可以将逐级传递进位的结构转换为以进位链的方式实现快速进位。目前进位链通常采用串行和并行两种。

2. 串行进位链

串行进位链是指并行加法器中的进位信号采用串行传递，图 6.19 所示就是一个典型的串行进位的并行加法器。

以四位并行加法器为例，每一位的进位表达式可表示为

$$\left.\begin{aligned}
C_0 &= d_0 + t_0 C_{-1} \\
C_1 &= d_1 + t_1 C_0 \\
C_2 &= d_2 + t_2 C_1 \\
C_3 &= d_3 + t_3 C_2
\end{aligned}\right\} \tag{6.22}$$

由式（6.22）可见，采用与非逻辑电路可方便地实现进位传递，如图 6.20 所示。

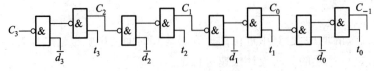

图 6.20　四位串行进位链

若设与非门的级延迟时间为 t_y，那么当 d_i、t_i 形成后，共需 $8t_y$ 便可产生最高位的进位。实际上每增加一位全加器，进位时间就会增加 $2t_y$。n 位全加器的最长进位时间为 $2nt_y$。

3. 并行进位链

并行进位链是指并行加法器中的进位信号是同时产生的，又称先行进位、跳跃进位等。理想的并行进位链是 n 位全加器的 n 位进位同时产生，但实际实现有困难。通常并行进位链有单重分组和双重分组两种实现方案。

（1）单重分组跳跃进位

单重分组跳跃进位就是将 n 位全加器分成若干小组，小组内的进位同时产生，小组与小组之间采用串行进位，这种进位又有组内并行、组间串行之称。

以四位并行加法器为例，对式（6.22）稍做变换，便可获得并行进位表达式：

$$
\left.
\begin{aligned}
C_0 &= d_0 + t_0 C_{-1} \\
C_1 &= d_1 + t_1 C_0 = d_1 + t_1 d_0 + t_1 t_0 C_{-1} \\
C_2 &= d_2 + t_2 C_1 = d_2 + t_2 d_1 + t_2 t_1 d_0 + t_2 t_1 t_0 C_{-1} \\
C_3 &= d_3 + t_3 C_2 = d_3 + t_3 d_2 + t_3 t_2 d_1 + t_3 t_2 t_1 d_0 + t_3 t_2 t_1 t_0 C_{-1}
\end{aligned}
\right\}
\tag{6.23}
$$

按式（6.23）可得与其对应的逻辑图，如图 6.21 所示。

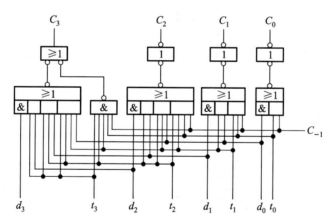

图 6.21　四位一组并行进位链

设与或非门的级延迟时间为 $1.5t_y$，与非门的级延迟时间仍为 $1t_y$，则 d_i、t_i 形成后，只需 $2.5t_y$ 就可产生全部进位。

如果将 16 位的全加器按 4 位一组分组，便可得单重分组跳跃进位链框图，如图 6.22 所示。

不难理解在 d_i、t_i 形成后，经 $2.5t_y$ 可产生 C_3、C_2、C_1、C_0 这 4 个进位信息，经 $10t_y$ 就可产生全部进位，而 $n=16$ 的串行进位链的全部进位时间为 $32t_y$，可见单重分组方案进位时间仅为串行进位链的 $1/3$。但随着 n 的增大，其优势便很快减弱。例如，当 $n=64$ 时，按 4 位分组，共为 16 组，组间有 16 位串行进位，在 d_i、t_i 形成后，还需经 $40t_y$ 才能产生全部进位，显然进位时间太长。如果

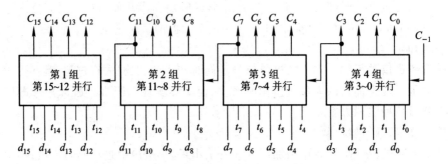

图 6.22　单重分组跳跃进位链框图

能使组间进位也同时产生,必然会更大地提高进位速度,这就是组内、组间均为并行进位的方案。

（2）双重分组跳跃进位

双重分组跳跃进位就是将 n 位全加器分成若干大组,每个大组中又包含若干小组,而每个大组内所包含的各个小组的最高位进位是同时产生的,大组与大组间采用串行进位。因各小组最高位进位是同时形成的,小组内的其他进位也是同时形成的(注意:小组内的其他进位与小组的最高位进位并不是同时产生的),故又有组(小组)内并行、组(小组)间并行之称。图 6.23 是一个 32 位并行加法器双重分组跳跃进位链的框图。

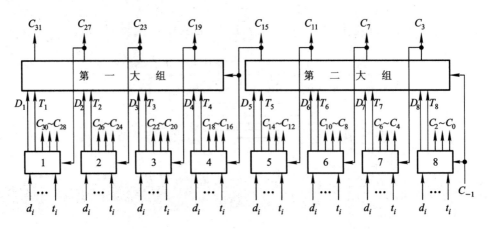

图 6.23　32 位并行加法器双重分组跳跃进位链框图

图中共分两大组,每个大组内包含 4 个小组,第一大组内的 4 个小组的最高位进位 C_{31}、C_{27}、C_{23}、C_{19} 是同时产生的;第二大组内 4 个小组的最高位进位 C_{15}、C_{11}、C_7、C_3 也是同时产生的,而第二大组向第一大组的进位 C_{15} 采用串行进位方式。

以第二大组为例,分析各进位的逻辑关系。

按式(6.23),可写出第八小组的最高位进位表达式

$$C_3 = d_3 + t_3 C_2 = d_3 + t_3 d_2 + t_3 t_2 d_1 + t_3 t_2 t_1 d_0 + t_3 t_2 t_1 t_0 C_{-1}$$
$$= D_8 + T_8 C_{-1}$$

式中，$D_8 = d_3 + t_3 d_2 + t_3 t_2 d_1 + t_3 t_2 t_1 d_0$，仅与本小组内的 d_i、t_i 有关，不依赖外来进位 C_{-1}，故称 D_8 为第八小组的本地进位；$T_8 = t_3 t_2 t_1 t_0$，是将低位进位 C_{-1} 传到高位小组的条件，故称 T_8 为第八小组的传送条件。

同理，可写出第五、六、七小组的最高位进位表达式：

$$\left.\begin{aligned}
\text{第七小组 } C_7 &= d_7 + t_7 d_6 + t_7 t_6 d_5 + t_7 t_6 t_5 d_4 + t_7 t_6 t_5 t_4 C_3 \\
&= D_7 + T_7 C_3 \\
\text{第六小组 } C_{11} &= d_{11} + t_{11} d_{10} + t_{11} t_{10} d_9 + t_{11} t_{10} t_9 d_8 + t_{11} t_{10} t_9 t_8 C_7 \\
&= D_6 + T_6 C_7 \\
\text{第五小组 } C_{15} &= d_{15} + t_{15} d_{14} + t_{15} t_{14} d_{13} + t_{15} t_{14} t_{13} d_{12} + t_{15} t_{14} t_{13} t_{12} C_{11} \\
&= D_5 + T_5 C_{11}
\end{aligned}\right\} \quad (6.24)$$

进一步展开又得

$$\left.\begin{aligned}
C_3 &= D_8 + T_8 C_{-1} \\
C_7 &= D_7 + T_7 C_3 = D_7 + T_7 D_8 + T_7 T_8 C_{-1} \\
C_{11} &= D_6 + T_6 C_7 = D_6 + T_6 D_7 + T_6 T_7 D_8 + T_6 T_7 T_8 C_{-1} \\
C_{15} &= D_5 + T_5 C_{11} = D_5 + T_5 D_6 + T_5 T_6 D_7 + T_5 T_6 T_7 D_8 + T_5 T_6 T_7 T_8 C_{-1}
\end{aligned}\right\} \quad (6.25)$$

可见，式（6.25）和式（6.23）极为相似，因此，只需将图 6.21 中的 d_0、d_1、d_2、d_3 改为 D_8、D_7、D_6、D_5，又将 t_0、t_1、t_2、t_3 改为 T_8、T_7、T_6、T_5 便可构成第二重跳跃进位链，即大组跳跃进位链，如图 6.24 所示。

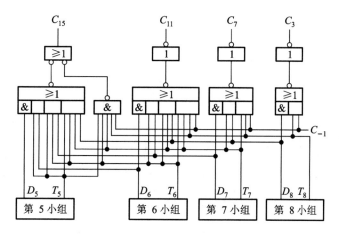

图 6.24 双重分组跳跃进位链的大组进位线路

由图可见,当 D_i、T_i($i=5\sim8$)及外来进位 C_{-1} 形成后,再经过 $2.5t_y$ 便可同时产生 C_{15}、C_{11}、C_7、C_3。至于 D_i 和 T_i 可由式(6.24)求得,它们都是由小组产生的,按其逻辑表达式可画出相应的电路。实际上只需对图 6.21 略做修改便可得双重分组进位链中的小组进位链线路,该线路能产生 D_i 和 T_i,如图 6.25 所示。

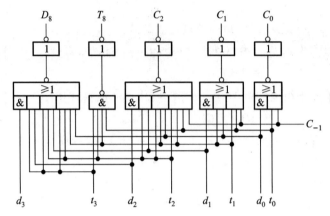

图 6.25　双重分组跳跃进位链的小组进位线路

可见,每小组可产生本小组的本地进位 D_i 和传送条件 T_i 以及组内的各低位进位,但不能产生组内最高位进位,即第五组形成 D_5、T_5、C_{14}、C_{13}、C_{12},不产生 C_{15};第六组形成 D_6、T_6、C_{10}、C_9、C_8,不产生 C_{11};第七组形成 D_7、T_7、C_6、C_5、C_4,不产生 C_7;第八组形成 D_8、T_8、C_2、C_1、C_0,不产生 C_3。

图 6.24 和图 6.25 两种类型的线路可构成 16 位加法器的双重分组跳跃进位链框图,如图 6.26所示。

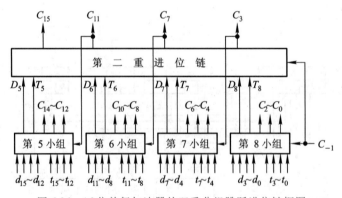

图 6.26　16 位并行加法器的双重分组跳跃进位链框图

由图 6.24、图 6.25 和图 6.26 可计算出从 d_i、t_i 及 C_{-1}(外来进位)形成后开始,经 $2.5t_y$ 形成 C_2、C_1、C_0 和全部 D_i、T_i;再经 $2.5t_y$ 形成大组内的 4 个进位 C_{15}、C_{11}、C_7、C_3;再经过 $2.5t_y$ 形成第

五、六、七小组的其余进位 C_{14}、C_{13}、C_{12}、C_{10}、C_9、C_8、C_6、C_5、C_4。可见,按双重分组设计 $n=16$ 的进位链,最长进位时间为 $7.5t_y$,比单重分组进位链又省了 $2.5t_y$。

对应图 6.23 所示的 32 位加法器的双重分组进位链,不难理解从 d_i、t_i、C_{-1} 形成后算起,经 $2.5t_y$ 产生 C_2、C_1、C_0 及 $D_1 \sim D_8$、$T_1 \sim T_8$;再经 $2.5t_y$ 后产生 C_{15}、C_{11}、C_7、C_3;再经 $2.5t_y$ 后产生 $C_{18} \sim C_{16}$、$C_{14} \sim C_{12}$、$C_{10} \sim C_8$、$C_6 \sim C_4$ 及 C_{31}、C_{27}、C_{23}、C_{19};最后经 $2.5t_y$ 产生 $C_{30} \sim C_{28}$、$C_{26} \sim C_{24}$、$C_{22} \sim C_{20}$。由此可见,产生全部进位的最长时间为 $10t_y$。若采用单重分组进位链,仍以 4 位一组分组,则产生全部进位时间为 $20t_y$,比双重分组多一倍。显然,随着 n 的增大,双重分组的优越性显得格外突出。

机器究竟采用哪种方案,每个小组内应包含几位,应根据运算速度指标及所选元件等诸方面因素综合考虑。

由上述分析可知,D_i 和 T_i 均是由小组进位链产生的,它们与低位进位无关。而 D_i 和 T_i 又是大组进位链的输入,因此,引入 D_i 和 T_i 可采用双重分组进位链,大大提高了运算速度。

6.5.1 节介绍的 74181 芯片是 4 位 ALU 电路,其 4 位进位是同时产生的,多片 74181 级联就犹如本节介绍的单重分组跳跃进位,即组内(74181 片内)并行,组间(74181 片间)串行。74181 芯片的 G、P 输出就如本节介绍的 D、T。当需要进一步提高进位速度时,将 74181 与 74182 芯片配合,就可组成双重分组跳跃进位链,如图 6.27 所示。

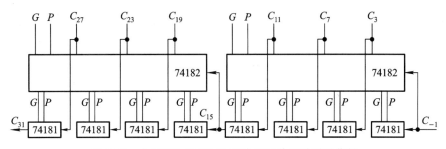

图 6.27 由 74181 和 74182 组成双重分组跳跃进位链

图中 74182 为先行进位部件,两片 74182 和 8 片 74181 组成 32 位 ALU 电路,该电路采用双重分组先行进位方案,原理与图 6.23 类似,不同点是 74182 还提供了大组的本地进位 G 和大组的传送条件 P。

思考题与习题

6.1 最少用几位二进制数即可表示任一 5 位长的十进制正整数?

6.2 已知 $X = 0.a_1a_2a_3a_4a_5a_6$(a_i 为 0 或 1),讨论下列几种情况时 a_i 各取何值。

(1) $X > \dfrac{1}{2}$

（2）$X \geqslant \dfrac{1}{8}$

（3）$\dfrac{1}{4} \geqslant X > \dfrac{1}{16}$

6.3　设 x 为整数，$[x]_{\text{补}} = 1, x_1 x_2 x_3 x_4 x_5$，若要求 $x < -16$，试问 $x_1 \sim x_5$ 应取何值？

6.4　设机器数字长为 8 位（含 1 位符号位在内），写出对应下列各真值的原码、补码和反码。

$$-\frac{13}{64}, \frac{29}{128}, 100, -87$$

6.5　已知 $[x]_{\text{补}}$，求 $[x]_{\text{原}}$ 和 x。

$[x]_{\text{补}} = 1.1100$；$[x]_{\text{补}} = 1.1001$；$[x]_{\text{补}} = 0.1110$；$[x]_{\text{补}} = 1.0000$；

$[x]_{\text{补}} = 1,0101$；$[x]_{\text{补}} = 1,1100$；$[x]_{\text{补}} = 0,0111$；$[x]_{\text{补}} = 1,0000$。

6.6　设机器数字长为 8 位（含 1 位符号位在内），分整数和小数两种情况讨论真值 x 为何值时，$[x]_{\text{补}} = [x]_{\text{原}}$ 成立。

6.7　设 x 为真值，x^* 为绝对值，说明 $[-x^*]_{\text{补}} = [-x]_{\text{补}}$ 能否成立。

6.8　若 $[x]_{\text{补}} > [y]_{\text{补}}$，讨论是否有 $x > y$。

6.9　当十六进制数 9BH 和 FFH 分别表示为原码、补码、反码、移码和无符号数时，所对应的十进制数各为多少（设机器数采用 1 位符号位）？

6.10　在整数定点机中，设机器数采用 1 位符号位，写出 ±0 的原码、补码、反码和移码，得出什么结论？

6.11　已知机器数字长为 4 位（含 1 位符号位），写出整数定点机和小数定点机中原码、补码和反码的全部形式，并注明其对应的十进制真值。

6.12　设浮点数格式为：阶码 5 位（含 1 位阶符），尾数 11 位（含 1 位数符）。写出 $\dfrac{51}{128}$、$-\dfrac{27}{1024}$、7.375、-86.5 所对应的机器数。要求如下：

（1）阶码和尾数均为原码。

（2）阶码和尾数均为补码。

（3）阶码为移码，尾数为补码。

6.13　浮点数格式同上题，当阶码基值分别取 2 和 16 时：

（1）说明 2 和 16 在浮点数中如何表示。

（2）基值不同对浮点数什么有影响？

（3）当阶码和尾数均用补码表示，且尾数采用规格化形式，给出两种情况下所能表示的最大正数和非零最小正数真值。

6.14　设浮点数字长为 32 位，欲表示 ±6 万间的十进制数，在保证数的最大精度条件下，除阶符、数符各取 1 位外，阶码和尾数各取几位？按这样分配，该浮点数溢出的条件是什么？

6.15　什么是机器零？若要求全 0 表示机器零，浮点数的阶码和尾数应采用什么机器数形式？

6.16　设机器数字长为 16 位，写出下列各种情况下它能表示的数的范围。设机器数采用 1 位符号位，答案均用十进制数表示。

（1）无符号数。

（2）原码表示的定点小数。

（3）补码表示的定点小数。

（4）补码表示的定点整数。

（5）原码表示的定点整数。

（6）浮点数的格式为：阶码 6 位（含 1 位阶符），尾数 10 位（含 1 位数符）。分别写出正数和负数的表示范围。

（7）浮点数格式同（6），机器数采用补码规格化形式，分别写出其对应的正数和负数的真值范围。

6.17　设机器数字长为 8 位（含 1 位符号位），对下列各机器数进行算术左移一位、两位，算术右移一位、两位，讨论结果是否正确。

$[x]_原 = 0.0011010$；$[x]_补 = 0.1010100$；$[x]_反 = 1.0101111$；

$[x]_原 = 1.1101000$；$[x]_补 = 1.1101000$；$[x]_反 = 1.1101000$；

$[x]_原 = 1.0011001$；$[x]_补 = 1.0011001$；$[x]_反 = 1.0011001$。

6.18　试比较逻辑移位和算术移位。

6.19　设机器数字长为 8 位（含 1 位符号位），用补码运算规则计算下列各题。

（1）$A = \dfrac{9}{64}, B = -\dfrac{13}{32}$，求 $A+B$。

（2）$A = \dfrac{19}{32}, B = -\dfrac{17}{128}$，求 $A-B$。

（3）$A = -\dfrac{3}{16}, B = \dfrac{9}{32}$，求 $A+B$。

（4）$A = -87, B = 53$，求 $A-B$。

（5）$A = 115, B = -24$，求 $A+B$。

6.20　用原码一位乘、两位乘和补码一位乘（Booth 算法）、两位乘计算 $x \cdot y$。

（1）$x = 0.110111, y = -0.101110$。

（2）$x = -0.010111, y = -0.010101$。

（3）$x = 19, y = 35$。

（4）$x = 0.11011, y = -0.11101$。

6.21　用原码加减交替法和补码加减交替法计算 $x \div y$。

（1）$x = 0.100111, y = 0.101011$。

（2）$x = -0.10101, y = 0.11011$。

（3）$x = 0.10100, y = -0.10001$。

（4）$x = \dfrac{13}{32}, y = -\dfrac{27}{32}$。

6.22　设机器数字长为 16 位（含 1 位符号位），若一次移位需 1 μs，一次加法需 1 μs，试问原码一位乘、补码一位乘、原码加减交替除和补码加减交替法最多各需多少时间？

6.23　画出实现 Booth 算法的运算器框图。要求如下：

（1）寄存器和全加器均用方框表示，指出寄存器和全加器的位数。

（2）说明加和移位的次数。

（3）详细画出最低位全加器的输入电路。

（4）描述 Booth 算法重复加和移位的过程。

6.24　画出实现补码加减交替法的运算器框图。要求如下：

（1）寄存器和全加器均用方框表示，指出寄存器和全加器的位数。

（2）说明加和移位的次数。

（3）详细画出第 5 位（设 n 为最低位）全加器的输入电路。

（4）画出上商的输入电路。

（5）描述商符的形成过程。

6.25　对于尾数为 40 位的浮点数（不包括符号位在内），若采用不同的机器数表示，试问当尾数左规或右规时，最多移位次数各为多少？

6.26　按机器补码浮点运算步骤计算 $[x\pm y]_补$。

（1）$x=2^{-011}\times 0.101100$，$y=2^{-010}\times(-0.011100)$。

（2）$x=2^{-011}\times(-0.100010)$，$y=2^{-010}\times(-0.011111)$。

（3）$x=2^{101}\times(-0.100101)$，$y=2^{100}\times(-0.001111)$。

6.27　假设阶码取 3 位，尾数取 6 位（均不包括符号位），计算下列各题。

（1）$[2^5\times\dfrac{11}{16}]+[2^4\times(-\dfrac{9}{16})]$。

（2）$[2^{-3}\times\dfrac{13}{16}]-[2^{-4}\times(-\dfrac{5}{8})]$。

（3）$[2^3\times\dfrac{13}{16}]\times[2^4\times(-\dfrac{9}{16})]$。

（4）$[2^6\times(-\dfrac{11}{16})]\div[2^3\times(-\dfrac{15}{16})]$。

（5）$[2^3\times(-1)]\times[2^{-2}\times\dfrac{57}{64}]$。

（6）$[2^{-6}\times(-1)]\div[2^7\times(-\dfrac{1}{2})]$。

（7）$3.3125+6.125$。

（8）$14.75-2.4375$。

6.28　如何判断定点和浮点补码加减运算结果是否溢出，如何判断原码和补码定点除法运算结果是否溢出？

6.29　设浮点数阶码取 3 位，尾数取 6 位（均不包括符号位），要求阶码用移码运算，尾数用补码运算，计算 $x\cdot y$，且结果保留 1 倍字长。

（1）$x=2^{-100}\times 0.101101$，$y=2^{-011}\times(-0.110101)$。

（2）$x=2^{-011}\times(-0.100111)$，$y=2^{101}\times(-0.101011)$。

6.30　机器数格式同上题，要求阶码用移码运算，尾数用补码运算，计算 $x\div y$。

（1）$x=2^{101}\times 0.100111$，$y=2^{011}\times(-0.101011)$。

（2）$x=2^{110}\times(-0.101101)$，$y=2^{011}\times(-0.111100)$。

6.31　设机器字长为 32 位，用与非门和与或非门设计一个并行加法器（假设与非门的延迟时间为 30 ns，与或非门的延迟时间为 45 ns），要求完成 32 位加法时间不得超过 0.6 μs。画出进位链及加法器逻辑框图。

6.32　设机器字长为 16 位，分别按 4、4、4、4 和 5、5、3、3 分组后，要求：

（1）画出两种分组方案的单重分组并行进位链框图，并比较哪种方案运算速度快。

（2）画出两种分组方案的双重分组并行进位链，并对这两种方案进行比较。

（3）用 74181 和 74182 画出单重和双重分组的并行进位链框图。

附录 6A 各种进位制

6A.1 各种进位制的对应关系

表 6.33 是十进制数、二进制数、十六进制数对照表。书写时，可在十六进制数后面加上"H"，如 17DBH 或 $(17DB)_{+\dot{\gamma}}$；若在数的后面加上"B"，如 10101100B，即表示此数为二进制数，或写成 $(10101100)_{=}$。

表 6.33 十进制数、二进制数、十六进制数对照表

十进制数	二进制数	十六进制数	十进制数	二进制数	十六进制数
0	0 0 0 0 0	0	16	1 0 0 0 0	10
1	0 0 0 0 1	1	17	1 0 0 0 1	11
2	0 0 0 1 0	2	18	1 0 0 1 0	12
3	0 0 0 1 1	3	19	1 0 0 1 1	13
4	0 0 1 0 0	4	20	1 0 1 0 0	14
5	0 0 1 0 1	5	21	1 0 1 0 1	15
6	0 0 1 1 0	6	22	1 0 1 1 0	16
7	0 0 1 1 1	7	23	1 0 1 1 1	17
8	0 1 0 0 0	8	24	1 1 0 0 0	18
9	0 1 0 0 1	9	25	1 1 0 0 1	19
10	0 1 0 1 0	A	26	1 1 0 1 0	1A
11	0 1 0 1 1	B	27	1 1 0 1 1	1B
12	0 1 1 0 0	C	28	1 1 1 0 0	1C
13	0 1 1 0 1	D	29	1 1 1 0 1	1D
14	0 1 1 1 0	E	30	1 1 1 1 0	1E
15	0 1 1 1 1	F	31	1 1 1 1 1	1F

6A.2 各种进位制的转换

任意一个数 N 可用下式表示：

$$
\begin{aligned}
N &= (d_{n-1} d_{n-2} \cdots d_1 d_0 . d_{-1} d_{-2} \cdots d_{-m})_r \\
&= d_{n-1} r^{n-1} + d_{n-2} r^{n-2} + \cdots + d_1 r^1 + d_0 r^0 + d_{-1} r^{-1} + \cdots + d_m r^{-m} \\
&= \sum_{i=-m}^{n-1} d_i r^i
\end{aligned}
$$

其中，r 为基值；n、m 为正整数，分别代表整数位和小数位的位数；d_i 为系数，代表第 i 位的一个数码，可以是 $0 \sim (r-1)$ 数码中的任意一个；r^i 为第 i 位的权数。

1. 二进制数转换成十进制数

(1) 按"权"展开法

例如 $(11011.1)_2 = 1 \times 2^4 + 1 \times 2^3 + 0 \times 2^2 + 1 \times 2^1 + 1 \times 2^0 + 1 \times 2^{-1}$
$$= 27.5$$

(2) 按基值重复相乘(除)法

● 整数部分采用基值重复相乘法

例如 $(101001)_2 = ((((1 \times 2 + 0) \times 2 + 1) \times 2 + 0) \times 2 + 0) \times 2 + 1 = 41$

● 小数部分采用基值重复相除

例如 $(0.1011)_2 = ((((1 \div 2) + 1) \div 2 + 0) \div 2 + 1) \div 2 + 0 = 0.6895$

2. 十进制数转换成二进制数

(1) 重复相除(乘)法

这种方法的规则是整数部分除以 2 取余数,直到商为 0 止;小数部分乘以 2 取整数,直到小数部分为 0 止(或按精度要求确定位数)。

例 将十进制数 123.6875 转换成二进制数。

解: 整数部分

重复除以 2	得商	取余数	
123÷2	61	1	最低位
61÷2	30	1	
30÷2	15	0	
15÷2	7	1	
7÷2	3	1	
3÷2	1	1	
1÷2	0	1	最高位

故整数部分 $(123)_{+} = (1111011)_2$。

小数部分

重复乘以 2	得小数部分	取整数	
0.6875×2	0.3750	1	最高位
0.3750×2	0.7500	0	
0.7500×2	0.5000	1	
0.5000×2	0.0000	1	最低位

故小数部分$(0.6875)_+ = (0.1011)_-$

所以 $(123.6875)_+ = (1111011.1011)_-$

（2）减权定位法

当十进制数较大时，采用减权定位法可减少重复除法（或乘法）的次数。

例 将十进制数 5148 转换成二进制数，可按下列步骤进行。

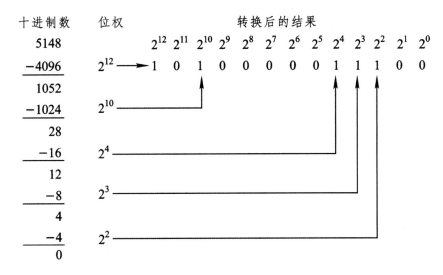

即 $(5148)_+ = (1010000011100)_-$。

可见，只要从 5148 中减去所含的最大的 2 的方幂 4096，根据 $2^{12} = 4096$，确定该权值对应的二进制数的位置（即数位），然后再从减得的 1052 中减去所含的最大的 2 的方幂 1024，又得该权值对应的数位，这样依次继续，直到差为 0。最后在有权值的对应数位上添 1，无权值的对应数位上添 0，便得转换结果。

3. 二进制数与八、十六进制数之间的转换

由于 $2^3 = 8, 2^4 = 16$，故 3 位二进制数正好对应一位八进制数，4 位二进制数正好对应一位十六进制数，因此可按下述方法将二进制数转换成八、十六进制数。

例如：

1111000010.01101

分组起点

高位补 0，凑足 3 位　　低位补 0，凑足 3 位

$$\underset{1}{\underline{001}} \quad \underset{7}{\underline{111}} \quad \underset{0}{\underline{000}} \quad \underset{2}{\underline{010}} . \underset{3}{\underline{011}} \quad \underset{2}{\underline{010}}$$

故对应的八进制数为 $(1702.32)_{\wedge} = (1111000010.01101)_{\equiv}$。

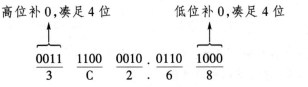

高位补 0,凑足 4 位　　　　低位补 0,凑足 4 位

故对应的十六进制数为 $(3C2.68)_{+\dot{x}} = (1111000010.01101)_{\equiv}$。

反之,将一位八进制数用 3 位二进制数表示,或一位十六进制数用 4 位二进制数表示,便可将八进制或十六进制数转换成二进制数。

例如:

$(247.63)_{\wedge} = (10100111.110011)_{\equiv}$

$(F5B.48)_{+\dot{x}} = (111101011011.01001)_{\equiv}$

附录 6B　阵列乘法器和阵列除法器

图 6.28 是一个完成 $X(X = X_1X_2X_3X_4) \times Y(Y = Y_1Y_2Y_3Y_4)$ 绝对值相乘的阵列乘法器原理图。图中方框的排列形式与笔算乘法的位积排列相似。阵列的每一行由乘数 Y 的每一位数位控制,而各行错开形成的每一斜列则由被乘数 X 的每一位数位控制。图中方框内的电路由一个与门和一个一位全加器组成。由于采用阵列结构,加法器数量很多,不靠"重复加和移位"的步骤运算,因此可大大提高乘法速度。该方案中虽然加法器数量多,但内部结构规则,标准化程度高,适

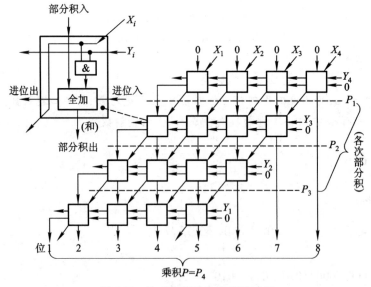

图 6.28　绝对值相乘的阵列乘法器

于用超大规模集成电路实现。

图 6.29 是一个完成 $X(X=X_1X_2X_3X_4X_5X_6) \div Y(Y=Y_1Y_2Y_3)$ 绝对值相除的不恢复余数除法器原理图。图中的每一个方框为一个可控加法/减法（CAS）单元，当输入控制 $P=0$ 时，CAS做加法运算；当 $P=1$ 时，CAS做减法运算。被除数 $X_1 \sim X_6$ 由顶部一行和最右边对角线（斜列）上各 CAS 的垂直输入端提供；除数 $Y_1 \sim Y_3$ 则沿对角线方向进入阵列，其作用是使余数固定（不左移）而除数右移，类似笔算除法；商 $Q_1Q_2Q_3$ 由阵列每一行最左边的 CAS 的进位输出 C_{i+1} 产生；余数 $R_3 \sim R_6$ 在阵列的最下行产生。由于绝对值除和 6.3.4 节所述的原码除中数值部分的运算完全相同，故运算过程中需作 $X+Y$ 和 $X-Y$ 操作，而减法均用 $[|X|]_{补} + [-|Y|]_{补}$ 实现，因此阵列除法器中必有一些 CAS 单元用于对应符号位的运算，例如图 6.29 中每行最左边的小方框（共 4 个 CAS）。

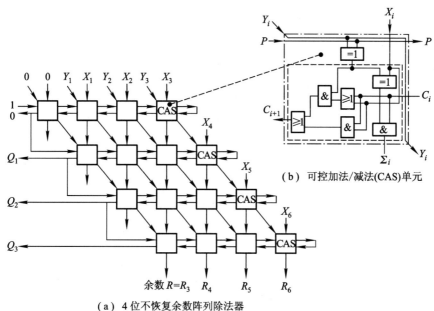

（b）可控加法/减法(CAS)单元

（a）4 位不恢复余数阵列除法器

被除数 $X = 0.X_1X_2X_3X_4X_5X_6$

除　数 $Y = 0.Y_1Y_2Y_3$

　　商 $Q = 0.Q_1Q_2Q_3$

余　数 $R = 0.00R_3R_4R_5R_6$

图 6.29　绝对值相除的阵列除法器

以绝对值整数除法为例,第一步检查是否溢出,由第一行完成 $X_1X_2X_3-Y_1Y_2Y_3$ 操作,故控制电位 $P=1$。减法用 $[X]_补+[-|Y|]_补$ 实现,正好用 $P=1$ 作为第一行末位 CAS 的进位输入。由于 $X<Y$,所以相减后符号位的进位输出为 0,即商为 0,表示未溢出,除法可继续进行。此商接到第二行的 P 端,决定第二行做加法。同理每个当前商反馈到下一行,决定下一行是做加法还是减法,满足"上商 1 做减法,上商 0 做加法"的运算规则。

例 设 $x=101001,y=111$,用阵列除法器计算 $x\div y$。

解: $[x^*]_补=0,101001$;$[y^*]_补=0,111$;$[-y^*]_补=1,001$

被除数 x		0,101001	商		控制端
减除数 y	+	1,001			$P=1$
余数为负		1,110001	$Q_0=0$	未溢出	$P=0$
余数左移		1,10001			
加除数	+	0,111			
余数为正		0,01101	$Q_1=1$		$P=1$
余数左移		0,1101			
减除数	+	1,001			
余数为负		1,1111	$Q_2=0$		$P=0$
余数左移		1,111			
加除数	+	0,111			
		0,110	$Q_3=1$		

故商为 $Q_1Q_2Q_3=101$;余数为 $R_4R_5R_6=110$。

附录6C　74181 逻辑电路

图 6.30 所示是 74181 ALU 的负逻辑电路,其逻辑关系如表 6.32 所示。

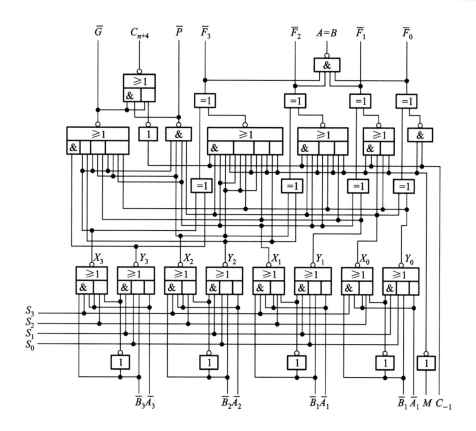

图 6.30　负逻辑操作数表示的 74181 ALU 电路

第7章 指令系统

本章主要介绍机器指令系统的分类、常见的寻址方式、指令格式以及设计指令系统时应考虑的各种因素。此外对 RISC 技术也进行简要的介绍,希望读者进一步体会指令系统与机器的主要功能以及与硬件结构之间存在的密切关系。

7.1 机器指令

由第 1 章可知,计算机能解题是由于机器本身存在一种语言,它既能理解人的意图,又能被机器自身识别。机器语言是由一条条语句构成的,每一条语句又能准确表达某种语义。例如,它可以命令机器做某种操作,指出参与操作的数或其他信息在什么地方等。计算机就是连续执行每一条机器语句而实现全自动工作的。人们习惯把每一条机器语言的语句称为机器指令,而又将全部机器指令的集合称为机器的指令系统。因此机器的指令系统集中反映了机器的功能。

计算机设计者主要研究如何确定机器的指令系统,如何用硬件电路、芯片、设备来实现机器指令系统的功能。计算机的使用者则是依据机器提供的指令系统,使用汇编语言来编制各种程序。计算机使用者根据机器指令系统所描述的机器功能,能很清楚地了解计算机内部寄存器-存储器的结构,以及计算机能直接支持的各种数据类型。

7.1.1 指令的一般格式

指令是由操作码和地址码两部分组成的,其基本格式如图 7.1 所示。

1. 操作码

操作码用来指明该指令所要完成的操作,如加法、减法、传送、移位、转移等。通常,其位数反映了机器的操作种类,也即机器允许的指令条数,如操作码占 7 位,则该机器最多包含 $2^7 = 128$ 条指令。

操作码字段	地址码字段

图 7.1　指令的一般格式

操作码的长度可以是固定的,也可以是变化的。前者将操作码集中放在指令字的一个字段内,如图 7.1 所示。这种格式便于硬件设计,指令译码时间短,广泛用于字长较长的、大中型计算机和超级小型计算机以及 RISC(Reduced Instruction Set Computer)中。例如,IBM 370 和 VAX-11 系列机,操作码长度均为 8 位。

对于操作码长度不固定的指令,其操作码分散在指令字的不同字段中。这种格式可有效地压缩操作码的平均长度,在字长较短的微型计算机中被广泛采用。例如 PDP-11、Intel 8086/80386 等,操作码的长度是可变的。

操作码长度不固定会增加指令译码和分析的难度,使控制器的设计复杂。通常采用扩展操作码技术,使操作码的长度随地址数的减少而增加,不同地址数的指令可以具有不同长度的操作码,从而在满足需要的前提下,有效地缩短指令字长。图 7.2 是一种扩展操作码的安排示意图。

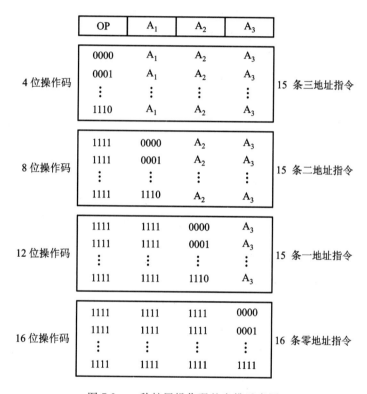

图 7.2　一种扩展操作码的安排示意图

图 7.2 中指令字长为 16 位,其中 4 位为基本操作码字段 OP,另有 3 个 4 位长的地址字段为 A_1、A_2、A_3。4 位基本操作码若全部用于三地址指令,则有 16 条。若采用扩展操作码技术,如图 7.2 所示,当操作码取 4 位时,三地址指令最多为 15 条;操作码取 8 位时,二地址指令最多为 15 条;操作码取 12 位时,一地址指令最多为 15 条;操作码取 16 位时,零地址指令为 16 条。共 61 条。可见操作码的位数随地址数的减少而增加。

除了这种安排以外,还有其他多种扩展方法,例如,形成 15 条三地址指令、12 条二地址指令、31 条一地址指令和 16 条零地址指令,共 74 条指令,读者可自行安排。

例 7.1　假设指令字长为 16 位,操作数的地址码为 6 位,指令有零地址、一地址、二地址三种格式。

（1）设操作码固定，若零地址指令有 P 种，一地址指令有 Q 种，则二地址指令最多有几种？

（2）采用扩展操作码技术，若二地址指令有 X 种，零地址指令有 Y 种，则一地址指令最多有几种？

解：（1）根据操作数地址码为 6 位，则二地址指令中操作码的位数为 $16-6-6=4$。这 4 位操作码可有 $2^4=16$ 种操作。由于操作码固定，则除去了零地址指令 P 种，一地址指令 Q 种，剩下二地址指令最多有 $16-P-Q$ 种。

（2）采用扩展操作码技术，操作码位数可变，则二地址、一地址和零地址的操作码长度分别为 4 位、10 位和 16 位。可见二地址指令操作码每减少一种，就可多构成 2^6 种一地址指令操作码；一地址指令操作码每减少一种，就可多构成 2^6 种零地址指令操作码。

因二地址指令有 X 种，则一地址指令最多有 $(2^4-X)\times 2^6$ 种。设一地址指令有 M 种，则零地址指令最多有 $[(2^4-X)\times 2^6-M]\times 2^6$ 种。

根据题中给出零地址指令有 Y 种，即

$$Y=[(2^4-X)\times 2^6-M]\times 2^6$$

则一地址指令

$$M=(2^4-X)\times 2^6-Y\times 2^{-6}$$

在设计操作码不固定的指令系统时，应尽量考虑安排指令使用频度（即指令在程序中出现的概率）高的指令占用短的操作码，对使用频度低的指令可占用较长的操作码，这样可以缩短经常使用的指令的译码时间。当然，考虑操作码长度时也应考虑地址码的要求。

2. 地址码

地址码用来指出该指令的源操作数的地址（一个或两个）、结果的地址以及下一条指令的地址。这里的"地址"可以是主存的地址，也可以是寄存器的地址，甚至可以是 I/O 设备的地址。

下面以主存地址为例，分析指令的地址码字段。

（1）四地址指令

这种指令的地址字段有 4 个，其格式如下：

OP	A_1	A_2	A_3	A_4

其中，OP 为操作码；A_1 为第一操作数地址；A_2 为第二操作数地址；A_3 为结果地址；A_4 为下一条指令的地址。

该指令完成 $(A_1)OP(A_2)\rightarrow A_3$ 的操作。这种指令直观易懂，后续指令地址可以任意填写，可直接寻址的地址范围与地址字段的位数有关。如果指令字长为 32 位，操作码占 8 位，4 个地址字段各占 6 位，则指令操作数的直接寻址范围为 $2^6=64$。如果地址字段均指示主存的地址，则完成一条四地址指令，共需访问 4 次存储器（取指令一次，取两个操作数两次，存放结果一次）。

因为程序中大多数指令是按顺序执行的，而程序计数器 PC 既能存放当前欲执行指令的地址，又有计数功能，因此它能自动形成下一条指令的地址。这样，指令字中的第四地址字段 A_4 便

可省去,即得三地址指令格式。

（2）三地址指令

三地址指令中只有 3 个地址,其格式如下:

OP	A_1	A_2	A_3

它可完成 $(A_1)OP(A_2) \rightarrow A_3$ 的操作,后续指令的地址隐含在程序计数器 PC 之中。如果指令字长不变,设 OP 仍为 8 位,则 3 个地址字段各占 8 位,故三地址指令操作数的直接寻址范围可达 $2^8 = 256$。同理,若地址字段均为主存地址,则完成一条三地址指令也需访问 4 次存储器。

机器在运行过程中,没有必要将每次运算结果都存入主存,中间结果可以暂时存放在 CPU 的寄存器(如 ACC 中),这样又可省去一个地址字段 A_3,从而得出二地址指令。

（3）二地址指令

二地址指令中只含两个地址字段,其格式如下:

OP	A_1	A_2

它可完成 $(A_1)OP(A_2) \rightarrow A_1$ 的操作,即 A_1 字段既代表源操作数的地址,又代表存放本次运算结果的地址。有的机器也可以表示 $(A_1)OP(A_2) \rightarrow A_2$ 的操作,此时 A_2 除了代表源操作数的地址外,还代表中间结果的存放地址。这两种情况完成一条指令仍需访问 4 次存储器。如果使其完成 $(A_1)OP(A_2) \rightarrow ACC$,此时,它完成一条指令只需 3 次访存,它的含义是中间结果暂存于累加器 ACC 中。在不改变指令字长和操作码的位数前提下,二地址指令操作数的直接寻址范围为 $2^{12} = 4$ K。

如果将一个操作数的地址隐含在运算器的 ACC 中,则指令字中只需给出一个地址码,构成一地址指令。

（4）一地址指令

一地址指令的地址码字段只有一个,其格式如下:

OP	A_1

它可完成 $(ACC)OP(A_1) \rightarrow ACC$ 的操作,ACC 既存放参与运算的操作数,又存放运算的中间结果,这样,完成一条一地址指令只需两次访存。在指令字长仍为 32 位、操作码位数仍固定为 8 位时,一地址指令操作数的直接寻址范围达 2^{24},即 16 M。

在指令系统中,还有一种指令可以不设地址字段,即所谓零地址指令。

（5）零地址指令

零地址指令在指令字中无地址码,例如,空操作(NOP)、停机(HLT)这类指令只有操作码。而子程序返回(RET)、中断返回(IRET)这类指令没有地址码,其操作数的地址隐含在堆栈指针 SP 中(有关堆栈的概念详见 7.3.2 节)。

通过上述介绍可见,用一些硬件资源(如 PC、ACC)承担指令字中需指明的地址码,可在不改变指令字长的前提下,扩大指令操作数的直接寻址范围。此外,用 PC、ACC 等硬件代替指令字中的某些地址字段,还可缩短指令字长,并可减少访存次数。因此,究竟采用什么样的地址格式,必须从机器性能出发综合考虑。

以上讨论的地址格式均以主存地址为例,实际上地址字段也可用来表示寄存器。当 CPU 中含有多个通用寄存器时,对每一个寄存器赋予一个编号,便可指明源操作数和结果存放在哪个寄存器中。地址字段表示寄存器时,也可有三地址、二地址、一地址之分。它们的共同点是,在指令的执行阶段都不必访问存储器,直接访问寄存器,使机器运行速度得到提高(因为寄存器类型的指令只需在取指阶段访问一次存储器)。

7.1.2 指令字长

指令字长取决于操作码的长度、操作数地址的长度和操作数地址的个数。不同机器的指令字长是不相同的。

早期的计算机指令字长、机器字长和存储字长均相等,因此访问某个存储单元,便可取出一条完整的指令或一个完整的数据。这种机器的指令字长是固定的,控制方式比较简单。

随着计算机的发展,存储容量的增大,要求处理的数据类型增多,计算机的指令字长也发生了很大的变化。一台机器的指令系统可以采用位数不相同的指令,即指令字长是可变的,如单字长指令、多字长指令。控制这类指令的电路比较复杂,而且多字长指令要多次访问存储器才能取出一条完整的指令,因此使 CPU 速度下降。为了提高指令的运行速度和节省存储空间,通常尽可能把常用的指令(如数据传送指令、算逻运算指令等)设计成单字长或短字长格式的指令。

例如,PDP-8 指令字长固定取 12 位;NOVA 指令字长固定取 16 位;IBM 370 指令字长可变,可以是 16 位(半个字)、32 位(一个字)、48 位(一字半);Intel 8086 的指令字长可以为 8、16、24、32、40 和 48 位六种。通常指令字长取 8 的整数倍。

7.2 操作数类型和操作类型

7.2.1 操作数类型

机器中常见的操作数类型有地址、数字、字符、逻辑数据等。

(1)地址

地址实际上也可看作是一种数据,在许多情况下要计算操作数的地址。这时,地址可被认为是一个无符号的整数,有关地址的计算问题将在 7.3 节讨论。

（2）数字

计算机中常见的数字有定点数、浮点数和十进制数。前两种数字在第 6 章中已进行了介绍，十进制数已在第 5 章附录中说明，读者可自行复习。

（3）字符

在应用计算机时，文本或者字符串也是一种常见的数据类型。由于计算机在处理信息过程中不能以简单的字符形式存储和传送，因此普遍采用 ASCII 码（见表 5.2），它是很重要的一种字符编码。当然还有其他一些字符编码，如 8 位 EBCDIC 码（Extended Binary Coded Decimal Interchange Code），又称扩展 BCD 交换码，在此不做详述。

（4）逻辑数据

计算机除了做算术运算外，有时还需做逻辑运算，此时 n 个 0 和 1 的组合不是被看作算术数字，而是被看作逻辑数。例如，在 ASCII 码中的 0110101，它表示十进制数 5，若要将它转换为 NB-CD 短十进制码，只需通过它与逻辑数 0001111 完成逻辑与运算，抽取低 4 位，即可获得 0101。此外，有时希望存储一个布尔类型的数据，它们的每一位都代表着真（1）和假（0），这时 n 个 0 和 1 组合的数就都被看作逻辑数。

例如，奔腾处理器的数据类型有逻辑数、有符号数（补码）、无符号数、压缩和未压缩的 BCD 码、地址指针、位串、字符串以及浮点数（符合 IEEE 754 标准）等。

7.2.2 数据在存储器中的存放方式

通常计算机中的数据存放在存储器或寄存器中，而寄存器的位数便可反映机器字长。一般机器字长可取字节的 1、2、4、8 倍，这样便于字符处理。在大、中型机器中字长为 32 位和 64 位，在微型计算机中字长从 4 位、8 位逐渐发展到目前的 16 位、32 位和 64 位。

由于不同的机器数据字长不同，每台机器处理的数据字长也不统一，例如奔腾处理器可处理 8（字节）、16（字）、32（双字）、64（四字）；PowerPC 可处理 8（字节）、16（半字）、32（字）、64（双字）。因此，为了便于硬件实现，通常要求多字节的数据在存储器的存放方式能满足“边界对准”的要求，如图 7.3 所示。

图 7.3 中所示的存储器存储字长为 32 位，可按字节、半字、字、双字访问。在对准边界的 32 位字长的计算机中（如图 7.3（a）所示），半字地址是 2 的整数倍，字地址是 4 的整数倍，双字地址是 8 的整数倍。当所存数据不能满足此要求时，可填充一个至多个空白字节。而字节的次序有两种，如图 7.4 所示，其中 7.4（a）表示低字节为低地址，图 7.4（b）表示高字节为低地址。

在数据不对准边界的计算机中，数据（例如一个字）可能在两个存储单元中，此时需要访问两次存储器，并对高低字节的位置进行调整后才能取得一个字，图 7.3（b）的阴影部分即属于这种情况。

存储器　　　　　　　　　　地址(十进制)

字(地址 0)				0
字(地址 4)				4
字节(地址 11)	字节(地址 10)	字节(地址 9)	字节(地址 8)	8
字节(地址 15)	字节(地址 14)	字节(地址 13)	字节(地址 12)	12
半字(地址 18)		半字(地址 16)		16
半字(地址 22)		半字(地址 20)		20
双字(地址 24)				24
双字				28
双字(地址 32)				32
双字				36

（a）对准边界

存储器　　　　　　　　　　地址(十进制)

字(地址 2)	半字(地址 0)	0
字节(地址 7)　字节(地址 6)	字(地址 4)	4
半字(地址 10)	半字(地址 8)	8

（b）不对准边界

图 7.3　存储器中数据的存放

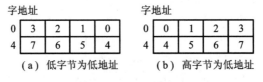

（a）低字节为低地址　　　（b）高字节为低地址

图 7.4　两种字节次序

7.2.3　操作类型

不同的机器,操作类型也是不同的,但几乎所有的机器都有以下几类通用的操作。

1. 数据传送

数据传送包括寄存器与寄存器、寄存器与存储单元、存储单元与存储单元之间的传送。如从源到目的之间的传送、对存储器读（LOAD）和写（STORE）、交换源和目的的内容、置 1、清零、进栈、出栈等。

2. 算术逻辑操作

这类操作可实现算术运算（加、减、乘、除、增 1、减 1、取负数即求补）和逻辑运算（与、或、非、异或）。对于低档机而言,一般算术运算只支持最基本的二进制加减、比较、求补等,高档机还能支持浮点运算和十进制运算。

有些机器还具有位操作功能,如位测试(测试指定位的值)、位清除(清除指定位)、位求反(对指定位求反)等。

3. 移位

移位可分为算术移位、逻辑移位和循环移位三种。算术移位和逻辑移位分别可实现对有符号数和无符号数乘以 2^n(左移)或整除以 2^n(右移)的运算,并且移位操作所需时间远比乘除操作执行时间短,因此,移位操作经常被用来代替简单的乘法和除法运算。

4. 转移

在多数情况下,计算机是按顺序执行程序的每条指令的,但有时需要改变这种顺序,此刻可采用转移类指令来完成。转移指令按其转移特征又可分为无条件转移、条件转移、跳转、过程调用与返回、陷阱(Trap)等几种。

(1)无条件转移

无条件转移不受任何条件约束,可直接把程序转移到下一条需执行指令的地址。例如"JMP X",其功能是将指令地址无条件转至 X。

(2)条件转移

条件转移是根据当前指令的执行结果来决定是否需要转移。若条件满足,则转移;若条件不满足,则继续按顺序执行。一般机器都能提供一些条件码,这些条件码是某些操作的结果。例如:零标志位(Z),结果为 0,Z=1;负标志位(N),结果为负,N=1;溢出标志位(V),结果有溢出,V=1;进位标志位(C),最高位有进位,C=1;奇偶标志位(P),结果呈偶数,P=1 等。

例如,指令"BRO X"表示若结果(有符号数)溢出(V=1),则指令跳转至 X。例如,指令"BRC Y"表示若最高位有进位(C=1),则指令跳转至 Y。

还有一种条件转移指令,SKP(Skip),它暗示其下一条指令将被跳过,从而隐含了转移地址是 SKP 后的第二条指令。例如:

200

⋮

205 SKP DZ

206

207

这里"SKP DZ"表示若设备的完成触发器 D 为零,则执行完 205 条指令后,立即跳至第 207 条指令,再顺序执行。

(3)调用与返回

在编写程序时,有些具有特定功能的程序段会被反复使用。为避免重复编写,可将这些程序段设定为独立子程序,当需要执行某子程序时,只需用子程序调用指令即可。此外,计算机系统还提供了通用子程序,如申请资源、读写文件、控制外设等。需要时均可由用户直接调用,不必重新编写。

通常调用指令包括过程调用、系统调用和子程序调用。它可实现从一个程序转移到另一个程序的操作。

调用指令(CALL)一般与返回指令(RETURN)配合使用。CALL 用于从当前的程序位置转至子程序的入口;RETURN 用于子程序执行完后重新返回到原程序的断点。图 7.5 示意了调用(CALL)和返回(RETURN)指令在程序执行中的流程。

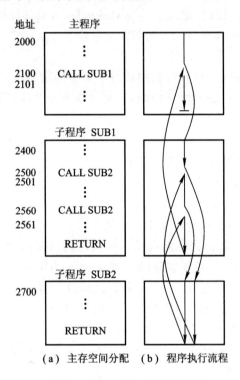

图 7.5　调用和返回指令示意图

图 7.5(a)示意了主程序和子程序在主存所占空间。主程序从 2000 地址单元开始,并在 2100 处有一个调用指令,当执行到 2100 处指令时,CPU 停止下一条顺序号为 2101 的指令,而转至 2400 执行 SUB1 子程序。在 SUB1 中又有两次(2500 和 2560 处)调用子程序 SUB2。每一次都将 SUB1 挂起,而执行 SUB2。子程序末尾的 RETURN 指令可使 CPU 返回调用点。

图 7.5(b)示意了主程序→SUB1→SUB2→SUB1→SUB2→SUB1→主程序的执行流程。

需要注意以下几点。

● 子程序可在多处被调用。

● 子程序调用可出现在子程序中,即允许子程序嵌套。

● 每个 CALL 指令都对应一条 RETURN 指令。

由于可以在许多处调用子程序,因此,CPU 必须记住返回地址,使子程序能准确返回。返回地址可存放在以下 3 处。

- 寄存器内。机器内设有专用寄存器,专门用于存放返回地址。
- 子程序的入口地址内。
- 栈顶内。现代计算机都设有堆栈,执行 RETURN 指令后,便可自动从栈顶内取出应返回的地址。

（4）陷阱（Trap）与陷阱指令

陷阱其实是一种意外事故的中断。例如,机器在运行中,可能会出现电源电压不稳定、存储器校验出差错、输入输出设备出现了故障、用户使用未被定义的指令、除数出现为 0、运算结果溢出以及特权指令等种种意外事件,致使计算机不能正常工作。此刻必须及时采取措施,否则将影响整个系统的正常运行。因此,一旦出现意外故障,计算机就发出陷阱信号,暂停当前程序的执行,转入故障处理程序进行相应的故障处理。

计算机的陷阱指令一般不提供给用户直接使用,而作为隐指令（即指令系统中不提供的指令）,在出现意外故障时,由 CPU 自动产生并执行。也有的机器设置供用户使用的陷阱指令或"访管"指令,利用它完成系统调用和程序请求。例如,IBM PC（Intel 8086）的软中断 INT TYPE（TYPE 是 8 位常数,表示中断类型）,其实就是直接提供给用户使用的陷阱指令,用来完成系统调用。

5. 输入输出

对于 I/O 单独编址的计算机而言,通常设有输入输出指令,它完成从外设中的寄存器读入一个数据到 CPU 的寄存器内,或将数据从 CPU 的寄存器输出至某外设的寄存器中。

6. 其他

其他包括等待指令、停机指令、空操作指令、开中断指令、关中断指令、置条件码指令等。

为了适应计算机的信息管理、数据处理及办公自动化等领域的应用,有的计算机还设有非数值处理指令。如字符串传送、字符串比较、字符串查询及字符串转换等。

在多用户、多任务的计算机系统中,还设有特权指令,这类指令只能用于操作系统或其他系统软件,用户是不能使用的。

在有些大型或巨型机中,还设有向量指令,可对整个向量或矩阵进行求和、求积运算。在多处理器系统中还配有专门的多处理机指令。

7.3　寻址方式

寻址方式是指确定本条指令的数据地址以及下一条将要执行的指令地址的方法,它与硬件结构紧密相关,而且直接影响指令格式和指令功能。

寻址方式分为指令寻址和数据寻址两大类。

7.3.1 指令寻址

指令寻址比较简单,它分为顺序寻址和跳跃寻址两种。

顺序寻址可通过程序计数器 PC 加 1,自动形成下一条指令的地址;跳跃寻址则通过转移类指令实现。图 7.6 示意了指令寻址过程。

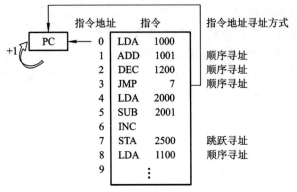

图 7.6 指令的寻址方式示意图

如果程序的首地址为 0,只要先将 0 送至程序计数器 PC 中,启动机器运行后,程序便按 0,1,2,3,7,8,9,…顺序执行。其中第 1、2、3 号指令地址均由 PC 自动形成。因第 3 号地址指令为 "JMP 7",故执行完第 3 号指令后,便无条件将 7 送至 PC,因此,此刻指令地址跳过 4、5、6 三条,直接执行第 7 条指令,接着又顺序执行第 8 条、第 9 条等指令。

关于跳跃寻址的转移地址形成方式,将在 7.3.2 节的直接寻址和相对寻址中做介绍。

7.3.2 数据寻址

数据寻址方式种类较多,在指令字中必须设一字段来指明属于哪一种寻址方式。指令的地址码字段通常都不代表操作数的真实地址,故把它称为形式地址,记作 A。操作数的真实地址称为有效地址,记作 EA,它是由寻址方式和形式地址共同来确定的。由此可得指令的格式应如图 7.7 所示。

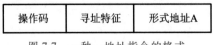

图 7.7 一种一地址指令的格式

为了便于分析研究各类寻址方式,假设指令字长、存储字长、机器字长均相同。

1. 立即寻址

立即寻址的特点是操作数本身设在指令字内,即形式地址 A 不是操作数的地址,而是操作数本身,又称之为立即数。数据是采用补码形式存放的,如图 7.8 所示,图中"#"表示立即寻址特征标记。

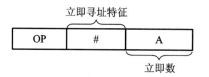

图 7.8 立即寻址示意图

可见,它的优点在于只要取出指令,便可立即获得操作数,这种指令在执行阶段不必再访问存储器。显然 A 的位数限制了这类指令所能表述的立即数的范围。

2. 直接寻址

直接寻址的特点是,指令字中的形式地址 A 就是操作数的真实地址 EA,即

$$EA = A$$

图 7.9 示意了直接寻址。

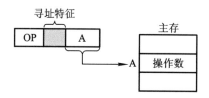

图 7.9 直接寻址示意图

它的优点是寻找操作数比较简单,也不需要专门计算操作数的地址,在指令执行阶段对主存只访问一次。它的缺点在于 A 的位数限制了操作数的寻址范围,而且必须修改 A 的值,才能修改操作数的地址。

3. 隐含寻址

隐含寻址是指指令字中不明显地给出操作数的地址,其操作数的地址隐含在操作码或某个寄存器中。例如,一地址格式的加法指令只给出一个操作数的地址,另一个操作数隐含在累加器 ACC 中,这样累加器 ACC 成了另一个数的地址。图 7.10 示意了隐含寻址。

又如 IBM PC(Intel 8086)中的乘法指令,被乘数隐含在寄存器 AX(16 位)或寄存器 AL(8 位)中,可见 AX(或 AL)就是被乘数的地址。又如字符串传送指令 MOVS,其源操作数的地址隐含在 SI 寄存器中(即操作数在 SI 指明的存储单元中),目的操作数的地址隐含在 DI 寄存器中。

由于隐含寻址在指令字中少了一个地址,因此,这种寻址方式的指令有利于缩短指令字长。

4. 间接寻址

倘若指令字中的形式地址不直接指出操作数的地址,而是指出操作数有效地址所在的存储单元地址,也就是说,有效地址是由形式地址间接提供的,即为间接寻址,即 EA =(A),如图 7.11 所示。

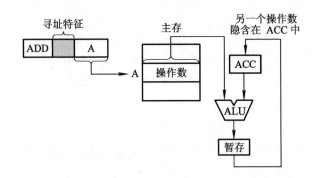

图 7.10 隐含寻址示意图

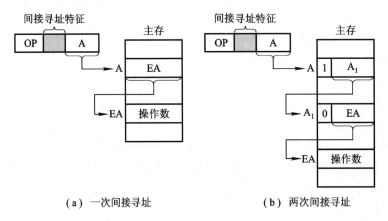

（a）一次间接寻址　　　　　　　　（b）两次间接寻址

图 7.11 间接寻址示意图

图 7.11（a）为一次间接寻址，即 A 地址单元的内容 EA 是操作数的有效地址；图 7.11（b）为两次间接寻址，即 A 地址单元的内容 A_1 还不是有效地址，而由 A_1 所指单元的内容 EA 才是有效地址。

这种寻址方式与直接寻址相比，它扩大了操作数的寻址范围，因为 A 的位数通常小于指令字长，而存储字长可与指令字长相等。若设指令字长和存储字长均为 16 位，A 为 8 位，显然直接寻址范围为 2^8，一次间接寻址的寻址范围可达 2^{16}。当多次间接寻址时，可用存储字的首位来标志间接寻址是否结束。如图 7.11（b）中，当存储字首位为"1"时，标明还需继续访存寻址；当存储字首位为"0"时，标明该存储字即为 EA。由此可见，存储字首位不能作为 EA 的组成部分，因此，它的寻址范围为 2^{15}。

间接寻址的第二个优点在于它便于编制程序。例如，用间接寻址可以很方便地完成子程序返回，图 7.12 示意了用于子程序返回的间址过程。

图中表示两次调用子程序，只要在调用前先将返回地址存入子程序最末条指令的形式地址 A 的存储单元内，便可准确返回到原程序断点。例如，第一次调用前，使 [A] = 81，第二次调用

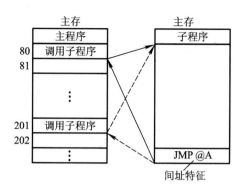

图 7.12 用于子程序返回的间址过程的示意图

前,使[A]=202。这样,当第一次子程序执行到最末条指令"JMP @ A"(@ 为间址特征位),便可无条件转至 81 号单元。同理,第二次执行完子程序后,便可返回到 202 号单元。

间接寻址的缺点在于指令的执行阶段需要访存两次(一次间接寻址)或多次(多次间接寻址),致使指令执行时间延长。

5. 寄存器寻址

在寄存器寻址的指令字中,地址码字段直接指出了寄存器的编号,即 $EA = R_i$,如图 7.13 所示。其操作数在由 R_i 所指的寄存器内。由于操作数不在主存中,故寄存器寻址在指令执行阶段无须访存,减少了执行时间。由于地址字段只需指明寄存器编号(计算机中寄存器数有限),故指令字较短,节省了存储空间,因此寄存器寻址在计算机中得到广泛应用。

6. 寄存器间接寻址

图 7.14 示意了寄存器间接寻址过程。

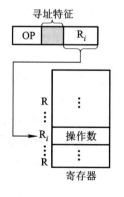

图 7.13 寄存器寻址示意图

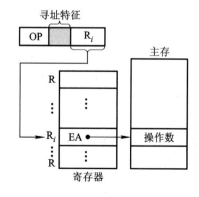

图 7.14 寄存器间接寻址示意图

图中 R_i 中的内容不是操作数,而是操作数所在主存单元的地址号,即有效地址 $EA = (R_i)$。与寄存器寻址相比,指令的执行阶段还需访问主存。与图 7.11(a)相比,因有效地址不是存放在存储单元中,而是存放在寄存器中,故称其为寄存器间接寻址,它比间接寻址少访存一次。

7. 基址寻址

基址寻址需设有基址寄存器 BR,其操作数的有效地址 EA 等于指令字中的形式地址与基址寄存器中的内容(称为基地址)相加,即

$$EA = A + (BR)$$

图 7.15 示意了基址寻址过程。

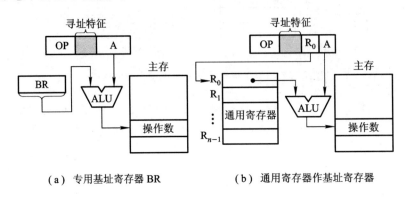

（a）专用基址寄存器 BR　　　　　　　（b）通用寄存器作基址寄存器

图 7.15　基址寻址示意图

基址寄存器可采用隐式的和显式的两种。所谓隐式,是在计算机内专门设有一个基址寄存器 BR,使用时用户不必明显指出该基址寄存器,只需由指令的寻址特征位反映出基址寻址即可。显式是在一组通用寄存器里,由用户明确指出哪个寄存器用作基址寄存器,存放基地址。例如,IBM 370 计算机中设有 16 个通用寄存器,用户可任意选中某个寄存器作为基址寄存器。对应图 7.15(a)为隐式基址寻址,图 7.15(b)为显式基址寻址。

基址寻址可以扩大操作数的寻址范围,因基址寄存器的位数可以大于形式地址 A 的位数。当主存容量较大时,若采用直接寻址,因受 A 的位数限制,无法对主存所有单元进行访问,但采用基址寻址便可实现对主存空间的更大范围寻访。例如,将主存空间分为若干段,每段首地址存于基址寄存器中,段内的位移量由指令字中形式地址 A 指出,这样操作数的有效地址就等于基址寄存器内容与段内位移量之和,只要对基址寄存器的内容做修改,便可访问主存的任一单元。

基址寻址在多道程序中极为有用。用户可不必考虑自己的程序存于主存的哪一空间区域,完全可由操作系统或管理程序根据主存的使用状况,赋予基址寄存器内一个初始值(即基地址),便可将用户程序的逻辑地址转化为主存的物理地址(实际地址),把用户程序安置于主存的某一空间区域。例如,对于一个具有多个寄存器的机器来说,用户只需指出哪一个寄存器作为基址寄存器即可,至于这个基址寄存器应赋予何值,完全由操作系统或管理程序根据主存空间状况来确定。在程序执行过程中,用户不知道自己的程序在主存的哪个空间,用户也不可修改基址寄存器的内容,以确保系统安全可靠地运行。

8. 变址寻址

变址寻址与基址寻址极为相似。其有效地址 EA 等于指令字中的形式地址 A 与变址寄存器 IX 的内容相加之和,即

$$EA = A + (IX)$$

显然只要变址寄存器位数足够,也可扩大操作数的寻址范围,其寻址过程如图 7.16 所示。

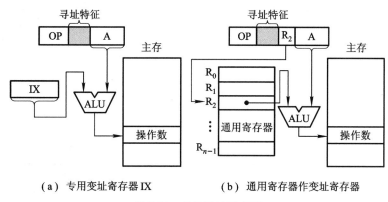

（a）专用变址寄存器 IX　　　　　（b）通用寄存器作变址寄存器

图 7.16　变址寻址示意图

图 7.16(a)、(b) 与图 7.15(a)、(b) 相比,显见变址寻址与基址寻址的有效地址形成过程极为相似。由于两者的应用场合不同,因此从本质来认识,它们还是有较大的区别。基址寻址主要用于为程序或数据分配存储空间,故基址寄存器的内容通常由操作系统或管理程序确定,在程序的执行过程中其值是不可变的,而指令字中的 A 是可变的。在变址寻址中,变址寄存器的内容是由用户设定的,在程序执行过程中其值可变,而指令字中的 A 是不可变的。变址寻址主要用于处理数组问题,在数组处理过程中,可设定 A 为数组的首地址,不断改变变址寄存器 IX 的内容,便可很容易形成数组中任一数据的地址,特别适合编制循环程序。例如,某数组有 N 个数存放在以 D 为首地址的主存一段空间内。如果求 N 个数的平均值,则用直接寻址方式很容易完成程序的编制。表 7.1 列出了用直接寻址求 N 个数平均值的程序。

表 7.1　直接寻址求 N 个数的平均值程序

程　　　序	说　　　明
LDA D	$[D] \rightarrow ACC$
ADD D+1	$[ACC] + [D+1] \rightarrow ACC$
ADD D+2	$[ACC] + [D+2] \rightarrow ACC$
$\vdots$	$\vdots$
ADD D+($N-1$)	$[ACC] + [D+(N-1)] \rightarrow ACC$
DIV #N	$[ACC] \div N \rightarrow ACC$
STA ANS	$[ACC] \rightarrow ANS$ 单元（ANS 为主存某单元地址）

显然,当 $N = 100$ 时,该程序用了 102 条指令,除数据外,共占用 102 个存储单元存放指令。而且随 N 的增加,程序所用的指令数也增加(共 $N+2$ 条)。

若用变址寻址,则只要改变变址寄存器的内容,而保持指令"ADD X,D"(X 为变址寄存器,D 为形式地址)不变,便可依次完成 N 个数相加。用变址寻址编制的程序如表 7.2 所示。

表 7.2　变址寻址求 N 个数的平均值程序

程　　序	说　　明
LDA #0	0→ACC
LDX #0	0→X(X 为变址寄存器)
M ADD X,D	[ACC] + [D + (X)]→ACC(D 为形式地址,X 为变址寄存器)
INX	[X] + 1→X
CPX #N	[X] - N,并建立 Z 的状态,结果为"0",Z = 1;结果非"0",Z = 0
BNE M	当 Z = 1 时,按顺序执行;当 Z = 0 时,转至 M
DIV #N	[ACC] ÷ N→ACC
STA ANS	[ACC]→ANS(ANS 为主存某单元地址)

该程序仅用了 8 条指令,而且随 N 的增加,指令数不变,指令所占的存储单元大大减少。

有的机器(如 Intel 8086、VAX-11)的变址寻址具有自动变址的功能,即每存取一个数据,根据数据长度(即所占字节数),变址寄存器能自动增量或减量,以便形成下一个数据的地址。

变址寻址还可以与其他寻址方式结合使用。例如,变址寻址可与基址寻址合用,此时有效地址 EA 等于指令字中的形式地址 A 和变址寄存器 IX 的内容 (IX) 及基址寄存器 BR 中的内容 (BR) 相加之和,即

$$EA = A + (IX) + (BR)$$

变址寻址还可与间接寻址合用,形成先变址后间址或先间址再变址等寻址方式,读者在使用各类机器时可注意分析。

9. 相对寻址

相对寻址的有效地址是将程序计数器 PC 的内容(即当前指令的地址)与指令字中的形式地址 A 相加而成,即

$$EA = (PC) + A$$

图 7.17 示意了相对寻址的过程,由图中可见,操作数的位置与当前指令的位置有一段距离 A。

相对寻址常被用于转移类指令,转移后的目标地址与当前指令有一段距离,称为相对位移量,它由指令字的形式地址 A 给出,故 A 又称位移量。位移量 A 可正可负,通常用补码表示。倘若位移量为 8 位,则指令的寻址范围在 (PC)+127~(PC)-128 之间。

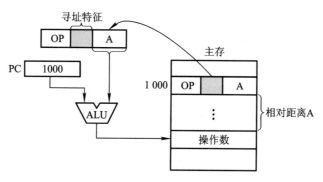

图 7.17 相对寻址示意图

相对寻址的最大特点是转移地址不固定,它可随 PC 值的变化而变,因此,无论程序在主存的哪段区域,都可正确运行,对于编写浮动程序特别有利。例如,表 7.2 中有一条转移指令"BNE M",它存于 M+3 单元内,也即

```
           ⋮
  ┌──→  M          ADD    X,D
  │     M+1        INX
  │     M+2        CPX    #N
  └──   M+3        BNE    M
```

显然,随程序首地址改变,M 也改变。如果采用相对寻址,将"BNE M"改写为"BNE ＊ -3"(＊为相对寻址特征),就可使该程序浮动至任一地址空间都能正常运行。因为从第 M+3 条指令转至第 M 条指令,其相对位移量为-3,故当执行第 M+3 条指令"BNE ＊ -3"时,其有效地址为

$$EA = (PC) + (-3) = M+3-3 = M$$

直接指向了转移后的目标地址。

相对寻址也可与间接寻址配合使用。

例 7.2 设相对寻址的转移指令占 3 个字节,第一字节为操作码,第二、三字节为相对位移量(补码表示),而且数据在存储器中采用以低字节地址为字地址的存放方式。每当 CPU 从存储器取出一个字节时,即自动完成(PC)+1→PC。

(1)若 PC 当前值为 240(十进制),要求转移到 290(十进制),则转移指令的第二、三字节的机器代码是什么?

(2)若 PC 当前值为 240(十进制),要求转移到 200(十进制),则转移指令的第二、三字节的机器代码是什么?

解:(1) PC 当前值为 240,该指令取出后 PC 值为 243,要求转移到 290,即相对位移量为 290-243 = 47,转换成补码为 2FH。由于数据在存储器中采用以低字节地址为字地址的存放方

式,故该转移指令的第二字节为 2FH,第三字节为 00H。

（2）PC 当前值为 240,该指令取出后 PC 值为 243,要求转移到 200,即相对位移量为 200－243＝－43,转换成补码为 D5H,由于数据在存储器中采用以低字节地址为字地址的存放方式,故该转移指令的第二字节为 D5H,第三字节为 FFH。

10. 堆栈寻址

堆栈寻址要求计算机中设有堆栈。堆栈既可用寄存器组（称为硬堆栈）来实现,也可利用主存的一部分空间作堆栈（称为软堆栈）。堆栈的运行方式为先进后出或先进先出两种,先进后出型堆栈的操作数只能从一个口进行读或写。以软堆栈为例,可用堆栈指针 SP（Stack Point）指出栈顶地址,也可用 CPU 中一个或两个寄存器作为 SP。操作数只能从栈顶地址指示的存储单元存或取。可见堆栈寻址也可视为一种隐含寻址,其操作数的地址总被隐含在 SP 中。堆栈寻址就其本质也可视为寄存器间接寻址,因 SP 可视为寄存器,它存放着操作数的有效地址。图 7.18 示意了堆栈寻址过程。

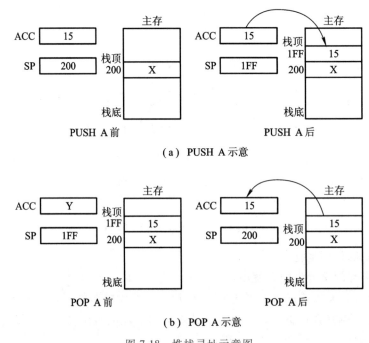

（a）PUSH A 示意

（b）POP A 示意

图 7.18　堆栈寻址示意图

图 7.18（a）、（b）分别表示进栈"PUSH A"和出栈"POP A"的过程。

由于 SP 始终指示着栈顶地址,因此不论是执行进栈（PUSH）,还是出栈（POP）,SP 的内容都需要发生变化。若栈底地址大于栈顶地址,则每次进栈（SP）－Δ→SP;每次出栈（SP）＋Δ→SP。Δ 取值与主存编址方式有关。若按字编址,则 Δ 取 1（如图 7.18 所示）;若按字节编址,则需根据存储字长是几个字节构成才能确定 Δ,例如字长为 16 位,则 Δ＝2,字长为 32 位,$\Delta = 4$。

例 7.3 一条双字长直接寻址的子程序调用指令,其第一个字为操作码和寻址特征,第二个字为地址码 5000H。假设 PC 当前值为 2000H,SP 的内容为 0100H,栈顶内容为 2746H,存储器按字节编址,而且进栈操作是先执行(SP)$-\Delta \to$ SP,后存入数据。试回答下列几种情况下,PC、SP 及栈顶内容各为多少?

(1) CALL 指令被读取前。

(2) CALL 指令被执行后。

(3) 子程序返回后。

解:(1) CALL 指令被读取前,PC = 2000H,SP = 0100H,栈顶内容为 2746H。

(2) CALL 指令被执行后,由于存储器按字节编址,CALL 指令共占 4 个字节,故程序断点 2004H 进栈,此时 SP = (SP)$-2 = 00$FEH,栈顶内容为 2004H,PC 被更新为子程序入口地址 5000H。

(3) 子程序返回后,程序断点出栈,PC = 2004H,SP 被修改为 0100H,栈顶内容为2746H。

由于当前计算机种类繁多,各类机器的寻址方式均有各自的特点,还有些机器的寻址方式可能本书并未提到,故读者在使用时需自行分析,以利于编程。

从高级语言角度考虑问题,机器指令的寻址方式对用户无关紧要,但一旦采用汇编语言编程,用户只有了解并掌握机器的寻址方式,才能正确编程,否则程序将无法正常运行。如果读者参与机器的指令系统设计,则了解寻址方式对确定机器指令格式是不可缺少的。从另一角度来看,倘若透彻了解了机器指令的寻址方式,将会使读者进一步加深对机器内信息流程及整机工作概念的理解。

7.4 指令格式举例

指令格式不仅体现了指令系统的各种功能,而且也突出地反映了机器的硬件结构特点。设计指令格式时必须从诸多方面综合考虑,并经一段模拟运行后,最后确定。

7.4.1 设计指令格式应考虑的各种因素

指令系统集中反映了机器的性能,又是程序员编程的依据。用户在编程时既希望指令系统很丰富,便于用户选择,同时还要求机器执行程序时速度快、占用主存空间少,实现高效运行。此外,为了继承已有的软件,必须考虑新机器的指令系统与同一系列机器指令系统的兼容性,即高档机必须能兼容低档机的程序运行,称之为"向上兼容"。

指令格式集中体现了指令系统的功能,为此,在确定指令格式时,必须从以下几个方面综合考虑。

① 操作类型:包括指令数及操作的难易程度。

② 数据类型:确定哪些数据类型可以参与操作。

③ 指令格式:包括指令字长、操作码位数、地址码位数、地址个数、寻址方式类型,以及指令字长和操作码位数是否可变等。

④ 寻址方式:包括指令和操作数具体有哪些寻址方式。

⑤ 寄存器个数:寄存器的多少直接影响指令的执行时间。

7.4.2   指令格式举例

不同机器的指令格式可以有很大的差别,本书不可能将各种机器的指令格式都做介绍,只能列举几种较为典型的格式供读者学习。

1. PDP-8

PDP-8 的指令字长统一为 12 位,CPU 内只设一个通用寄存器,即累加器 ACC,其主存被划分为若干个容量相等的存储空间(每个相同的空间被称为一页)。该机的指令格式可分为三大类,如图 7.19 所示。

访存类指令属一地址指令。0~2 位为操作码(只定义了 000~101 六种基本操作);3、4 两位为寻址特征位,其中 3 位表示是否间接寻址,4 位表示是当前页面(即 PC 指示的页面)还是 0 页面;5~11 位为地址码。

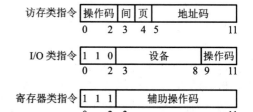

图 7.19   PDP-8 指令格式

为了扩大操作种类,对应操作码"111"又配置了辅助操作码,构成了寄存器类指令,这类指令主要对 ACC 进行各种操作,如清 A、对 A 取反、对 A 移位、对 A 加 1、根据 A 的结果是否跳转等。辅助操作码的每一位都有一个明确的操作。

第三类指令是 I/O 类,用 0~2 位为 110 作标志,其具体操作内容由 9~11 位反映,3~8 位表示设备号,总共可选 64 种设备。

PDP-8 指令格式支持间接寻址、变址寻址、相对寻址。加上操作码扩展技术,共有 35 条指令。

2. PDP-11

PDP-11 机器字长为 16 位,CPU 内设 8 个 16 位通用寄存器,其中两个通用寄存器有特殊作用,一个用作堆栈指针 SP,一个用作程序计数器 PC。

PDP-11 指令字长有 16 位、32 位和 48 位三种,采用操作码扩展技术,使操作码位数不固定,指令字的地址格式有零地址、一地址、二地址等共有 13 类指令格式,图 7.20 列出了其中五种。

图中(a)为零地址格式;(b)为一地址格式,其中 6 位目的地址码中的 3 位为寻址特征位,另外 3 位表示 8 个寄存器中的任一个;(c)、(d)、(e)均为二地址格式指令,但操作数来源不同,有

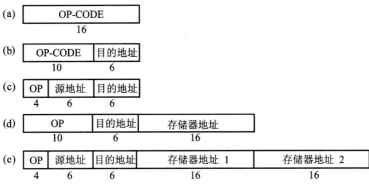

图 7.20　PDP-11 五种指令格式

寄存器-寄存器型、寄存器-存储器型和存储器-存储器型。

PDP-11 指令系统和寻址方式比较复杂,既增加了硬件的价格,又增加了编程的复杂度,但好处是能编出非常高效的程序。

3. IBM 360

IBM 360 属于系列机。所谓系列机,是指其基本指令系统相同,基本体系结构相同的一系列计算机。IBM 370 对 IBM 360 是完全向上兼容的。所以 IBM 370 可看作 IBM 360 的扩展、延伸或改进。

IBM 360 是 32 位机器,按字节寻址,并可支持多种数据类型,如字节、半字、字、双字(双精度实数)、压缩十进制数、字符串等。在 CPU 中有 16 个 32 位通用寄存器(用户可选定任一个寄存器作为基址寄存器 BR 或变址寄存器 IX),4 个双精度(64 位)浮点寄存器。指令字长有 16 位、32 位、48 位三种,如图 7.21 所示。

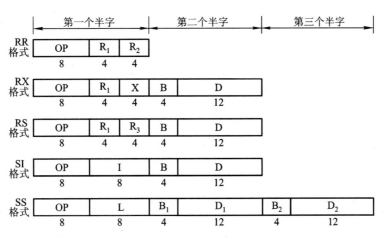

图 7.21　IBM 360/370 指令格式

图中共画出了五种指令格式,它们的操作码位数均为 8 位。RR 格式是寄存器-寄存器格式,两个操作数均在寄存器中,完成 (R_1) OP $(R_2) \rightarrow R_1$ 的操作。RX 是二地址格式的寄存器-存储器型指令,一个操作数在寄存器中,另一个操作数在存储器中,其有效地址由变址(X)和基址(B)寻址方式求得,可以完成 (R_1) OP M$[(X)+(B)+D] \rightarrow R_1$ 的操作。RS 格式是三地址格式的寄存器-存储器型指令,完成 (R_3) OP M$[(B)+D] \rightarrow R_1$ 操作。SI 格式中的 I 为立即数,它完成立即数$\rightarrow$M$[(B)+D]$ 的操作。SS 格式是存储器-存储器型指令,两个操作数均在存储器,这类指令用于十进制运算和字符串处理,数据长度字段 L 可定义一个长度(1~256 个字符)或两个长度(每一个为 1~16 个十进制数),它完成 M$[(B_1)+D_1]$ OP M$[(B_2)+D_2]$ $\rightarrow$M$[(B_1)+D_1]$ 的操作。

4. Intel 8086/80486 系列机

Intel 8086/80486 系列微型计算机的指令字长为 1~6 个字节,即不定长。例如,零地址格式的空操作指令 NOP 只占一个字节;一地址格式的 CALL 指令可以是 3 字节(段内调用)或 5 字节(段间调用);二地址格式指令中的两个操作数既可以是寄存器-寄存器型、寄存器-存储器型,也可以是寄存器-立即数型或存储器-立即数型,它们所占的字节数分别为 2、2~4、2~3、3~6 个字节。有关该系列机的指令格式,读者可以查阅有关资料自行分析。

7.4.3　指令格式设计举例

例 7.4　某机字长 16 位,存储器直接寻址空间为 128 字,变址时的位移量为-64~+63,16 个通用寄存器均可作为变址寄存器。设计一套指令系统格式,满足下列寻址类型的要求。

(1) 直接寻址的二地址指令 3 条。

(2) 变址寻址的一地址指令 6 条。

(3) 寄存器寻址的二地址指令 8 条。

(4) 直接寻址的一地址指令 12 条。

(5) 零地址指令 32 条。

试问还有多少种代码未用?若安排寄存器寻址的一地址指令,还能容纳多少条?

解:(1) 在直接寻址的二地址指令中,根据题目给出直接寻址空间为 128 字,则每个地址码为 7 位,其格式如图 7.22(a)所示。3 条这种指令的操作码为 00、01 和 10,剩下的 11 可作为下一种格式指令的操作码扩展用。

(2) 在变址寻址的一地址指令中,根据变址时的位移量为-64~+63,形式地址 A 取 7 位。根据 16 个通用寄存器可作为变址寄存器,取 4 位作为变址寄存器 R_x 的编号。剩下的 5 位可作操作码,其格式如图 7.22(b)所示。6 条这种指令的操作码为 11000~11101,剩下的两个编码 11110 和 11111 可作为扩展用。

(3) 在寄存器寻址的二地址指令中,两个寄存器地址 R_i 和 R_j 共 8 位,剩下的 8 位可作操作码,比格式(b)的操作码扩展了 3 位,其格式如图 7.22(c)所示。8 条这种指令的操作码为

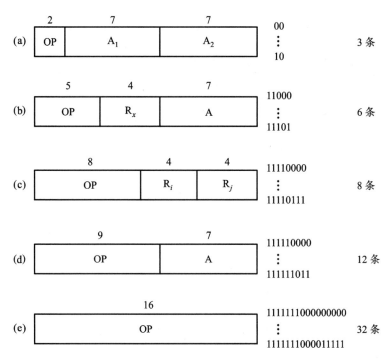

图 7.22 例 7.4 五种指令格式

11110000~11110111。剩下的 11111000~11111111 这 8 个编码可作为扩展用。

（4）在直接寻址的一地址指令中,除去 7 位的地址码外,可有 9 位操作码,比格式(c)的操作码扩展了 1 位,与格式(c)剩下的 8 个编码组合,可构成 16 个 9 位编码。以 11111 作为格式(d)指令的操作码特征位,12 条这种指令的操作码为 111110000~111111011,如图 7.22(d)所示。剩下的 111111100~111111111 可作为扩展用。

（5）在零地址指令中,指令的 16 位都作为操作码,比格式(d)的操作码扩展了 7 位,与上述剩下的 4 个操作码组合后,共可构成 4×2^7 条指令的操作码。32 条这种指令的操作码可取 1111111000000000~1111111000011111,如图 7.22(e)所示。

还有 $2^9 - 32 = 480$ 种代码未用,若安排寄存器寻址的一地址指令,除去末 4 位为寄存器地址外,还可容纳 30 条这类指令。

例 7.5 设某机配有基址寄存器和变址寄存器,采用一地址格式的指令系统,允许直接和间接寻址,且指令字长、机器字长和存储字长均为 16 位。

（1）若采用单字长指令,共能完成 105 种操作,则指令可直接寻址的范围是多少？一次间接寻址的寻址范围是多少？画出其指令格式并说明各字段的含义。

（2）若存储字长不变,可采用什么方法直接访问容量为 16 MB 的主存？

解:（1）在单字长指令中,根据能完成 105 种操作,取操作码 7 位。因允许直接和间接寻址,

且有基址寄存器和变址寄存器,故取 2 位寻址特征位,其指令格式如下:

7	2	7
OP	M	AD

其中,OP 为操作码,可完成 105 种操作;M 为寻址特征,可反映四种寻址方式;AD 为形式地址。

这种指令格式可直接寻址 $2^7 = 128$,一次间接寻址的寻址范围是 $2^{16} = 65\ 536$。

（2）容量为 16 MB 的存储器,正好与存储字长为 16 位的 8 M 存储器容量相等,即 16 MB = 8 M×16 位。欲使指令直接访问 16 MB 的主存,可采用双字长指令,其操作码和寻址特征位均不变,其格式如下:

7	2	7
OP	M	AD₁
\multicolumn{3} AD₂		

其中,形式地址为 $AD_1 /\!/ AD_2$,共 $7+16 = 23$ 位。$2^{23} = 8$ M,即可直接访问主存的任一位置。

例 7.6 某模型机共有 64 种操作,操作码位数固定,且具有以下特点。

（1）采用一地址或二地址格式。

（2）有寄存器寻址、直接寻址和相对寻址(位移量为−128~+127)三种寻址方式。

（3）有 16 个通用寄存器,算术运算和逻辑运算的操作数均在寄存器中,结果也在寄存器中。

（4）取数/存数指令在通用寄存器和存储器之间传送数据。

（5）存储器容量为 1 MB,按字节编址。

要求设计算逻指令、取数/存数指令和相对转移指令的格式,并简述理由。

解:（1）算逻指令格式为寄存器-寄存器型,取单字长 16 位。

6	2	4	4
OP	M	R_i	R_j

其中,OP 为操作码,6 位,可实现 64 种操作;M 为寻址模式,2 位,可反映寄存器寻址、直接寻址、相对寻址;R_i 和 R_j 各 4 位,指出源操作数和目的操作数的寄存器(共 16 个)编号。

（2）取数/存数指令格式为寄存器-存储器型,取双字长 32 位,格式如下:

6	2	4	4
OP	M	R_i	A_1
\multicolumn{4} A_2			

其中,OP 为操作码,6 位不变;M 为寻址模式,2 位不变;R_i 为 4 位,源操作数地址(存数指令)或目的操作数地址(取数指令);A_1 和 A_2 共 20 位,为存储器地址,可直接访问按字节编址的 1 MB 存储器。

（3）相对转移指令为一地址格式,取单字长 16 位,格式如下:

6	2	8
OP	M	A

其中,OP 为操作码,6 位不变;M 为寻址模式,2 位不变;A 为位移量 8 位,对应位移量为 −128 ~ +127。

例 7.7　设某机共能完成 110 种操作,CPU 有 8 个通用寄存器(16 位),主存容量为 4 M 字,采用寄存器-存储器型指令。

(1) 欲使指令可直接访问主存的任一地址,指令字长应取多少位?画出指令格式。

(2) 若在上述设计的指令字中设置一寻址特征位 X,且 X = 1 表示某个寄存器作基址寄存器,画出指令格式。试问基址寻址可否访问主存的任一单元?为什么?如果不能,提出一种方案,使其可访问主存的任一位置。

(3) 若主存容量扩大到 4 G 字,且存储字长等于指令字长,则在不改变上述硬件结构的前提下,可采用什么方法使指令可访问存储器的任一位置?

解:(1) 欲使指令可直接访问 4 M 字存储器的任一单元,采用寄存器-存储器型指令,该机指令应包括 22 位的地址码、3 位寄存器编号和 7 位操作码,即指令字长取 22+3+7 = 32 位,指令格式如下:

7	3	22
OP	R	A

(2) 在上述指令格式中增设一寻址特征位,且 X = 1 表示某个寄存器作基址寄存器 R_B。其指令格式如下:

7	3	1	3	18
OP	R	X	R_B	A

由于通用寄存器仅 16 位,形式地址 18 位,不足以覆盖 4 M 地址空间,可将 R_B 寄存器内容左移 6 位,低位补 0,形成 22 位基地址,然后与形式地址相加,所得的有效地址即可访问 4 M 字存储器的任一单元。

(3) 若主存容量扩大到 4 G 字,且存储字长等于指令字长,则在不改变上述硬件结构的前提下,采用一次间接寻址即可访问存储器的任一单元,因为间接寻址后得到的有效地址为 32 位,2^{32} = 4 G。

7.5　RISC 技术

RISC 即精简指令系统计算机(Reduced Instruction Set Computer),与其对应的是 CISC,即复杂指令系统计算机(Complex Instruction Set Computer)。

7.5.1 RISC 的产生和发展

计算机发展至今,机器的功能越来越强,硬件结构越来越复杂。尤其是随着集成电路技术的发展及计算机应用领域的不断扩大,计算机系统的软件价格相对而言在不断提高。为了节省开销,人们希望已开发的软件能被继承、兼容,这就希望新机种的指令系统和寻址方式一定能包含旧机种所有的指令和寻址方式。通过向上兼容不仅可降低新机种的开发周期和代价,还可吸引更多的新、老用户,于是出现了同类型的系列机。在系列机的发展过程中,致使同一系列计算机指令系统变得越来越复杂,某些机器的指令系统竟可包含几百条指令。例如,DEC 公司的 VAX-11/780 有 16 种寻址方式、9 种数据格式、303 条指令。又如,32 位的 68020 微型计算机指令种数比 6800 多两倍,寻址方式多 11 种,达 18 种之多,指令长度从一个字(16 位)发展到 16 个字。这类机器被称为复杂指令系统计算机,简称 CISC。

通常对指令系统的改进都是围绕着缩小与高级语言语义的差异和有利于操作系统的优化而进行的。由于编写编译器的人们的任务是为每一条高级语言的语句编制一系列的机器指令,如果机器指令能类似于高级语言的语句,显然编写编译器的任务就变得十分简单了。于是人们产生了用增加复杂指令的办法来缩短与语义的差距。后来又发现,倘若编译器过多依赖复杂指令,同样会出现新的矛盾。例如,对减少机器代码、降低指令执行数以及为提高流水性能而优化生成代码等都是非常不利的。尤其当指令过于复杂时,机器的设计周期会很长,资金耗费会更大。例如,Intel 80386 32 位机器耗资达 1.5 亿美元,开发时间长达三年多,结果正确性还很难保证,维护也很困难。最值得一提的例子是,1975 年 IBM 公司投资 10 亿美元研制的高速机器 FS 机,最终以"复杂结构不宜构成高速计算机"的结论宣告研制失败。

为了解决这些问题,20 世纪 70 年代中期,人们开始进一步分析研究 CISC,发现一个 80-20 规律,即典型程序中 80% 的语句仅仅使用处理机中 20% 的指令,而且这些指令都是属于简单指令,如取数、加、转移等。这一点告诫人们,付出再大的代价增添复杂指令,也仅有 20% 的使用概率,而且当执行频度高的简单指令时,因复杂指令的存在,致使执行速度也无法提高。表 7.3 是 HP 公司对 IBM 370 高级语言中指令使用频度的分析结果。Marathe 在 1978 年对 PDP-11 机在五种不同应用领域中的指令进行混合测试,也得出了类似的结论。

表 7.3 IBM 370 机指令的使用频度(%)

指令类型	转移	逻辑	数据存取	存-存传送	整数运算	浮点运算	十进制运算	其他
COBOL	24.6	14.6	40.2	12.4	6.4	0.0	1.6	0.6
FORTRAN	18.0	8.1	48.7	2.1	11.0	11.9	0.0	0.2
Pascal	18.4	9.9	54.0	4.8	7.0	6.8	0.0	0.1

另一方面,在 20 世纪 70 年代末 80 年代初,计算机的器件已进入 VLSI 时代,复杂的指令系统需要复杂的控制器,这需要占用较多的芯片面积。统计表明,典型的 CISC 计算机中,控制器约占 60% 的芯片面积,而且使设计、验证和实现都更加困难。

人们从 80-20 规律中得到启示:能否仅仅用最常用的 20% 的简单指令,重新组合不常用的 80% 的指令功能呢? 这便引发出 RISC 技术。

1975 年 IBM 公司 John Cocke 提出了精简指令系统的设想,1982 年美国加州大学伯克利分校的研究人员专门研究了如何有效利用 VLSIC(超大规模集成电路)的有效空间。RISC 由于设计的指令条数有限,相对而言,它只需用较小的芯片空间便可制作逻辑控制电路,更多的芯片空间可用来增强处理机的性能或使其功能多样化。他们用大部分芯片空间做成寄存器,并且用它们作为暂时数据存储的快速存储区,从而有效地降低了 RISC 机器在调用子程序时所需付出的时间。他们研制的 RISC Ⅰ(后来又出现 RISC Ⅱ),采用 VLSI CPU 芯片上的晶体管数量达 44 000 个,线宽为 3 μm,字长为 32 位,其中有 128 个寄存器(而用户只能见到 32 个),仅有 31 条指令和两种寻址方式,访存指令只有两条,即取数(LOAD)和存数(STORE)。显然其指令系统极为简单,但它们的功能已超过 VAX-11/780 和 M68000,其速度比 VAX-11/780 快了 1 倍。

与此同时,美国斯坦福大学 RISC 研究的课题是 MIPS(Micro Processor without Interlocking Pipeline Stages),即消除流水线各段互锁的微处理器。他们把 IBM 公司对优化编译程序的研究与加州大学伯克利分校对 VLSI 有效空间利用的思想结合在一起,最终的研究成果后来转化为 MIPS 公司 RX000 的系列产品。IBM 公司又继其 IBM801 型机、IBM RT/PC 后,于 1990 年推出了著名的 IBM RS/6000 系列产品。加州大学伯克利分校的研究成果最后发展成 Sun 微系统公司的 RISC 芯片,称为 SPARC(Scalable Processor ARChitecture)。

到目前为止,RISC 体系结构的芯片可以说已经历了 3 代:第一代以 32 位数据通路为代表,支持 Cache,软件支持较少,性能与 CISC 体系结构的产品相当,如 RISC Ⅰ、MIPS、IBM801 等。第二代产品提高了集成度,增加了对多处理机系统的支持,提高了时钟频率,建立了完善的存储管理体系,软件支持系统也逐渐完善。它们已具有单指令流水线,可同时执行多条指令,每个时钟周期发出一条指令(有关流水线的概念详见 8.3 节)。例如,MIPS 公司的 R3000 处理器,时钟频率为 25 MHz 和 33 MHz,集成度达 11.5 万个晶体管,字长为 32 位。第三代 RISC 产品为 64 位微处理器,采用了巨型计算机或大型计算机的设计技术——超级流水线(Superpipelining)技术和超标量(Superscalar)技术,提高了指令级的并行处理能力,每个时钟周期发出 2 条或 3 条指令,使 RISC 处理器的整体性能更好。例如,MIPS 公司的 R4000 处理器采用 50 MHz 和 75 MHz 的外部时钟频率,内部流水时钟达 100 MHz 和 150 MHz,芯片集成度高达 110 万个晶体管,字长 64 位,并有 16 KB 的片内 Cache。它有 R4000PC、R4000SC 和 R4000MC 三种版本,对应不同的时钟频率,分别提供给台式系统、高性能服务器和多处理器环境下使用。表 7.4 列出了 MIPS 公司 R 系列 RISC 处理器的几项指标。

表 7.4　MIPS 公司 R 系列 RISC 处理器比较

机　种	R2000	R3000	R4000
宣布时间	1986	1988	1991
时钟频率	16.67 MHz	25/33 MHz	50/75 MHz
芯片规模	10 万晶体管	11.5 万晶体管	110 万晶体管
结构形式	流水线	流水线	超级流水线
寄存器集	32×32 位	32×32 位	32×64 位，16×64 位
片上 Cache	—	—	16 KB
片外 Cache	最大 128 KB	最大 512 KB	128 KB ~ 4 MB
工艺	2 μm CMOS	1.2 μm CMOS	0.8 μm CMOS
功耗	3W	3.5W	
SPEC 分	11.2	17.6(25 MHz)	63(50 MHz)

自 1983 年开始出现商品化的 RISC 机以来, 比较著名的 RISC 机有 IBM 公司的 IBM RT 系列, HP 公司的精密结构计算机(HPPA)、MIPS R3000、Motorola M88000、Intel 80960、INMOS Transputer、AMD AM29000、Fairchild Clipper 等。其中, Clipper 兼顾了 RISC 和 CISC 两方面的特点, 又称为类 RISC 机。在计算机工作站方面, Sun Microsystems 公司于 1987 年推出 SPARC, 速度达7~10 MIPS。1988 年 Apollo 公司推出 Series 10000 个人超级计算机, 称为并行精简指令系统多处理机 PRISM(Parallel Reduced Instruction Set Multiprocessor), 单机系统速度达 15~25 MIPS, 四处理机则可达 60~100 MIPS, 后来 HP 合并了 Apollo 公司, 继续发展工作站。

较为著名的第三代 RISC 机的有关性能指标如表 7.5 所示。

表 7.5　第三代 RISC 处理器的性能比较

机　种	R4000	Alpha	Motorola 88110	Super SPARC	RS/6000	i860	C400
公司名称	MIPS	DEC	Motorola	Sun/TI	IBM	Intel	Intergraph
时钟频率（MHz）	50/75	150/200	50	50/100	33	25/40/50	50
集成度（万晶体管）	110	168	130	310	120	255	30
结构形式	超流水线	超标量	超标量	超标量	超标量	超长指令	超标量
寄存器集	32×64 16×64 浮	32×64 32×64 浮	32×64 32×64 （32×80）	32×32	32×64 32×64	32×32 16×64	32×32 16×64

续表

机　种	R4000	Alpha	Motorola 88110	Super SPARC	RS/6000	i860	C400
片上 Cache	16 KB	16 KB	16 KB	36 KB	8 KB	32 KB	
片外 Cache	128 KB ~1 MB	最大可达 8 MB	256 KB ~1 MB	2 MB			128 KB
工艺	0.8 μm CMOS	0.75 μm CMOS	1 μm CMOS	0.8 μm CMOS			
功耗		23 W		8 W	4 W		7 W
SPEC 分	63 (50 MHz)	100(估计)	63.7(估计)	75(估计)	25.9	42	42

注:表中空项待查。

7.5.2　RISC 的主要特征

由上分析可知,RISC 技术是用 20%的简单指令的组合来实现不常用的 80%的那些指令功能,但这不意味着 RISC 技术就是简单地精简其指令集。在提高性能方面,RISC 技术还采取了许多有效措施,最有效的方法就是减少指令的执行周期数。

计算机执行程序所需的时间 P 可用下式表述:

$$P = I \times C \times T$$

其中,I 是高级语言程序编译后在机器上运行的机器指令数;C 为执行每条机器指令所需的平均机器周期;T 是每个机器周期的执行时间。

表 7.6 列出了第二代 RISC 机与 CISC 机的 I、C、T 统计,其中 I、T 为比值,C 为实际周期数。

表 7.6　RISC/CISC 的 I、C、T 统计比较

	I	C	T
RISC	1.2~1.4	1.3~1.7	<1
CISC	1	4~10	1

由于 RISC 指令比较简单,用这些简单指令编制出的子程序来代替 CISC 机中比较复杂的指令,因此 RISC 中的 I 比 CISC 多 20%~40%。但 RISC 的大多数指令仅用一个机器周期完成,C 的值比 CISC 小得多。而且 RISC 结构简单,完成一个操作所经过的数据通路较短,使 T 值也大大下降。因此总折算结果,RISC 的性能仍优于 CISC 2~5 倍。

由于计算机的硬件和软件在逻辑上的等效性,使得指令系统的精简成为可能。曾有人在 1956 年就证明,只要用一条"把主存中指定地址的内容同累加器中的内容求差,把结果留在累加

器中并存入主存原来地址中"的指令,就可以编出通用程序。又有人提出,只要用一条"条件传送(CMOVE)"指令就可以做出一台计算机;并且在 1982 年某大学做出了一台 8 位的 CMOVE 系统结构样机,称为 SIC(单指令计算机)。而且,指令系统所精简的部分可以通过其他部件以及软件(编译程序)的功能来替代,因此,实现 RISC 技术是完全可能的。

1. RISC 的主要特点

通过对 RISC 各种产品的分析,可归纳出 RISC 机应具有如下一些特点。

① 选取使用频度较高的一些简单指令以及一些很有用但又不复杂的指令,让复杂指令的功能由频度高的简单指令的组合来实现。

② 指令长度固定,指令格式种类少,寻址方式种类少。

③ 只有取数/存数(LOAD/STORE)指令访问存储器,其余指令的操作都在寄存器内完成。

④ CPU 中有多个通用寄存器。

⑤ 采用流水线技术,大部分指令在一个时钟周期内完成。采用超标量和超流水线技术,可使每条指令的平均执行时间小于一个时钟周期。

⑥ 控制器采用组合逻辑控制,不用微程序控制。

⑦ 采用优化的编译程序。

值得注意的是,商品化的 RISC 机通常不会是纯 RISC 机,故上述这些特点不是所有 RISC 机全部具备的。

相比之下,CISC 的指令系统复杂庞大,各种指令使用频度相差很大;指令字长不固定,指令格式多,寻址方式多;可以访存的指令不受限制;CPU 中设有专用寄存器;绝大多数指令需要多个时钟周期方可执行完毕;采用微程序控制器;难以用优化编译生成高效的目标代码。

表 7.7 列出了一些 RISC 机指令系统的指令条数。

表 7.7　一些 RISC 机的指令条数

机器名	指令数	机器名	指令数
RISC Ⅱ	39	ACORN	44
MIPS	31	INMOS	111
IBM 801	120	IBM RT	118
MIRIS	64	HPPA	140
PYRAMID	128	CLIPPER	101
RIDGE	128	SPARC	89

下面以 RISC Ⅱ 为例,着重分析其指令种类和指令格式。

2. RISC Ⅱ 指令系统举例

(1) 指令种类

RISC Ⅱ 共有 39 条指令,分为以下 4 类。

① 寄存器-寄存器操作:移位、逻辑、算术(整数)运算等 12 条。

② 取/存数指令:取存字节、半字、字等 16 条。

③ 控制转移指令:条件转移、调用/返回等 6 条。

④ 其他:存取程序状态字 PSW 和程序计数器等 5 条。

在 RISC Ⅱ 机中,有一些常用指令未被选中,但用上述这些指令并在硬件系统的辅助下,足以实现其他一些指令的功能。例如,该机约定 R_0 寄存器内容恒为 0,这样加法指令可替代寄存器间的传送指令,即

$(R_s)+(R_0)\rightarrow R_d$,替代了 $R_s\rightarrow R_d$

加法指令还可替代清除寄存器指令,即

$(R_0)+(R_0)\rightarrow R_d$,替代了 $0\rightarrow R_d$

减法指令可替代取负数指令,即

$(R_0)-(R_s)\rightarrow R_d$,替代了 R_d 寄存器内容取负

此外,该机可用立即数作为一个操作数,这样当立即数取 1 时,再用加法(或减法)指令就可替代寄存器内容增 1(减 1)指令,即

$(R_s)+1\rightarrow R_d$

当立即数取 -1 时,异或指令可替代求反码指令,即

$R_s\oplus(-1)\rightarrow R_d$ 替代 $\overline{R_s}\rightarrow R_d$

(2) 指令格式

RISC 机的指令格式比较简单,寻址方式也比较少,如 RISC Ⅱ 的指令格式有两种:短立即数格式和长立即数格式。指令字长固定为 32 位,指令字中每个字段都有固定位置,如图 7.23 所示。

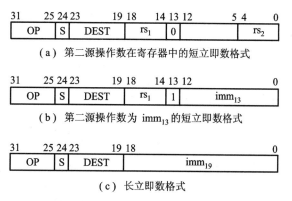

图 7.23　RISC Ⅱ 的指令格式

短立即数格式指令主要用于算逻运算,其中第 31 位~25 位为操作码;两个操作数一个在 rs_1 中,另一个操作数的来源由指令的第 13 位决定。当其为 0 时(如图 7.23(a)所示),第二个操作数在寄存器 rs_2 中(只用 0~4 位);当其为 1 时(如图 7.23(b)所示),第二个操作数为 13 位的立

即数 imm_{13}。运算结果存放在 DEST 所指示的寄存器 r_d 中（共 32 个）。指令字中的第 24 位 S 用来表示是否需要根据运算结果置状态位，S = 1 表示置状态位。RISC Ⅱ 机有 4 个状态位，即零标志位 Z、负标志位 N、溢出标志位 V、进位标志位 C。

指令中的 DEST 字段在条件转移指令中用第 22 ~ 19 位作为转移条件，第 23 位无用。对于图 7.23(b)所示的短立即数指令格式，其 imm_{13} 即为相对转移位移量。

长立即数指令格式主要用于相对转移指令，此时 19 位的立即数 imm_{19} 指出转移指令的相对位移量，与 13 位相比，可扩大相对于 PC 的转移距离。

（3）寻址方式

RISC Ⅱ 指令系统有两种访存寻址方式。一种是变址寻址，另一种是相对寻址，还可用组合方式产生其他寻址方式。若令变址寄存器内容为 0（因该机约定寄存器 R_0 内容恒为 0，所以只要指定 R_0 作为变址寄存器即可实现），则成为直接寻址方式；若令位移量为 0，则成为寄存器间接寻址方式。

对于 LOAD 指令，可根据计算所得的有效地址，从存储器中读取数据并送入 DEST 字段中指示的目的寄存器中。如短立即数指令有效地址为 $(rs_1)+(rs_2)$，或为 $(rs_1)+imm_{13}$。

对于 STORE 指令，是将 DEST 字段指示的源寄存器中的数取出并存入存储器中，有效地址的计算与 LOAD 指令相同。

3. RISC 指令系统的扩充

从实用角度出发，商品化的 RISC 机，因用途不同还可扩充一些指令，例如：

① 浮点指令，用于科学计算的 RISC 机。为了提高机器速度而增设浮点指令。

② 特权指令，为了便于操作系统管理机器，防止用户破坏机器的运行环境而特设特权指令。

③ 读后置数指令，完成读—修改—写，用于寄存器与存储单元交换数据等。

④ 一些简单的专用指令。例如，某些指令用得较多，实现起来又比较复杂，若用子程序来实现，占用较多的时间，则可考虑设置一条指令来缩短子程序执行时间。有些机器用乘法步指令来加快乘法运算的执行速度。

7.5.3 RISC 和 CISC 的比较

与 CISC 机相比，RISC 机的主要优点可归纳如下：

1. 充分利用 VLSI 芯片的面积

CISC 机的控制器大多采用微程序控制（详见第 10 章），其控制存储器在 CPU 芯片内所占的面积为 50% 以上（如 Motorola 公司的 MC68020 占 68%）。而 RISC 机控制器采用组合逻辑控制（详见第 10 章），其硬布线逻辑只占 CPU 芯片面积的 10% 左右。可见它可将空出的面积供其他功能部件用，例如用于增加大量的通用寄存器（如 Sun 微系统公司的 SPARC 有 100 多个通用寄存器），或将存储管理部件也集成到 CPU 芯片内（如 MIPS 公司的 R2000/R3000）。以上两种芯片的集成度分别小于 10 万个和 20 万个晶体管。

随着半导体工艺技术的提高,集成度可达 100 万至几百万个晶体管,此时无论是 CISC 还是 RISC 都将多个功能部件集成在一个芯片内。但此时 RISC 已占领了市场,尤其是在工作站领域占有明显的优势。

2. 提高计算机运算速度

RISC 机能提高运算速度,主要反映在以下 5 个方面。

① RISC 机的指令数、寻址方式和指令格式种类较少,而且指令的编码很有规律,因此 RISC 的指令译码比 CISC 的指令译码快。

② RISC 机内通用寄存器多,减少了访存次数,可加快运行速度。

③ RISC 机采用寄存器窗口重叠技术,程序嵌套时不必将寄存器内容保存到存储器中,故又提高了执行速度。

④ RISC 机采用组合逻辑控制,比采用微程序控制的 CISC 机的延迟小,缩短了 CPU 的周期。

⑤ RISC 机选用精简指令系统,适合于流水线工作,大多数指令在一个时钟周期内完成。

3. 便于设计,可降低成本,提高可靠性

RISC 机指令系统简单,故机器设计周期短,如美国加州大学伯克利分校的 RISC Ⅰ 机从设计到芯片试制成功只用了十几个月,而 Intel 80386 处理器(CISC)的开发花了三年半时间。

RISC 机逻辑简单,设计出错可能性小,有错时也容易发现,可靠性高。

4. 有效支持高级语言程序

RISC 机靠优化编译来更有效地支持高级语言程序。由于 RISC 指令少,寻址方式少,使编译程序容易选择更有效的指令和寻址方式,而且由于 RISC 机的通用寄存器多,可尽量安排寄存器的操作,使编译程序的代码优化效率提高。例如,IBM 的研究人员发现,IBM 801(RISC 机)产生的代码大小是 IBM S/370(CISC 机)的 90%。

有些 RISC 机(如 Sun 公司的 SPARC)采用寄存器窗口重叠技术,使过程间的参数传送加快,且不必保存与恢复现场,能直接支持调用子程序和过程的高级语言程序。表 7.8 列出了一些 CISC 与 RISC 微处理器的特征。

表 7.8　一些 CISC 与 RISC 微处理器的特征

特　　征	CISC			RISC	
	IBM 370/168	VAX11/780	Intel 80486	Motorola 88000	MIPS R4000
开发年份	1973	1978	1989	1988	1991
指令数	208	303	235	51	94
指令字长/B	2~6	2~57	1~11	4	32
寻址方式	4	22	11	3	1
通用寄存器数	16	16	8	32	32
控制存储器容量/Kb	420	480	246	—	—
Cache 容量/Kb	64	64	8	16	128

此外,从指令系统兼容性看,CISC 大多能实现软件兼容,即高档机包含了低档机的全部指令,并可加以扩充。但 RISC 机简化了指令系统,指令数量少,格式也不同于老机器,因此大多数 RISC 机不能与老机器兼容。

PowerPC 是 IBM、Apple、Motorola 三家公司于 1991 年联合,用 Motorola 的芯片制造经验、Apple的微型计算机软件支持、IBM 的体系结构及其世界计算机市场霸主的地位,向长期被 Intel 占据的微处理器市场挑战而开发的 RISC 产品。

PowerPC 中的"PC"意为"Powerful Chip",其中"Power"基于 20 世纪 80 年代后期,IBM 在其 801 小型机的基础上开发的工作站和服务器中的 Power 体系,意为"Performance Optimization With Enhanced RISC(性能优化的增强型 RISC)"。PowerPC 具有超高的性能、价廉、易仿真 CISC 指令集、可运行大量的现代 CISC 计算机应用软件,即集工作站的卓越性能、PC 机的低成本及运行众多的软件等优点于一身。此外,PowerPC 扩展性强,可覆盖 PDA(个人数字助理)到多处理、超并行的中大型机,用单芯片提供整个解决方案。

多年来计算机体系结构和组织发展的趋势是增加 CPU 的复杂性,即使用更多的寻址方式及更加专门的寄存器等。RISC 的出现象征着与这种趋势根本决裂,自然地引起了 RISC 与 CISC 的争端。随着技术不断发展,RISC 与 CISC 还不能说是截然不同的两大体系,很难对它们做出明确的评价。最近几年,RISC 与 CISC 的争端已减少了很多。原因在于这两种技术已逐渐融合。特别是芯片集成度和硬件速度的增加,RISC 系统也越来越复杂。与此同时,在努力挖掘最大性能的过程中,CISC 的设计已集中到和 RISC 相关联的主题上来,例如增加通用寄存器数以及更加强调指令流水线设计,所以更难去评价它们的优越性了。

RISC 技术发展很快,有关 RISC 体系结构、RISC 流水、RISC 编译系统、RISC、CISC 和 VLIW (Very Long Instruction Word,超长指令字)技术的融合等方面的资料不少。读者若想深入了解,可以查阅有关文献。

思考题与习题

7.1 什么叫机器指令? 什么叫指令系统? 为什么说指令系统与机器的主要功能以及与硬件结构之间存在着密切的关系?

7.2 什么叫寻址方式? 为什么要学习寻址方式?

7.3 什么是指令字长、机器字长和存储字长?

7.4 零地址指令的操作数来自哪里? 在一地址指令中,另一个操作数的地址通常可采用什么寻址方式获得? 各举一例说明。

7.5 对于二地址指令而言,操作数的物理地址可安排在什么地方? 举例说明。

7.6 某指令系统字长为 16 位,地址码取 4 位,试提出一种方案,使该指令系统有 8 条三地址指令、16 条二地址指令、100 条一地址指令。

7.7 设指令字长为 16 位,采用扩展操作码技术,每个操作数的地址为 6 位。如果定义了 13 条二地址指令,试问还可安排多少条一地址指令？

7.8 某机指令字长 16 位，每个操作数的地址码为 6 位，设操作码长度固定，指令分为零地址、一地址和二地址三种格式。若零地址指令有 M 种，一地址指令有 N 种，则二地址指令最多有几种？若操作码位数可变，则二地址指令最多允许有几种？

7.9 试比较间接寻址和寄存器间接寻址。

7.10 试比较基址寻址和变址寻址。

7.11 画出先变址再间址及先间址再变址的寻址过程示意图。

7.12 画出"SUB @ R1"指令对操作数的寻址及减法过程的流程图。设被减数和结果存于 ACC 中，@ 表示间接寻址，R1 寄存器的内容为 2074H。

7.13 画出执行"ADD ＊-5"指令（＊为相对寻址特征）的信息流程图。设另一个操作数和结果存于 ACC 中，并假设（PC）= 4000H。

7.14 设相对寻址的转移指令占两个字节，第一个字节是操作码，第二个字节是相对位移量，用补码表示。假设当前转移指令第一字节所在的地址为 2000H，且 CPU 每取出一个字节便自动完成（PC）+1→PC 的操作。试问当执行"JMP ＊+8"和"JMP ＊-9"指令时，转移指令第二字节的内容各为多少？

7.15 一相对寻址的转移指令占 3 个字节，第一字节是操作码，第二、三字节为相对位移量，而且数据在存储器中采用以高字节地址为字地址的存放方式。假设 PC 当前值为 4000H。试问当结果为 0，执行"JZ ＊+35"和"JZ ＊-17"指令时，该指令的第二、第三字节的机器代码各为多少？

7.16 某机主存容量为 4 M×16 位，且存储字长等于指令字长，若该机指令系统可完成 108 种操作，操作码位数固定，且具有直接、间接、变址、基址、相对、立即等六种寻址方式，试回答以下问题。

（1）画出一地址指令格式并指出各字段的作用。

（2）该指令直接寻址的最大范围。

（3）一次间接寻址和多次间接寻址的寻址范围。

（4）立即数的范围（十进制表示）。

（5）相对寻址的位移量（十进制表示）。

（6）上述六种寻址方式的指令中哪一种执行时间最短，哪一种最长，为什么？哪一种便于程序浮动，哪一种最适合处理数组问题？

（7）如何修改指令格式，使指令的寻址范围可扩大到 4 M？

（8）为使一条转移指令能转移到主存的任一位置，可采取什么措施？简要说明之。

7.17 举例说明哪几种寻址方式在指令的执行阶段不访问存储器，哪几种寻址方式在指令的执行阶段只需访问一次存储器？完成什么样的指令，包括取指令在内共访问存储器 4 次？

7.18 某机器共能完成 78 种操作，若指令字长为 16 位，试问一地址格式的指令地址码可取几位？若想使指令寻址范围扩大到 2^{16}，可采用什么方法？举出三种不同例子加以说明。

7.19 CPU 内有 32 个 32 位的通用寄存器，设计一种能容纳 64 种操作的指令系统。假设指令字长等于机器字长，试回答以下问题。

（1）如果主存可直接或间接寻址，采用寄存器-存储器型指令，能直接寻址的最大存储空间是多少？画出指令格式并说明各字段的含义。

（2）在满足（1）的前提下，如果采用通用寄存器作基址寄存器，则上述寄存器-存储器型指令的指令格式有何特点？画出指令格式并指出这类指令可访问多大的存储空间？

7.20 什么是 RISC？简述它的主要特点。

7.21 比较 RISC 和 CISC 的异同之处。

7.22 RISC 机中指令简单，有些常用的指令未被选用，它用什么方式来实现这些常用指令的功能，试举例说明。

第 8 章 CPU 的结构和功能

本章从分析 CPU 的功能和内部结构入手,详细讨论机器完成一条指令的全过程,以及为了进一步提高数据的处理能力、开发系统的并行性所采取的流水技术。此外,本章还进一步概括了中断技术在提高整机系统效能方面的作用。通过本章的学习,希望读者对 CPU 在计算机中的地位和作用以及对中断概念的理解比前面章节更加深入。

8.1 CPU 的结构

8.1.1 CPU 的功能

由第 1 章可知,CPU 实质包括运算器和控制器两大部分,第 6 章讨论了计算机内各种运算及相应的硬件配置,这里重点介绍控制器的功能。

对于冯·诺依曼结构的计算机而言,一旦程序进入存储器后,就可由计算机自动完成取指令和执行指令的任务,控制器就是专用于完成此项工作的,它负责协调并控制计算机各部件执行程序的指令序列,其基本功能是取指令、分析指令和执行指令。

1. 取指令

控制器必须具备能自动地从存储器中取出指令的功能。为此,要求控制器能自动形成指令的地址,并能发出取指令的命令,将对应此地址的指令取到控制器中。第一条指令的地址可以人为指定,也可由系统设定。

2. 分析指令

分析指令包括两部分内容:其一,分析此指令要完成什么操作,即控制器需发出什么操作命令;其二,分析参与这次操作的操作数地址,即操作数的有效地址。

3. 执行指令

执行指令就是根据分析指令产生的"操作命令"和"操作数地址"的要求,形成操作控制信号序列(不同的指令有不同的操作控制信号序列),通过对运算器、存储器以及 I/O 设备的操作,执行每条指令。

此外,控制器还必须能控制程序的输入和运算结果的输出(即控制主机与 I/O 设备交换信息)以及对总线的管理,甚至能处理机器运行过程中出现的异常情况(如掉电)和特殊请求(如打印机请求打印一行字符），即处理中断的能力。

总之，CPU 必须具有控制程序的顺序执行（称指令控制）、产生完成每条指令所需的控制命令（称操作控制）、对各种操作加以时间上的控制（称时间控制）、对数据进行算术运算和逻辑运算（数据加工）以及处理中断等功能。

8.1.2　CPU 结构框图

根据 CPU 的功能不难设想，要取指令，必须有一个寄存器专用于存放当前指令的地址；要分析指令，必须有存放当前指令的寄存器和对指令操作码进行译码的部件；要执行指令，必须有一个能发出各种操作命令序列的控制部件 CU；要完成算术运算和逻辑运算，必须有存放操作数的寄存器和实现算逻运算的部件 ALU；为了处理异常情况和特殊请求，还必须有中断系统。可见，CPU 可由四大部分组成，如图 8.1 所示。将图 8.1 细化，又可得图 8.2。图中 ALU 部件实际上只对 CPU 内部寄存器的数据进行操作，有关 ALU 的内容已在第 6 章中有所介绍。

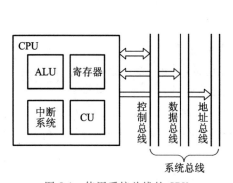

图 8.1　使用系统总线的 CPU

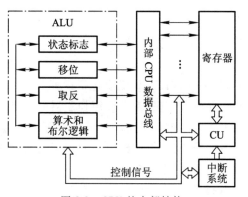

图 8.2　CPU 的内部结构

8.1.3　CPU 的寄存器

第 4 章图 4.2 示出了存储器速度、容量和位价的关系，最上层的寄存器速度最快，容量最小，位价最贵，它们通常设在 CPU 内部。CPU 中的寄存器大致可分两类：一类属于用户可见寄存器，用户可对这类寄存器编程，以及通过优化使 CPU 因使用这类寄存器而减少对主存的访问次数；另一类属于控制和状态寄存器，用户不可对这类寄存器编程，它们被控制部件使用，以控制 CPU 的操作，也可被带有特权的操作系统程序使用，从而控制程序的执行。

1. 用户可见寄存器

通常 CPU 执行机器语言访问的寄存器为用户可见寄存器，按其特征又可分为以下几类。

（1）通用寄存器

通用寄存器可由程序设计者指定许多功能,可用于存放操作数,也可作为满足某种寻址方式所需的寄存器。例如,基址寻址所需的基址寄存器、变址寻址所需的变址寄存器和堆栈寻址所需的栈指针,都可用通用寄存器代替。寄存器间接寻址时还可用通用寄存器存放有效地址的地址。

当然,也有一些机器用专用寄存器作为基址寄存器、变址寄存器或栈指针,这样,在设计指令格式时只需将这类专用寄存器隐含在操作码中,而不必占用指令字中的位。图 7.15(a)所示的就是用专用寄存器作为基址寄存器,而图 7.15(b)是用通用寄存器作为基址寄存器,所以指令字中必须有 R 字段指出寄存器编号。又如图 7.21 所示的 IBM 360/370 指令格式中,由于用通用寄存器作为变址寄存器和基址寄存器,故在指令字中设有 X 和 B 字段,分别指出作为变址寄存器和基址寄存器的通用寄存器编号。

（2）数据寄存器

数据寄存器用于存放操作数,其位数应满足多数数据类型的数值范围,有些机器允许使用两个连读的寄存器存放双倍字长的值。还有些机器的数据寄存器只能用于保存数据,不能用于操作数地址的计算。

（3）地址寄存器

地址寄存器用于存放地址,其本身可以具有通用性,也可用于特殊的寻址方式,如用于基址寻址的段指针(存放基地址)、用于变址寻址的变址寄存器和用于堆栈寻址的栈指针。地址寄存器的位数必须足够长,以满足最大的地址范围。

（4）条件码寄存器

这类寄存器中存放条件码,它们对用户来说是部分透明的。条件码是 CPU 根据运算结果由硬件设置的位,例如,算术运算会产生正、负、零或溢出等结果。条件码可被测试,作为分支运算的依据。此外,有些条件码也可被设置,例如,对于最高位进位标志 C,可用指令对它置位和复位。将条件码放到一个或多个寄存器中,就构成了条件码寄存器。

在调用子程序前,必须将所有的用户可见寄存器的内容保存起来,这种保存可由 CPU 自动完成,也可由程序员编程保存,视不同机器进行不同处理。

2. 控制和状态寄存器

CPU 中还有一类寄存器用于控制 CPU 的操作或运算。在一些机器里,大部分这类寄存器对用户是透明的。如以下四种寄存器在指令执行过程中起重要作用。

① MAR:存储器地址寄存器,用于存放将被访问的存储单元的地址。

② MDR:存储器数据寄存器,用于存放欲存入存储器中的数据或最近从存储器中读出的数据。

③ PC:程序计数器,存放现行指令的地址,通常具有计数功能。当遇到转移类指令时,PC 的值可被修改。

④ IR:指令寄存器,存放当前欲执行的指令。

通过这 4 个寄存器,CPU 和主存可交换信息。例如,将现行指令地址从 PC 送至 MAR,启动存储器做读操作,存储器就可将指定地址单元内的指令读至 MDR,再由 MDR 送至 IR。

在 CPU 内部必须给 ALU 提供数据,因此 ALU 必须可直接访问 MDR 和用户可见寄存器,ALU 的外围还可以有另一些寄存器,这些寄存器用于 ALU 的输入输出以及用于和 MDR 及用户可见寄存器交换数据(如图 9.4 中的 Y 和 Z 寄存器)。

在 CPU 的控制和状态寄存器中,还有用来存放程序状态字 PSW 的寄存器,该寄存器用来存放条件码和其他状态信息。在具有中断系统的机器中还有中断标记寄存器。

3. 举例

不同计算机的 CPU 中,寄存器组织是不一样的,图 8.3 画出了 Z8000、8086 和 MC68000 三种计算机的寄存器组织。

图 8.3 三种微处理器的寄存器组织

Zilog Z8000 有 16 个 16 位的通用寄存器,这些寄存器可存放地址、数据,也可作为变址寄存器,其中有两个寄存器被用作栈指针,寄存器可被用作 8 位和 32 位的运算。Z8000 中有 5 个与程序状态有关的寄存器,一个用于存放状态标记,两个用于程序计数器,两个用于存放偏移量。确定一个地址需要两个寄存器。

　　Intel 8086 采用不同的寄存器组织,尽管某些寄存器可以通用,但它的每个寄存器大多是专用的。它有 4 个 16 位的数据寄存器,即 AX(累加器)、BX(基址寄存器)、CX(计数寄存器)和 DX(数据寄存器),也可兼作 8 个 8 位的寄存器(AH、AL、BH、BL、CH、CL、DH、DL)。另外,还有两个 16 位的指针(栈指针 SP 和基址指针 BP)和两个变址寄存器(源变址寄存器 SI 和目的变址寄存器 DI)。在一些指令中,寄存器是隐式使用的,如乘法指令总是用累加器。8086 还有 4 个段地址寄存器(代码段 CS、数据段 DS、堆栈段 SS 和附加段 ES)以及指令指针 IP(相当于 PC)和状态标志寄存器 F。

　　Motorola MC68000 的寄存器组织介于 Zilog 和 Intel 微处理器之间,它将 32 位寄存器分为 8 个数据寄存器($D_0 \sim D_7$)和 9 个地址寄存器($A_0 \sim A_7'$)。数据寄存器主要用于数据运算,当需要变址时,也可作变址寄存器使用。寄存器允许 8 位、16 位和 32 位的数据运算,这由操作码确定。地址寄存器存放 32 位地址(没有段),其中两个(A_7 和 A_7')也可用作堆栈指针,分别供用户和操作系统使用。针对当前执行的模式,这两个寄存器在某个时刻只能用一个。此外,MC68000 还有一个 32 位的程序计数器 PC 和一个 16 位的状态寄存器。

　　与 Zilog 的设计者类似,Motorola 设计的寄存器组织也不含专用寄存器。至于到底什么形式的寄存器组织最好,目前尚无一致的观点,主要由设计者根据需要自行决定。

　　计算机的设计者们为了给在早期计算机上编写的程序提供向上的兼容性,在新计算机的设计上经常保留原设计的寄存器组织形式。图 8.4 就是 Zilog 80000 和 Intel 80386 的用户可见寄存器组织,它们分别是 Z8000 和 8086 的扩展,它们都采用 32 位寄存器,但又分别保留了原先的一些特点。由于受这种限制,因此 32 位处理器在寄存器组织的设计上只有有限的灵活性。

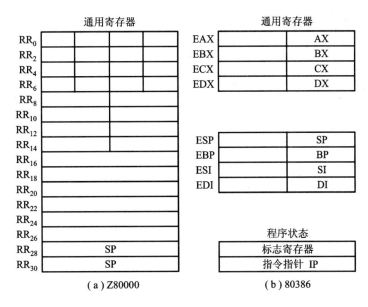

图 8.4　两种 32 位微处理器寄存器组织

8.1.4 控制单元和中断系统

控制单元(CU)是提供完成计算机全部指令操作的微操作命令序列部件。现代计算机中微操作命令序列的形成方法有两种:一种是组合逻辑设计方法,为硬连线逻辑;另一种是微程序设计方法,为存储逻辑。具体内容详见第 4 篇。

中断系统主要用于处理计算机的各种中断,详细内容在 8.4 节介绍。

8.2 指令周期

8.2.1 指令周期的基本概念

CPU 每取出并执行一条指令所需的全部时间称为指令周期,也即 CPU 完成一条指令的时间,如图 8.5 所示。图中的取指阶段完成取指和分析指令的操作,又称取指周期;执行阶段完成执行指令的操作,又称执行周期。在大多数情况下,CPU 就是按"取指—执行—再取指—再执行…"的顺序自动工作的。

由于各种指令操作功能不同,因此各种指令的指令周期是不相同的。例如,无条件转移指令"JMP X",在执行阶段不需要访问主存,而且操作简单,完全可以在取指阶段的后期将转移地址 X 送至 PC,以达到转移的目的。这样,"JMP X"指令的指令周期就是取指周期。又如一地址格式的加法指令"ADD X",在执行阶段首先要从 X 所指示的存储单元中取出操作数,然后和 ACC 的内容相加,结果存于 ACC,故这种指令的指令周期在取指和执行阶段各访问一次存储器,其指令周期就包括两个存取周期。再如乘法指令,其执行阶段所要完成的操作比加法指令多得多,故它的执行周期超过了加法指令,如图 8.6 所示。

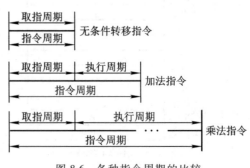

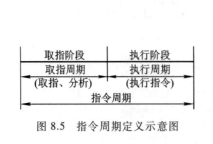

图 8.5   指令周期定义示意图   图 8.6   各种指令周期的比较

此外,当遇到间接寻址的指令时,由于指令字中只给出操作数有效地址的地址,因此,为了取出操作数,需先访问一次存储器,取出有效地址,然后再访问存储器,取出操作数,如图 7.11(a)所示。这样,间接寻址的指令周期就包括取指周期、间址周期和执行周期 3 个阶段,其中间址周期用于取操作数的有效地址,因此间址周期介于取指周期和执行周期之间,如图 8.7 所示。

图 8.7　具有间址周期的指令周期

由第 5 章可知,当 CPU 采用中断方式实现主机与 I/O 设备交换信息时,CPU 在每条指令执行阶段结束前,都要发中断查询信号,以检测是否有某个 I/O 设备提出中断请求。如果有请求,CPU 则要进入中断响应阶段,又称中断周期。在此阶段,CPU 必须将程序断点保存到存储器中。这样,一个完整的指令周期应包括取指、间址、执行和中断 4 个子周期,如图 8.8 所示。由于间址周期和中断周期不一定包含在每个指令周期内,故图中用菱形框判断。

总之,上述 4 个周期都有 CPU 访存操作,只是访存的目的不同。取指周期是为了取指令,间址周期是为了取有效地址,执行周期是为了取操作数(当指令为访存指令时),中断周期是为了保存程序断点。这 4 个周期又可称为 CPU 的工作周期,为了区别它们,在 CPU 内可设置 4 个标志触发器,如图 8.9 所示。

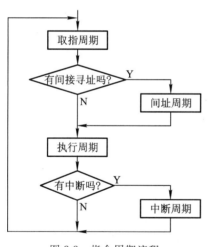

图 8.8　指令周期流程

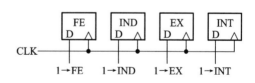

图 8.9　CPU 工作周期的标志

图 8.9 所示的 FE、IND、EX 和 INT 分别对应取指、间址、执行和中断 4 个周期,并以"1"状态表示有效,它们分别由 1→FE、1→IND、1→EX 和 1→INT 这 4 个信号控制。

设置 CPU 工作周期标志触发器对设计控制单元十分有利。例如,在取指阶段,只要设置取指周期标志触发器 FE 为 1,由它控制取指阶段的各个操作,便获得对任何一条指令的取指命令序列。又如,在间接寻址时,间址次数可由间址周期标志触发器 IND 确定,当它为"0"状态时,表示间接寻址结束。再如,对于一些执行周期不访存的指令(如转移指令、寄存器类型指令),同样可以用它们的操作码与取指周期标志触发器的状态相"与",作为相应微操作的控制条件。这些特点读者在控制单元的设计中可进一步体会。

8.2.2　指令周期的数据流

为了便于分析指令周期中的数据流,假设 CPU 中有存储器地址寄存器 MAR、存储器数据寄存器 MDR、程序计数器 PC 和指令寄存器 IR。

1. 取指周期的数据流

图 8.10 所示的是取指周期的数据流。PC 中存放现行指令的地址,该地址送到 MAR 并送至地址总线,然后由控制部件 CU 向存储器发读命令,使对应 MAR 所指单元的内容(指令)经数据总线送至 MDR,再送至 IR,并且 CU 控制 PC 内容加 1,形成下一条指令的地址。

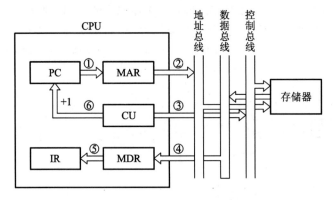

图 8.10　取指周期数据流

2. 间址周期的数据流

间址周期的数据流如图 8.11 所示。一旦取指周期结束,CU 便检查 IR 中的内容,以确定其

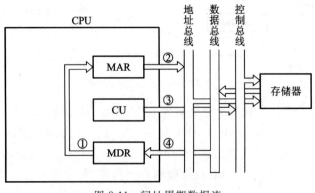

图 8.11　间址周期数据流

是否有间址操作,如果需要间址操作,则 MDR 中指示形式地址的右 N 位(记作 Ad(MDR))将被送到 MAR,又送至地址总线,此后 CU 向存储器发读命令,以获取有效地址并存至 MDR。

3. 执行周期的数据流

由于不同的指令在执行周期的操作不同,因此执行周期的数据流是多种多样的,可能涉及 CPU 内部寄存器间的数据传送、对存储器(或 I/O)进行读写操作或对 ALU 的操作,因此,无法用统一的数据流图表示。

4. 中断周期的数据流

CPU 进入中断周期要完成一系列操作(详见 9.1 节),其中 PC 当前的内容必须保存起来,以待执行完中断服务程序后可以准确返回到该程序的间断处,这一操作的数据流如图 8.12 所示。

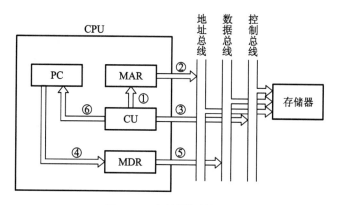

图 8.12　中断周期数据流

图中由 CU 把用于保存程序断点的存储器特殊地址(如栈指针的内容)送往 MAR,并送到地址总线上,然后由 CU 向存储器发写命令,并将 PC 的内容(程序断点)送到 MDR,最终使程序断点经数据总线存入存储器。此外,CU 还需将中断服务程序的入口地址送至 PC,为下一个指令周期的取指周期做好准备。

8.3　指令流水

由前面各章的介绍可知,为了提高访存速度,一方面要提高存储芯片的性能,另一方面可以从体系结构上,如采用多体、Cache 等分级存储措施来提高存储器的性能/价格比。为了提高主机与 I/O 交换信息的速度,可以采用 DMA 方式,也可以采用多总线结构,将速度不一的 I/O 分别挂到不同带宽的总线上,以解决总线的瓶颈问题。为了提高运算速度,可以采用高速芯片和快速进位链,以及改进算法等措施。为了进一步提高处理机速度,通常可从提高器件的性能和改进系统的结构,开发系统的并行性两方面入手。

（1）提高器件的性能

提高器件的性能一直是提高整机性能的重要途径,计算机的发展史就是按器件把计算机分为电子管、晶体管、集成电路和大规模集成电路 4 代的。器件的每一次更新换代都使计算机的软硬件技术和计算机性能获得突破性进展。特别是大规模集成电路的发展,由于其集成度高、体积小、功耗低、可靠性高、价格便宜等特点,使人们可采用更复杂的系统结构造出性能更高、工作更可靠、价格更低的计算机。但是由于半导体器件的集成度越来越接近物理极限,使器件速度的提高越来越慢。

（2）改进系统的结构,开发系统的并行性

所谓并行,包含同时性和并发性两个方面。前者是指两个或多个事件在同一时刻发生,后者是指两个或多个事件在同一时间段发生。也就是说,在同一时刻或同一时间段内完成两种或两种以上性质相同或不同的功能,只要在时间上互相重叠,就存在并行性。

并行性体现在不同等级上。通常分为 4 个级别:作业级或程序级、任务级或进程级、指令之间级和指令内部级。前两级为粗粒度,又称为过程级;后两级为细粒度,又称为指令级。粗粒度并行性（Coarse-grained Parallelism）一般用算法（软件）实现,细粒度并行性（Fine-grained Parallelism）一般用硬件实现。从计算机体系上看,粗粒度并行性是在多个处理机上分别运行多个进程,由多台处理机合作完成一个程序;细粒度并行性是指在处理机的操作级和指令级的并行性,其中指令的流水作业就是一项重要技术。这里只讨论有关指令流水的一些主要问题,其他有关粗粒度并行和粗粒度并行技术将在“计算机体系结构”课程中讲述。

8.3.1　指令流水原理

指令流水类似于工厂的装配线,装配线利用了产品在装配的不同阶段其装配过程不同这一特点,使不同产品处在不同的装配段上,即每个装配段同时对不同产品进行加工,这样可大大提高装配效率。将这种装配生产线的思想用到指令的执行上,就引出了指令流水的概念。

从上面的分析可知,完成一条指令实际上也可分为许多阶段。为简单起见,把指令的处理过程分为取指令和执行指令两个阶段,在不采用流水技术的计算机里,取指令和执行指令是周而复始地重复出现,各条指令按顺序串行执行的,如图 8.13 所示。

| 取指令 1 | 执行指令 1 | 取指令 2 | 执行指令 2 | 取指令 3 | 执行指令 3 | … |

图 8.13　指令的串行执行

图中取指令的操作可由指令部件完成,执行指令的操作可由执行部件完成。进一步分析发现,这种顺序执行虽然控制简单,但执行中各部件的利用率不高,如指令部件工作时,执行部件基本空闲,而执行部件工作时,指令部件基本空闲。如果指令执行阶段不访问主存,则完全可以利用这段时间取下一条指令,这样就使取下一条指令的操作和执行当前指令的操作同时进行,如图

8.14 所示,这就是两条指令的重叠,即指令的二级流水。

　　由指令部件取出一条指令,并将它暂存起来,如果执行部件空闲,就将暂存的指令传给执行部件执行。与此同时,指令部件又可取出下一条指令并暂存起来,这称为指令预取。显然,这种工作方式能加速指令的执行。如果取指和执行阶段在时间上完全重

图 8.14　指令的二级流水

叠,相当于将指令周期减半。然而进一步分析流水线,就会发现存在两个原因使得执行效率加倍是不可能的。

　　① 指令的执行时间一般大于取指时间,因此,取指阶段可能要等待一段时间,也即存放在指令部件缓冲区的指令还不能立即传给执行部件,缓冲区不能空出。

　　② 当遇到条件转移指令时,下一条指令是不可知的,因为必须等到执行阶段结束后,才能获知条件是否成立,从而决定下条指令的地址,造成时间损失。

　　通常为了减少时间损失,采用猜测法,即当条件转移指令从取指阶段进入执行阶段时,指令部件仍按顺序预取下一条指令。这样,如果条件不成立,转移没有发生,则没有时间损失;若条件成立,转移发生,则所取的指令必须丢掉,并再取新的指令。

　　尽管这些因素降低了两级流水线的潜在效率,但还是可以获得一定程度的加速。为了进一步提高处理速度,可将指令的处理过程分解为更细的几个阶段。

- 取指(FI):从存储器取出一条指令并暂时存入指令部件的缓冲区。
- 指令译码(DI):确定操作性质和操作数地址的形成方式。
- 计算操作数地址(CO):计算操作数的有效地址,涉及寄存器间接寻址、间接寻址、变址寻址、基址寻址、相对寻址等各种地址计算方式。
- 取操作数(FO):从存储器中取操作数(若操作数在寄存器中,则无须此阶段)。
- 执行指令(EI):执行指令所需的操作,并将结果存于目的位置(寄存器中)。
- 写操作数(WO):将结果存入存储器。

　　为了说明方便起见,假设上述各段的时间都是相等的(即每段都为一个时间单元),于是可得图 8.15 所示的指令六级流水时序。在这个流水线中,处理器有 6 个操作部件,同时对 6 条指令进行加工,加快了程序的执行速度。

　　图中 9 条指令若不采用流水线技术,最终出结果需要 54 个时间单元,采用六级流水只需要 14 个时间单元就可出最后结果,大大提高了处理器速度。当然,图中假设每条指令都经过流水线的 6 个阶段,但事实并不总是这样。例如,取数指令并不需要 WO 阶段。此外,这里还假设不存在存储器访问冲突,所有阶段均并行执行。如 FI、FO 和 WO 阶段都涉及存储器访问,如果出现冲突就无法并行执行,图 8.15 示意了所有这些访问都可以同时进行,但多数存储系统做不到这点,从而影响了流水线的性能。

　　还有一些其他因素也会影响流水线性能,例如,6 个阶段时间不等或遇到转移指令,都会出现讨论二级流水时出现的问题。

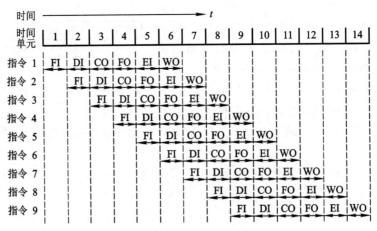

图 8.15　指令六级流水时序

8.3.2　影响流水线性能的因素

要使流水线具有良好的性能,必须设法使流水线能畅通流动,即必须做到充分流水,不发生断流。但通常由于在流水过程中会出现三种相关,使流水线不断流实现起来很困难,这三种相关是结构相关、数据相关和控制相关。

结构相关是当多条指令进入流水线后,硬件资源满足不了指令重叠执行的要求时产生的。数据相关是指令在流水线中重叠执行时,当后继指令需要用到前面指令的执行结果时发生的。控制相关是当流水线遇到分支指令和其他改变 PC 值的指令时引起的。

为了讨论方便起见,假设流水线由 5 段组成,它们分别是取指令(IF)、指令译码/读寄存器(ID)、执行/访存有效地址计算(EX)、存储器访问(MEM)、结果写回寄存器(WB)。

不同类型指令在各流水段的操作是不同的,表 8.1 列出了 ALU 类指令、访存类(取数、存数)指令和转移类指令在各流水段中所进行的操作。

表 8.1　不同类型指令在各流水段中所进行的操作

流水段	指　　令		
	ALU	取/存	转移
IF	取指	取指	取指
ID	译码 读寄存器堆	译码 读寄存器堆	译码 读寄存器堆
EX	执行	计算访存有效地址	计算转移目标地址, 设置条件码

续表

流水段	指　　令		
	ALU	取/存	转移
MEM	—	访存(读/写)	若条件成立,将转移 目标地址送 PC
WB	结果写回寄存器堆	将读出的数据写入寄存器堆	—

下面分析上述三种相关对流水线工作的影响。

1. 结构相关

结构相关是当指令在重叠执行过程中,不同指令争用同一功能部件产生资源冲突时产生的,故又有资源相关之称。

通常,大多数机器都是将指令和数据保存在同一存储器中,且只有一个访问口,如果在某个时钟周期内,流水线既要完成某条指令对操作数的存储器访问操作,又要完成另一条指令的取指操作,这就会发生访存冲突。如表 8.2 中,在第 4 个时钟周期,第 i 条指令(LOAD)的 MEM 段和第 $i+3$ 条指令的 IF 段发生了访存冲突。解决冲突的方法可以让流水线在完成前一条指令对数据的存储器访问时,暂停(一个时钟周期)取后一条指令的操作,如表 8.3 所示。当然,如果第 i 条指令不是 LOAD 指令,在 MEM 段不访存,也就不会发生访存冲突。

表 8.2　两条指令同时访存造成结构相关冲突

指令	时钟周期							
	1	2	3	4	5	6	7	8
LOAD 指令	IF	ID	EX	MEM	WB			
指令 $i+1$		IF	ID	EX	MEM	WB		
指令 $i+2$			IF	ID	EX	MEM	WB	
指令 $i+3$				IF	ID	EX	MEM	WB
指令 $i+4$					IF	ID	EX	MEM

表 8.3　解决访存冲突的一种方案

指令	时钟周期								
	1	2	3	4	5	6	7	8	9
LOAD 指令	IF	ID	EX	MEM	WB				
指令 $i+1$		IF	ID	EX	MEM	WB			
指令 $i+2$			IF	ID	EX	MEM	WB		
指令 $i+3$				停顿	IF	ID	EX	MEM	WB
指令 $i+4$						IF	ID	EX	MEM

解决访存冲突的另一种方法是设置两个独立的存储器分别存放操作数和指令,以免取指令和取操作数同时进行时互相冲突,使取某条指令和取另一条指令的操作数实现时间上的重叠。还可以采用指令预取技术,例如,在 CPU(8086)中设置指令队列,将指令预先取到指令队列中排队。指令预取技术的实现基于访存周期很短的情况,例如,在执行指令阶段,取数时间很短,因此在执行指令时,主存会有空闲,此时,只要指令队列空出,就可取下一条指令,并放至空出的指令队列中,从而保证在执行第 K 条指令的同时对第 $K+1$ 条指令进行译码,实现"执行 K"与"分析 $K+1$"的重叠。

2. 数据相关

数据相关是流水线中的各条指令因重叠操作,可能改变对操作数的读写访问顺序,从而导致了数据相关冲突。例如,流水线要执行以下两条指令:

$$ADD \quad R_1,R_2,R_3 \qquad ;(R_2)+(R_3) \to R_1$$
$$SUB \quad R_4,R_1,R_5 \qquad ;(R_1)-(R_5) \to R_4$$

这里第二条 SUB 指令中 R_1 的内容必须是第一条 ADD 指令的执行结果。可见正常的读写顺序是先由 ADD 指令写入 R_1,再由 SUB 指令来读 R_1。在非流水线时,这种先写后读的顺序是自然维持的。但在流水线时,由于重叠操作,使读写的先后顺序关系发生了变化,如表 8.4 所示。

表 8.4   ADD 和 SUB 指令发生先写后读(RAW)的数据相关冲突

指令	时钟周期					
	1	2	3	4	5	6
ADD	IF	ID	EX	MEM	WB	
SUB		IF	ID	EX	MEM	WB

读 R_1 （ID 处）   写 R_1 （WB 处）

由表 8.4 可见,在第 5 个时钟周期,ADD 指令方可将运算结果写入 R_1,但后继 SUB 指令在第 3 个时钟周期就要从 R_1 中读数,使先写后读的顺序改变为先读后写,发生了先写后读(RAW)的数据相关冲突。如果不采取相应的措施,按表 8.4 的读写顺序,就会使操作结果出错。解决这种数据相关的方法可以采用后推法,即遇到数据相关时,就停顿后继指令的运行,直至前面指令的结果已经生成。例如,流水线要执行下列指令序列:

$$ADD \ R_1,R_2,R_3 \qquad ;(R_2)+(R_3) \to R_1$$
$$SUB \ R_4,R_1,R_5 \qquad ;(R_1)-(R_5) \to R_4$$
$$AND \ R_6,R_1,R_7 \qquad ;(R_1) \ AND \ (R_7) \to R_6$$
$$OR \ R_8,R_1,R_9 \qquad ;(R_1) \ OR \ (R_9) \to R_8$$
$$XOR \ R_{10},R_1,R_{11} \qquad ;(R_1) \ XOR \ (R_{11}) \to R_{10}$$

其中,第一条 ADD 指令将向 R_1 寄存器写入操作结果,后继的 4 条指令都要使用 R_1 中的值作为一个源操作数,显然,这时就出现了前述的 RAW 数据相关。表 8.5 列出了未对数据相关进行特殊处理的流水线,表中 ADD 指令在 WB 段才将计算结果写入寄存器 R_1 中,但 SUB 指令在其 ID 段就要从寄存器 R_1 中读取该计算结果。同样,AND 指令、OR 指令也要受到这种相关关系的影响。对于 XOR 指令,由于其 ID 段(第 6 个时钟周期)在 ADD 指令的 WB 段(第 5 个时钟周期)之后,因此可以正常操作。

表 8.5　未对数据相关进行特殊处理的流水线

指令	时钟周期								
	1	2	3	4	5	6	7	8	9
ADD	IF	ID	EX	MEM	WB				
SUB		IF	ID	EX	MEM	WB			
AND			IF	ID	EX	MEM	WB		
OR				IF	ID	EX	MEM	WB	
XOR					IF	ID	EX	MEM	WB

如果采用后推法,即将相关指令延迟到所需操作数被写回到寄存器后再执行的方式,就可解决这种数据相关冲突,其流水线如表 8.6 所示。显然这将要使流水线停顿 3 个时钟周期。

表 8.6　对数据相关进行特殊处理的流水线

指令	时钟周期											
	1	2	3	4	5	6	7	8	9	10	11	12
ADD	IF	ID	EX	MEM	WB							
SUB		IF				ID	EX	MEM	WB			
AND			IF				ID	EX	MEM	WB		
OR				IF				ID	EX	MEM	WB	
XOR					IF				ID	EX	MEM	WB

另一种解决方法是采用定向技术,又称为旁路技术或相关专用通路技术。其主要思想是不必待某条指令的执行结果送回到寄存器后,再从寄存器中取出该结果,作为下一条指令的源操作数,而是直接将执行结果送到其他指令所需要的地方。上述 5 条指令序列中,实际上要写入 R_1 的 ADD 指令在 EX 段的末尾处已形成,如果设置专用通路技术,将此时产生的结果直接送往需要它的 SUB、AND 和 OR 指令的 EX 段,就可以使流水线不发生停顿。显然,此时要对 3 条指令进行定向传送操作。图 8.16 示出了带有旁路技术的 ALU 执行部件。图中有两个暂存器,当 AND 指令将进入 EX 段时,ADD 指令的执行结果已存入暂存器 2,SUB 指令的执行结果已存入暂存器 1,而暂存器 2 的内容(存放送往 R_1 的结果)可通过旁路通道,经多路开关送到 ALU 中。这里的定向传送仅发生在 ALU 内部。

根据指令间对同一寄存器读和写操作的先后次序关系,数据相关冲突可分为写后读相关(Read After Write,RAW)、读后写相关(Write After Read,WAR)和写后写相关(Write After Write,WAW)。例如,有 i 和 j 两条指令,i 指令在前,j 指令在后,则三种不同类型的数据相关含义如下。

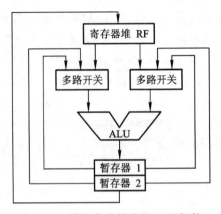

① 写后读相关:指令 j 试图在指令 i 写入寄存器前就读出该寄存器内容,这样,指令 j 就会错误地读出该寄存器旧的内容。

② 读后写相关:指令 j 试图在指令 i 读出寄存器之前就写入该寄存器,这样,指令 i 就错误地读出该寄存器新的内容。

图 8.16　带有旁路技术的 ALU 部件

③ 写后写相关:指令 j 试图在指令 i 写入寄存器之前就写入该寄存器,这样,两次写的先后次序被颠倒,就会错误地使由指令 i 写入的值成为该寄存器的内容。

上述三种数据相关在按序流动的流水线中,只可能出现 RAW 相关。在非按序流动的流水线中,由于允许后进入流水线的指令超过先进入流水线的指令而先流出流水线,则既可能发生 RAW 相关,还可能发生 WAR 和 WAW 相关。

3. 控制相关

控制相关主要是由转移指令引起的。统计表明,转移指令约占总指令的 1/4,比起数据相关来,它会使流水线丧失更多的性能。当转移发生时,将使流水线的连续流动受到破坏。当执行转移指令时,根据是否发生转移,它可能将程序计数器 PC 内容改变成转移目标地址,也可能只是使 PC 加上一个增量,指向下一条指令的地址。图 8.17 示意了条件转移的效果。这里使用了和

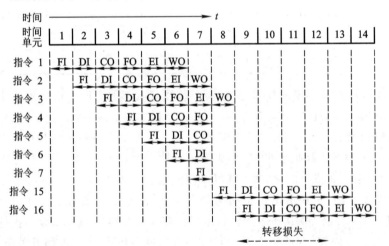

图 8.17　条件转移对指令流水操作的影响

图 8.15 相同的程序,并假设指令 3 是一条条件转移指令,即指令 3 必须待指令 2 的结果出现后(第 7 个时间单元)才能决定下一条指令是 4(条件不满足)还是 15(条件满足)。由于结果无法预测,此流水线继续预取指令 4,并向前推进。当最后结果满足条件时,发现对第 4、5、6、7 条指令所做的操作全部报废。在第 8 个时间单元,指令 15 进入流水线。在时间单元 9~12 之间没有指令完成,这就是由于不能预测转移条件而带来的性能损失。而图 8.15 中因转移条件不成立,未发生转移,得到了较好的流水线性能。

为了解决控制相关,可以采用尽早判别转移是否发生,尽早生成转移目标地址;预取转移成功或不成功两个控制流方向上的目标指令;加快和提前形成条件码;提高转移方向的猜准率等方法。有关的详细内容,读者可查阅相关资料进一步了解。

8.3.3 流水线性能

流水线性能通常用吞吐率、加速比和效率 3 项指标来衡量。

1. 吞吐率(Throughput Rate)

在指令级流水线中,吞吐率是指单位时间内流水线所完成指令或输出结果的数量。吞吐率又有最大吞吐率和实际吞吐率之分。

最大吞吐率是指流水线在连续流动达到稳定状态(参见图 8.15 第 6~9 个时间单元,流水线中各段都处于工作状态)后所获得的吞吐率。对于 m 段的指令流水线而言,若各段的时间均为 Δt,则最大吞吐率为

$$T_{p\max} = \frac{1}{\Delta t}$$

流水线仅在连续流动时才可达到最大吞吐率。实际上由于流水线在开始时有一段建立时间(第一条指令输入后到其完成的时间),结束时有一段排空时间(最后一条指令输入后到其完成的时间),以及由于各种相关因素使流水线无法连续流动,因此,实际吞吐率总是小于最大吞吐率。

实际吞吐率是指流水线完成 n 条指令的实际吞吐率。对于 m 段的指令流水线,若各段的时间均为 Δt,连续处理 n 条指令,除第一条指令需 $m \cdot \Delta t$ 外,其余 $(n-1)$ 条指令,每隔 Δt 就有一个结果输出,即总共需 $m \cdot \Delta t + (n-1)\Delta t$ 时间,故实际吞吐率为

$$T_p = \frac{n}{m\Delta t + (n-1)\Delta t} = \frac{1}{\Delta t[1+(m-1)/n]} = \frac{T_{p\max}}{1+(m-1)/n}$$

仅当 $n \gg m$ 时,才会有 $T_p \approx T_{p\max}$。

图 8.15 所示的六级流水线中,设每段时间为 Δt,其最大吞吐率为 $\frac{1}{\Delta t}$,完成 9 条指令的实际吞吐率为 $\frac{9}{6\Delta t + (9-1)\Delta t}$。

2. 加速比(Speedup Ratio)

流水线的加速比是指 m 段流水线的速度与等功能的非流水线的速度之比。如果流水线各段时间均为 Δt，则完成 n 条指令在 m 段流水线上共需 $T = m \cdot \Delta t + (n-1)\Delta t$ 时间。而在等效的非流水线上所需时间为 $T' = nm\Delta t$。故加速比 S_p 为

$$S_p = \frac{nm\Delta t}{m\Delta t + (n-1)\Delta t} = \frac{nm}{m+n-1} = \frac{m}{1+(m-1)/n}$$

可以看出，在 $n \gg m$ 时，S_p 接近于 m，即当流水线各段时间相等时，其最大加速比等于流水线的段数。

3. 效率(Efficiency)

效率是指流水线中各功能段的利用率。由于流水线有建立时间和排空时间，因此各功能段的设备不可能一直处于工作状态，总有一段空闲时间。图 8.18 是 4 段($m=4$)流水线的时空图，各段时间相等，均为 Δt。图中 $mn\Delta t$ 是流水线各段处于工作时间的时空区，而流水线中各段总的时空区是 $m(m+n-1)\Delta t$。通常用流水线各段处于工作时间的时空区与流水线中各段总的时空区之比来衡量流水线的效率。用公式表示为

$$E = \frac{mn\Delta t}{m(m+n-1)\Delta t} = \frac{n}{m+n-1} = \frac{S_p}{m} = T_p\Delta t$$

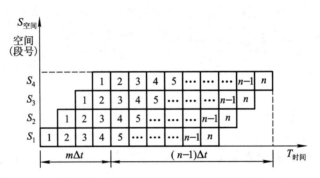

图 8.18　各段时间相等的流水线时空图

例 8.1　假设指令流水线分取指(IF)、译码(ID)、执行(EX)、回写(WR)4 个过程段，共有 10 条指令连续输入此流水线。

(1) 画出指令周期流程。

(2) 画出非流水线时空图。

(3) 画出流水线时空图。

(4) 假设时钟周期为 100 ns，求流水线的实际吞吐率。

(5) 求该流水处理器的加速比。

解：(1) 指令周期包括 IF、ID、EX、WR 这 4 个子过程，图 8.19(a)为指令周期流程图。

(2) 非流水线时空图如图 8.19(b)所示。假设一个时间单位为一个时钟周期，则每隔 4 个

时钟周期才有一个输出结果。

（3）流水线时空图如图 8.19（c）所示。由图中可见,第一条指令出结果需要 4 个时钟周期。当流水线满载时,以后每一个时钟周期可以出一个结果,即执行完一条指令。

（a）指令周期流程

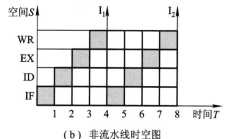

（b）非流水线时空图

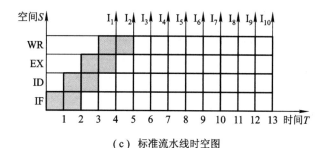

（c）标准流水线时空图

图 8.19　例 8.1 答图

（4）由图 8.19（c）所示的 10 条指令进入流水线的时空图可见,在 13 个时钟周期结束时,CPU 执行完 10 条指令,故实际吞吐率为

$$10/(100 \text{ ns} \times 13) \approx 0.77 \times 10^7 \text{ 条指令/秒}$$

（5）在流水处理器中,当任务饱满时,指令不断输入流水线,不论是几级流水线,每隔一个时钟周期都输出一个结果。对于本题四级流水线而言,处理 10 条指令所需的时钟周期数为 $T_4 = 4+(10-1) = 13$,而非流水线处理 10 条指令需 $4 \times 10 = 40$ 个时钟周期,故该流水处理器的加速比为 $40 \div 13 \approx 3.08$。

8.3.4　流水线中的多发技术

流水线技术使计算机系统结构产生重大革新,为了进一步发展,除了采用好的指令调度算法、重新组织指令执行顺序、降低相关带来的干扰以及优化编译外,还可开发流水线中的多发技术,设法在一个时钟周期(机器主频的倒数)内产生更多条指令的结果。常见的多发技术有超标量技术、超流水线技术和超长指令字技术。假设处理一条指令分 4 个阶段:取指(IF)、译码(ID)、执行(EX)和回写(WR)。图 8.20 是三种多发技术与普通四级流水线的比较,其中图 8.20(a)为普通四级流水线,一个时钟周期出一个结果。

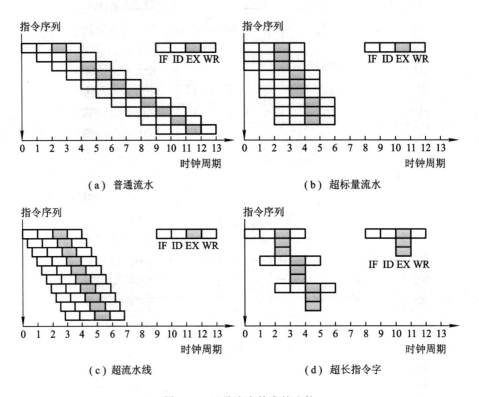

图 8.20　四种流水技术的比较

1. 超标量技术

超标量(Superscalar)技术如图 8.20(b)所示。它是指在每个时钟周期内可同时并发多条独立指令,即以并行操作方式将两条或两条以上(图中所示为 3 条)指令编译并执行。

要实现超标量技术,要求处理机中配置多个功能部件和指令译码电路,以及多个寄存器端口和总线,以便能实现同时执行多个操作,此外还要编译程序决定哪几条相邻指令可并行执行。

例如,下面两个程序段:

程序段 1	程序段 2
MOV BL,8	INC AX
ADD AX,1756H	ADD AX,BX
ADD CL,4EH	MOV DS,AX

左边程序段中的 3 条指令是互相独立的,不存在数据相关,可实现指令级并行。右边程序段中的 3 条指令存在数据相关,不能并行执行。超标量计算机不能重新安排指令的执行顺序,但可以通过编译优化技术,在高级语言翻译成机器语言时精心安排,把能并行执行的指令搭配起来,挖掘更多的指令并行性。

2. 超流水线技术

超流水线(Superpipeline)技术是将一些流水线寄存器插入流水线段中,好比将流水线再分段,如图 8.20(c)所示。图中将原来的一个时钟周期又分成 3 段,使超流水线的处理器周期比普通流水线的处理器周期(如图 8.20(a)所示)短,这样,在原来的时钟周期内,功能部件被使用 3 次,使流水线以 3 倍于原来时钟频率的速度运行。与超标量计算机一样,硬件不能调整指令的执行顺序,靠编译程序解决优化问题。

3. 超长指令字技术

超长指令字(VLIW)技术和超标量技术都是采用多条指令在多个处理部件中并行处理的体系结构,在一个时钟周期内能流出多条指令。但超标量的指令来自同一标准的指令流,VLIW 则是由编译程序在编译时挖掘出指令间潜在的并行性后,把多条能并行操作的指令组合成一条具有多个操作码字段的超长指令(指令字长可达几百位),由这条超长指令控制 VLIW 机中多个独立工作的功能部件,由每一个操作码字段控制一个功能部件,相当于同时执行多条指令,如图 8.20(d)所示。VLIW 较超标量具有更高的并行处理能力,但对优化编译器的要求更高,对 Cache 的容量要求更大。

8.3.5　流水线结构

1. 指令流水线结构

指令流水线是将指令的整个执行过程用流水线进行分段处理,典型的指令执行过程分为"取指令—指令译码—形成地址—取操作数—执行指令—回写结果—修改指令指针"这几个阶段,与此相对应的指令流水线结构由图 8.21 所示的几个部件组成。

指令流水线对机器性能的改善程度取决于把处理过程分解成多少个相等的时间段数。如上述共分 7 段,若每一段需要一个时钟周期,则当不采用流水技术时,需 7 个时钟周期出一个结果。采用流水线后,假设流水线不出现断流(如遇到转移指令),则除第一条指令需 7 个时钟周期出结果外,以后所有的指令都是一个时钟周期出一个结果。因此,在理想的情况下(流水线不断流),该流水线的速度约提高到 7 倍。

2. 运算流水线

上述讨论的指令流水线是指令级的流水技术,实际上流水技术还可用于部件级。例如,浮点加法运算,可以分成"对阶""尾数加"及"结果规格化"3 段,每一段都有一个专门的逻辑电路完成操作,并将其结果保存在锁存器中,作为下一段的输入。如图 8.22 所示,当对阶完成后,将结果存入锁存器,便又可进入下一条指令的对阶运算。

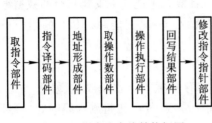

图 8.21　指令流水线结构框图

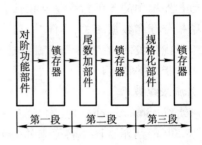

图 8.22　浮点加运算操作流水线

若执行浮点乘运算也按浮点加运算那样分段,即分成阶码运算、尾数乘和结果规格化三级流水线,就不够合理。因为尾数乘所需的时间比阶码运算和规格化操作长得多,而且尾数乘可以和阶码运算同时进行,因此,尾数乘本身就可以用流水线。

由图 8.22 可见,流水线相邻两段在执行不同的操作,因此在相邻两段之间必须设置锁存器或寄存器,以保证在一个时钟周期内流水线的输入信号不变。这一指导思想也适用于指令流水。此外,只有当流水线各段工作饱满时,才能发挥最大作用。上例中如果浮点运算没有足够的数据来源,那么流水线中的某些段甚至全部段都处于空闲状态,使流水线的作用没有充分发挥。因此具体是否采用流水线技术以及在计算机的哪一部分采用流水线技术需根据情况而定。

8.4　中断系统

第 5 章已经介绍了有关中断的一些概念,特别对 I/O 中断做了较详细的讨论。实际上 I/O 中断只是 CPU 众多中断中的一种,引起中断的因素很多,为了处理各种中断,CPU 内通常设有处理中断的机构——中断系统,以解决各种中断的共性问题。本节进一步分析中断系统的功能,以便更深入地了解中断系统在 CPU 中的作用和地位。

8.4.1　概述

从前面分析可知,采用中断方式实现主机与 I/O 交换信息可使 CPU 和 I/O 并行工作,提高 CPU 的效率。其实,计算机在运行过程中,除了会遇到 I/O 中断外,还有许多意外事件发生,如电源突然掉电,机器硬件突然出现故障,人们在机器运行过程中想随机抽查计算的中间结果,实现人机联系等。此外,在实时处理系统中,必须及时处理某个事件或现象,例如,在过程控制系统中,当突然出现温度过高、电压过大等情况时,必须及时将这些信息送至计算机,由计算机暂时中断现行程序,转去执行中断服务程序,以解决这种异常情况。再如,计算机实现多道程序运行时,可以通过分配给每道程序一个固定时间片,利用时钟定时发中断进行程序切换。在多处理机系统中,各处理器之间的信息交流和任务切换也可通过中断来实现。总之,为了提高计算机的效率,为了处理一些异常情况以及实时控制、多道程序和多处理机的需要,提出了中断的概念。

1. 引起中断的各种因素

引起中断的因素很多,大致可分为以下几类。

（1）人为设置的中断

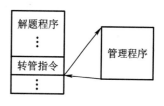

图 8.23　自愿中断示意

这种中断一般称为自愿中断,因为它是在程序中人为设置的,故一旦机器执行这种人为中断,便自愿停止现行程序而转入中断处理,如图 8.23 所示。

图中的"转管指令"可能是转至从 I/O 设备调入一批信息到主存的管理程序,也可能是转至将一批数据送往打印机打印的管理程序。显然,当用户程序执行了"转管指令"后,便中断现行程序,转入管理程序,这种转移完全是自愿的。

IBM PC(Intel 8086)的 INT TYPE 指令类似于这种自愿中断,它完成系统调用。TYPE 决定了系统调用的类型。

（2）程序性事故

如定点溢出、浮点溢出、操作码不能识别、除法中出现"非法"等,这些都属于由程序设计不周而引起的中断。

（3）硬件故障

硬件故障类型很多,如插件接触不良、通风不良、磁表面损坏、电源掉电等,这些都属于硬设备故障。

（4）I/O 设备

I/O 设备被启动以后,一旦准备就绪,便向 CPU 发出中断请求。每个 I/O 设备都能发中断请求,因此这种中断与计算机所配置的 I/O 设备多少有关。

（5）外部事件

用户通过键盘来中断现行程序属于外部事件中断。

上述各种中断因素除自愿中断是人为的以外,大多都是随机的。通常将能引起中断的各个因素称为中断源。中断源可分两大类:一类为不可屏蔽中断,这类中断 CPU 不能禁止响应,如电源掉电;另一类为可屏蔽中断,对可屏蔽中断源的请求,CPU 可根据该中断源是否被屏蔽来确定是否给予响应。若未屏蔽则能响应;若已被屏蔽,则 CPU 不能响应(有关内容详见 8.4.6 节中断屏蔽技术)。

2. 中断系统须解决的问题

① 各中断源如何向 CPU 提出中断请求。

② 当多个中断源同时提出中断请求时,中断系统如何确定优先响应哪个中断源的请求。

③ CPU 在什么条件、什么时候、以什么方式来响应中断。

④ CPU 响应中断后如何保护现场。

⑤ CPU 响应中断后,如何停止原程序的执行而转入中断服务程序的入口地址。

⑥ 中断处理结束后,CPU 如何恢复现场,如何返回到原程序的间断处。

⑦ 在中断处理过程中又出现了新的中断请求,CPU 该如何处理。

要解决上述 7 个问题,只有在中断系统中配置相应的硬件和软件,才能完成中断处理任务。

8.4.2　中断请求标记和中断判优逻辑

1. 中断请求标记

为了判断是哪个中断源提出请求,在中断系统中必须设置中断请求标记触发器,简称中断请求触发器,记作 INTR。当其状态为"1"时,表示中断源有请求。这种触发器可集中设在 CPU 内,组成一个中断请求标记寄存器,如图 8.24 所示。

图 8.24　中断请求标记寄存器

图中 1,2,3,4,5,…,n 分别对应掉电、过热、主存读写校验错、阶上溢、非法除法……打印机输出等中断源的中断请求触发器,其中任意一个触发器为 1,即表明对应的中断源提出了中断请求。显然,中断请求触发器越多,说明计算机处理中断的能力越强。

有一点需要说明,尽管中断请求标记寄存器是由各中断请求触发器组成的,但这些触发器既可以集中在 CPU 的中断系统内,也可以分散到各个中断源中。在图 5.41 所示的程序中断方式接口电路中,INTR 就是分散在各个接口电路内的中断请求触发器。

2. 中断判优逻辑

任何一个中断系统,在任一时刻,只能响应一个中断源的请求。但许多中断源提出请求都是随机的,当某一时刻有多个中断源提出中断请求时,中断系统必须按其优先顺序予以响应,这称为中断判优。各中断源的优先顺序是根据该中断源若得不到及时响应,致使机器工作出错的严重程度而定的。例如,电源掉电对计算机工作影响程度最大,优先等级为最高。又如"定点溢出"对机器正常工作影响也很大,若不及时响应,将使计算机一切运行均无效,故它的优先等级也较高。对于 I/O 设备,则可按其速度高低安排优先等级,速度高的设备优先级比速度低的设备高。

中断判优可用硬件实现,也可用软件实现。

（1）硬件排队

硬件排队又分两种。一种为链式排队器,对应中断请求触发器分散在各个接口电路中的情况,如图 5.38 所示,每一个接口电路中都设有一个非门和一个与非门,它们犹如链条一样串接起来。另一种排队器设在 CPU 内,如图 8.25 所示,图中假设其优先顺序按 1、2、3、4 由高向低排列。这样,当最高优先级的中断源有请求时 $INTR_1 = 1$,就可封住比它级别低的中断源的请求。

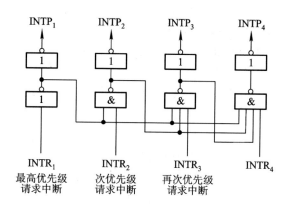

图 8.25　集中在 CPU 内的排队器

（2）软件排队

软件排队是通过编写查询程序实现的,其程序框图如图 8.26 所示。程序按中断源的优先等级,从高至低逐级查询各中断源是否有中断请求,这样就可以保证 CPU 首先响应级别高的中断源的请求。

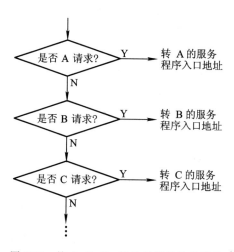

图 8.26　按 A>B>C…优先级别的软件排队

8.4.3　中断服务程序入口地址的寻找

由于不同的中断源对应不同的中断服务程序,故准确找到服务程序的入口地址是中断处理的核心问题。通常有两种方法寻找入口地址:硬件向量法和软件查询法。

1. 硬件向量法

硬件向量法就是利用硬件产生向量地址,再由向量地址找到中断服务程序的入口地址。向量地址由中断向量地址形成部件产生,这个电路可分散设置在各个接口电路中(如图 5.41 中的设备编码器),也可设置在 CPU 内,如图 8.27 所示。

由向量地址寻找中断服务程序的入口地址通常采用两种办法。一种如图 5.40 所示,在向量地址内存放一条无条件转移指令,CPU 响应中断时,只要将向量地址(如 12H)送至 PC,执行这条指令,便可无条件转向打印机服务程序的入口地址 200。另一种是设置向量地址表,如图 8.28 所示。该表设在存储器内,存储单元的地址为向量地址,存储单元的内容为入口地址,例如,图 8.28 中的 12H、13H、14H 为向量地址,200、300、400 为入口地址,只要访问向量地址所指示的存储单元,便可获得入口地址。

硬件向量法寻找入口地址速度快,在现代计算机中被普遍采用。

图 8.27　集中在 CPU 内的向量地址形成部件　　　图 8.28　中断向量地址表

2. 软件查询法

用软件寻找中断服务程序入口地址的方法称为软件查询法,其框图同图 8.26。由图 8.26 中可见,当查到某一中断源有中断请求时,接着安排一条转移指令,直接指向此中断源的中断服务程序入口地址,机器便能自动进入中断处理。至于各中断源对应的入口地址,则由程序员(或系统)事先确定。这种方法不涉及硬件设备,但查询时间较长。计算机可具备软、硬件两种方法寻找入口地址,使使用户使用更方便、灵活。

8.4.4　中断响应

1. 响应中断的条件

由第 5 章已知,CPU 响应 I/O 中断的条件是允许中断触发器必须为"1",这一结论同样适合于其他中断源。在中断系统中有一个允许中断触发器 EINT,它可被开中断指令置"1",也可被关中断指令置"0"。当允许中断触发器为"1"时,意味着 CPU 允许响应中断源的请求;当其为"0"时,意味着 CPU 禁止响应中断。故当 EINT=1,且有中断请求(即中断请求标记触发器 INTR=1)时,CPU 可以响应中断。

2. 响应中断的时间

与响应 I/O 中断一样,CPU 总是在指令执行周期结束后,响应任何中断源的请求,如图 8.8 所示。在指令执行周期结束后,若有中断,CPU 则进入中断周期;若无中断,则进入下一条指令的取指周期。

之所以 CPU 在指令的执行周期后进入中断周期,是因为 CPU 在执行周期的结束时刻统一向所有中断源发中断查询信号,只有此时,CPU 才能获知哪个中断源有请求。如图 8.29 所示,图中 $INTR_i$($i=1,2,\cdots$)是各个中断源的中断请求触发器,触发器的数据端来自各中断源,当它们有请求时,数据端为"1",而且只有当 CPU 发出的中断查询信号输入触发器的时钟端时,才能将 $INTR_i$ 置"1"。

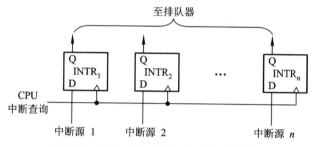

图 8.29　CPU 在统一时间发中断查询信号

在某些计算机中,有些指令执行时间很长,若 CPU 的查询信号一律安排在执行周期结束时刻,有可能因 CPU 发现中断请求过迟而出差错。为此,可在指令执行过程中设置若干个查询断点,CPU 在每个"查询断点"时刻均发中断查询信号,以便发现有中断请求便可及时响应。

3. 中断隐指令

CPU 响应中断后,即进入中断周期。在中断周期内,CPU 要自动完成一系列操作,具体如下:

(1)保护程序断点

保护程序断点就是要将当前程序计数器 PC 的内容(程序断点)保存到存储器中。它可以存在存储器的特定单元(如 0 号地址)内,也可以存入堆栈。

(2)寻找中断服务程序的入口地址

由于中断周期结束后进入下条指令(即中断服务程序的第一条指令)的取指周期,因此在中断周期内必须设法找到中断服务程序的入口地址。由于入口地址有两种方法获得,因此在中断周期内也有两种方法寻找入口地址。

其一,在中断周期内,将向量地址送至 PC(对应硬件向量法),使 CPU 执行下一条无条件转移指令,转至中断服务程序的入口地址。

其二,在中断周期内,将如图 8.26 所示的软件查询入口地址的程序(又称中断识别程序)首地址送至 PC,使 CPU 执行中断识别程序,找到入口地址(对应软件查询法)。

（3）关中断

CPU 进入中断周期,意味着 CPU 响应了某个中断源的请求,为了确保 CPU 响应后所需做的一系列操作不至于又受到新的中断请求的干扰,在中断周期内必须自动关中断,以禁止 CPU 再次响应新的中断请求。图 8.30 是 CPU 自动关中断的示意图。图中允许中断触发器 EINT 和中断标记触发器 INT 可选用标准的 R-S 触发器。当进入中断周期时,INT 为"1"状态,触发器原端输出有一个正跳变,经反相后产生一个负跳变,使 EINT 置"0",即关中断。

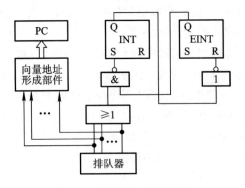

图 8.30   硬件关中断示意图

上述保护断点、寻找入口地址和关中断这些操作都是在中断周期内由一条中断隐指令完成的。所谓中断隐指令,即在机器指令系统中没有的指令,它是 CPU 在中断周期内由硬件自动完成的一条指令。

8.4.5   保护现场和恢复现场

保护现场应该包括保护程序断点和保护 CPU 内部各寄存器内容的现场两个方面。程序断点的现场由中断隐指令完成,各寄存器内的现场可在中断服务程序中由用户（或系统）用机器指令编程实现,参见 5.5.5 节及图 5.43。

恢复现场是指在中断返回前,必须将寄存器的内容恢复到中断处理前的状态,这部分工作也由中断服务程序完成,如图 5.43 所示。

8.4.6   中断屏蔽技术

中断屏蔽技术主要用于多重中断。

1. 多重中断的概念

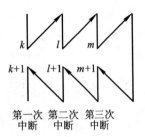

图 8.31   多重中断示意图

当 CPU 正在执行某个中断服务程序时,另一个中断源又提出了新的中断请求,而 CPU 又响应了这个新的请求,暂时停止正在运行的服务程序,转去执行新的中断服务程序,这称为多重中断,又称中断嵌套,如图 8.31 所示。如果 CPU 对新的请求不予响应,待执行完当前的服务程序后再响应,即为单重中断。中断系统若要具有处理多重中断的功能,必须具备各项条件。

2. 实现多重中断的条件

① 提前设置"开中断"指令。

　　由上述分析可知,CPU 进入中断周期后,由中断隐指令自动将 EINT 置"0",即关中断,这就意味着 CPU 在执行中断服务程序中禁止响应新的中断请求。CPU 若想再次响应中断请求,必须开中断,这一任务通常由中断服务程序中的开中断指令实现。由于开中断指令设置的位置不同,决定了 CPU 能否实现多重中断。由图 5.43 可见,多重中断"开中断"指令的位置前于单重中断,从而保证了多重中断允许出现中断嵌套。

　　② 优先级别高的中断源有权中断优先级别低的中断源。

　　在满足①的前提下,只有优先级别更高的中断源请求才可以中断比其级别低的中断服务程序,反之则不然。例如,有 A、B、C、D 4 个中断源,其优先级按 A→B→C→D 由高向低次序排列。在 CPU 执行主程序期间,同时出现了 B 和 C 的中断请求,由于 B 级别高于 C,故首先执行 B 的服务程序。当 B 级中断服务程序执行完返回主程序后,由于 C 请求未撤销,故 CPU 又再去执行 C 级的中断服务程序。若此时又出现了 D 请求,因为 D 级别低于 C,故 CPU 不响应,当 C 级中断服务程序执行完返回主程序后再去执行 D 级的服务程序。若此时又出现了 A 请求,因 A 级别高于 D,故 CPU 暂停对 D 级中断服务程序的执行,转去执行 A 级中断服务程序,等 A 级中断服务程序执行完后,再去执行 D 级中断服务程序。上述的中断处理示意图如图 8.32 所示。

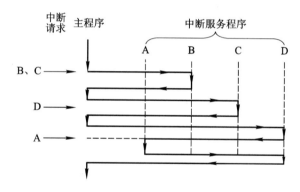

图 8.32　多重中断处理示意图

　　为了保证级别低的中断源不干扰比其级别高的中断源的中断处理过程,保证上述②的实施,可采用屏蔽技术。

　　3. 屏蔽技术

　　(1) 屏蔽触发器与屏蔽字

　　图 5.37 示出了程序中断接口电路中完成触发器 D、中断请求触发器 INTR 和屏蔽触发器 MASK 三者之间的关系。当该中断源被屏蔽时(MASK=1),此时即使 D=1,中断查询信号到来时刻只能将 INTR 置"0",CPU 接收不到该中断源的中断请求,即它被屏蔽。若该中断源未被屏蔽(MASK=0),当设备工作已完成时(D=1),中断查询信号则将 INTR 置"1",表示该中断源向 CPU 发出中断请求,该信号送至排队器进行优先级判断。

如果排队器集中设在 CPU 内,加上屏蔽条件,就可组成具有屏蔽功能的排队器,如图 8.33 所示。

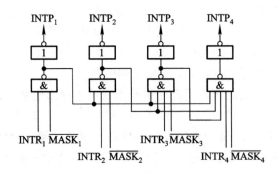

图 8.33   具有屏蔽功能的排队器

显然,对应每个中断请求触发器就有一个屏蔽触发器,将所有屏蔽触发器组合在一起,便构成一个屏蔽寄存器,屏蔽寄存器的内容称为屏蔽字。屏蔽字与中断源的优先级别是一一对应的,如表 8.7 所示。

表 8.7   中断优先级与屏蔽字的关系

优先级	屏蔽字
1	1 1 1 1 1 1 1 1 1 1 1 1 1 1 1 1
2	0 1 1 1 1 1 1 1 1 1 1 1 1 1 1 1
3	0 0 1 1 1 1 1 1 1 1 1 1 1 1 1 1
4	0 0 0 1 1 1 1 1 1 1 1 1 1 1 1 1
5	0 0 0 0 1 1 1 1 1 1 1 1 1 1 1 1
6	0 0 0 0 0 1 1 1 1 1 1 1 1 1 1 1
⋮	⋮
15	0 0 0 0 0 0 0 0 0 0 0 0 0 0 1 1
16	0 0 0 0 0 0 0 0 0 0 0 0 0 0 0 1

表 8.7 是对应 16 个中断源的屏蔽字,每个屏蔽字由左向右排序为第 1,2,3…,共 16 位。不难发现,每个中断源对应的屏蔽字是不同的。1 级中断源的屏蔽字是 16 个 1;2 级中断源的屏蔽字是从第 2 位开始共 15 个 1;3 级中断源的屏蔽字是从第 3 位开始共 14 个 1……第 16 级中断源的屏蔽字只有第 16 位为 1,其余各位为 0。

在中断服务程序中设置适当的屏蔽字,能起到对优先级别不同的中断源的屏蔽作用。例如,1 级中断源的请求已被 CPU 响应,若在其中断服务程序中(通常在开中断指令前)设置一个全"1"的屏蔽字,便可保证在执行 1 级中断服务程序过程中,CPU 不再响应任何一个中断源(包括本级在内)的中断请求,即此刻不能实现多重中断。如果在 4 级中断源的服务程序中设置一个屏蔽字 0001111111111111,由于第 1~3 位为 0,意味着第 1~3 级的中断源未被屏蔽,因此在开中断指令后,比第 4 级中断源级别更高的 1、2、3 级中断源可以中断 4 级中断源的中断服务程序,实现多重中断。

（2）屏蔽技术可改变优先等级

严格地说,优先级包含响应优先级和处理优先级。响应优先级是指 CPU 响应各中断源请求的优先次序,这种次序往往是硬件线路已设置好的,不便于改动。处理优先级是指 CPU 实际对各中断源请求的处理优先次序。如果不采用屏蔽技术,响应的优先次序就是处理的优先次序。

采用了屏蔽技术后,可以改变 CPU 处理各中断源的优先等级,从而改变 CPU 执行程序的轨迹。例如,A、B、C、D 这 4 个中断源的优先级别按 A→B→C→D 降序排列,根据这一次序,CPU 执行程序的轨迹如图 8.34 所示。当 4 个中断源同时提出请求时,处理次序与响应次序一致。

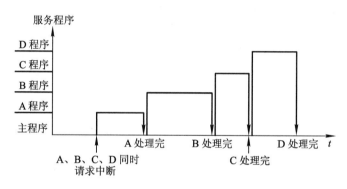

图 8.34　CPU 执行程序的轨迹

在不改变 CPU 响应中断的次序下,通过改变屏蔽字可以改变 CPU 处理中断的次序。例如,将上述 4 个中断源的处理次序改为 A→D→C→B,则每个中断源所对应的屏蔽字发生了变化,如表 8.8 所示。表中原屏蔽字对应 A→B→C→D 的响应顺序,新屏蔽字对应 A→D→C→B 的处理顺序。

表 8.8　中断处理次序与屏蔽字的关系

中断源	原屏蔽字	新屏蔽字
A	1　1　1　1	1　1　1　1
B	0　1　1　1	0　1　0　0
C	0　0　1　1	0　1　1　0
D	0　0　0　1	0　1　1　1

在同样中断请求的情况下,CPU 执行程序的轨迹发生了变化,如图 8.35 所示。CPU 在运行程序的过程中,若 A、B、C、D 4 个中断源同时提出请求,按照中断级别的高低,CPU 首先响应并处理 A 中断源的请求,由于 A 的屏蔽字是 1111,屏蔽了所有的中断源,故 A 程序可以全部执行完,然后回到主程序。由于 B、C、D 的中断请求还未响应,而 B 的响应优先级高于其他,所以 CPU 响应 B 的请求,进入 B 的中断服务程序。在 B 的服务程序中,由于设置了新的屏蔽字 0100,即 A、C、D 可打断 B,而 A 程序已执行完,C 的响应优先级又高于 D,于是 CPU 响应 C,进入 C 的服务程序。在 C 的服务程序中,由于设置了新的屏蔽字 0110,即 A、D 可打断 C,由于 A 程序已执行完,于是 CPU 响应 D,执行 D 的服务程序。在 D 的服务程序中,屏蔽字变成 0111,即只有 A 可打断 D,但 A 已处理结束,所以 D 可以一直执行完,然后回到 C 程序。C 程序执行完后,回到 B 程序。B 程序执行完后,回到主程序。至此,A、B、C、D 均处理完毕。

采用了屏蔽技术后,在中断服务程序中需设置新的屏蔽字,流程如图 8.36 所示。与第 5 章图 5.43(b)所示的中断服务程序相比,增加了置屏蔽字和恢复屏蔽字两部分内容。而且为了防止在恢复现场过程中又出现新的中断,在恢复现场前又增加了关中断,恢复屏蔽字之后,必须再次开中断。

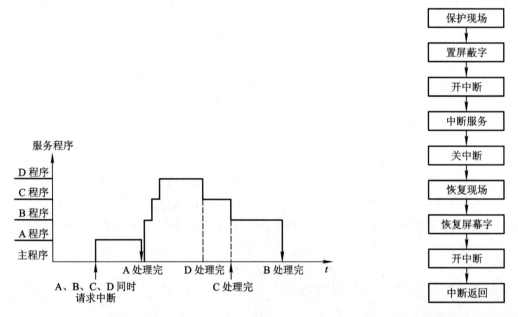

图 8.35　改变中断处理次序后 CPU 执行程序的轨迹　　　　图 8.36　采用屏蔽技术的中断服务程序

例 8.2　设某机有 4 个中断源 1、2、3、4,其硬件排队优先次序按 1→2→3→4 降序排列,各中断源的服务程序中所对应的屏蔽字如表 8.9 所示。

表 8.9　例 8.2 各中断源对应的屏蔽字

中断源	屏蔽字			
	1	2	3	4
1	1	1	0	1
2	0	1	0	0
3	1	1	1	1
4	0	1	0	1

（1）给出上述 4 个中断源的中断处理次序。

（2）若 4 个中断源同时有中断请求,画出 CPU 执行程序的轨迹。

解:（1）根据表 8.9,4 个中断源的处理次序是按 3→1→4→2 降序排列。

（2）当 4 个中断源同时有中断请求时,由于硬件排队的优先次序是 1→2→3→4,故 CPU 先响应 1 的请求,执行 1 的服务程序。由于在该服务程序中设置了屏蔽字 1101,故开中断指令后转去执行 3 的服务程序,且 3 的服务程序执行结束后又回到 1 的服务程序。1 的服务程序结束后,CPU 还有 2、4 两个中断源请求未响应。由于 2 的响应优先级高于 4,故 CPU 先响应 2 的请求,执行 2 的服务程序。在 2 的服务程序中由于设置了屏蔽字 0100,意味着 1、3、4 可中断 2 的服务程序。而 1、3 的请求已处理结束,因此在开中断指令之后转去执行 4 的服务程序,4 的服务程序执行结束后又回到 2 的服务程序的断点处,继续执行 2 的服务程序,直至该程序执行结束。图 8.37 示意了 CPU 执行程序的轨迹。

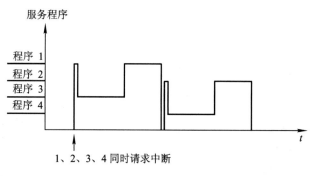

图 8.37　例 8.2 CPU 执行程序的轨迹

（3）屏蔽技术的其他作用

屏蔽技术还能给程序控制带来更大的灵活性。例如,在浮点运算中,当程序员估计到执行某段程序时可能出现"阶上溢",但又不希望因"阶上溢"而使机器停机,为此可设一屏蔽字,使对应"阶上溢"的屏蔽位为"1",这样,即使出现"阶上溢",机器也不停机。

4. 多重中断的断点保护

多重中断时,每次中断出现的断点都必须保存起来,如图 8.31 中共出现了 3 次中断,有 3 个断点 $k+1$、$l+1$、$m+1$ 需保存。中断系统对断点的保存都是在中断周期内由中断隐指令实现的,对用户是透明的。

断点可以保存在堆栈中,由于堆栈先进后出的特点,因此图 8.31 中的 $k+1$ 先进栈,接着是 $l+1$ 进栈,最后是 $m+1$ 进栈。出栈时,按相反顺序便可准确返回到程序间断处。

断点也可保存在特定的存储单元内,例如约定一律将程序断点存至主存的 0 号地址单元内。由于保存断点是由中断隐指令自动完成的,因此 3 次中断的断点都将存入 0 地址单元,这势必造成前两次存入的断点 $k+1$ 和 $l+1$ 被冲掉。为此,在中断服务程序中的开中断指令之前,必须先将 0 地址单元的内容转存至其他地址单元中,才能真正保存每一个断点。读者可自行练习,画出将程序断点保存到 0 号地址单元的多重中断服务程序流程。

思考题与习题

8.1 CPU 有哪些功能? 画出其结构框图并简要说明每个部件的作用。

8.2 什么是指令周期? 指令周期是否有一个固定值? 为什么?

8.3 画出指令周期的流程图,分别说明图中每个子周期的作用。

8.4 设 CPU 内有这些部件:PC、IR、SP、AC、MAR、MDR 和 CU。

(1) 画出完成间接寻址的取数指令"LDA @ X"(将主存某地址单元的内容取至 AC 中)的数据流(从取指令开始)。

(2) 画出中断周期的数据流。

8.5 中断周期前是什么阶段? 中断周期后又是什么阶段? 在中断周期 CPU 应完成什么操作?

8.6 存储器中有若干数据类型:指令代码、运算数据、堆栈数据、字符代码和 BCD 码,计算机如何识别这些代码?

8.7 什么叫系统的并行性? 粗粒度并行和细粒度并行有何区别?

8.8 什么是指令流水? 画出指令二级流水和四级流水的示意图,它们中哪一个更能提高处理器速度,为什么?

8.9 当遇到什么情况时流水线将受阻? 举例说明。

8.10 举例说明流水线中的几种数据相关。

8.11 今有四级流水线,分别完成取指(IF)、译码并取数(ID)、执行(EX)、写结果(WR)4 个步骤。假设完成各步操作的时间依次为 90 ns、90 ns、60 ns、45 ns。

(1) 流水线的时钟周期应取何值?

(2) 若相邻的指令发生数据相关,那么第 2 条指令安排推迟多少时间才能不发生错误?

(3) 若相邻两指令发生数据相关,为了不推迟第 2 条指令的执行,可采取什么措施?

8.12 在 5 个功能段的指令流水线中,假设每段的执行时间分别是 10 ns、8 ns、10 ns、10 ns 和 7 ns。对于完成 12 条指令的流水线而言,其加速比为多少? 该流水线的实际吞吐率为多少?

8.13 为什么说超长指令字比超标量更能提高并行处理能力?

8.14　指令流水线和运算流水线在结构上有何共同之处？

8.15　什么是中断？设计中断系统需考虑哪些主要问题？

8.16　计算机为了管理中断，在硬件上通常有哪些设置？各有何作用？对指令系统有何考虑？

8.17　在中断系统中，INTR、INT、EINT 这 3 个触发器各有何作用？

8.18　什么是中断隐指令，有哪些功能？

8.19　中断系统中采用屏蔽技术有何作用？

8.20　为实现多重中断，需有哪些硬件支持？

8.21　CPU 在处理中断过程中，有几种方法找到中断服务程序的入口地址？举例说明。

8.22　在中断处理过程中，为什么要进行中断判优？有几种实现方法？若想改变原定的优先顺序，可采取什么措施？

8.23　在中断处理过程中，"保护现场"需要完成哪些任务？如何实现？

8.24　现有 A、B、C、D 4 个中断源，其优先级由高向低按 A→B→C→D 顺序排列。若中断服务程序的执行时间为 20 μs，根据下图所示时间轴给出的中断源请求中断的时刻，画出 CPU 执行程序的轨迹。

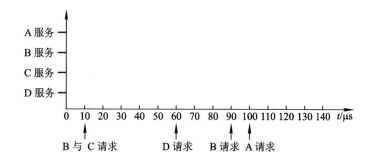

8.25　设某机有 5 个中断源 L_0、L_1、L_2、L_3、L_4，按中断响应的优先次序由高向低排序为 $L_0 \to L_1 \to L_2 \to L_3 \to L_4$，现要求中断处理次序改为 $L_1 \to L_4 \to L_2 \to L_0 \to L_3$，根据下面的格式，写出各中断源的屏蔽字。

中断源	屏蔽字				
	0	1	2	3	4
L_0					
L_1					
L_2					
L_3					
L_4					

8.26　设某机配有 A、B、C 3 台设备，其优先级按 A→B→C 降序排列，为改变中断处理次序，它们的中断屏蔽字设置如下：

设备	屏蔽字
A	1 1 1
B	0 1 0
C	0 1 1

　　按下图所示时间轴给出的设备请求中断的时刻,画出 CPU 执行程序的轨迹。设 A、B、C 中断服务程序的执行时间均为 20 μs。

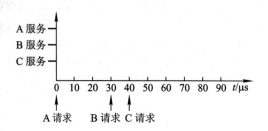

　　8.27　设某机有 3 个中断源,其优先级按 1→2→3 降序排列。假设中断处理时间均为 τ,在下图所示的时间内共发生 5 次中断请求,图中①表示 1 级中断源发出中断请求信号,其余类推,画出 CPU 执行程序的轨迹。

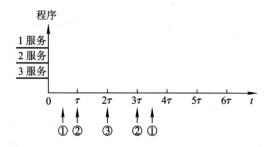

　　8.28　设某机有 4 个中断源 1、2、3、4,其响应优先级按 1→2→3→4 降序排列,现要求将中断处理次序改为 4→1→3→2。根据下图给出的 4 个中断源的请求时刻,画出 CPU 执行程序的轨迹。设每个中断源的中断服务程序时间均为 20 μs。

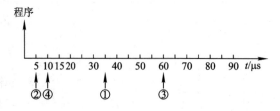

第4篇 控 制 单 元

  计算机之所以能自动协调地工作,是由于控制单元(CU)的统一指挥。本篇详细分析控制单元的功能及其设计思想。

第 9 章　控制单元的功能

本章结合指令周期的 4 个阶段,着重分析控制单元为完成不同指令所发出的各种操作命令——这些命令(又称控制信号)控制计算机的所有部件有次序地完成相应的操作,以达到执行程序的目的——旨在使读者进一步理解指令周期、机器周期、时钟周期(节拍)和控制信号的关系,进一步体会控制单元在机器运行中所起到的核心作用,为下一章控制单元的设计打好基础。

9.1　微操作命令的分析

控制单元具有发出各种微操作命令(即控制信号)序列的功能。

概括地说,计算机的功能就是执行程序。在执行程序的过程中,控制单元要发出各种微操作命令,而且不同的指令对应不同的命令。进一步分析发现,完成不同指令的过程中,有些操作是相同或相似的,如取指令、取操作数地址(当间接寻址时)以及进入中断周期由中断隐指令完成的一系列操作。为更清晰起见,下面按指令周期的 4 个阶段进一步分析其对应的微操作命令。

9.1.1　取指周期

为了便于讨论,假设 CPU 内有 4 个寄存器,如图 8.10 所示。MAR 与地址总线相连,存放欲访问的存储单元地址;MDR 与数据总线相连,存放欲写入存储器的信息或最近从存储器中读出的信息;PC 存放现行指令的地址,有计数功能;IR 存放现行指令。取指令的过程可归纳为以下几个操作。

① 现行指令地址送至存储器地址寄存器,记作 PC→MAR。

② 向主存发送读命令,启动主存做读操作,记作 1→R。

③ 将 MAR(通过地址总线)所指的主存单元中的内容(指令)经数据总线读至 MDR 内,记作 M(MAR)→MDR。

④ 将 MDR 的内容送至 IR,记作 MDR→IR。

⑤ 指令的操作码送至 CU 译码,记作 OP(IR)→CU。

⑥ 形成下一条指令的地址,记作(PC)+1→PC。

9.1.2　间址周期

间址周期完成取操作数有效地址的任务,具体操作如下。

① 将指令的地址码部分(形式地址)送至存储器地址寄存器,记作 Ad(IR)→MAR。

② 向主存发送读命令,启动主存做读操作,记作 1→R。

③ 将 MAR(通过地址总线)所指的主存单元中的内容(有效地址)经数据总线读至 MDR 内,记作 M(MAR)→MDR。

④ 将有效地址送至指令寄存器的地址字段,记作 MDR→Ad(IR)。此操作在有些机器中可省略。

9.1.3　执行周期

不同指令执行周期的微操作是不同的,下面分别讨论非访存指令、访存指令和转移类指令的微操作。

1. 非访存指令

这类指令在执行周期不访问存储器。

(1)清除累加器指令 CLA

该指令在执行阶段只完成清除累加器操作,记作 0→ACC。

(2)累加器取反指令 COM

该指令在执行阶段只完成累加器内容取反,结果送累加器的操作,记作 $\overline{ACC}$→ACC。

(3)算术右移一位指令 SHR

该指令在执行阶段只完成累加器内容算术右移一位的操作,记作 L(ACC)→R(ACC),ACC_0→ACC_0(ACC 的符号位不变)。

(4)循环左移一位指令 CSL

该指令在执行阶段只完成累加器内容循环左移一位的操作,记作 R(ACC)→L(ACC),ACC_0→ACC_n(或 $\rho^{-1}(ACC)$)。

(5)停机指令 STP

计算机中有一个运行标志触发器 G,当 G=1 时,表示机器运行;当 G=0 时,表示停机。STP 指令在执行阶段只需将运行标志触发器置"0",记作 0→G。

2. 访存指令

这类指令在执行阶段都需要访问存储器。为简单起见,这里只考虑直接寻址的情况,不考虑其他寻址方式。

(1)加法指令 ADD X

该指令在执行阶段需要完成累加器内容与对应于主存 X 地址单元的内容相加,结果送累加

器的操作,具体如下:

① 将指令的地址码部分送至存储器地址寄存器,记作 Ad(IR)→MAR。

② 向主存发读命令,启动主存做读操作,记作 1→R。

③ 将 MAR(通过地址总线)所指的主存单元中的内容(操作数)经数据总线读至 MDR 内,记作 M(MAR)→MDR。

④ 给 ALU 发送加命令,将 ACC 的内容和 MDR 的内容相加,结果存于 ACC,记作（ACC）+（MDR）→ACC。

当然,也有的加法指令指定两个寄存器的内容相加,如"ADD AX,BX",该指令在执行阶段无须访存,只需完成（AX）+（BX）→AX 的操作。

（2）存数指令 STA X

该指令在执行阶段需将累加器 ACC 的内容存于主存的 X 地址单元中,具体操作如下。

① 将指令的地址码部分送至存储器地址寄存器,记作 Ad(IR)→MAR。

② 向主存发写命令,启动主存做写操作,记作 1→W。

③ 将累加器内容送至 MDR,记作 ACC→MDR。

④ 将 MDR 的内容(通过数据总线)写入 MAR(通过地址总线)所指的主存单元中,记作 MDR→M(MAR)。

（3）取数指令 LDA X

该指令在执行阶段需将主存 X 地址单元的内容取至累加器 ACC 中,具体操作如下。

① 将指令的地址码部分送至存储器地址寄存器,记作 Ad(IR)→MAR。

② 向主存发读命令,启动主存作读操作,记作 1→R。

③ 将 MAR(通过地址总线)所指的主存单元中的内容(操作数)经数据总线读至 MDR 内,记作 M(MAR)→MDR。

④ 将 MDR 的内容送至 ACC,记作 MDR→ACC。

3. 转移类指令

这类指令在执行阶段也不访问存储器。

（1）无条件转移指令 JMP X

该指令在执行阶段完成将指令的地址码部分 X 送至 PC 的操作,记作 Ad(IR)→PC。

（2）条件转移(负则转)指令 BAN X

该指令根据上一条指令运行的结果决定下一条指令的地址,若结果为负(累加器最高位为 1,即 $A_0 = 1$),则指令的地址码送至 PC,否则程序按原顺序执行。由于在取指阶段已完成了（PC）+1→PC,所以当累加器结果不为负(即 $A_0 = 0$)时,就按取指阶段形成的 PC 执行,记作 $A_0 \cdot Ad(IR) + \overline{A_0} \cdot (PC) \to PC$。

由此可见,不同指令在执行阶段所完成的操作是不同的。如果将访存指令分为直接访存和间接访存两种,则上述三类指令的指令周期如图 9.1 所示。

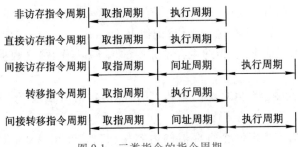

图 9.1　三类指令的指令周期

9.1.4　中断周期

在执行周期结束时刻,CPU 要查询是否有请求中断的事件发生,如果有则进入中断周期。由 8.4.4 节可知,在中断周期,由中断隐指令自动完成保护断点、寻找中断服务程序入口地址以及硬件关中断的操作。假设程序断点存至主存的 0 地址单元,且采用硬件向量法寻找入口地址,则在中断周期需完成如下操作。

① 将特定地址"0"送至存储器地址寄存器,记作 0→MAR。

② 向主存发写命令,启动存储器作写操作,记作 1→W。

③ 将 PC 的内容(程序断点)送至 MDR,记作 PC→MDR。

④ 将 MDR 的内容(程序断点)通过数据总线写入 MAR(通过地址总线)所指示的主存单元(0 地址单元)中,记作 MDR→M(MAR)。

⑤ 将向量地址形成部件的输出送至 PC,记作向量地址→PC,为下一条指令的取指周期做准备。

⑥ 关中断,将允许中断触发器清零,记作 0→EINT(该操作可直接由硬件线路完成,参见图 8.30)。

如果程序断点存入堆栈,而且进栈操作是先修改栈指针,后存入数据(参见图 7.18),只需将上述① 改为(SP)−1→SP,且 SP→MAR。

上述所有操作都是在控制单元发出的控制信号(即微操作命令)控制下完成的。

9.2　控制单元的功能

9.2.1　控制单元的外特性

图 9.2 是反映控制单元外特性的框图。

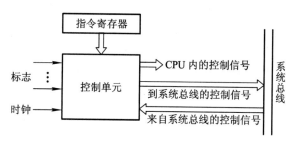

图 9.2　控制单元外特性

1. 输入信号

（1）时钟

上述各种操作有以下两点应特别注意。

① 完成每个操作都需占用一定的时间。

② 各个操作是有先后顺序的。例如,存储器读操作要用到 MAR 中的地址,故 PC→MAR 应先于 M(MAR)→MDR。

为了使控制单元按一定的先后顺序、一定的节奏发出各个控制信号,控制单元必须受时钟控制,即每一个时钟脉冲使控制单元发送一个操作命令,或发送一组需要同时执行的操作命令。

（2）指令寄存器

现行指令的操作码决定了不同指令在执行周期所需完成的不同操作,故指令的操作码字段是控制单元的输入信号,它与时钟配合可产生不同的控制信号。

（3）标志

控制单元有时需依赖 CPU 当前所处的状态(如 ALU 操作的结果)产生控制信号,如 BAN 指令,控制单元要根据上条指令的结果是否为负而产生不同的控制信号。因此“标志”也是控制单元的输入信号。

（4）来自系统总线(控制总线)的控制信号

例如,中断请求、DMA 请求。

2. 输出信号

（1）CPU 内的控制信号

主要用于 CPU 内的寄存器之间的传送和控制 ALU 实现不同的操作。

（2）送至系统总线（控制总线）的信号

例如，命令主存或 I/O 读/写、中断响应等。

9.2.2　控制信号举例

控制单元的主要功能就是能发出各种不同的控制信号。下面以间接寻址的加法指令 "ADD @ X" 为例，进一步理解控制信号在完成一条指令的过程中所起的作用。

1. 不采用 CPU 内部总线的方式

图 9.3 示意了未采用 CPU 内部总线方式的数据通路和控制信号的关系。图中未画出每个寄存器的输入或输出控制门，但标出了控制这些门电路的控制信号 C_i，考虑到从存储器取出的指令或有效地址都先送至 MDR 再送至 IR，故这里省去了 IR 送至 MAR 的数据通路，凡是需要从 IR 送至 MAR 的操作均可由 MDR 送至 MAR 代替。

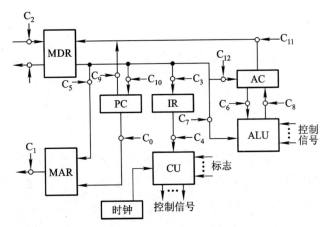

图 9.3　未采用 CPU 内部总线方式的数据通路和控制信号

（1）取指周期

① 控制信号 C_0 有效，打开 PC 送往 MAR 的控制门。

② 控制信号 C_1 有效，打开 MAR 送往地址总线的输出门。

③ 通过控制总线向主存发读命令。

④ C_2 有效，打开数据总线送至 MDR 的输入门。

⑤ C_3 有效，打开 MDR 和 IR 之间的控制门，至此指令送至 IR。

⑥ C_4 有效，打开指令操作码至 CU 的输出门。CU 在操作码和时钟的控制下，可产生各种

控制信号。

⑦ 使 PC 内容加 1(图中未标出)。

（2）间址周期

① C_5 有效,打开 MDR 和 MAR 之间的控制门,将指令的形式地址送至 MAR。

② C_1 有效,打开 MAR 送往地址总线的输出门。

③ 通过控制总线向主存发读命令。

④ C_2 有效,打开数据总线送至 MDR 的输入门,至此,有效地址存入 MDR。

⑤ C_3 有效,打开 MDR 和 IR 之间的控制门,将有效地址送至 IR 的地址码字段。

（3）执行周期

① C_5 有效,打开 MDR 和 MAR 之间的控制门,将有效地址送至 MAR。

② C_1 有效,打开 MAR 送往地址总线的输出门。

③ 通过控制总线向主存发读命令。

④ C_2 有效,打开数据总线送至 MDR 的输入门,至此,操作数存入 MDR。

⑤ C_6、C_7 同时有效,打开 AC 和 MDR 通往 ALU 的控制门。

⑥ 通过 CPU 内部控制总线对 ALU 发"ADD"加控制信号,完成 AC 的内容和 MDR 的内容相加。

⑦ C_8 有效,打开 ALU 通往 AC 的控制门,至此将求和结果存入 AC。

图中 C_9 和 C_{10} 分别是控制 PC 的输出和输入的控制信号,C_{11} 和 C_{12} 分别是控制 AC 的输出和输入的控制信号。

2. 采用 CPU 内部总线的方式

图 9.4 示意了采用 CPU 内部总线方式的数据通路和控制信号的关系,图中每一个小圈处都有一个控制信号,它控制寄存器到总线或总线到寄存器之间的传送。例如,IR_i 表示控制从内部总线到指令寄存器的输入控制门;PC_o 表示控制从程序计数器到内部总线的输出控制门。下标为 i 表示输入控制,下标为 o 表示输出控制,以此类推。与图 9.3 相比,图 9.4 多了两个寄存器 Y 和 Z,这是由于 ALU 是一个组合逻辑电路,在其运算过程中必须保持两个输入端不变,其中一个输入可以从 Y 寄存器中获得,另一个输入可以从内部总线上获得。当 CPU 内有多个通用寄存器时,由于设置了寄存器 Y,可实现任意两个寄存器之间的算逻运算。此外,ALU 的输出不能直接与内部总线相连,因为其输出又会通过总线反馈到 ALU 的输入,影响运算的正确性,故用寄存器 Z 暂存运算结果,再根据需要送至指定的目标。

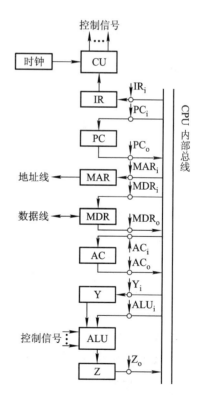

图 9.4 采用 CPU 内部总线方式的数据通路和控制信号

下面仍以完成间接寻址的加法指令"ADD @ X"为例,分析控制单元发出的控制信号。

（1）取指周期

① PC_o 和 MAR_i 有效,完成 PC 经内部总线送至 MAR 的操作,即 PC→MAR。

② 通过控制总线（图中未画出）向主存发读命令,即 1→R。

③ 存储器通过数据总线将 MAR 所指单元的内容（指令）送至 MDR。

④ MDR_o 和 IR_i 有效,将 MDR 的内容送至 IR,即 MDR→IR,至此,指令送至 IR,其操作码字段开始控制 CU。

⑤ 使 PC 内容加 1（图中未标出）。

（2）间址周期

① MDR_o 和 MAR_i 有效,将指令的形式地址经内部总线送至 MAR,即 MDR→MAR。

② 通过控制总线向主存发读命令,即 1→R。

③ 存储器通过数据总线将 MAR 所指单元的内容（有效地址）送至 MDR。

④ MDR_o 和 IR_i 有效,将 MDR 中的有效地址送至 IR 的地址码字段,即 MDR→Ad(IR)。

（3）执行周期

① MDR_o 和 MAR_i 有效,将有效地址经内部总线送至 MAR,即 MDR→MAR。

② 通过控制总线向主存发读命令,即 1→R。

③ 存储器通过数据总线将 MAR 所指单元的内容（操作数）送至 MDR。

④ MDR_o 和 Y_i 有效,将操作数送至 Y,即 MDR→Y。

⑤ AC_o 和 ALU_i 有效,同时 CU 向 ALU 发"ADD"加控制信号,使 AC 的内容和 Y 的内容相加（Y 的内容送至 ALU 不必通过总线）,结果送寄存器 Z,即 (AC) + (Y) →Z。

⑥ Z_o 和 AC_i 有效,将运算结果存入 AC,即 Z→AC。

现代计算机的 CPU 都集成在一个硅片内,在芯片内采用内部总线的方式可大大节省芯片内部寄存器之间的连线,使芯片内各部件布局更合理。

例 9.1 设 CPU 内部采用非总线结构,如图 9.3 所示。

（1）写出取指周期的全部微操作。

（2）写出取数指令"LDA M"、存数指令"STA M"、加法指令"ADD M"（M 均为主存地址）在执行阶段所需的全部微操作。

（3）当上述指令均为间接寻址时,写出执行这些指令所需的全部微操作。

（4）写出无条件转移指令"JMP Y"和结果为零则转指令"BAZ Y"在执行阶段所需的全部微操作。

解:（1）取指周期的全部微操作如下:

PC→MAR	现行指令地址→MAR
1→R	命令存储器读
M(MAR)→MDR	现行指令从存储器中读至 MDR
MDR→IR	现行指令→IR

OP(IR)→CU	指令的操作码→CU 译码
(PC) +1→PC	形成下一条指令的地址

（2）① 取数指令"LDA M"执行阶段所需的全部微操作如下：

Ad(IR)→MAR	指令的地址码字段→MAR
1→R	命令存储器读
M(MAR)→MDR	操作数从存储器中读至 MDR
MDR→ACC	操作数→ACC

② 存数指令"STA M"执行阶段所需的全部微操作如下：

Ad(IR)→MAR	指令的地址码字段→MAR
1→W	命令存储器写
ACC→MDR	欲写入的数据→MDR
MDR→M(MAR)	数据写至存储器中

③ 加法指令"ADD M"执行阶段所需的全部微操作如下：

Ad(IR)→MAR	指令的地址码字段→MAR
1→R	命令存储器读
M(MAR)→MDR	操作数从存储器中读至 MDR
(ACC) + (MDR)→ACC	两数相加结果送 ACC

（3）当上述指令为间接寻址时，需增加间址周期的微操作。这 3 条指令在间址周期的微操作是相同的，即

Ad(IR)→MAR	指令的地址码字段→MAR
1→R	命令存储器读
M(MAR)→MDR	有效地址从存储器中读至 MDR

进入执行周期，3 条指令的第一个微操作均为 MDR→MAR（有效地址送 MAR），其余微操作不变。

（4）① 无条件转移指令"JMP Y"执行阶段的微操作如下：

Ad(IR)→PC	转移(目标)地址 Y→PC

② 结果为零则转指令"BAZ Y"执行阶段的微操作如下：

Z·Ad(IR)→PC	当 Z=1 时，转移(目标)地址 Y→PC
	(Z 为标记触发器，结果为 0 时 Z=1)

例 9.2　已知单总线计算机结构如图 9.5 所示，其中 M 为主存，XR 为变址寄存器，EAR 为有效地址寄存器，LATCH 为锁存器。图中各寄存器的输入和输出均受控制信号控制，例如，PC_i 表示 PC 的输入控制信号，MDR_o 表示 MDR 的输出控制信号。假设指令地址已存于 PC 中，画出"ADD X，D"（X 为变址寄存器 XR，D 为形式地址）和"STA ＊D"（＊表示相对寻址，D 为相对位移量）两条指令的指令周期信息流程图，并列出相应的控制信号序列。

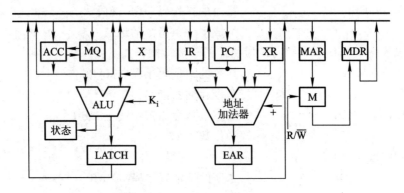

图 9.5　单总线计算机结构

解:(1)"ADD X,D"指令取指周期和执行周期的信息流程及相应的控制信号如图 9.6 所示,图中 Ad(IR)为形式地址。

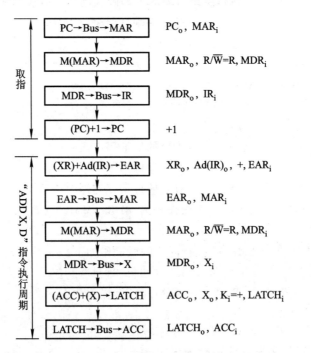

取指	PC→Bus→MAR	PC_o, MAR_i
	M(MAR)→MDR	MAR_o, $R/\overline{W}=R$, MDR_i
	MDR→Bus→IR	MDR_o, IR_i
	(PC)+1→PC	+1
"ADD X,D" 指令执行周期	(XR)+Ad(IR)→EAR	XR_o, $Ad(IR)_o$, +, EAR_i
	EAR→Bus→MAR	EAR_o, MAR_i
	M(MAR)→MDR	MAR_o, $R/\overline{W}=R$, MDR_i
	MDR→Bus→X	MDR_o, X_i
	(ACC)+(X)→LATCH	ACC_o, X_o, $K_i=+$, $LATCH_i$
	LATCH→Bus→ACC	$LATCH_o$, ACC_i

图 9.6　"ADD X,D"指令周期的信息流程及相应的控制信号

(2)"STA ∗D"指令取指周期和执行周期的信息流程及相应的控制信号如图 9.7 所示,图中 Ad(IR)为相对位移量的机器代码。

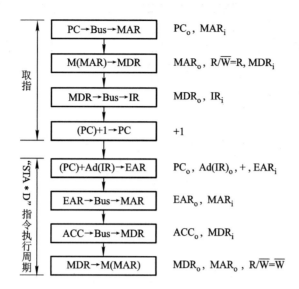

图 9.7　"STA ∗ D"指令周期的信息流程及相应的控制信号

9.2.3　多级时序系统

1. 机器周期

机器周期可看作所有指令执行过程中的一个基准时间,机器周期取决于指令的功能及器件的速度。确定机器周期时,通常要分析机器指令的执行步骤及每一步骤所需的时间。例如,取数、存数指令能反映存储器的速度及其与 CPU 的配合情况;加法指令能反映 ALU 的速度;条件转移指令因为要根据上一条指令的执行结果,经测试后才能决定是否转移,所需的时间较长。总之,通过对机器指令执行步骤的分析,会找到一个基准时间,在这个基准时间内,所有指令的操作都能结束。若以这个基准时间定为机器周期,显然不是最合理的。因为只有以完成复杂指令功能所需的时间(最长时间)作为基准,才能保证所有指令在此时间内完成全部操作,这对简单指令来说,显然是一种浪费。

进一步分析发现,机器内的各种操作大致可归属为对 CPU 内部的操作和对主存的操作两大类,由于 CPU 内部的操作速度较快,CPU 访存的操作时间较长,因此通常以访问一次存储器的时间定为基准时间较为合理,这个基准时间就是机器周期。又由于不论执行什么指令,都需要访问存储器取出指令,因此在存储字长等于指令字长的前提下,取指周期也可看作机器周期。

2. 时钟周期(节拍、状态)

在一个机器周期里可完成若干个微操作,每个微操作都需要一定的时间,可用时钟信号来控制产生每一个微操作命令(如图 9.3 中的 C_i)。时钟就好比计算机的心脏,只要接通电源,计算机内就会产生时钟信号。时钟信号可由机器主振电路(如晶体振荡器)发出的脉冲信号经整形(或倍频、分频)后产生,时钟信号的频率即为 CPU 主频。用时钟信号控制节拍发生器,就可产生节拍。每个节拍的宽度正好对应一个时钟周期。在每个节拍内机器可完成一个或几个需同时执行的操作,它是控制计算机操作的最小时间单位。图 9.8 反映了机器周期、时钟周期和节拍的关系,图中一个机器周期内有 4 个节拍 T_0、T_1、T_2、T_3。

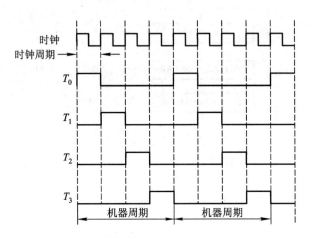

图 9.8　机器周期、时钟周期和节拍的关系

3. 多级时序系统

图 9.9 反映了指令周期、机器周期、节拍(状态)和时钟周期的关系。可见,一个指令周期包含若干个机器周期,一个机器周期又包含若干个时钟周期(节拍),每个指令周期内的机器周期数可以不等,每个机器周期内的节拍数也可以不等。其中,图 9.9(a)为定长的机器周期,每个机

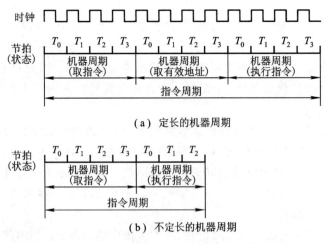

(a) 定长的机器周期

(b) 不定长的机器周期

图 9.9　指令周期、机器周期、节拍和时钟周期的关系

器周期包含 4 个节拍(4 个 T);图 9.9(b)为不定长的机器周期,每个机器周期包含的节拍数可以为 4 个,也可以为 3 个,后者适合于操作比较简单的指令,它可跳过某些时钟周期(如 T_3),从而缩短指令周期。

机器周期、节拍(状态)组成了多级时序系统。

一般来说,CPU 的主频越快,机器的运行速度也越快。在机器周期所含时钟周期数相同的前提下,两机平均指令执行速度之比等于两机主频之比。例如,CPU 的主频为 8 MHz,其平均指令执行速度为 0.8 MIPS。若想得到平均指令执行速度为 0.4 MIPS 的机器,则只需要用主频为 (8 MHz×0.4 MIPS)/0.8 MIPS=4 MHz 的 CPU 即可。

实际上机器的速度不仅与主频有关,还与机器周期中所含的时钟周期数以及指令周期中所含的机器周期数有关。同样主频的机器,由于机器周期所含时钟周期数不同,运行速度也不同。机器周期所含时钟周期数少的机器,速度更快。

例 9.3 设某计算机的 CPU 主频为 8 MHz,每个机器周期平均含 2 个时钟周期,每条指令的指令周期平均有 2.5 个机器周期,试问该机的平均指令执行速度为多少 MIPS? 若 CPU 主频不变,但每个机器周期平均含 4 个时钟周期,每条指令的指令周期平均有 5 个机器周期,则该机的平均指令执行速度又是多少 MIPS? 由此可得出什么结论?

解:由于主频为 8 MHz,所以时钟周期为 1/8=0.125 μs,机器周期为 0.125×2=0.25 μs,指令周期为 0.25×2.5=0.625 μs。

① 平均指令执行速度为 1/0.625=1.6 MIPS。

② 若 CPU 主频不变,机器周期含 4 个时钟周期,每条指令平均含 5 个机器周期,则指令周期为 0.125×4×5=2.5 μs,故平均指令执行速度为 1/2.5=0.4 MIPS。

③ 可见机器的运行速度并不完全取决于主频。

此外,机器的运行速度还和其他很多因素有关,如主存的运行速度、机器是否配有 Cache、总线的数据传输率、硬盘的运行速度以及机器是否采用流水技术等。机器速度还可以用 MIPS(执行百万条指令数每秒)和 CPI(执行一条指令所需的时钟周期数)来衡量。

9.2.4 控制方式

控制单元控制一条指令执行的过程实质上是依次执行一个确定的微操作序列的过程。由于不同指令所对应的微操作数及其复杂程度不同,因此每条指令和每个微操作所需的执行时间也不同。通常将如何形成控制不同微操作序列所采用的时序控制方式称为 CU 的控制方式。常见的控制方式有同步控制、异步控制、联合控制和人工控制四种。

1. 同步控制方式

同步控制方式是指,任何一条指令或指令中任何一个微操作的执行都是事先确定的,并且都是受统一基准时标的时序信号所控制的方式。

图 9.9(a)就是一种典型的同步控制方式,每个机器周期都包含 4 个节拍。如果机器内的存

储器存取周期不统一,那么只有把最长的存取周期作为机器周期,才能采用同步控制,否则取指令和取数时间不同,无法用统一的基准。又如有些不访存的指令,执行周期的微操作较少,无须 4 个节拍。因此,为了提高 CPU 的效率,在同步控制中又有三种方案。

（1）采用定长的机器周期

这种方案的特点是:不论指令所对应的微操作序列有多长,也不管微操作的简繁,一律以最长的微操作序列和最繁的微操作作为标准,采取完全统一的、具有相同时间间隔和相同数目的节拍作为机器周期来运行各种不同的指令,如图 9.9(a)所示。显然,这种方案对于微操作序列较短的指令来说,会造成时间上的浪费。

（2）采用不定长的机器周期

采用这种方案时,每个机器周期内的节拍数可以不等,如图 9.9(b)所示。这种控制方式可解决微操作执行时间不统一的问题。通常把大多数微操作安排在一个较短的机器周期内完成,而对某些复杂的微操作,采用延长机器周期或增加节拍的办法来解决,如图 9.10 所示。

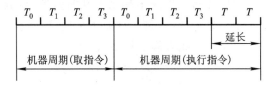

图 9.10　延长机器周期示意

（3）采用中央控制和局部控制相结合的方法

这种方案将机器的大部分指令安排在统一的、较短的机器周期内完成,称为中央控制,而将少数操作复杂的指令中的某些操作(如乘除法和浮点运算等)采用局部控制方式来完成,图 9.11 所示为中央控制和局部控制的时序关系。

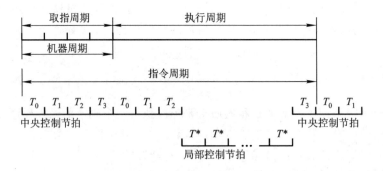

图 9.11　中央控制和局部控制的时序关系

在设计局部控制线路时需要注意两点:其一,使局部控制的每一个节拍 T^* 的宽度与中央控制的节拍宽度相同;其二,将局部控制节拍作为中央控制中机器节拍的延续,插入中央控制的执行周期内,使机器以同样的节奏工作,保证局部控制和中央控制的同步。T^* 的多少可根据情况而定,对于乘法,当操作数位数固定后,T^* 的个数也就确定了。而对于浮点运算的对阶操作,由于移位次数不是一个固定值,因此 T^* 的个数不能事先确定。

以乘法指令为例,第一个机器周期采用中央控制的节拍控制取指令操作,接着仍用中央控制的 T_0、T_1、T_2 节拍去完成将操作数从存储器中取出并送至寄存器的操作,然后转局部控制,用局部控制节拍 T^* 完成重复加和移位的操作。

2. 异步控制方式

异步控制方式不存在基准时标信号,没有固定的周期节拍和严格的时钟同步,执行每条指令和每个操作需要多少时间就占用多少时间。这种方式微操作的时序由专门的应答线路控制,即当 CU 发出执行某一微操作的控制信号后,等待执行部件完成该操作后发回"回答"(或"结束")信号,再开始新的微操作,使 CPU 没有空闲状态,但因需要采用各种应答电路,故其结构比同步控制方式复杂。

3. 联合控制方式

同步控制和异步控制相结合就是联合控制方式。这种方式对各种不同指令的微操作实行大部分统一、小部分区别对待的办法。例如,对每条指令都有的取指令操作,采用同步方式控制;对那些时间难以确定的微操作,如 I/O 操作,则采用异步控制,以执行部件送回的"回答"信号作为本次微操作的结束。

4. 人工控制方式

人工控制是为了调机和软件开发的需要,在机器面板或内部设置一些开关或按键,来达到人工控制的目的。

(1)Reset(复位)键

按下 Reset 键,使计算机处于初始状态。当机器出现死锁状态或无法继续运行时,可按此键。若在机器运行时按此键,将会破坏机器内某些状态而引起错误,因此要慎用。有些微型计算机未设此键,当机器死锁时,可采用停电后再加电的办法重新启动计算机。

(2)连续或单条执行转换开关

由于调机的需要,有时需要观察执行完一条指令后的机器状态,有时又需要观察连续运行程序后的结果,设置连续或单条执行转换开关,能为用户提供这两种选择。

(3)符合停机开关

有些计算机还配有符合停机开关,这组开关指示存储器的位置,当程序运行到与开关指示的地址相符时,机器便停止运行,称为符合停机。

9.2.5 多级时序系统实例分析

为了加深对本章内容的理解,下面以 Intel 8085 为例,通过对一条 I/O 写操作指令运行过程的分析,使读者进一步认识多级时序系统与控制单元发出的控制信号的关系。

1. Intel 8085 的组成

图 9.12 是 Intel 8085 的组成框图,其内部有 3 个 16 位寄存器,即 SP、PC 和增减地址锁存器 IDAL,11 个 8 位寄存器,即 B、C、D、E、H、L、IR、AC、暂存器 TR 以及地址缓冲寄存器 ABR 和地址数据缓冲寄存器 ADBR,以及一个 5 位的状态标志寄存器 FR。ALU 能实现 8 位算术运算和逻辑运算。控制单元的具体组成将在第 10 章讲述,图中的定时和控制(CU)能对外发出各种控制信号。8085 内还有中断控制和 I/O 控制,内部数据总线为 8 位。图中未标出 8085 片内的控制信号。

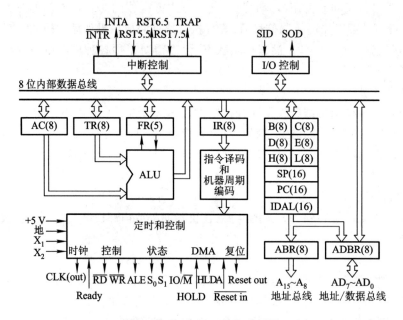

图 9.12　Intel 8085 的组成框图

2. Intel 8085 的外部信号

8085 芯片引脚图如图 9.13 所示,共 40 根引脚。外部信号分以下几类。

(1) 地址和数据信号

① $A_{15} \sim A_8$(出):16 位地址的高 8 位。

② $AD_7 \sim AD_0$(入/出):16 位地址的低 8 位或 8 位数据,它们共用相同的引脚。

③ SID(入):串行输入。

④ SOD(出):串行输出。

(2) 定时和控制信号

① CLK(出):系统时钟,每周期代表一个 T 状态。

② X_1、X_2(入):来自外部晶体或其他设备,以驱动内部的时钟发生器。

③ ALE(出):地址暂存使能信号,在机器周期的第一个时钟周期产生,使外围芯片保

存地址。

④ S_0、S_1（出）：用于标识读/写操作是否发生。

⑤ $IO/\overline{M}$（出）：使 I/O 接口或存储器读/写操作使能。

⑥ $\overline{RD}$（出）：表示被选中的存储器或 I/O 接口将所读出的数据送至数据总线上。

⑦ $\overline{WR}$（出）：表示数据总线上的数据将写入被选中的存储器或 I/O 接口中。

（3）存储器和 I/O 的初始化信号

① HOLD（入）：请求 CPU 放弃系统总线的控制和使用，总线将用于 DMA 操作。

② HLDA（出）：总线响应信号，表示总线可被外部占用。

③ Ready（入）：用于 CPU 与较慢的存储器或设备同步。当某一设备准备就绪后，向 CPU 发 Ready 信号，此时 CPU 可进行输入或输出。

（4）与中断有关的信号

① TRAP（出）：重新启动中断（RST7.5、RST6.5、RST5.5）。

② $\overline{INTR}$（入）：中断请求信号。

③ INTA（出）：中断响应信号。

（5）CPU 初始化

① $\overline{\text{Reset in}}$（入）：PC 清"0"，假设 CPU 从 0 地址开始执行。

② Reset out（出）：对 CPU 的置"0"做出响应，该信号能用于重置系统的剩余部分。

（6）电源和地

① V_{CC}：+5 V 电源。

② V_{SS}：地。

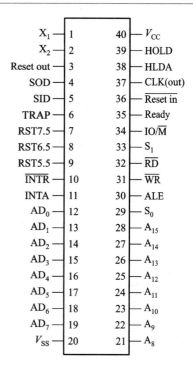

图 9.13 Intel 8085 外部引脚图

3. 机器周期和节拍（状态）与控制信号的关系

8085 的一条指令可分成 1~5 个机器周期，每个机器周期内又包含 3~5 个节拍，每个节拍持续一个时钟周期。在每个节拍内，CPU 根据控制信号执行一个或一组同步的微操作。下面分析一条输出指令，其功能是将 AC 的内容写入所选择的设备中，执行该指令的时序图如图 9.14 所示。

由图可见，该指令的指令周期包含 3 个机器周期 M_1、M_2 和 M_3，每个机器周期内所包含的节拍数不同（M_1 含 4 拍，M_2 和 M_3 均含 3 拍）。该指令字长为 16 位，由于数据线只有 8 位，所以要

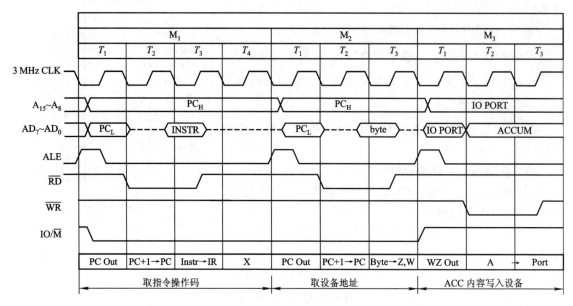

图 9.14　8085 输出指令时序图

分两次将指令取至 CPU 内。第一个机器周期取指令的操作码,第二个机器周期取被选设备的地址,第三个机器周期把 AC 的内容通过数据总线写入被选中的设备中。具体时序如下。

（1）第一个机器周期 M_1:存储器读,取指令操作码

① T_1 状态,IO/$\overline{M}$ 低电平,表示存储器操作。CPU 将 PC 的高 8 位送至地址总线 $A_{15} \sim A_8$,PC 的低 8 位送至地址/数据总线 $AD_7 \sim AD_0$,并由 ALE 的下降沿激活存储器保存地址。

② T_2 状态,$\overline{RD}$(低)有效,表示存储器读操作,存储器将指定地址的内容送至数据总线 $AD_7 \sim AD_0$, CPU 等待数据线上的数据稳定。

③ T_3 状态,当数据线上的数据稳定后,CPU 接收数据,此数据为该指令的第一字节操作码。

④ T_4 状态,CPU 进入译码阶段,在 T_4 最后时刻 ALE(高)失效。

在 T_2 或 T_3 状态可安排(PC)+1→PC 操作,图中未标出此控制信号。

（2）第二个机器周期 M_2:存储器读,取被选设备的地址

① T_1 状态,同 M_1 的 T_1 状态操作。

② T_2 状态,同 M_1 的 T_2 状态操作。

③ T_3 状态,当数据线上的数据稳定后,CPU 接收数据,此数据为被选设备的地址。

同样可以在 T_2 或 T_3 时刻完成(PC)+1→PC 操作。这个机器周期内设有指令译码,因此 T_4 省略。在 T_3 最后时刻 ALE(高)失效。

（3）第三个机器周期 M_3:I/O 写

① T_1 状态,IO/$\overline{M}$ 高电平,表示 I/O 操作,CPU 将 I/O 口地址送至 $A_{15} \sim A_8$ 和 $AD_7 \sim AD_0$,并

由 ALE 下降沿激活 I/O 保存地址。

② T_2 状态，$\overline{\text{WR}}$（低）有效，表示 I/O 写操作，AC 的内容通过 $AD_7 \sim AD_0$ 数据总线送至被选中的设备中。

可见，控制单元的每一个控制信号都是在指定机器周期内的指定 T 时刻发出的，反映了多级时序系统与控制信号间的关系。

思考题与习题

9.1　设 CPU 内有这些部件：PC、IR、MAR、MDR、AC、CU。

（1）写出取指周期的全部微操作。

（2）写出减法指令"SUB X"、取数指令"LDA X"、存数指令"STA X"（X 均为主存地址）在执行阶段所需的全部微操作。

（3）当上述指令为间接寻址时，写出执行这些指令所需的全部微操作。

（4）写出无条件转移指令"JMP Y"和结果溢出则转指令"BAO Y"在执行阶段所需的全部微操作。

9.2　控制单元的功能是什么？其输入受什么控制？

9.3　什么是指令周期、机器周期和时钟周期？三者有何关系？

9.4　能不能说 CPU 的主频越快，计算机的运行速度就越快？为什么？

9.5　设机器 A 的 CPU 主频为 8 MHz，机器周期含 4 个时钟周期，且该机的平均指令执行速度是 0.4 MIPS，试求该机的平均指令周期和机器周期，每个指令周期中含几个机器周期。如果机器 B 的 CPU 主频为 12 MHz，且机器周期也含 4 个时钟周期，试问 B 机的平均指令执行速度为多少 MIPS？

9.6　设某计算机的 CPU 主频为 8 MHz，每个机器周期平均含 2 个时钟周期，每条指令平均有 4 个机器周期，试问该计算机的平均指令执行速度为多少 MIPS。若 CPU 主频不变，但每个机器周期平均含 4 个时钟周期，每条指令平均有 4 个机器周期，则该机的平均指令执行速度又是多少 MIPS？由此可得出什么结论？

9.7　某 CPU 的主频为 10 MHz，若已知每个机器周期平均包含 4 个时钟周期，该机的平均指令执行速度为 1 MIPS，试求该机的平均指令周期及每个指令周期含几个机器周期。若改用时钟周期为 0.4 μs 的 CPU 芯片，则计算机的平均指令执行速度为多少 MIPS？若要得到平均每秒 80 万次的指令执行速度，则应采用主频为多少的 CPU 芯片？

9.8　某计算机的主频为 6 MHz，各类指令的平均执行时间和使用频度如下表所示，试计算该机的速度（单位用 MIPS 表示）。若上述 CPU 芯片升级为 10 MHz，则该机的运行速度又为多少？

指令类别	存取	加、减、比较、转移	乘除	其他
平均指令执行时间	0.6 μs	0.8 μs	10 μs	1.4 μs
使用频度	35%	45%	5%	15%

9.9　试比较同步控制、异步控制和联合控制的区别。

9.10　什么是典型的同步控制？为了提高 CPU 的效率，在同步控制方式中又有哪些方式？以 8085 的输出指令为例，说明它属于哪种控制方式？

9.11　设 CPU 内部结构如图 9.4 所示,此外还设有 B、C、D、E、H、L 6 个寄存器,它们各自的输入和输出端都与内部总线相通,并分别受控制信号控制(如 B_i 为寄存器 B 的输入控制;B_o 为寄存器 B 的输出控制)。要求从取指开始,写出完成下列指令所需的全部微操作和控制信号。

(1) ADD B,C　　((B) + (C)→B)

(2) SUB A,H　　((AC) − (H)→AC)

9.12　CPU 结构同上题,写出完成下列指令所需的全部微操作和控制信号(包括取指令)。

(1) 寄存器间接寻址的无条件转移指令"JMP @ B"。

(2) 间接寻址的存数指令"STA @ X"。

9.13　设 CPU 内部结构如图 9.4 所示,此外还设有 $R_1 \sim R_4$ 4 个寄存器,它们各自的输入和输出端都与内部总线相通,并分别受控制信号控制(如 R_{2i} 为寄存器 R_2 的输入控制;R_{2o} 为寄存器 R_2 的输出控制)。要求从取指令开始,写出完成下列指令所需的全部微操作和控制信号。

(1) ADD R_2,@ R_4　　; ((R_2)+((R_4))→R_2,寄存器间接寻址)

(2) SUB R_1,@ mem　　; ((R_1)−((mem))→R_1,存储器间接寻址)

9.14　设单总线计算机结构如图 9.5 所示,其中 M 为主存,XR 为变址寄存器,EAR 为有效地址寄存器,LATCH 为锁存器。假设指令地址已存于 PC 中,画出"LDA ∗ D"和"SUB X,D"指令周期信息流程图,并列出相应的控制信号序列。

说明:

(1) "LDA ∗ D"指令字中 ∗ 表示相对寻址,D 为相对位移量。

(2) "SUB X,D"指令字中 X 为变址寄存器 XR,D 为形式地址。

(3) 寄存器的输入和输出均受控制信号控制,例如,PC_i 表示 PC 的输入控制信号,MDR_o 表示 MDR 的输出控制信号。

(4) 凡是需要经过总线实现寄存器之间的传送,需在流程图中注明,如 PC→Bus→MAR,相应的控制信号为 PC_o 和 MAR_i。

第 10 章 控制单元的设计

本章以 10 条机器指令为例,介绍控制单元的两种设计方法,旨在使读者初步掌握设计控制单元的思路,为今后设计计算机打下初步基础。

10.1 组合逻辑设计

10.1.1 组合逻辑控制单元框图

图 9.2 示出了控制单元的外特性,其中指令的操作码是决定控制单元发出不同控制信号的关键。为了简化控制单元的逻辑,将存放在 IR 的 n 位操作码经过一个译码电路产生 2^n 个输出,这样,每对应一种操作码便有一个输出送至 CU。当然,若指令的操作码长度可变,指令译码线路将更复杂。

控制单元的时钟输入实际上是一个脉冲序列,其频率即为机器的主频,它使 CU 能按一定的节拍(T)发出各种控制信号。节拍的宽度应满足数据信息通过数据总线从源到目的所需的时间。以时钟为计数脉冲,通过一个计数器,又称节拍发生器,便可产生一个与时钟周期等宽的节拍序列。如果将指令译码和节拍发生器从 CU 中分离出来,便可得简化的控制单元框图,如图 10.1 所示。

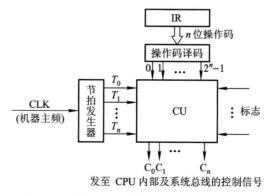

图 10.1 带译码和节拍输入的控制单元框图

10.1.2 微操作的节拍安排

假设机器采用同步控制,每个机器周期包含 3 个节拍,而且 CPU 内部结构如图 9.3 所示,其中 MAR 和 MDR 分别直接和地址总线和数据总线相连,并假设 IR 的地址码部分与 MAR 之间有通路。

安排微操作节拍时应注意以下 3 点。

① 有些微操作的次序是不容改变的,故安排微操作节拍时必须注意微操作的先后顺序。

② 凡是被控制对象不同的微操作,若能在一个节拍内执行,应尽可能安排在同一个节拍内,以节省时间。

③ 如果有些微操作所占的时间不长,应该将它们安排在一个节拍内完成,并且允许这些微操作有先后次序。

按上述 3 条原则,以 9.1 节所分析的 10 条指令为例,其微操作的节拍安排如下:

1. 取指周期微操作的节拍安排

- 根据原则②,T_0 节拍可安排两个微操作:PC→MAR,1→R。
- 根据原则②,T_1 节拍可安排 M(MAR)→MDR 和(PC)+1→PC 两个微操作。
- T_2 节拍可安排 MDR→IR,考虑到指令译码时间较短,根据原则③,可将指令译码 OP(IR)→ID也安排在 T_2 节拍内。

实际上(PC)+1→PC 操作也可安排在 T_2 节拍内,因一旦 PC→MAR 后,PC 的内容就可修改。

2. 间址周期微操作的节拍安排

T_0 Ad(IR)→MAR,1→R

T_1 M(MAR)→MDR

T_2 MDR→Ad(IR)

3. 执行周期微操作的节拍安排

(1)非访存指令

1)清除累加器指令 CLA

该指令在执行周期只有一个微操作,按同步控制的原则,此操作可安排在 $T_0 \sim T_2$ 的任一节拍内,其余节拍空,例如:

T_0

T_1

T_2 0→AC

2)累加器取反指令 COM

同理,累加器取反操作可安排在 $T_0 \sim T_2$ 的任一节拍中,即

T_0

T_1

T_2　$\overline{\text{AC}}\rightarrow\text{AC}$

3）算术右移一位指令 SHR

T_0

T_1

T_2　L（AC）→R（AC），$\text{AC}_0\rightarrow\text{AC}_0$

4）循环左移一位指令 CSL

T_0

T_1

T_2　R（AC）→L（AC），$\text{AC}_0\rightarrow\text{AC}_n$（即 ρ^{-1}（AC））

5）停机指令 STP

T_0

T_1

T_2　0→G

（2）访存指令

1）加法指令 ADD X

T_0　Ad（IR）→MAR，1→R

T_1　M（MAR）→MDR

T_2　（AC）+（MDR）→AC（该操作实际包括（AC）→ALU，（MDR）→ALU，ALU→AC）

2）存数指令 STA X

T_0　Ad（IR）→MAR，1→W

T_1　AC→MDR

T_2　MDR→M（MAR）

3）取数指令 LDA X

T_0　Ad（IR）→MAR，1→R

T_1　M（MAR）→MDR

T_2　MDR→AC

（3）转移类指令

1）无条件转移指令 JMP X

T_0

T_1

T_2　Ad（IR）→PC

2）有条件转移（负则转）指令 BAN X

T_0

T_1

T_2　$A_0 \cdot Ad(IR) + \overline{A_0} \cdot (PC) \to PC$

4. 中断周期微操作的节拍安排

在执行周期的最后时刻，CPU 要向所有中断源发中断查询信号，若检测到某个中断源有请求，并且未被屏蔽又被排队选中，则在允许中断的条件下，CPU 进入中断周期，此时 CPU 由中断隐指令完成下列操作（假设程序断点存入主存 0 号地址单元内）：

T_0　$0 \to MAR, 1 \to W$

T_1　$PC \to MDR$

T_2　$MDR \to M(MAR)$，向量地址 $\to PC$

此外，由图 8.30 可知，CPU 进入中断周期，由硬件置"0"允许中断触发器 EINT，即关中断。

例 10.1　设 CPU 中各部件及其相互连接关系如图 10.2 所示。图中 W 是写控制标志，R 是读控制标志，R_1 和 R_2 是暂存器。

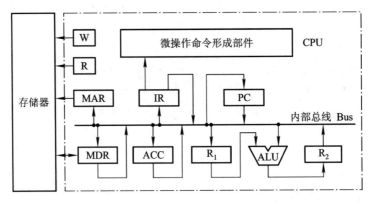

图 10.2　例 10.1 CPU 内部结构框图

（1）假设要求在取指周期由 ALU 完成 (PC)+1→PC 的操作（即 ALU 可以对它的一个源操作数完成加 1 的运算）。要求以最少的节拍写出取指周期全部微操作命令及节拍安排。

（2）写出指令"ADD # α"（#为立即寻址特征，隐含的操作数在 ACC 中）在执行阶段所需的微操作命令及节拍安排。

解：（1）由于 (PC)+1→PC 需由 ALU 完成，因此 PC 的值可作为 ALU 的一个源操作数，靠控制 ALU 做+1 运算得到 (PC)+1，结果送至与 ALU 输出端相连的 R_2，然后再送至 PC。

此题的关键是要考虑总线冲突的问题，故取指周期的微操作命令及节拍安排如下：

T_0　$PC \to Bus \to MAR, 1 \to R$　　　　;PC 通过总线送 MAR

T_1　$M(MAR) \to MDR,$

$(PC)\rightarrow Bus\rightarrow ALU_{+1}\rightarrow R_2$;PC 通过总线送 ALU 完成 $(PC)+1\rightarrow R_2$

T_2 $MDR\rightarrow Bus\rightarrow IR$, ;MDR 通过总线送 IR

  $OP(IR)\rightarrow$微操作命令形成部件

T_3 $R_2\rightarrow Bus\rightarrow PC$;R_2 通过总线送 PC

（2）立即寻址的加法指令执行周期的微操作命令及节拍安排如下：

T_0 $Ad(IR)\rightarrow Bus\rightarrow R_1$;立即数$\rightarrow R_1$

T_1 $(ACC)+(R_1)\rightarrow ALU\rightarrow R_2$;ACC 通过总线送 ALU

T_2 $R_2\rightarrow Bus\rightarrow ACC$;结果通过总线送 ACC

例 10.2　设 CPU 内部结构如图 10.2 所示，且 PC 有自动加 1 功能。此外还有 B、C、D、E、H、L 6 个寄存器（图中未画），它们各自的输入端和输出端都与内部总线 Bus 相连，并分别受控制信号控制。要求写出完成下列指令组合逻辑控制单元所发出的微操作命令及节拍安排。

（1）ADD B,C ;$(B)+(C)\rightarrow B$

（2）SUB E,@ H ;$(E)-((H))\rightarrow E$ 寄存器间接寻址

（3）STA @ mem ;$ACC\rightarrow((mem))$ 存储器间接寻址

解：（1）完成"ADD B,C"指令所需的微操作命令及节拍安排如下：

取指周期

T_0 $PC\rightarrow Bus\rightarrow MAR,1\rightarrow R$

T_1 $M(MAR)\rightarrow MDR,(PC)+1\rightarrow PC$

T_2 $MDR\rightarrow Bus\rightarrow IR,OP(IR)\rightarrow$微操作命令形成部件

执行周期

T_0 $C\rightarrow Bus\rightarrow R_1$

T_1 $(B)+(R_1)\rightarrow ALU\rightarrow R_2$;B 通过总线送 ALU

T_2 $R_2\rightarrow Bus\rightarrow B$

（2）完成"SUB E,@ H"指令所需的微操作命令及节拍安排如下：

取指周期

T_0 $PC\rightarrow Bus\rightarrow MAR,1\rightarrow R$

T_1 $M(MAR)\rightarrow MDR,(PC)+1\rightarrow PC$

T_2 $MDR\rightarrow Bus\rightarrow IR,OP(IR)\rightarrow$微操作命令形成部件

间址周期

T_0 $H\rightarrow Bus\rightarrow MAR,1\rightarrow R$

T_1 $M(MAR)\rightarrow MDR$

执行周期

T_0 $MDR\rightarrow Bus\rightarrow R_1$

T_1 $(E)-(R_1)\rightarrow ALU\rightarrow R_2$;E 通过总线送 ALU

T_2　$R_2\rightarrow Bus\rightarrow E$

（3）完成"STA @ mem"指令所需的微操作命令及节拍安排如下：

取指周期

　　T_0　$PC\rightarrow Bus\rightarrow MAR,1\rightarrow R$

　　T_1　$M(MAR)\rightarrow MDR,(PC)+1\rightarrow PC$

　　T_2　$MDR\rightarrow Bus\rightarrow IR,OP(IR)\rightarrow$微操作命令形成部件

间址周期

　　T_0　$Ad(IR)\rightarrow Bus\rightarrow MAR,1\rightarrow R$

　　T_1　$M(MAR)\rightarrow MDR$

执行周期

　　T_0　$MDR\rightarrow Bus\rightarrow MAR,1\rightarrow W$

　　T_1　$ACC\rightarrow Bus\rightarrow MDR$

　　T_2　$MDR\rightarrow M(MAR)$

例 10.3　设寄存器均为 16 位,实现补码 Booth 算法的运算器框图如图 6.9 所示。其中寄存器 A、X 最高 2 位 A_0、A_1 和 X_0、X_1 为符号位,寄存器 Q 最高位 Q_0 为符号位,最末位 Q_{15} 为附加位。假设上条指令的运行结果存于 A(即被乘数)中。

（1）若 CU 为组合逻辑控制,且采用中央和局部控制相结合的方法,写出完成"MUL α"(α 为主存地址)指令的全部微操作命令及节拍安排。

（2）指出哪些节拍属于中央控制节拍,哪些节拍属于局部控制节拍,局部控制最多需要几拍?

解:（1）取指阶段

　　T_0　$PC\rightarrow MAR,1\rightarrow R$

　　T_1　$M(MAR)\rightarrow MDR,(PC)+1\rightarrow PC$

　　T_2　$MDR\rightarrow IR,OP(IR)\rightarrow ID$

执行阶段

　　乘法开始前要将被乘数由 A→X,并将乘数从主存 α 单元取出送至 Q 寄存器。因 Q_{15}(最末位)为附加位,还必须 $0\rightarrow Q_{15}$,并将 A 清零。上述这些操作可安排在中央控制节拍内完成。乘法过程的重复加操作受 Q 寄存器末两位 Q_{14}、Q_{15} 控制,重复移位操作在两个串接的寄存器 A∥Q 中完成,这两种操作可安排在局部控制节拍内完成。具体安排如下:

　　T_0　$Ad(IR)\rightarrow MAR,1\rightarrow R,A\rightarrow X$

　　T_1　$M(MAR)\rightarrow MDR,0\rightarrow Q_{15},0\rightarrow A$

　　T_2　$MDR\rightarrow Q_{0\sim14}$　　　　　　（Q 寄存器仅取 1 位符号位）

　　T_0^*　$\overline{Q}_{14}Q_{15}\cdot(A+X)+Q_{14}\overline{Q}_{15}\cdot(A+\overline{X}+1)+\overline{Q}_{14}\ \overline{Q}_{15}\cdot A+Q_{14}Q_{15}\cdot A\rightarrow A$

　　T_1^*　$L(A\!\!/\!\!/Q)\rightarrow R(A\!\!/\!\!/Q)$　　（A∥Q 算术右移一位）

　　　　　　　⋮

（2）中央控制节拍包括取指阶段所有节拍和执行阶段的 T_0、T_1、T_2 3 个节拍,完成取指令和取操作数及乘法运算前的准备工作。局部控制节拍是执行阶段的 T_0^* 和 T_1^* 节拍,其中 T_0^* 为重复加操作,受 Q 寄存器末两位 Q_{14}、Q_{15} 控制,最多执行 15 次;T_1^* 为移位操作,共执行 14 次。

10.1.3 组合逻辑设计步骤

采用组合逻辑设计控制单元时,首先根据上述 10 条指令微操作的节拍安排,列出微操作命令的操作时间表,然后写出每一个微操作命令(控制信号)的逻辑表达式,最后根据逻辑表达式画出相应的组合逻辑电路图。

1. 列出微操作命令的操作时间表

表 10.1 列出了上述 10 条机器指令微操作命令的操作时间表。表中 FE、IND 和 EX 为 CPU 工作周期标志(参见图 8.9),$T_0 \sim T_2$ 为节拍,I 为间址标志,在取指周期的 T_2 时刻,若测得 I = 1,则 IND 触发器置"1",标志进入间址周期;若 I = 0,则 EX 触发器置"1",标志进入执行周期。同理,在间址周期的 T_2 时刻,若测得 IND = 0(表示一次间接寻址),则 EX 触发器置"1",进入执行周期;若测得 IND = 1(表示多次间接寻址),则继续间接寻址。在执行周期的 T_2 时刻,CPU 要向所有中断源发中断查询信号,若检测到有中断请求并且满足响应条件,则 INT 触发器置"1",标志进入中断周期。表中未列出 INT 触发器置"1"的操作和中断周期的微操作。表中第一行对应 10 条指令的操作码,代表不同的指令。若某指令有表中所列的微操作命令,其对应的空格内为 1。

2. 写出微操作命令的最简逻辑表达式

纵览表 10.1 便可列出每一个微操作命令的初始逻辑表达式,经化简、整理便可获得能用现成电路实现的微操作命令逻辑表达式。

例如,根据表可写出 M(MAR)→MDR 微操作命令的逻辑表达式:

$$M(MAR) \rightarrow MDR$$
$$= FE \cdot T_1 + IND \cdot T_1(ADD+STA+LDA+JMP+BAN) + EX \cdot T_1(ADD+LDA)$$
$$= T_1\{FE+IND(ADD+STA+LDA+JMP+BAN)+EX(ADD+LDA)\}$$

式中,ADD、STA、LDA、JMP、BAN 均来自操作码译码器的输出。

3. 画出微操作命令的逻辑图

对应每一个微操作命令的逻辑表达式都可画出一个逻辑图。例如,M(MAR)→MDR 的逻辑表达式所对应的逻辑图如图 10.3 所示,图中未考虑门的扇入系数。

表 10.1　操作时间表

工作周期标记	节拍	状态条件	微操作命令信号	CLA	COM	SHR	CSL	STP	ADD	STA	LDA	JMP	BAN
FE（取指）	T_0		PC→MAR	1	1	1	1	1	1	1	1	1	1
			1→R	1	1	1	1	1	1	1	1	1	1
	T_1		M(MAR)→MDR	1	1	1	1	1	1	1	1	1	1
			(PC)+1→PC	1	1	1	1	1	1	1	1	1	1
	T_2		MDR→IR	1	1	1	1	1	1	1	1	1	1
			OP(IR)→ID	1	1	1	1	1	1	1	1	1	1
		I	I→IND						1	1	1	1	1
		$\bar{I}$	I→EX	1	1	1	1	1	1	1	1	1	1
IND（间接寻址）	T_0		Ad(IR)→MAR						1	1	1	1	1
			I→R						1	1	1	1	1
	T_1		M(MAR)→MDR						1	1	1	1	1
	T_2		MDR→Ad(IR)						1	1	1	1	1
		$\overline{IND}$	I→EX						1	1	1	1	1
EX（执行）	T_0		Ad(IR)→MAR						1	1	1		
			1→R						1		1		
			1→W							1			
	T_1		M(MAR)→MDR						1		1		
			AC→MDR							1			
	T_2		(AC)+(MDR)→AC						1				
			MDR→M(MAR)							1			
			MDR→AC								1		
			0→AC	1									
			$\overline{AC}$→AC		1								
			L(AC)→R(AC),AC_0 不变			1							
			$\rho^{-1}(AC)$				1						
			Ad(IR)→PC									1	
		A_0	Ad(IR)→PC										1
			0→G					1					

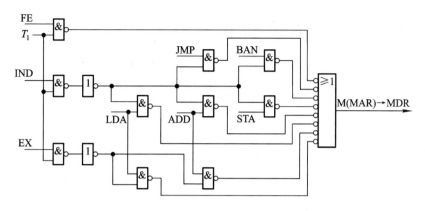

图 10.3　产生 M(MAR)→MDR 命令的逻辑图

当然,在设计逻辑图时要考虑门的扇入系数和逻辑级数。如果采用现成芯片,还需选择芯片型号。

采用组合逻辑设计方法设计控制单元,思路清晰,简单明了,但因为每一个微操作命令都对应一个逻辑电路,因此一旦设计完毕便会发现,这种控制单元的线路结构十分庞杂,也不规范,犹如一棵大树,到处都是不规整的枝杈。而且指令系统功能越全,微操作命令就越多,线路也越复杂,调试就更困难。为了克服这些缺点,可采用微程序设计方案。但是,正如 7.5 节所述,随着 RISC 的出现,组合逻辑设计仍然是设计计算机的一种重要方法。

10.2　微程序设计

10.2.1　微程序设计思想的产生

微程序设计思想是英国剑桥大学教授 M.V.Wilkes 在 1951 年首先提出的。为了克服组合逻辑控制单元线路庞杂的缺点,他大胆设想采用与存储程序相类似的方法,来解决微操作命令序列的形成。Wilkes 提出,将一条机器指令编写成一个微程序,每一个微程序包含若干条微指令,每一条微指令对应一个或几个微操作命令。然后把这些微程序存到一个控制存储器中,用寻找用户程序机器指令的方法来寻找每个微程序中的微指令。由于这些微指令是以二进制代码形式表示的,每位代表一个控制信号(若该位为 1,表示该控制信号有效;若该位为 0,表示此控制信号无效),因此,逐条执行每一条微指令,也就相应地完成了一条机器指令的全部操作。可见,微程序控制单元的核心部件是一个控制存储器。由于执行一条机器指令必须多次访问控制存储器,以取出多条微指令来控制执行各个微操作,因此要求控制存储器的速度较高。可惜在 Wilkes 那个年代电子器件生产水平有限,因此微程序设计思想并未实现。直到 20 世纪 60 年代出现了半导体存储器,才使这个设计思想成为现实。1964 年 4 月,世界上第一台微程序设计的机器 IBM 360 研制成功。

微程序设计省去了组合逻辑设计过程中对逻辑表达式的化简步骤,无须考虑逻辑门级数和门的扇入系数,使设计更简便,而且由于控制信号是以二进制代码的形式出现的,因此只要修改微指令的代码,就可改变操作内容,便于调试、修改,甚至增删机器指令,有利于计算机仿真。

10.2.2 微程序控制单元框图及工作原理

1. 机器指令对应的微程序

采用微程序设计方法设计控制单元的过程就是编写每一条机器指令的微程序,它是按执行每条机器指令所需的微操作命令的先后顺序而编写的,因此,一条机器指令对应一个微程序,如图 10.4 所示。图中每一条机器指令都与一个以操作性质命名的微程序对应。

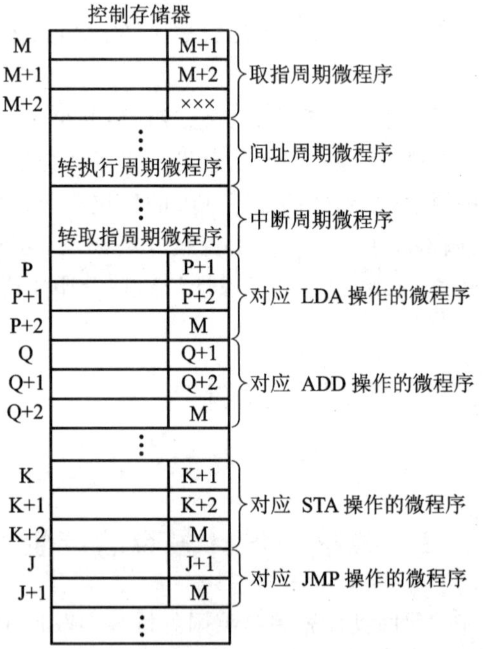

由于任何一条机器指令的取指令操作是相同的,因此将取指令操作的命令统一编成一个微程序,这个微程序只负责将指令从主存单元中取出送至指令寄存器中,如图 10.4 所示的取指周期微程序。此外,如果指令是间接寻址,其操作也是可以预测的,也可先编出对应间址周期的微程序。当出现中断时,中断隐指令所需完成的操作可由一个对应中断周期的微程序控制完成。这样,控制存储器中的微程序个数应为机器指令数再加上对应取指、间接寻址和中断周期的 3 个微程序。

2. 微程序控制单元的基本框图

图 10.5 示意了微程序控制单元的基本组成。

图中点画线框内为微程序控制单元,与图 9.2 相比,它们都有相同的输入,如指令寄存器、各种标志和时钟,输出也是输至 CPU 内部或系统总线的控制信号。

图 10.4 不同机器指令所对应的微程序

点画线框内的控制存储器(简称控存)是微程序控制单元的核心部件,用来存放全部微程序;CMAR 是控存地址寄存器,用来存放欲读出的微指令地址;CMDR 是控存数据寄存器,用来存放从控存读出的微指令;顺序逻辑是用来控制微指令序列的,具体就是控制形成下一条微指令(即后续微指令)的地址,其输入与微地址形成部件(与指令寄存器相连)、微指令的下地址字段以及外来

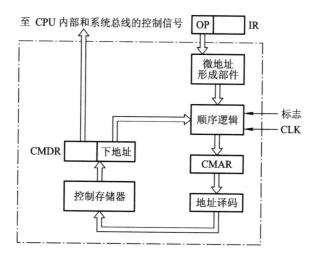

图 10.5　微程序控制单元的基本组成

的标志有关。有关微指令序列地址的形成将在 10.2.4 节中介绍。

微指令的基本格式如图 10.6 所示,共分两个字段,一个为操作控制字段,该字段发出各种控制信号;另一个为顺序控制字段,它可指出下条微指令的地址(简称下地址),以控制微指令序列的执行顺序。

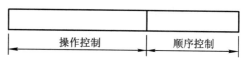

图 10.6　微指令的基本格式

3. 工作原理

假设有一个用户程序如下所示,它存于以 2000H 为首地址的主存空间内。

LDA X

ADD Y

STA Z

STP

下面结合图 10.4 和图 10.5,分析运行上述程序时微程序控制单元的工作原理。

首先将用户程序的首地址送至 PC,然后进入取指阶段。

(1) 取指阶段

① 将取指周期微程序首地址 M→CMAR。

② 取微指令。

将对应控存 M 地址单元中的第一条微指令读到控存数据寄存器中,记作 CM(CMAR)→CMDR。

③ 产生微操作命令。

第一条微指令的操作控制字段中为"1"的各位发出控制信号,如 PC→MAR,1→R,命令主存接收程序首地址并进行读操作。

④ 形成下一条微指令的地址。

此微指令的顺序控制字段指出了下一条微指令的地址为 M+1,将 M+1 送至 CMAR,即 Ad(CMDR)→CMAR。

⑤ 取下一条微指令。

将对应控存 M+1 地址单元中的第二条微指令读到 CMDR 中,即 CM(CMAR)→CMDR。

⑥ 产生微操作命令。

由第二条微指令的操作控制字段中对应"1"的各位发出控制信号,如 M(MAR)→MDR 使对应主存 2000H 地址单元中的第一条机器指令从主存中读出送至 MDR 中。

⑦ 形成下一条微指令的地址。

将第二条微指令下地址字段指出的地址 M+2 送至 CMAR,即

$$Ad(CMDR) \rightarrow CMAR$$
$$\vdots$$

以此类推,直到取出取指周期最后一条微指令,并发出微操作命令为止。此时第一条机器指令"LDA X"已存至指令寄存器 IR 中。

(2) 执行阶段

① 取数指令微程序首地址的形成。

当取数指令存入 IR 后,其操作码 OP(IR)直接送到微地址形成部件,该部件的输出即为取数指令微程序的首地址 P,且将 P 送至 CMAR,记作 OP(IR)→微地址形成部件→CMAR。

② 取微指令。

将对应控存 P 地址单元中的微指令读到 CMDR 中,即 CM(CMAR)→CMDR。

③ 产生微操作命令。

由微指令操作控制字段中对应"1"的各位发出控制信号,如 Ad(IR)→MAR,1→R,命令主存读操作数。

④ 形成下一条微指令的地址。

将此条微指令下地址字段指出的 P+1 送至 CMAR,即 Ad(CMDR)→CMAR。

⑤ 取微指令,即 CM(CMAR)→CMDR。

⑥ 产生微操作命令。
$$\vdots$$

以此类推,直到取出取数指令微程序的最后一条微指令 P+2,并发出微操作命令。至此即完成了将主存 X 地址单元中的操作数取至累加器 AC 的操作。这条微指令的顺序控制字段为 M,即表明 CPU 又开始进入下一条机器指令的取指周期,控存又要依次读出取指周期微程序的逐条微指令,发出微操作命令,完成将第二条机器指令"ADD Y"从主存取至指令寄存器 IR 中……微程序控制单元就是这样,通过逐条取出微指令,发出各种微操作命令,从而实现从主存逐条取出、分析并执行机器指令,以达到运行程序的目的。

由此可见,对微程序控制单元的控存而言,内部信息一旦按所设计的微程序被灌注后,在机器运行过程中,只需具有读出的性能即可,故可采用 ROM。此外,在微程序的执行过程中,关键问题是如何由微指令的操作控制字段形成微操作命令,以及如何形成下一条微指令的地址。这是微程序设计必须解决的问题,它们与微指令的编码方式和微地址的形成方式有关。

10.2.3 微指令的编码方式

微指令的编码方式又称微指令的控制方式,它是指如何对微指令的控制字段进行编码,以形成控制信号,主要有以下几种。

1. 直接编码(直接控制)方式

在微指令的操作控制字段中,每一位代表一个微操作命令,这种编码方式即为直接编码方式。上面所述的用控制字段中的某位为“1”表示控制信号有效(如打开某个控制门),以及某位为“0”表示控制信号无效(如不打开某个控制门)就是直接控制方式,如图 10.7 所示。这种方式含义清晰,而且只要微指令从控存读出,即刻可由控制字段发出命令,速度快。但由于机器中微操作命令甚多,可能使微指令操作控制字段达几百位,造成控存容量极大。

2. 字段直接编码方式

这种方式就是将微指令的操作控制字段分成若干段,将一组互斥的微操作命令放在一个字段内,通过对这个字段译码,便可对应每一个微命令,如图 10.8 所示。这种方式因靠字段直接译码发出微命令,故又有显式编码之称。

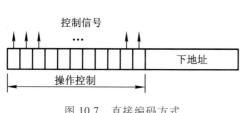

图 10.7 直接编码方式

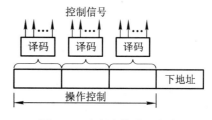

图 10.8 字段直接编码方式

采用字段直接编码方法可用较少的二进制信息表示较多的微操作命令信号。例如,3 位二进制代码译码后可表示 7 个互斥的微命令,留出一种状态表示不发微命令,与直接编码用 7 位表示 7 个微命令相比,减少了 4 位,缩短了微指令的长度。但由于增加了译码电路,使微程序的执行速度稍微减慢。

至于操作控制字段应分几段,与需要并行发出的微命令个数有关,若需要并行发出 8 个微命令,就可分 8 段。每段的长度可以不等,与具体要求互斥的微命令个数有关,若某类操作要求互斥的微命令仅有 6 个,则字段只需安排 3 位即可。

3. 字段间接编码方式

这种方式一个字段的某些微命令还需由另一个字段中的某些微命令来解释,如图 10.9 所示。图中字段 1 译码的某些输出受字段 2 译码输出的控制,由于不是靠字段直接译码发出微命令,故称为字段间接编码,又称隐式编码。

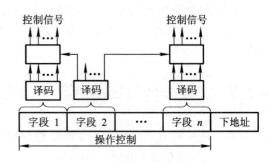

图 10.9　字段间接编码方式

这种方法虽然可以进一步缩短微指令字长,但因削弱了微指令的并行控制能力,因此通常用作字段直接编码法的一种辅助手段。

4. 混合编码

这种方法是把直接编码和字段编码(直接或间接)混合使用,以便能综合考虑微指令的字长、灵活性和执行微程序的速度等方面的要求。

5. 其他

微指令中还可设置常数字段,用来提供常数、计数器初值等。常数字段还可以和某些解释位配合,如解释位为 0,表示该字段提供常数;解释位为 1,表示该字段提供某种命令,使微指令更灵活。

此外,微指令还可用类似机器指令操作码的方式编码,有关内容参见 10.2.5 节微指令格式。

例 10.4　某机的微指令格式中,共有 8 个控制字段,每个字段可分别激活 5、8、3、16、1、7、25、4 种控制信号。分别采用直接编码和字段直接编码方式设计微指令的操作控制字段,并说明两种方式的操作控制字段各取几位。

解:(1) 采用直接编码方式,微指令的操作控制字段的总位数等于控制信号数,即

$$5+8+3+16+1+7+25+4 = 69$$

(2) 采用字段直接编码方式,需要的控制位少。根据题目给出的 10 个控制字段及各段可激活的控制信号数,再加上每个控制字段至少要留一个码字表示不激活任何一条控制线,即微指令的 8 个控制字段分别需给出 6、9、4、17、2、8、26、5 种状态,对应 3、4、2、5、1、3、5、3 位,故微指令的操作控制字段的总位数为

$$3+4+2+5+1+3+5+3 = 26$$

10.2.4　微指令序列地址的形成

由图 10.5 可见,后续微指令的地址大致由两种方式形成。

1. 直接由微指令的下地址字段指出

图 10.4 中大部分微指令的下地址字段直接指出了后续微指令的地址。这种方式又称为断定方式。

2. 根据机器指令的操作码形成

当机器指令取至指令寄存器后,微指令的地址由操作码经微地址形成部件形成。微地址形成部件实际是一个编码器,其输入为指令操作码,输出就是对应该机器指令微程序的首地址。它可采用 PROM 实现,以指令的操作码作为 PROM 的地址,而相应的存储单元内容就是对应该指令微程序的首地址。

实际上微指令序列地址的形成方式还有以下几种。

3. 增量计数器法

仔细分析发现,在很多情况下,后续微指令的地址是连续的,因此对于顺序地址,微指令可采用增量计数法,即(CMAR)+1→CMAR 来形成后续微指令的地址。

4. 分支转移

当遇到条件转移指令时,微指令出现了分支,必须根据各种标志来决定下一条微指令的地址。微指令的格式如下:

操作控制字段	转移方式	转移地址

其中,转移方式指明判别条件,转移地址指明转移成功后的去向,若不成功则顺序执行。也有的转移微指令中设两个转移地址,条件满足时选择其中一个转移地址;条件不满足时选择另一个转移地址。

5. 通过测试网络形成

微指令的地址还可通过测试网络形成,如图 10.10 所示。图中微指令的地址分两部分,高段 h 为非测试地址,由微指令的 H 段地址码直接形成;低段 l 为测试地址,由微指令的 L 段地址码通过测试网络形成。

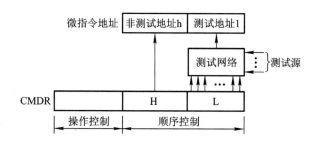

图 10.10　通过测试网络形成微指令地址

6. 由硬件产生微程序入口地址

当电源加电后,第一条微指令的地址可由专门的硬件电路产生,也可由外部直接向 CMAR 输入微指令的地址,这个地址即为取指周期微程序的入口地址。

当有中断请求时,若条件满足,CPU 响应中断进入中断周期,此时需中断现行程序,转至对应中断周期的微程序。由于设计控制单元时已安排好中断周期微程序的入口地址(参见图10.4),故响应中断时,可由硬件产生中断周期微程序的入口地址。

同理,当出现间接寻址时,也可由硬件产生间址周期微程序的入口地址。

综合上述各种方法,可得出形成后续微指令地址的原理图,如图10.11所示。图中多路选择器可选择以下4路地址。

① (CMAR)+1→CMAR。

② 微指令的下地址字段。

③ 指令寄存器(通过微地址形成部件)。

④ 微程序入口地址。

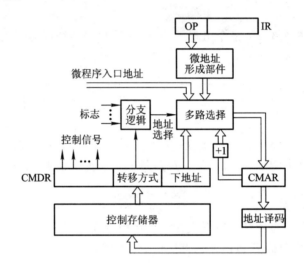

图 10.11　后续微指令地址形成方式的原理图

10.2.5　微指令格式

微指令格式与微指令的编码方式有关,通常分为水平型微指令和垂直型微指令两种。

1. 水平型微指令

水平型微指令的特点是一次能定义并执行多个并行操作的微命令。图10.7就是典型的水平型微指令。从编码方式看,直接编码、字段直接编码、字段间接编码以及直接和字段混合编码都属于水平型微指令。其中,直接编码速度最快,字段编码要经过译码,故速度受影响。

2. 垂直型微指令

垂直型微指令的特点是采用类似机器指令操作码的方式,在微指令字中,设置微操作码字段,由微操作码规定微指令的功能。通常一条微指令有1~2个微命令,控制1~2种操作。这种微指令不强调其并行控制功能。

表 10.2 列出了一种垂直型微指令的格式,其中微操作码 3 位,共分六类操作;地址码字段共 10 位,对不同的操作有不同的含义;其他字段 3 位,可协助本条微指令完成其他控制功能。

表 10.2 垂直型微指令示例

微操作码	地址码		其他		微指令类别及功能
0 1 2	3~7	8~12	13	15	
0 0 0	源寄存器	目的寄存器	其他控制		传送型微指令
0 0 1	ALU 左输入	ALU 右输入	ALU		运算控制型微指令 按 ALU 字段所规定的功能执行,其结果送暂存器
0 1 0	寄存器	移位次数	移位方式		移位控制型微指令 按移位方式对寄存器中的数据移位
0 1 1	寄存器	存储器	读写	其他	访存微指令 完成存储器和寄存器之间的传送
1 0 0	D		S		无条件转移微指令 D 为微指令的目的地址
1 0 1	D		测试条件		条件转移微指令 最低 4 位为测试条件
1 1 0 1 1 1					可定义 I/O 或其他操作 第 3~15 位可根据需要定义各种微命令

3. 两种微指令格式的比较

① 水平型微指令比垂直型微指令并行操作能力强、效率高、灵活性强。

② 水平型微指令执行一条机器指令所需的微指令数目少,因此速度比垂直型微指令的速度快。

③ 水平型微指令用较短的微程序结构换取较长的微指令结构,垂直型微指令正相反,它以较长的微程序结构换取较短的微指令结构。

④ 水平型微指令与机器指令差别较大,垂直型微指令与机器指令相似。

例 10.5 某微程序控制器中,采用水平型直接控制(编码)方式的微指令格式,后续微指令地址由微指令的下地址字段给出。已知机器共有 28 个微命令、6 个互斥的可判定的外部条件,控制存储器的容量为 512×40 位。试设计其微指令格式,并说明理由。

解: 水平型微指令由操作控制字段、判别测试字段和下地址字段三部分构成。因为微指令采用直接控制(编码)方式,所以其操作控制字段的位数等于微命令数,为 28 位。又由于后续微指令地址由下地址字段给出,故其下地址字段的位数可根据控制存储器的容量(512×40 位)定为 9

位。当微程序出现分支时,后续微指令地址的形成取决于状态条件,6 个互斥的可判定外部条件,可以编码成 3 位状态位。非分支时的后续微指令地址由微指令的下地址字段直接给出。微指令的格式如图 10.12 所示。

操作控制	判断	下地址
28 位	3 位	9 位

图 10.12 例 10.5 微指令格式

例 10.6 某机共有 52 个微操作控制信号,构成 5 个相斥类的微命令组,各组分别包含 5、8、2、15、22 个微命令。已知可判定的外部条件有两个,微指令字长 28 位。

(1) 按水平型微指令格式设计微指令,要求微指令的下地址字段直接给出后续微指令地址。

(2) 指出控制存储器的容量。

解:(1) 根据 5 个相斥类的微命令组,各组分别包含 5、8、2、15、22 个微命令,考虑到每组必须增加一种不发命令的情况,条件测试字段应包含一种不转移的情况,则 5 个控制字段分别需给出 6、9、3、16、23 种状态,对应 3、4、2、4、5 位(共 18 位),条件测试字段取 2 位。根据微指令字长为 28 位,则下地址字段取 28−18−2=8 位,其微指令格式如图 10.13 所示。

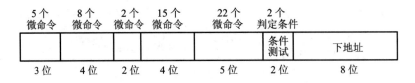

图 10.13 例 10.6 微指令格式

(2) 根据下地址字段为 8 位,微指令字长为 28 位,得控制存储器的容量为 256×28 位。

10.2.6 静态微程序设计和动态微程序设计

通常指令系统是固定的,对应每一条机器指令的微程序是计算机设计者事先编好的,因此一般微程序无须改变,这种微程序设计技术即称为静态微程序设计,其控制存储器采用 ROM。前面讲述的内容基本上属于这一类。

如果采用 EPROM 作为控制存储器,人们可以通过改变微指令和微程序来改变机器的指令系统,这种微程序设计技术称为动态微程序设计。动态微程序设计由于可以根据需要改变微指令和微程序,因此可以在一台机器上实现不同类型的指令系统,有利于仿真。但是这种设计对用户的要求很高,目前难以推广。

10.2.7　毫微程序设计

微程序可看作是解释机器指令的,毫微程序可看作是解释微程序的,而组成毫微程序的毫微指令则是用来解释微指令的。采用毫微程序设计计算机的优点是用少量的控制存储器空间来达到高度的并行。

毫微程序设计采用两级微程序的设计方法。第一级微程序为垂直型微指令,并行功能不强,但有严格的顺序结构,由它确定后续微指令的地址,当需要时可调用第二级。第二级微程序为水平型微指令,具有很强的并行操作能力,但不包含后续微指令的地址。第二级微程序执行完毕后又返回到第一级微程序。两级微程序分别放在两级控制存储器内。图 10.14 示意了毫微程序控制存储器的基本组成。

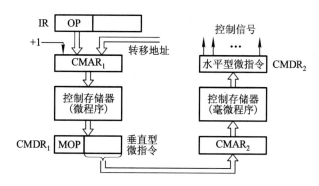

图 10.14　毫微程序控制存储器的基本组成

图中 $CMAR_1$ 为第一级控存地址寄存器,$CMDR_1$ 存放从第一级控制存储器中读出的微指令,如果该微指令只产生一些简单的控制信号,则可以通过译码,直接形成微操作命令,不必调用第二级。如果需调用第二级控制存储器时,则将毫微程序的地址送至 $CMAR_2$,然后由从第二级控制存储器中读出的微指令去直接控制硬件。值得注意的是,垂直型微指令不是和水平型微指令一条一条地对应,而是由水平型微指令(称为毫微指令)组成的毫微程序去执行垂直型微指令的操作。毫微指令与微指令的关系就好比微指令与机器指令的关系一样。

二级控制存储器虽然能减少控制存储器的容量,但因有时一条微指令要访问两次控制存储器,影响了速度。

10.2.8　串行微程序控制和并行微程序控制

与机器指令一样,完成一条微指令也分两个阶段:取微指令和执行微指令。如果这两个阶段按图 10.15(a)所示的方式运行,则为串行微程序控制。由于取微指令和执行微指令的操作是在两个完全不同的部件中完成的,因此可将这两部分操作并行进行,以缩短微指令周期,这就是并行微程序控制,如图 10.15(b)所示,与指令二级流水相似。

（a）串行操作

（b）并行操作

图 10.15　串行微程序和并行微程序控制方式

当采用并行微程序控制时,为了不影响本条微指令的正确执行,需增加一个微指令寄存器来暂存下一条微指令。由于执行本条微指令与取下一条微指令是同时进行的,因此当遇到需要根据本条微指令的处理结果来决定下条微指令的地址时,就不能并行操作,此时可延迟一个微指令周期再取微指令。

10.2.9　微程序设计举例

微程序设计控制单元的主要任务是编写对应各条机器指令的微程序,具体步骤是首先写出对应机器指令的全部微操作及节拍安排,然后确定微指令格式,最后编写出每条微指令的二进制代码(称为微指令码点)。

1. 写出对应机器指令的微操作及节拍安排

为了便于与组合逻辑设计比较,仍以 10 条机器指令为例,而且 CPU 结构同组合逻辑设计假设相同。此外,为了简化起见,不考虑间接寻址和中断的情况。下面分别按取指阶段和执行阶段列出其微操作序列。

（1）取指阶段的微操作及节拍安排

取指阶段的微操作基本与组合逻辑控制相同,不同的是指令取至 IR 后,微程序控制需由操作码形成执行阶段微程序的入口地址,即

T_0　PC→MAR,1→R

T_1　M(MAR)→MDR,(PC)+1→PC

T_2　MDR→IR,OP(IR)→微地址形成部件(编码器)

如果把一个 T 内的微操作安排在一条微指令中完成,上述微操作对应 3 条微指令。

值得注意的是,由于微程序控制的所有控制信号都来自微指令,而微指令又存于控制存储器中,因此欲完成上述这些微操作,必须先将微指令从控制存储器中读出,也即必须先给出这些微指令的地址。由图 10.4 可见,在取指微程序中,除第一条微指令外,其余微指令的地址均由上一条微指令的下地址字段直接给出,因此上述每一条微指令都需要增加一个将微指令下地址字段送至 CMAR 的微操作,记作 Ad(CMDR)→CMAR,而这一操作只能由下一个时钟周期 T 的上升沿将地址打入 CMAR 内。至于取指微程序的最后一条微指令,其后续微指令的地址是由微地址形成部件形成的,而且也只能由下一个 T 的上升沿将该地址打入 CMAR 中,即微地址形成部件→CMAR。为了反映该地址与操作码有关,故记作 OP(IR)→微地址形成部件→CMAR。

综上所述,考虑到需要形成后续微指令的地址,上述分析的取指操作共需 6 条微指令完成,即

T_0　　PC→MAR,1→R

T_1　　Ad(CMDR)→CMAR

T_2　　M(MAR)→MDR,(PC)+1→PC

T_3　　Ad(CMDR)→CMAR,

T_4　　MDR→IR,OP(IR)→微地址形成部件(编码器)

T_5　　OP(IR)→微地址形成部件→CMAR

所有微指令均由 T 的上升沿打入 CMDR 中。

(2) 执行阶段的微操作及节拍安排

执行阶段的微操作由操作码性质而定,同时也需要考虑后续微指令地址的形成问题。

1) CLA 指令

与组合逻辑控制一样,该指令在执行阶段只有一个微操作 0→AC,只需一个时钟周期 T,故对应一条微指令。该微指令的下地址字段应直接给出取指微程序的入口地址,而且由下一个 T 的上升沿将地址打入 CMAR 内。这样,对应 CLA 指令执行阶段的微指令有两条:

T_0　　0→AC

T_1　　Ad(CMDR)→CMAR　　取指微程序入口地址→CMAR

同理可得其余 4 条非访存指令对应的微操作。

2) COM 指令

T_0　　$\overline{AC}$→AC

T_1　　Ad(CMDR)→CMAR　　取指微程序入口地址→CMAR

3) SHR 指令

T_0　　L(AC)→R(AC),AC_0→AC_0

T_1　　Ad(CMDR)→CMAR　　取指微程序入口地址→CMAR

4）CSL 指令

T_0 $R(AC) \rightarrow L(AC), AC_0 \rightarrow AC_n$ （即 $\rho^{-1}(AC)$）

T_1 $Ad(CMDR) \rightarrow CMAR$ 取指微程序入口地址 $\rightarrow$ CMAR

5）STP 指令

T_0 $0 \rightarrow G$

T_1 $Ad(CMDR) \rightarrow CMAR$ 取指微程序入口地址 $\rightarrow$ CMAR

这里由于安排了 $Ad(CMDR) \rightarrow CMAR$，使再次启动机器时，可直接用已存入 CMAR 中的取指微程序的入口地址。

6）ADD 指令

T_0 $Ad(IR) \rightarrow MAR, 1 \rightarrow R$

T_1 $Ad(CMDR) \rightarrow CMAR$

T_2 $M(MAR) \rightarrow MDR$

T_3 $Ad(CMDR) \rightarrow CMAR$

T_4 $(AC) + (MDR) \rightarrow AC$

T_5 $Ad(CMDR) \rightarrow CMAR$ 取指微程序入口地址 $\rightarrow$ CMAR

7）STA 指令

T_0 $Ad(IR) \rightarrow MAR, 1 \rightarrow W$

T_1 $Ad(CMDR) \rightarrow CMAR$

T_2 $AC \rightarrow MDR$

T_3 $Ad(CMDR) \rightarrow CMAR$

T_4 $MDR \rightarrow M(MAR)$

T_5 $Ad(CMDR) \rightarrow CMAR$ 取指微程序入口地址 $\rightarrow$ CMAR

8）LDA 指令

T_0 $Ad(IR) \rightarrow MAR, 1 \rightarrow R$

T_1 $Ad(CMDR) \rightarrow CMAR$

T_2 $M(MAR) \rightarrow MDR$

T_3 $Ad(CMDR) \rightarrow CMAR$

T_4 $MDR \rightarrow AC$

T_5 $Ad(CMDR) \rightarrow CMAR$ 取指微程序入口地址 $\rightarrow$ CMAR

9）JMP 指令

T_0 $Ad(IR) \rightarrow PC$

T_1 $Ad(CMDR) \rightarrow CMAR$ 取指微程序入口地址 $\rightarrow$ CMAR

10）BAN 指令

T_0 $A_0 \cdot Ad(IR) + \overline{A_0} \cdot (PC) \rightarrow PC$

　　T_1　Ad(CMDR)→CMAR　取指微程序入口地址→CMAR

上述全部微操作共 20 个,微指令共 38 条。在上述指令中,1)~5)为非访存指令;6)~8)为访存指令;9)和 10)则为转移类指令。

2. 确定微指令格式

微指令的格式包括微指令的编码方式、后续微指令的地址形成方式和微指令字长等 3 个方面。

(1) 微指令的编码方式

上述微操作数不多,可采用直接编码方式,由微指令控制字段的某一位直接控制一个微操作。

(2) 后续微指令地址的形成方式

根据上述分析,可采用由指令的操作码和微指令的下地址字段两种方式形成后续微指令的地址。

(3) 微指令字长

微指令由操作控制字段和下地址字段两部分组成。根据直接编码方式,20 个微操作对应 20 位操作控制字段;根据 38 条微指令,对应 6 位下地址字段。这样,微指令字长至少取 26 位。

仔细分析发现,在 38 条微指令中有 19 条微指令是为了控制将后续微指令的地址打入 CMAR 的操作(其中 18 条是微指令下地址字段 Ad(CMDR)→CMAR,另一条是指令操作码 OP(IR)→微地址形成部件→CMAR),因此实际上是每两个时钟周期才能取出并执行一条微指令。如果能做到每一个时钟周期取出并执行一条微指令,将大大提高微程序控制的速度。

事实上如果将 CMDR 的下地址字段 Ad(CMDR)直接接到控制存储器的地址线上,并由下一个时钟周期的上升沿将该地址单元的内容(微指令)读到 CMDR 中,便能做到在一个时钟周期内读出并执行一条微指令。这就好比将 Ad(CMDR)当作 CMAR 使用。同理,也可将指令寄存器的操作码字段 OP(IR)经微地址形成部件形成的后续微指令的地址,直接送到控制存储器的地址线上。这两路地址可通过一个多路选择器,根据需要任选一路,如图 10.16 所示。

综上所述,在省去了 19 条微指令的同时也省去了两个微操作(微指令下地址字段 Ad(CMDR)→CMAR 和指令操作码 OP(IR)→微地址形成部件→CMAR)。这样,10 条机器指令共对应 20-2＝18 个微操作和 38-19＝19 条微指令。为了便于扩充,操作控制字段取 24 位,下地址字段取 6 位,其微指令格式如图 10.17 所示。

其中,第 0 位表示控制　　　PC→MAR 微操作

第 1 位表示控制　　　1→R 微操作

第 2 位表示控制　　　M(MAR)→MDR

第 3 位表示控制　　　(PC)+1→PC

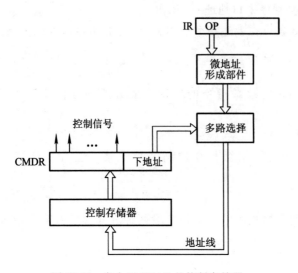

图 10.16 省去了 CMAR 的控制存储器

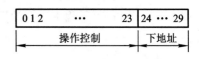

图 10.17 对应 10 条机器指令的微指令格式

第 4 位表示控制 $MDR \rightarrow IR$

第 5 位表示控制 $0 \rightarrow AC$

第 6 位表示控制 $\overline{AC} \rightarrow AC$

第 7 位表示控制 $L(AC) \rightarrow R(AC), AC_0 \rightarrow AC_0$

第 8 位表示控制 $R(AC) \rightarrow L(AC), AC_0 \rightarrow AC_n$

第 9 位表示控制 $0 \rightarrow G$

第 10 位表示控制 $Ad(IR) \rightarrow MAR$

第 11 位表示控制 $(MDR)+(AC) \rightarrow AC$

第 12 位表示控制 $1 \rightarrow W$

第 13 位表示控制 $AC \rightarrow MDR$

第 14 位表示控制 $MDR \rightarrow M(MAR)$

第 15 位表示控制 $MDR \rightarrow AC$

第 16 位表示控制 $Ad(IR) \rightarrow PC$

第 17 位表示控制 $A_0 \cdot Ad(IR) + \overline{A_0} \cdot (PC) \rightarrow PC$

3. 编写微指令码点

表 10.3 列出了对应 10 条机器指令的微指令码点。表中空格中 "0" 省略。

表 10.3　对应 10 条机器指令的微指令码点

微程序名称	微指令地址(八进制)	操作控制字段																							顺序控制字段					
		0	1	2	3	4	5	6	7	8	9	10	11	12	13	14	15	16	17	18	19	20	21	22	23	24	25	26	27	28	29
取指	0 0	1	1																												1
取指	0 1			1	1																									1	
取指	0 2					1																				×	×	×	×	×	×
CLA	0 3						1																								
COM	0 4							1																							
SHR	0 5								1																						
CSL	0 6									1																					
STP	0 7										1																				
ADD	1 0		1									1																1			1
ADD	1 1			1									1															1	1		
ADD	1 2													1																	
STA	1 3												1		1												1	1			
STA	1 4															1											1	1			1
STA	1 5																1														
LDA	1 6		1									1															1	1	1		1
LDA	1 7			1																						1					
LDA	2 0												1																		
JMP	2 1													1																	
BAN	2 2														1																

　　在确定微指令格式及其字长的过程中,还可将一些微操作命令合用一位代码来控制,这样可大大压缩微指令的操作控制字段,缩短微指令字长。

　　例 10.7　某机有 5 条微指令,每条微指令发出的控制信号如表 10.4 所示。采用直接控制方式设计微指令的控制字段,要求其位数最少,而且保持微指令本身的并行性。

表 10.4　例 10.7 表格

微指令	激活的控制信号									
	a	b	c	d	e	f	g	h	i	j
I_1	√		√		√		√		√	
I_2	√	√		√		√		√		√
I_3	√			√	√	√				
I_4	√									
I_5	√			√						√

解：由表 10.4 可见，控制信号 c、g、i 仅在微指令 I_1 同时出现，可合并用 1 位控制字段表示。控制信号 b、h 仅在微指令 I_2 中同时出现，也可合并用 1 位控制字段表示。这样 10 个控制信号 a～j 可压缩到 7 个，其格式如图 10.18 所示。

a	bh	cgi	d	e	f	j
1	2	3	4	5	6	7

图 10.18　例 10.7 压缩后的微指令控制字段

思考题与习题

10.1　假设响应中断时，要求将程序断点存在堆栈内，并且采用软件方法寻找中断服务程序的入口地址，试写出中断隐指令的微操作及节拍安排。

10.2　写出完成下列指令的微操作及节拍安排（包括取指操作）。

（1）指令"ADD R_1, X"完成将 R_1 寄存器的内容和主存 X 单元的内容相加结果存于 R_1 的操作。

（2）指令"ISZ X"完成将主存 X 单元的内容增1，并根据其结果若为 0，则跳过下一条指令执行。

10.3　按序写出下列程序所需的全部微操作命令及节拍安排。

指令地址	指　　令
300	LDA　306
301	ADD　307
302	BAN　304
303	STA　305
304	STP

10.4　在单总线结构的计算机中,用该总线连接了指令寄存器 IR、程序计数器 PC、存储器地址寄存器 MAR、存储器数据寄存器 MDR、通用寄存器 $R_0 \sim R_7$ 的输入和输出端。ALU 的两个输入端分别与总线和寄存器 Y 的输出端相连,ALU 的输出端与寄存器 Z 的输入端相连。Y 的输入端与总线连接,Z 的输出端与总线连接。该机有下列指令:

ADD　R_1, R_2, R_3　　　　　　$;(R_2)+(R_3) \to R_1$

JMP　$*K$　　　　　　　　　$;(PC)+(K-1) \to PC$

LOAD　R_1, mem　　　　　　$;(\text{mem}) \to R_1$

STORE　mem, R_2　　　　　$;R_2 \to \text{mem}$

写出控制器执行上述指令的微操作及节拍安排。

10.5　假设 CPU 在中断周期用堆栈保存程序断点,而且进栈时指针减 1(具体操作是先修改栈指针后存数),出栈时指针加 1。分别写出组合逻辑控制和微程序控制在完成中断返回指令时,取指阶段和执行阶段所需的全部微操作命令及节拍安排。

10.6　已知带返转指令的含义如下图所示,写出机器在完成带返转指令时,取指阶段和执行阶段所需的全部微操作及节拍安排。

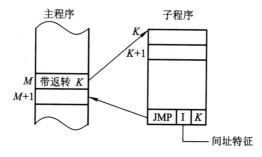

10.7　画出组合逻辑控制单元的组成框图,根据指令处理过程,结合有关部件说明其工作原理。

10.8　画出微程序控制单元的组成框图,根据指令处理过程,结合有关部件说明其工作原理。

10.9　试比较组合逻辑设计和微程序设计的设计步骤和硬件组成,说明哪一种控制速度更快,为什么?

10.10　微指令的操作控制有几种编码方式?各有何特点?哪一种控制速度最快?

10.11　什么是垂直型微指令?什么是水平型微指令?各有何特点?

10.12　能否说水平型微指令就是直接编码的微指令,为什么?

10.13　微指令的地址有几种形成方式?各有何特点?

10.14　微指令操作控制字段采用直接编码或显式编码时,其微指令字长如何确定?

10.15　设控制存储器的容量为 512×48 位,微程序可在整个控存空间实现转移,而控制微程序转移的条件共有 4 个(采用直接控制),微指令格式如下:

	转移条件	下地址
操作控制	顺序控制	

试问微指令中的 3 个字段分别为多少位?

10.16　试比较静态微程序设计和动态微程序设计。

10.17 解释机器指令、微指令、微程序、毫微指令和毫微程序以及它们之间的对应关系。

10.18 毫微程序设计的特点是什么？与微程序设计相比,其硬件组成有何不同？

10.19 假设机器的主要部件有程序计数器 PC,指令寄存器 IR,通用寄存器 R_0、R_1、R_2、R_3,暂存器 C、D, ALU,移位器,存储器地址寄存器 MAR,存储器数据寄存器 MDR 及存储矩阵 M。

(1) 要求采用单总线结构画出包含上述部件的硬件框图,并注明数据流动方向。

(2) 画出"ADD (R_1),(R_2)"指令在取指阶段和执行阶段的信息流程图。R_1 寄存器存放源操作数地址,R_2 寄存器存放目的操作数的地址。

(3) 写出对应该流程图所需的全部微操作命令。

10.20 假设机器的主要部件同上题,外加一个控制门 G。

(1) 要求采用双总线结构(每组总线的数据流动方向是单向的)画出包含上述部件的硬件框图,并注明数据流动方向。

(2) 画出"SUB R_1, R_3"指令完成 $(R_1)-(R_3) \to R_1$ 操作的指令周期信息流程图(假设指令地址已放在 PC 中),并列出相应的微操作控制信号序列。

10.21 下表给出 8 条微指令 $I_1 \sim I_8$ 及所包含的微命令控制信号,设计微指令操作控制字段格式,要求所使用的控制位最少,而且保持微指令本身内在的并行性。

微指令	所含的微命令
I_1	a b c d e
I_2	a d f g
I_3	b h
I_4	c
I_5	c e g i
I_6	a h j
I_7	c d h
I_8	a b h

10.22 设有一运算器通路如下图所示,假设操作数 a 和 b(均为补码)分别放在通用寄存器 R_2 和 R_3 中, ALU 有 +、-、M(传送)三种操作功能,移位器可实现左移、右移和直送功能。

(1) 指出相容性微操作和相斥性微操作。

(2) 采用字段直接编码方式设计适合于此运算器的微指令格式。

(3) 画出计算 $2(a+b) \to R_3$ 的微程序流程图,试问执行周期需用几条微指令？

(4) 按设计的微指令格式,写出满足(3)要求的微代码。

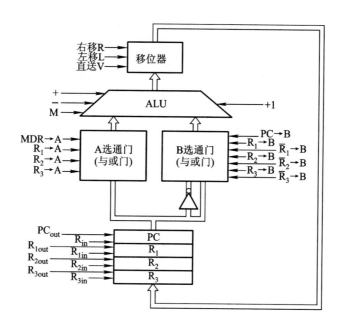

附录 10A PC 整机介绍

PC 整机主要由主板、处理器、主存、芯片组,以及通过各个端口和总线插槽接入的外部设备等组成。

10A.1 主板

主板或系统板是装在 PC 主机箱中的一块印制电路板,其上安装了组成微型计算机的主要电路系统,并带有扩展插槽和多种接插件,用于插装各种接口卡和有关部件(如键盘、鼠标等)。主板性能的好坏直接影响整机的性能。

10A.1.1 主板的主要组成部件

① CPU 插座(Socket)或插槽(Slot)。

② 内存条插槽。

③ 连接硬盘、软盘驱动器和光盘驱动器等外部设备接口的插座。

④ 接插各种用途的接口卡所需的扩展插槽。

⑤ 连接鼠标、键盘、打印机和调制解调器的串并端口。

⑥ CPU 芯片、内存条、系统芯片组、BIOS(基本输入输出系统)芯片和 CMOS 芯片等。

⑦ 电源、电池、电阻和电容等。

⑧ 跳线和开关。

10A.1.2　CPU 芯片及插座(插槽)

主板的性能主要取决于 CPU,CPU 芯片内部总线的宽度和时钟频率(主频)是决定 CPU 性能的主要参数。内部总线越宽,在每个时钟节拍内可以传送的数据越多,有利于进行更大的数据量运算。主频越高,执行每条指令的时间越短,运算速度越快,整机性能也越好。

CPU 芯片可以采用插座或插槽固定在主板上。

10A.1.3　内存条插槽

内存条插槽的插孔数必须与内存条引脚数一致。72 线的单面内存条使用 72 线内存条插槽,其数据宽度为 32 位;168 线和 184 线的双面内存条使用 168 线和 184 线的内存条插槽,其数据宽度为 64 位。

10A.1.4　扩展插槽

主板上的扩展插槽(又称总线插槽)是主机通过系统总线与外部设备联系的通道,外设接口电路的接口卡可插在扩展槽内。常用的插槽有 ISA 扩展槽、EISA 扩展槽、VESA(VL-Bus)扩展槽和 PCI 扩展槽。

10A.1.5　配套芯片和器件

为使 CPU 正常工作,主板上还必须有配套的芯片和器件,主要有如下几种。

1. BIOS 芯片

BIOS(Basic Input Output System)芯片装有基本输入输出系统程序,完成冷启动、热启动、上电自检、基本输入输出驱动程序、系统硬件配置分析、引导 DOS 启动或引导 ROM BASIC 解释程序以及 BIOS 中断管理。该程序固化在 ROM 芯片上,早期采用 EPROM 作为 BIOS 芯片,现在大多数 PC 采用 Flash Memory 作为 BIOS 芯片。

2. 芯片组

主板上除了 CPU、内存条、BIOS 芯片外,还有众多支持芯片和接口芯片,这些芯片按其功能不同,采用 VLSI 技术将它们分别集成在几块芯片中,如总线的缓冲和控制芯片,CPU 的复位、Cache 控制、存储器控制、协处理器接口芯片,以及 CMOS 与 8042 振荡源芯片等。

3. CMOS RAM 芯片

CMOS RAM 芯片用于提供系统的日期、时间、保存系统的硬件配置参数和软硬盘规格、显示器接口的类型、键盘和其他硬件的设置。PC 系统上电启动到引导完成,必须从 CMOS RAM 中读取若干参数数据,设定为开机的初始状态。如果 CMOS RAM 芯片损坏或内容丢失,会造成软硬盘无法使用、鼠标工作失效等故障。

10A.1.6　主板结构的改进

1984 年,IBM 在推出 IBM PC/AT 时,以产品定义了内部结构的标准,称为 AT 结构标准,以后又发展成为 Baby/Mini-AT 结构标准。随着计算机技术的进一步发展,特别是"电子计算机、电器和电信"三电一体化和多媒体技术的发展,使集成到 PC 中的功能日益增多,对主板的尺寸、CPU 和内存条的位置以及软硬盘控制器及软硬盘机支架位置都有更高要求,先后又推出了 ATX 和 BTX 主板结构规范。后者的散热性能更好,安装与固定方式更科学,并采用了大量的新型总线及接口,增加了 USB 接口的数量,使外设的接插更为简化。

在高性能的 PC 系统中,主板上还采用了一些提高系统性能的新技术,例如:

① 采用集成的数据捕获芯片,构成硬件监控系统,增加系统的监测能力,以提高系统的稳定性。

② 支持 Ultra DMA/33、DMA/66 芯片,使硬盘的数据传输率比原来提高了 1~2 倍。在多任务环境中执行数据传输,或在单任务环境中进行大批量数据传输时,采用 DMA 方式,允许数据直接从硬盘传输到主存,而不占用 CPU 资源,使 CPU 从频繁的数据传输中脱离出来去执行其他任务,从而提高整机系统的性能,这一点对多任务环境特别有用。

③ 除了采用 USB 接口外,Apple 公司和 TI(Texas Instrument)公司又开发了一种高速数据传输的串行接口 IEEE 1394,有了 USB 和 IEEE 1394,使 PC 的使用简化到同家电一样容易。

④ 为了解决 PCI 总线无法执行实时 3D 图形处理,Intel 公司又开发了 AGP(Accelerated Graphics Port)加速图形端口,可获得较高的 3D 图形显示性能,增加了可用的带宽,其最高数据传输率可达 266 MBps 和 533 MBps,而采用 AGP 2.0 版本,最大数据传输率可达 1 GBps。

10A.2　芯片组

10A.2.1　芯片组的功能

CPU 芯片是 PC 的核心器件,但 CPU 要完成信息处理功能还必须有一系列的"接口电路"和"支持电路"。例如,CPU 要向外设输入输出信息,必须有并行接口电路和串行接口电路;CPU 要与主存进行数据传送,必须有主存控制电路;CPU 要具有中断处理功能,必须有中断控制电路;CPU 要支持 DMA 功能,必须有 DMA 控制电路;CPU 要通过系统总线与其他部件联系,必须有总线控制电路等;此外要向 CPU 及系统中其他部件提供时钟信号,必须有"时钟发生器(电路)"。所有这些电路在早期的 PC 中都是由一些中、小规模集成电路和成千上万个电阻、电容组成的。这不仅占用了主板中的很多位置,而且给维修带来很大困难。

在 PC 286 以上的微型计算机系统中,为了简化硬件部分的设计,减少主板上芯片的数量,增加硬件的可靠性,大部分厂商采用芯片组(Chipset)技术来设计 PC 主板。随着超大规模集成电路的发展,采用 VLSI 技术,把主板上众多的接口芯片和支持芯片按不同功能分别集成到一块集成芯片中。这样,用少量几片 VLSI 芯片的组合,即"控制芯片组"(简称"芯片组")来代替众多的接口芯片和支持芯片,可以简化主板的设计,降低系统的成本,提高系统的可靠性,有利于测试、维护和维修。

在 PC 中,整个系统的有效运行都由芯片组来控制和协调,芯片组决定了系统的如下特征。

① CPU 的类型(是 Pentium、Pentium Pro、Pentium MMX,还是 Pentium Ⅱ、Pentium Ⅲ 和 Pentium 4)和芯片的主频范围。

② 内存条的类型,是快速页面模式、扩展数据输出、突发式,还是同步 DRAM(SDRAM)、带 Cache 的 DRAM、双数据速率的 SDRAM(DDR SRDAM),是支持一种,还是几种等。

③ 提供 USB 接口以及 IEEE 1394 接口的数目。

④ 存储器总线的最大频率。

⑤ PCI 总线的类型,是 32 位还是 64 位,同存储器总线速度是同步还是异步,是否支持 PCI-Express。

⑥ 支持几个 CPU。

⑦ 对内置 PCI、EIDE 控制的支持。

⑧ 内置 PS/2 鼠标和键盘控制器、BIOS 以及实时时钟电路。

芯片组一旦选定,系统的上述特征就被确定,在使用过程中,芯片组是无法升级的。

10A.2.2 芯片组的组成

不同时代的 PC 有不同的芯片组,随着 ISA、EISA、PCI 总线的出现,所推出的芯片组与总线标准有关,如 82350 EISA 芯片组、PCI 芯片组等。

基于 Pentium(包括 Pentium Pro)处理器系列和 PCI 总线的芯片组,通常称为 PCI 芯片组,如 Intel 430 系列。

1. Intel 430 系列

430 系列芯片组适用于 Pentium 和 PCI 总线。图 10.19 是 Pentium 计算机主板结构示意图。图中的 PCI 芯片组包括主存与 Cache 控制器芯片,CPU 总线–PCI 总线桥(又称北桥)芯片,PCI 总线–ISA 总线桥(又称南桥)芯片。主存与 Cache 控制芯片用来管理 CPU 对主存和 Cache 的存取操作,并提供在 CPU、Cache、主存和 PCI 局部总线之间传送的总线控制。北桥芯片将 CPU 总线和 PCI 总线相连,实现 CPU、主存和 PCI 之间的通路。南桥芯片将 PCI 总线和 ISA 总线相连。通过两个"桥"芯片将 CPU 总线、PCI 总线和 ISA 总线连成整体。桥芯片在此起到了速度缓冲、电平转换和控制协议的转换作用。当 CPU 芯片需要升级时,只需改变 CPU 总线和北桥芯片,全部已有的外部设备可继续工作。

图 10.19 中的 CPU 总线是一个 64 位数据线和 32 位地址线的同步总线。总线时钟频率为 66.6 MHz(或 60 MHz),CPU 内部时钟是此时钟频率的倍频。此总线可与 4~128 MB 的主存相连。需要扩充主存容量时,可以内存条的形式插入主板的内存条插槽内。CPU 总线还接有 L2 级 Cache。CPU 对主存和 Cache 的存取由主存与 Cache 控制器芯片完成。

PCI 总线用于连接高速的 I/O 设备,它是 32 位(或 64 位)的同步总线,地址线、数据线共用一组,分时复用。它采用集中式仲裁方式,有专用的 PCI 总线仲裁器。主板上还有 3 个 PCI 总线扩展插槽,可作为 PC 扩充外设使用。

ISA 总线可与低速 I/O 设备连接,主板上配有 3 ~ 4 个 ISA 总线扩展插槽,以便使用 16 位/8 位的接口(适配器)卡。ISA 总线控制逻辑还可以通过主板上的板级总线与实时钟/日历、ROM、键盘和鼠标控制器(8042 微处理器)等芯片相连接。

Pentium Ⅱ 处理器推出后,为适应这一高频 CPU 芯片的需要,又推出了满足 AGP 加速图形端口要求的 Intel 440 芯片组。

2. Intel 440 BX 芯片组

Intel 440 BX 是专用于 Pentium Ⅱ 的芯片组,它把系统总线的频率提高到 100 MHz,同时还支持 66 MHz 的系统总线,保护了以前的投资。它使 100 MHz 的 SDRAM 的使用成为可能。它提高

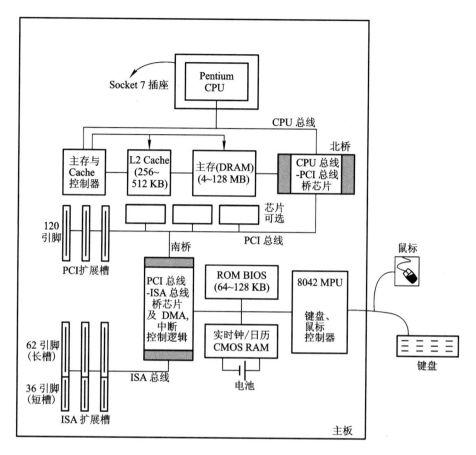

图 10.19　Pentium 主板结构示意图

了 Pentium Ⅱ CPU、AGP、100 MHz SDRAM 和 PCI 总线间的速度和带宽,使在 MPEG-2 视频解码及 DVD-ROM 等应用领域的性能得到提高。

图 10.20 是采用 440 BX 芯片组的主板结构示意图。

440 BX 芯片组由 82443 BX 主桥(Host Bridge)芯片和 82371 AB/EB 多功能 I/O 芯片组成。它基本保持了 430 芯片组由北桥芯片和南桥芯片组成的结构。北桥集成了存储器控制器和 PCI 控制器,南桥集成了 ISA 控制器和 IDE(Integrated Drive Electronics)控制器(硬盘驱动器接口)。

82443 BX 芯片采用了四端口加速技术,它把 CPU(支持单/双 Pentium 处理器)、AGP 端口、主存和 PCI 总线相互连接起来并控制四者的数据传输。它支持 1 GB 的扩展数据输出 EDO(Extended Data Output)DRAM 和 SDRAM 的主存,但不允许 EDO 和 SDRAM 混合使用,它也支持 Ultra DMA/33。

82371 EB(Pentium Ⅱ ×4E)芯片是一个高度集成的多功能 I/O 芯片,它包括 PCI-ISA 桥接器,提供两个硬盘驱动器接口 IDE,支持 Ultra DMA/33 接口标准,具有 USB 控制器,支持两个 USB 端

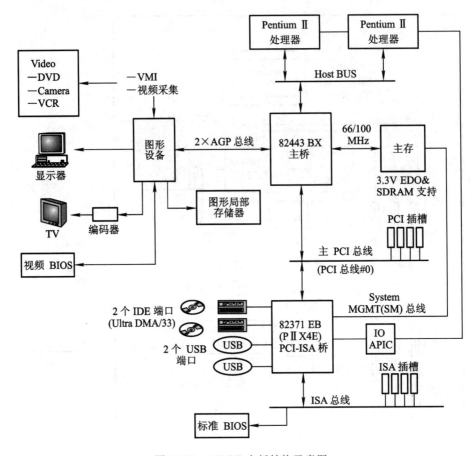

图 10.20 440 BX 主板结构示意图

口,还支持 I/O 高级可编程中断控制器(Advanced Programmable Interrupt Controller, APIC)。采用 DMA 方式的硬盘数据可通过 SM 总线直接传输到主存。

参 考 文 献

［1］STALLINGS W. Computer Organization and Architecture：Designing for Performance［M］. 7th ed. Upper Saddle River：Prentice Hall，2005.

［2］PATTERSON D A，HENNESSY J L. Computer Organization and Design：The Hardware/Software Interface［M］.3rd ed. Burlington：Morgan Kaufmann，2004.

［3］BRYANT R E，O'HALLARON D R. Computer Systems：A Programmer's Perspective［M］. Upper Saddle River：Prentice Hall，2002.

［4］HYDE R. Write Great Code：Volume 1：Understanding the Machine［M］. San Francisco：No Starch Press，2004.

［5］唐朔飞. 计算机组成原理［M］. 2 版. 北京：高等教育出版社，2008.

［6］唐朔飞. 计算机组成原理：学习指导与习题解答［M］. 2 版. 北京：高等教育出版社，2012.

［7］孙德文. 微型计算机技术［M］. 修订版. 北京：高等教育出版社，2005.

［8］张晨曦，王志英，张春元，等. 计算机体系结构［M］. 2 版. 北京：高等教育出版社，2005.

［9］白中英. 计算机组成原理［M］. 3 版. 北京：科学出版社，2002.

郑重声明

防伪查询说明

用户购书后刮开封底防伪涂层，使用手机微信等软件扫描二维码，会跳转至防伪查询网页，获得所购图书详细信息。

防伪客服电话　　(010) 58582300

网络增值服务使用说明

一、注册/登录

访问http://abook.hep.com.cn/，点击"注册"，在注册页面输入用户名、密码及常用的邮箱进行注册。已注册的用户直接输入用户名和密码登录即可进入"我的课程"页面。

二、课程绑定

点击"我的课程"页面右上方"绑定课程"，正确输入教材封底防伪标签上的20位密码，点击"确定"完成课程绑定。

三、访问课程

在"正在学习"列表中选择已绑定的课程，点击"进入课程"即可浏览或下载与本书配套的课程资源。刚绑定的课程请在"申请学习"列表中选择相应课程并点击"进入课程"。

如有账号问题，请发邮件至：abook@hep.com.cn。